狭义相对论实验基础

Special Relativity and Its Experimental Foundations

（第二版）

张元仲　著

科学出版社

北　京

内 容 简 介

狭义相对论在近代物理学中已有广泛的应用，是物理学的基础理论之一，它的基本假设和结论有着牢固的实验基础. 本书共13章，第1～6章介绍狭义相对论的基本内容和主要结论，第7～13章从理论的角度总结和分析检验狭义相对论的几种主要实验类型：狭义相对性原理、光速不变原理、时间膨胀效应、缓慢运动物体的电磁感应、相对论力学、光子静质量上限、托马斯进动.

本书可供物理学专业的学生、教师、科研工作者，以及其他对相对论感兴趣的读者参考.

图书在版编目（CIP）数据

狭义相对论实验基础 / 张元仲著. —2 版. —北京：科学出版社，2023.9

ISBN 978-7-03-076261-0

Ⅰ. ①狭…　Ⅱ. ①张…　Ⅲ. ①狭义相对论－研究　Ⅳ. ①O412.1

中国国家版本馆 CIP 数据核字(2023)第 162614 号

责任编辑：龙嫚嫚 / 责任校对：杨聪敏

责任印制：张　伟 / 封面设计：有道文化

科学出版社 出版

北京东黄城根北街 16 号

邮政编码：100717

http://www. sciencep. com

北京中科印刷有限公司印刷

科学出版社发行　各地新华书店经销

*

1979 年 9 月第　一　版　开本：720×1 000　1/16

2023 年 9 月第　二　版　印张：21 1/4

2023 年 9 月第四次印刷　字数：428 000

定价：89.00 元

（如有印装质量问题，我社负责调换）

前　言

自从 1905 年爱因斯坦建立狭义相对论至今已经百余年了，随着科学的发展，该理论已经在近代物理学领域得到了广泛的应用，狭义相对论和量子力学一起成为了近代物理学的两大支柱. 所以，狭义相对论是近代物理领域中的学生、教师、科研工作者必学的一门基础课. 另外，为了检验这个理论的基本假设和各种相对论效应，人们反复不断地采用各种新的实验方法和测量技术进行了实验观测，为这个理论提供了丰富的实验证据，许多实验的测量精度不断提高. 今后，人们将会继续采用各种可能的方法，来进行更高精度的检验. 本书的主要思路是从理论的角度(因而我们将不注意具体的实验技术和测量细节)总结和分析检验狭义相对论的几种主要实验类型，以展示实验在哪些方面、通过什么样的方式对狭义相对论进行过检验，以及检验到什么程度. 著者认为，这样的一本书籍对从事相关领域研究的学生、教师以及科研工作者是很有意义的.

本书先介绍狭义相对论的基本内容和主要结论，然后分别总结和分析如下几种类型的实验原理和观察结果：狭义相对性原理、光速不变原理、时间膨胀效应、缓慢运动物体的电磁感应、相对论力学、光子静质量上限、托马斯进动. 书中所列出的参考文献多是 1976 年以前的有关文献，这些文献将在每章末列出.

在本书编写过程中，罗俊院士、吴岳良院士、涂良成教授、周泽兵教授、陈曰德教授等给予了帮助，在此表示衷心的感谢.

本书受到科技部国家重点研发计划“引力波宇宙学波源物理研究”(任务编号：2020YFC2201501)和中国科学院战略性先导科技专项(B 类)(任务编号：XDB23030100 和 XDB21010100)资助.

张元仲

2021 年 5 月

前言

第 一 版 序

初次学习狭义相对论的人，往往误认为迈克耳孙实验或“光速不变性”是狭义相对论的实验基础. 但是在相对论出现以前，菲茨杰拉德(Fitzgerald) 和洛伦兹已经在以太论的基础上对迈克耳孙实验的结果给出了解释，因此，迈克耳孙实验的零结果既可用以太论来解释，也可用相对论来解释，也就是说，它既不否定光速不变，也不肯定光速不变. 所以，企图用迈克耳孙类型的实验来进一步更准确地验证光速不变将是没有意义的. 事实上，“光速不变原理”是爱因斯坦在那些企图寻找“光以太”的实验所显示的否定结果启发下，为了解决电磁现象与经典力学理论之间的矛盾而提出的一个新的科学假设，并进而从这个假设和相对性原理出发建立了狭义相对论.

很显然，“光速不变原理”在它最初被提出时只是一个假设，而不是迈克耳孙实验的结论. 但它代表一个划时代的理论思维的飞跃. 狭义相对论的真正实验基础，是半个多世纪以来的大量实验事实. 这些实验事实只能用相对论来解释和预见. 只是在有了这些牢固的实验基础以后，人们才能回过来说光速不变假设和相对性原理是反映客观现实的真理. 本书详细分析和介绍了验证狭义相对论的大部分实验的原理和测量结果，从而展示出狭义相对论的真正的实验基础，这是有重要意义的. 它使人们得以重温这个理论经过严格的实践检验终于被接受为客观真理的过程，并进一步体会相对论在近代物理学(如量子场论)以及它在工业(如原子能应用)的发展中所处的重要地位. 我们认为，只有深刻地认识这些才算是对狭义相对论有了真正的认识.

胡　宁

1978 年春

目　　录

第 1 章 狭义相对论基础

1.1 引 言

经典(牛顿)力学和(爱因斯坦)狭义相对论都只在**惯性参考系**(简称惯性系)中成立. 所以定义惯性系是首要任务. **惯性系**是那些**惯性定律**在其中成立的参考系.

惯性定律表述为：不受力的质点要么相对静止，要么匀速直线运动. 这样定义的惯性系仍然存在不确定性.

惯性系包含四个坐标(x、y、z、t)，其中的三个空间坐标(x、y、z)可以明确地定义，即在三维欧几里得空间(简称欧氏空间)建立一个由三个坐标轴互相垂直的直角坐标系(笛卡儿坐标系)，空间任意位置(点)则由该位置(点)在三个坐标轴的投影即坐标 x、y、z 表示.

空间某位置的时间坐标 t 要由该位置的时钟给出. 该位置是任意的，也就是说全空间中的每个位置的时钟都必须互相对准(就是定义同时性，即定义时间坐标). 不同的同时性定义代表不同类型的惯性系，例如牛顿惯性系、爱因斯坦惯性系、爱德瓦兹(Edwards)惯性系等(参见 1.3 节).

牛顿力学中的时间坐标被假定是绝对不变的，即惯性系之间坐标变换(伽利略变换)中的时间坐标不变($t'=t$). 借助于伽利略变换，经典物理学中的(伽利略)相对性原理陈述为：一切力学定律的方程式在伽利略变换下保持形式不变；就是说，物体的运动在一个惯性系中遵循某个力学定律，那么它在其他所有惯性系中也遵循同样的力学定律. 在以伽利略变换和伽利略相对性原理为基础的经典力学中，时间和空间是互相独立的；运动的时钟其速率不变；运动尺子其长度不变；同时性不因坐标变换而改变，即在一个惯性系中同时发生在不同位置的两个物理事件在其他所有惯性系中也都是同时发生的；物体的质量与其运动速度无关；物体的运动速度没有上限；等等.

在十九世纪，随着对电磁现象的深入研究，出现了不少与牛顿经典力学相抵触的现象.

①寻找“光以太”的实验给出的是否定的结果. 当麦克斯韦电磁场方程把光解释成电磁波时，人们自然将其与声波类比. 声波不是独立的物质存在，而是介质的振动，即介质是声波的“媒介”. 类比声波，光是否也是在某种被称为“光以太”的介质中传播？“以太”的概念最早是在力学中引入的. 在力学里存在两种关于力

的概念，一种是接触力(例如碰撞力、压力或拉力等)，另一种力是非接触力(例如牛顿万有引力的超距作用力)．但是，当我们试图以完备的因果关系来概括关于物体的经验时，似乎除了由直接接触所产生的作用力之外不应有别的作用力．按照这种概念，人们试图以接触作用力来解释牛顿的超距作用力，即认为超距作用力实际上是靠一种充满空间的介质传播的，传播方式或者是靠这种介质的运动，或者是靠它的弹性变形．由此介出了以太假说．当人们深入研究电磁现象时为了把电磁现象纳入统一的力学图像，发展出了“光以太”假说．按照这种假说，以太是电磁作用传播的介质，电磁波是以太的波动(机械振动)．为了寻找这种想象中的“以太”对光传播的影响，前人曾经进行过不同类型的实验检验，例如恒星光行差实验、马司卡脱-贾明以太漂移实验、艾利静止水的以太风实验、菲佐(Fizeau)流动水实验，以及迈克耳孙-莫雷实验等，但是都没有观测到以太的效应；特别是迈克耳孙-莫雷实验一直被广泛引用(参见本书 8.1.1)．②**单极电机问题：**用一条导线的两端分别滑动连接到一个圆柱形永久磁铁的赤道和一个极点，当磁铁绕其圆柱体的对称轴转动时，导线中产生了一个电动势．这种单极感应早已在工程技术上用来制造发电机(称为**单极电机**)．但是，当把牛顿力学中的伽利略变换用于麦克斯韦电磁场方程时，却无法解释这种单极感应现象(是磁体转动还是导线转动表现出了不对称性？)．③**电磁规律不满足伽利略相对性原理**；或者说，在伽利略坐标变换下，麦克斯韦电磁场方程不像牛顿力学第二定律那样保持形式不变．④**电子的惯性质量随其运动速度的增加而变大：**用电磁场使运动电子的运动轨迹偏转，测量其偏转的大小；结果表明，只有把电子的荷质比(电荷与惯性质量之比)看成是速度的函数才能解释测量值；但是，其他的实验分析显示电子的电荷与速度无关，因而只能得出惯性质量与速度有关的结论．这与牛顿力学中的“惯性质量是常数”的结论相抵触．⑤**测量的光速是个常数：**在牛顿的时代，人们以为光线的传播速度是无穷大，这是牛顿惯性系对钟(即定义它的时间坐标)的基础；但是，从 1676 年丹麦天文学家罗默(O. Römer)第一次提出用观测木星卫星隐食周期的方法测量光速(可参见本书 8.1.3)到 1850 年法国物理学家傅科通过改进菲佐的方法对光速更精确的测量，所获得的数值似乎表明光速是一个有限的常数；法国科学家庞加莱(Poincaré)早在 1898 年就提出真空光速不变的假设(见本书 1.4.4)；这显示出光速与牛顿力学中的速度相加公式相抵触．

为解决上述矛盾而提出了各种尝试：①为了挽救“以太说”，爱尔兰物理学家菲茨杰拉德(Fitzgerald)与荷兰物理学家洛伦兹通过对电磁学的研究分别独立地提出了长度收缩假说(称为**菲茨杰拉德-洛伦兹收缩**)，即在以太中运动的杆子将沿其运动方向收缩一个倍数(这个收缩因子与后来狭义相对论中的收缩因子相同)．②为了解释电子质量与速度的关系，1903 年亚伯拉罕(Abraham)把电子看做是一种运动的完全刚性的球形粒子而推导出了质量与速度的关系式(其最低次近似与狭义相对论的近似结果相同，因而可以解释上述电子的荷质比实验)．1904 年洛伦兹假定电子质量起源于电磁，并假设电子的尺度沿运动方向发生收缩(即**菲茨杰拉德-洛伦兹收缩**)，由此导出了电子质量与速度的关系式(与后来的狭义相对论中的公式形式相同). ③ 为了使电磁场方程在坐标变化下保持形式不变，洛伦兹修改了伽利略变换中的时间坐标变换关系，于 1904 年导出了新的坐标变换(1905 年庞加莱把这个变换称为**洛伦兹变换**)；但是，洛伦兹使用牛顿的绝对时间观念无法解释这个新变换中时间坐标的物理含义(详见本书 **1.4.4 庞加莱的光速不变性与洛伦兹的洛伦兹变换**).

我们看到，在爱因斯坦 1905 年提出狭义相对论之前，为了解决牛顿力学观念与电磁学实验的矛盾，物理学家们通过修修补补并引入众多新的假设而得到的各种方程式，诸如洛伦兹的坐标变换、洛伦兹的质速关系式、菲茨杰拉德-洛伦兹长度收缩和 1900 年提出的拉莫尔时间变慢公式，以及电磁场的质能关系式等，在数学形式上与后来狭义相对论中的相应公式完全一样. 如果只为解释上述实验结果，这些修修补补的牛顿型理论完全够用了. 但是，这些理论包含有太多的假设且时间的物理含义不清，更无法回答为什么这些理论公式中都包含真空光速. 庞加莱已经接近了狭义相对论，但是缺少关键的一步，即使用不变的光速定义同时性. 爱因斯坦在前人的这些基础之上，认识到解决问题的关键是更改牛顿的同时性定义，为此引入光速各向同性的假定来对钟(即把不同地点的时钟相互校准). 在爱因斯坦第一篇题为“论动体的电动力学”[1]的狭义相对论论文中，第一节的标题便是“**同时性的定义**”，其中写道：“如果在空间的 A 点放一只钟，那么对于 A 附近的事件的时间，在 A 处的一个观察者能够通过找出和这些事件同时出现的时针位置来加以确定. 如果又在空间的 B 点放一只钟(这是一只同放在 A 处的钟完全一样的钟)，那么通过 B 处的观察者，也能够确定 B 点附近的事件的时间. 但是若没有进一步的假定，就不可能把 A 处的事件同 B 处的事件在时间上作比较. 至此，我们只定义了‘A 时间’和‘B 时间’，还没有定义 A 时间和 B 时间的公共‘时间’. 当我们假定光从 A 到 B 所需要的‘时间’等于它从 B 到 A 所需‘时间’的时候，这后一个时间也就可以定义了.” 爱因斯坦的这些陈述表明：①他引进了“光速不变原理”的基本假设. ②用“光速不变原理”来定义惯性系中的时间坐标，即“公共时间”，也就是对钟；这是建立狭义相对论的关键一步[2]. 这是狭义相对论与牛顿力学的本质区别所在，关于这一点爱因斯坦在 1916 年发表的题为“广义相对论基础”[3]的论文中已经作了明确的说明：“狭义相对论与经典力学的分歧，不在于相对性原理，而只在于真空中光速不变的假设. 这个假设和狭义相对性原理结合起来，就得出了同时性的相对性和洛伦兹变换，以及……”. 爱因斯坦建立的这个狭义相对论不但解释了经典物理理论所不能解释的电磁现象，更对麦克斯韦电磁场方程给出了形式上的澄清，特别是给出了电场和磁场本质上的同一性.

1906 年庞加莱[4]以及 1909 年闵可夫斯基(Minkowski)[5,6]把狭义相对论的时间坐标和空间坐标统一用四维平直时空(**闵可夫斯基时空**)表述，这表明物理时空是四维空间的统一体，而时间和空间只是这个统一体之中的不同维度.

虽然牛顿经典物理学是狭义相对论物理的一阶(低速和弱场)近似，但是无论是高速还是低速，无论是强场还是弱场，物理时空都是四维闵可夫斯基时空统一体而不是牛顿的绝对时间和空间. 在有了四维闵可夫斯基时空表述之后，构造狭义相对论性的近代物理理论变得简单方便，狭义相对论成了近代物理学的一大支柱(另一大支柱是量子力学). 下面我们先介绍狭义相对论的基本内容，然后分别说明检验这些内容的几种主要实验类型，物理上为了明显起见，我们将采用三维空间和一维时间的形式.

1.2 单程光速与双程光速的关系

为了讨论单程光速与双程光速之间的关系，把光信号在原点 O 与 p 点之间的往返传播的示意图用图 1.1 表示.

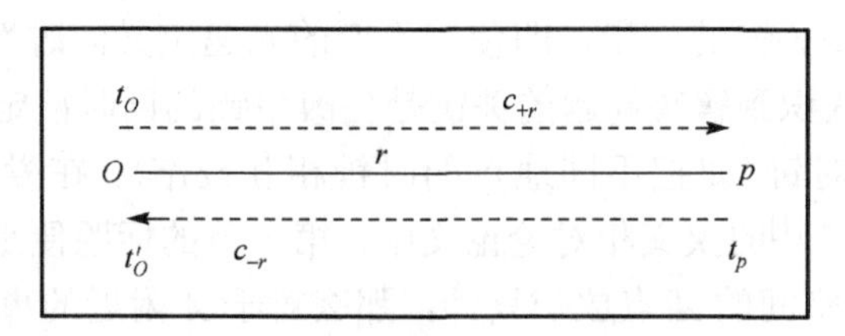

图 1.1 单程与双程光速示意图

光信号在 t_O 时刻从原点 O 出发，在 t_p 时刻到达 p 点，马上返回后在时刻 t'_O 回到 O 点

图 1.1 中原点 O 和任意点 p 之间的距离为 r. 假设光信号在时刻 t_O 从 O 点向 p 点传播，在 t_p 时刻到达 p 点，则光信号从 O 点传播到 p 点所花费的时间是 $t_p - t_O$. 所以，光信号从 O 点到 p 点的单程传播速度 c_{+r} 为

$$c_{+r} = \frac{r}{t_p - t_O} \tag{1.2.1}$$

该信号从 p 点返回到 O 点的时刻是 t'_O，则光信号返回方向的单程光速 c_{-r} 为

$$c_{-r} = \frac{r}{t'_O - t_p} \tag{1.2.2}$$

由 O 点同一只时钟给出的光信号出发和返回之间的时间间隔称为**固有时**间隔 $(t'_O - t_O)$，因此光信号往返双程光速 $\overline{c}_r$ 为

$$\overline{c}_r = \frac{2r}{t'_O - t_O} \tag{1.2.3}$$

由此，双程光速可以写成

$$\frac{1}{\overline{c}_r}=\frac{t'_O-t_O}{2r}=\frac{1}{2}\left(\frac{t'_O-t_p}{r}+\frac{t_p-t_O}{r}\right)=\frac{1}{2}\left(\frac{1}{c_{-r}}+\frac{1}{c_{+r}}\right) \tag{1.2.4}$$

或改写成

$$\overline{c}_r=\frac{2c_{+r}c_{-r}}{c_{+r}+c_{-r}} \tag{1.2.5}$$

其中的记号顶上带“杠”的代表往返双程光速，不带“杠”的代表单程光速. 单程光速 c_{+r} 和 c_{-r} 可以不相等，但是它们也不是完全任意的，而是要受到因果关系的限制. 这就是说，光信号不能在离开出发点之前就到达了终点，也不能在从终点返回之前回到出发点. 具体说必须有 $t_p-t_O>0,\ t'_O-t_p>0$. 因此，方程(1.2.4)和(1.2.5)满足因果关系的条件是

$$\frac{\overline{c}_r}{2}\leqslant c_{+r}(\text{或}\,c_{-r})\leqslant\infty \tag{1.2.6}$$

图 1.1 所示，光信号的往返路径 r_{OpO} 可以是往返直线也可以是任意闭合回路的长度，方程(1.2.4)和(1.2.5)则定义了双程(回路)光速 $\overline{c}_r$ 与单向光速 c_{+r}、c_{-r} 的关系.

1.3 同时性定义和惯性系定义

牛顿力学与爱因斯坦狭义相对论的基本原理及其结论都只在惯性系中成立. 所以**要先定义惯性系**.

惯性系由惯性定律定义 惯性系是那样一类参考系，在其中惯性定律成立，即任何不受力的物体在其中保持静止或做匀速直线运动.

存在五种不同类型的惯性系 牛顿惯性系 $N(x,y,z,t_N)$、爱因斯坦惯性系 $\Sigma(x,y,z,t)$、爱德瓦兹惯性系 $S(x,y,z,t_q)$、罗伯逊惯性系 $S(x,y,z,\overline{t})$、曼苏里-塞塞尔惯性系(Mansouri-Sexl 惯性系，简称 M-S 惯性系) $S(x,y,z,\overline{t}_q)$.

这五种不同类型的惯性系其三维空间坐标 (x,y,z) 的定义完全相同，即都是由三维欧几里得空间中的笛卡儿直角标架给出，如图 1.2 所示，空间的任一点 p_1 在三个坐标轴 x、y、z 上的投影分别是 x_1、y_1、z_1，该点到坐标原点 O 的距离 $r=\sqrt{x_1^{\ 2}+y_1^{\ 2}+z_1^{\ 2}}$.

但是，**时间坐标 t 的定义不同**也就是同时性定义不同，或者用通俗的说法就是“异地对钟”不同. 这几类惯性系中的时间坐标定义可以统一使用如下的方程表达：

$$t=\frac{r}{c_r} \tag{1.3.1a}$$

或者写成平方形式

$$c_r^2t^2-(x^2+y^2+z^2)=0 \tag{1.3.1b}$$

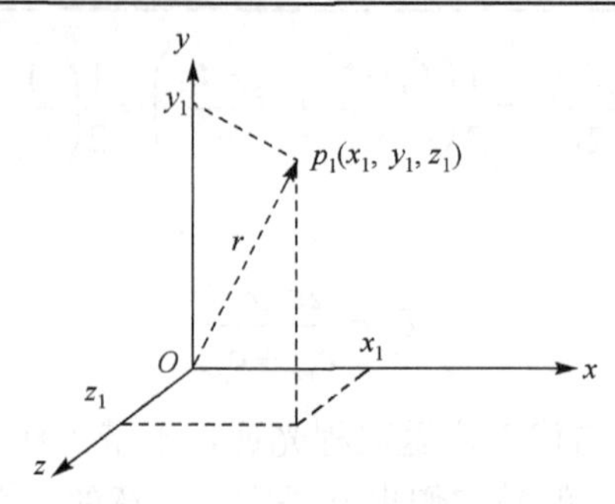

图 1.2　参考系的三维空间坐标轴表达为 (x,y,z)，空间任意点 p_1 的空间位置由该点在三个坐标轴的投影 (x_1,y_1,z_1) 表示；如果在该参考系中观测到任何不受力的质点的运动都是匀速直线运动，那么这样的参考系即是惯性系. p_1 点的时间坐标 t_1 的不同定义取决于不同类型的惯性系，包括牛顿、爱因斯坦、爱德瓦兹、罗伯逊、M-S 惯性系

其中，c_r 是用于异地校准时钟的信号的单程速度(不同类型的时间坐标对应的信号速度 c_r 不同).

方程(1.3.1a)的意思是：在坐标原点 O 的时钟指示 $t_O=0$ 时刻发射的信号，任意 p_1 点接收到这个信号时把该点时钟调节到方程(1.3.1a)给出的时间.

牛顿时间坐标的定义是假设存在瞬时信号，即 $c_r=\infty$；其他四类惯性系的时间坐标定义都是使用光信号，但是假定的单程光速不同. 爱因斯坦惯性系中假定 $c_r=c$ 为常数；爱德瓦兹惯性系中假定 $c_{+r}\neq c_{-r}$，即单程光速各向异性但是双程光速 $\overline{c}_r=c$ 各向同性；罗伯逊惯性系中假设双程光速 $\overline{c}_r$ 各向异性，而在任何给定方向的往返单程光速相等 $c_{+r}=c_{-r}$；M-S 惯性系中对钟信号的双程光速 $\overline{c}_r$ 各向异性，并且给定方向的往返单程光速也不相等 $c_{+r}\neq c_{-r}$.

1.3.1　牛顿同时性及伽利略变换

牛顿惯性系 $N(x,y,z,t)$ 的空间坐标是三维欧几里得空间中的三个相互垂直的坐标轴上的坐标值，这样的坐标系称为笛卡儿(直角)坐标系(如图 1.2 所示). 该坐标系成为惯性坐标系(或惯性系)的条件是，牛顿力学第一定律即惯性定律在其中成立，也就是说在该参考系观测真空中的(即没有任何外力存在的)任何质点的运动要么是静止在其中，要么是在其中匀速直线运动.

牛顿惯性系中的时间坐标 t 是绝对的和不变的，亦即不同地点之间的同时性是绝对的和不变的. 定义牛顿惯性系的时间坐标就是要对准所有空间点上的时钟. 有两个对钟的方法：①例如要想将分别位于原点的时钟和 p 点的时钟对准，先把原点的两只标准时钟对准，然后使其中的一只时钟缓慢移动到 p 点来对准 p 点的时钟(其中忽略了缓慢移动的时钟可能的时间变化)；②在原点的时钟为 t_O 时刻向 p 点发射一个以无穷大速度传播的瞬时信号 $c_\infty=\infty$，在该信号到达 p 点的时候将该点的时钟调到$t_p = t_O + r/c_\infty = t_O$，其中$r/c_\infty = 0$表明该信号可以瞬时传播到空间的任何位置(当然，自然界不能存在以无穷大速度传播的瞬时信号). 在牛顿的年代，起初以为光信号的传播速度是无穷大的. 所以用光信号对钟在忽略光信号的传播时间后所定义的时间坐标就是牛顿惯性系的时间坐标.

两个相互匀速运动的牛顿惯性系$N(x,y,z,t)$和$N'(x',y',z',t')$之间的坐标变换 有了上面定义的牛顿惯性系之后，使用力学的伽利略相对性原理(力学定律在一切牛顿惯性系中均有效)，那么两个牛顿惯性系(如图1.3所示)之间的坐标变换是线性变换，因而得到的就是伽利略(坐标)变换

$$x' = x - vt \tag{1.3.2a}$$

$$y' = y, \quad z' = z \tag{1.3.2b}$$

$$t' = t \tag{1.3.2c}$$

伽利略变换(1.3.2)表明：运动的时钟其速率不会改变，运动的尺子其长度不会变化，不同地点的同时性在所有牛顿惯性系中都一样(同时性的绝对性)，质点的运动速度不受限制等.

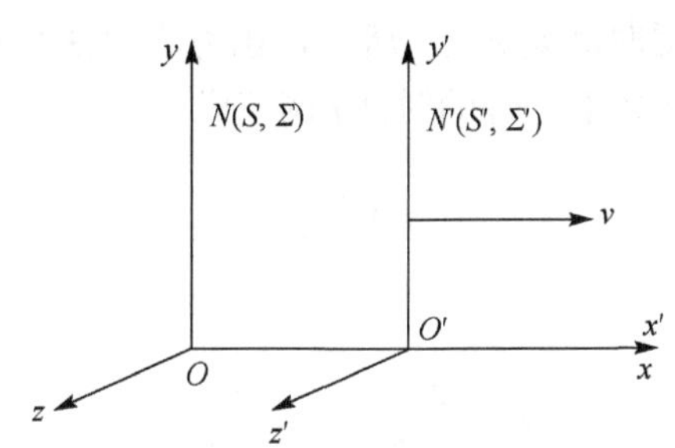

图1.3 初始时刻两个惯性系的相应坐标轴互相重合，在惯性系$N(S,\Sigma)$看来，惯性系$N'(S',\Sigma')$以不变速度v沿x轴正方向运动.

牛顿速度相加定律 由伽利略变换方程(1.3.2)的微分形式的空间变换式除以时间变换式得到

$$u'_x = u_x - v, \quad u'_y = u_y, \quad u'_z = u_z \tag{1.3.3}$$

该方程可以写成简洁的三维矢量形式

$$\boldsymbol{u}' = \boldsymbol{u} - \boldsymbol{v} \tag{1.3.4}$$

牛顿速度的互易性 $\boldsymbol{u}'=0$时(即静止在牛顿惯性系N'中的观察者)，方程(1.3.4)给出$\boldsymbol{u}=\boldsymbol{v}$，反之$\boldsymbol{u}=0$时有$\boldsymbol{u}'=-\boldsymbol{v}$，速度具有互易性(即你看我的速度是$\boldsymbol{v}$，而我看你的速度是$-\boldsymbol{v}$).

1.3.2 爱因斯坦同时性定义及爱因斯坦惯性系

爱因斯坦在 1905 年发表的《论动体的电动力学》的论文[1]中第一节的标题就是“同时性的定义”，其中说：在 A、B 两点各放一只钟来分别定义“A 时间”和“B 时间”，但还没有定义对于 A 时间和 B 时间的**公共“时间”．然而，当我们通过定义光从 A 到 B 所需要的“时间”等于它从 B 到 A 所需“时间”的时候，这后一个时间也就可以定义了**．这就是**爱因斯坦惯性系中时间坐标的定义．这也是爱因斯坦建立狭义相对论的关键一步**[2]．

爱因斯坦惯性系 $\Sigma(x,y,z,t)$ 的三维空间标架同样是真空三维欧几里得空间的笛卡儿直角标架(图 1.2)．爱因斯坦光速不变原理表明，任意 $\boldsymbol{r}$ 方向的往返单程光速等于常数 c，则方程(1.2.4)或(1.2.5)给出 $c_{+r}=c_{-r}=\overline{c}_r=c$．这就是说，假定了单程光速各向同性后，单向光速就取双程光速的数值，而双程光速可以由实验测量给出，因为双程光速只涉及同一地点时钟的固有时间隔而与异地对钟无关．有了单程光速的数值之后，就可以使用光信号对钟了，借助于图 1.2 把任意点 p (去掉了下角标)的时钟与原点的时钟对准：设光信号离开坐标原点时那里的时钟显示的是时刻 $t_O=0$，光信号从原点到 p 点所用时间是 r/c．所以，由方程(1.3.1)得，p 点的时钟在接收到该光信号的时候需要把当地时钟的时间 t 调节成

$$t=\frac{r}{c} \tag{1.3.5}$$

或改写成

$$\begin{cases}r=ct\\x^2+y^2+z^2-c^2t^2=0\end{cases} \tag{1.3.6}$$

在 $\Sigma'(x',y',z',t')$ 系中，时间坐标 t' 的定义类似

$$\begin{cases}r'=ct'\\x'^2+y'^2+z'^2-c^2t'^2=0\end{cases} \tag{1.3.7}$$

其中真空光速 c 在任何惯性系中的任何方向都一样，即是个常数，这就是 1.4.2 节介绍的爱因斯坦狭义相对论第二个基本原理或说假设(即光速不变原理)的数学表述．方程(1.3.6)和(1.3.7)就是光信号在真空中的运动方程，这类方程不但定义了三维欧几里得空间几何(即 $r^2=x^2+y^2+z^2$)，而且更为重要的是，把惯性系中所有空间点的时钟都与原点的时钟对准了，也就是把所有空间点的时钟相互对准了即定义了时间坐标 t．这就是**爱因斯坦同时性定义**．这样的惯性系 $\Sigma(x,y,z,t)$ 称为**爱因斯坦惯性系**．

正如爱因斯坦在 1916 年发表的《广义相对论基础》一文中所说的[3]：“狭义相

对论与经典力学的分歧不在于相对性原理，而只在于真空中光速不变的假设”.

在 1.4.3 节中，我们将用光速不变原理的单程光速的运动方程(1.3.6)和(1.3.7)连同狭义相对性原理推导狭义相对论的洛伦兹变换.

1.3.3 其他类型的同时性定义及惯性系定义[7]

爱德瓦兹惯性系 $S(x,y,z,t_q)$ 的坐标时间 t_q 由如下各向异性的单程光速(而双程光速各向同性)定义：

$$c_{+r}=\frac{c}{1-q_r},\quad c_{-r}=\frac{c}{1+q_r} \tag{1.3.8}$$

其中 c 是各向同性的双程光速，q_r 是单程光速的方向性参数 $\boldsymbol{q}$ 在光线方向 $\boldsymbol{r}$ 的投影. 时间坐标 t_q 的定义由光信号的运动方程给出，即

$$\begin{cases} r=c_r t_q \\ x^2+y^2+z^2-c_r^2 t_q^2=0 \end{cases} \tag{1.3.9}$$

详细情况参见第 2 章.

罗伯逊惯性系 $S(x,y,z,\overline{t})$ 的时间坐标 $\overline{t}$ 由各向异性的单程光速 c_r 的运动方程定义

$$\begin{cases} \overline{t}=r/c_r \\ x^2+y^2+z^2-c_r^2\overline{t}^2=0 \end{cases} \tag{1.3.10a}$$

式中

$$c_r=\frac{\overline{c}_{//}\overline{c}_{\perp}}{\sqrt{\overline{c}_{//}{}^2+\left(\overline{c}_{\perp}{}^2-\overline{c}_{//}{}^2\right)\cos^2\alpha}} \tag{1.3.10b}$$

其中，$\overline{c}_{//}$ 和 $\overline{c}_{\perp}$ 分别是平行于和垂直于 x 轴的双程光速，α 是光线与 x 轴的夹角. 详情请参见第 3 章.

M-S 惯性系 $S(x,y,z,\overline{t}_q)$ 的时间坐标 $\overline{t}_q$ 由各向异性的单程光速 c_r 的运动方程定义

$$\begin{cases} \overline{t}_q=r/c_r \\ x^2+y^2+z^2-c_r^2\overline{t}_q^2=0 \end{cases} \tag{1.3.11a}$$

单程光速 c_r 与方程(1.3.8)类似

$$c_{+r}=\frac{\overline{c}_r}{1-q_r},\quad c_{-r}=\frac{\overline{c}_r}{1+q_r} \tag{1.3.11b}$$

其中 $\overline{c}_r$ 是 $\boldsymbol{r}$ 方向的往返双程光速，其由(1.3.10b)给出

$$\overline{c}_r=\frac{\overline{c}_{//}\overline{c}_{\perp}}{\sqrt{\overline{c}_{//}{}^2+\left(\overline{c}_{\perp}{}^2-\overline{c}_{//}{}^2\right)\cos^2\alpha}} \tag{1.3.11c}$$

由此可以看出在 M-S 惯性系中，单程光速和双程光速都是各向异性的. 详情请参见第 3 章.

1.4　爱因斯坦狭义相对论

爱因斯坦通过提出**两个基本假设**：第一个是**狭义相对性原理**，第二个是**光速不变原理**. 并使用光速不变原理定义了爱因斯坦惯性系，进而连同狭义相对性原理推导出了爱因斯坦的洛伦兹变换，从而建立了爱因斯坦狭义相对论. 之后，以狭义相对论为基础的近代物理学得以建立.

这里我们在惯性系之前添加了爱因斯坦的名字，是为了区分于其他惯性系. 因为本节讲的是爱因斯坦狭义相对论，所以后面的简称“惯性系”即是“**爱因斯坦惯性系**”；而且下面的简称“**洛伦兹变换**”指的也是“**爱因斯坦的洛伦兹变换**”以区别于其他的洛伦兹变换(例如“**洛伦兹的**洛伦兹变换”，参见 1.4.4 节).

1.4.1　狭义相对性原理

狭义相对性原理是说，一切物理定律在所有惯性系中均有效. 这里说的惯性系只是指爱因斯坦惯性系，物理定律的方程式即是物理理论的动力学方程. 这就是说，一切物理定律的动力学方程式在所有爱因斯坦惯性系具有相同的形式. 需要强调，相对性原理涉及的是**动力学**而非**运动学**；包含物理变量对时间的二阶偏导数的运动方程是**动力学方程**，只包含物理变量对时间的一阶导数的方程式则是**运动学方程**.

在推导出惯性系之间的坐标变换方程式即洛伦兹变换之后，狭义相对性原理表述为：一切物理定律的动力学方程式在洛伦兹变换下其形式不变.

近代物理学(包括相对论力学、运动介质电动力学、相对论量子力学、量子电动力学、粒子物理学、广义相对论、大统一理论、超弦理论等)都是以狭义相对性原理为基础建立起来的，所以狭义相对论称为近代物理学的一大支柱(参见本书 1.5.2 狭义相对论是近代物理理论的一大支柱). 所以，应当说，近代物理学的成功也是对狭义相对性原理的检验. 有关相对性原理的实验检验可参见本书的第 7 章.

牛顿力学中的伽利略相对性原理是说，力学定律的动力学方程式在伽利略变换下其形式不变. 所以，狭义相对性原理与伽利略相对性原理没有本质的区别.

附带说明，狭义相对性原理”中的“**狭义**”为的是区分广义相对论中的“**广义**相对性原理(或广义协变性)”.

1.4.2　光速不变原理

光速不变原理是说，光在真空中总是以不变速度 c 传播且与光源的运动状态无关 . 对此做如下解释(也可参见本书的附录 D).

这条原理是用来在惯性系中定义同时性或说“对钟”，也就是定义时间坐标，即定义爱因斯坦惯性系. 在**爱因斯坦惯性系**中，**真空光速不变性**包含：

(1) 在每一个惯性系中真空光速 c 都与光的频率无关，即光在真空中传播没有色散；

(2) 在每一个惯性系中真空光速 c 都与光的传播方向无关，即**单向光速各向同性**；

(3) 光速 c 与光源的运动状态(包括匀速运动、加速运动、减速运动等)无关.

上面的第 1 点和第 3 点可以用实验检验，只是第 2 点不能用实验检验而只能是假定；就是说，单向光速不能用实验测量出来或说单向光速是否各向同性不能用实验判断，除非能找到更好的对钟方法来替代光信号对钟①.

光速不变原理涉及的是**运动学**，而相对性原理涉及的是**动力学**，两者有本质的差别. 所以，不可能从一个原理推论出另一个原理.

1.4.3　狭义相对论的洛伦兹变换

考虑两个特殊的爱因斯坦惯性系 Σ 和 Σ' (如图 1.3 所示)，在 $t=t'=0$ 的初始时刻，两个惯性系的三维空间坐标轴互相重合，在 Σ 中观测，Σ' 系以不变的速度 v 沿 x 轴的正方向运动.

洛伦兹变换的推导　相对性原理要求任何不受力的质点其运动定律即惯性定律在所有惯性系中的表述一致；这就是说，在两个惯性系中观测，这个质点都是在做匀速直线运动. 所以，两个惯性系之间的坐标变换取线性变换的形式如下：

$$x'=d(ax+bt) \tag{1.4.1a}$$

$$y'=dy \tag{1.4.1b}$$

$$z'=dz \tag{1.4.1c}$$

$$t'=d(\gamma t+\lambda x) \tag{1.4.1d}$$

其中 d 可以称为共形(conformal)参数. 初始条件要求，在方程(1.4.1a)代入 $x'=0$ 后应当得到 $x=vt$ (即 Σ' 系的原点以不变速度 v 沿 x 的正方向的运动路程)，则(1.4.1a)给出 $b=-av$，于是方程(1.4.1)变成

$$x'=da(x-vt) \tag{1.4.2a}$$

$$y'=dy \tag{1.4.2b}$$

$$z'=dz \tag{1.4.2c}$$

$$t'=d(\gamma t+\lambda x) \tag{1.4.2d}$$

① 如果发现了超光速信号则可以用作异地对钟，然后用来测量单向光速，即用来检验单向光速各向同性. 但是，这个超光速信号的单向速度又成为不可测量，亦即它的单向速度是否各向同性同样无法用实验判断；除非发现瞬时传播信号，可是自然界不会存在瞬时信号，因为按照牛顿力学，无穷大速度的动能是无穷大. 所以，自然界中不可能存在能发射无穷大能量的信号源.

下面利用光速不变原理(即闵可夫斯基时空的类光间隔的不变性，即 $ds'^2 = ds^2 = 0$)可以确定方程(1.4.2)中的三个参数(a、γ、λ)，但不能确定共形参数 d. 只有用非类光间隔的不变性 $ds' = ds^2 \neq 0$ 才能确定 $d = 1$.

由单向光速不变性在 Σ 系中的数学方程(1.3.6)给出

$$x^2 + y^2 + z^2 - c^2t^2 = 0 \tag{1.4.3}$$

同样，光速不变原理在 Σ' 系中可类似写成

$$x'^2 + y'^2 + z'^2 - c^2t'^2 = 0 \tag{1.4.4}$$

方程(1.4.3)和(1.4.4)就是单向光速各向同性的坐标表达式，它们是球面方程，这就是说在初始时刻从坐标原点向四面八方发出的光信号其轨迹在两个惯性系中都是球面的.

将方程(1.4.2)代入(1.4.4)后得到

$$d^2[a^2(x - vt)^2 + y^2 + z^2 - c^2(\gamma t + \lambda x)^2] = 0 \tag{1.4.5}$$

参数 $d \neq 0$，则上式左边的方括号等于零，展开后

$$(a^2 - c^2\lambda^2)x^2 + y^2 + z^2 - 2(a^2v + c^2\lambda\gamma)xt + (a^2v^2 - c^2\gamma^2)t^2 = 0 \tag{1.4.6}$$

光速不变原理要求该式应当变成方程(1.4.3)，即坐标变换应当把光信号在 Σ' 系中的运动方程变成它在 Σ 系中的运动方程. 要使方程(1.4.6)变成(1.4.3)，则其中时空坐标前的常数系数必须各自为零，即得到如下的方程组[8]：

$$a^2 - c^2\lambda^2 - 1 = 0 \tag{1.4.7a}$$

$$a^2v + c^2\lambda\gamma = 0 \tag{1.4.7b}$$

$$a^2v^2 - c^2\gamma^2 + c^2 = 0 \tag{1.4.7c}$$

方程组(1.4.7)的解是

$$\lambda = -\frac{v}{c^2}\gamma \tag{1.4.8}$$

$$a^2 = \gamma^2 = \frac{1}{1 - v^2/c^2} \tag{1.4.9}$$

对方程(1.4.9)开方给出

$$a = \gamma = \pm\frac{1}{\sqrt{1 - v^2/c^2}} \tag{1.4.10}$$

使用方程(1.4.8)～(1.4.10)后，方程(1.4.2)成为

$$x' = \pm d \frac{1}{\sqrt{1 - v^2 / c^2}} (x - vt) \tag{1.4.11a}$$

$$y' = dy \tag{1.4.11b}$$

$$z' = dz \tag{1.4.11c}$$

$$t' = \pm d \frac{1}{\sqrt{1 - v^2 / c^2}} \left(t - \frac{v}{c^2} x \right) \tag{1.4.11d}$$

因为两个惯性系的坐标轴的正方向一致，所以方程(1.4.10)的右边应当取正号，即得到**共形洛伦兹坐标变换**

$$x' = d \frac{1}{\sqrt{1 - v^2 / c^2}} (x - vt) \tag{1.4.12a}$$

$$y' = dy \tag{1.4.12b}$$

$$z' = dz \tag{1.4.12c}$$

$$t' = d \frac{1}{\sqrt{1 - v^2 / c^2}} \left(t - \frac{v}{c^2} x \right) \tag{1.4.12d}$$

现在使用非类光间隔的不变性来确定参数 d. 使用类时间隔或类空间隔

$$x'^2 + x'^2 + x'^2 - c^2 t'^2 \neq 0 \tag{1.4.13}$$

将变换方程(1.4.12)代入方程(1.4.13)的左边后给出

$$d^2 (x^2 + x^2 + x^2 - c^2 t^2) \neq 0 \tag{1.4.14}$$

所以要使方程(1.4.13)表达的任何四维间隔在方程(1.4.12)变换下具有不变性，则必须要求共形参数 $d = 1$. 因而，方程(1.4.12)成为通常的**(齐次)洛伦兹变换**

$$x' = \frac{1}{\sqrt{1 - v^2 / c^2}} (x - vt) \tag{1.4.15a}$$

$$y' = y \tag{1.4.15b}$$

$$z' = z \tag{1.4.15c}$$

$$t' = \frac{1}{\sqrt{1 - v^2 / c^2}} \left(t - \frac{v}{c^2} x \right) \tag{1.4.15d}$$

相应的逆变换是

$$x = \frac{1}{\sqrt{1 - v^2 / c^2}} (x' + vt') \tag{1.4.16a}$$

$$y = y' \tag{1.4.16b}$$

$$z = z' \tag{1.4.16c}$$

$$t = \frac{1}{\sqrt{1-v^2/c^2}}\left(t' + \frac{v}{c^2}x'\right) \tag{1.4.16d}$$

带有共形参数的坐标变换方程(1.4.12)构成的群可以称为**共形(洛伦兹)群**，而齐次洛伦兹变换方程(1.4.15)构成的群(没有时空平移，也没有时空反演)称为**洛伦兹群**. 上面的结果与数学的结论一致：保证类光间隔($\mathrm{d}s^2=0$)不变的线性变换群是共形群；而保证所有四维间隔(包括类光间隔、类时间隔和类空间隔)不变的线性变换群是洛伦兹群.

更一般的洛伦兹变换[7] 如果两个惯性系的相对运动速度$\boldsymbol{v}$的方向为任意的(即不一定平行于x轴的情况)，下面推导相应的更一般的洛伦兹变换. 使用三维空间矢量的分解公式

$$\boldsymbol{r} = (x,y,z) = \boldsymbol{r}_{/\!/} + \boldsymbol{r}_{\perp} \tag{1.4.17}$$

其中，$\boldsymbol{r}_{/\!/}$和$\boldsymbol{r}_{\perp}$分别是$\boldsymbol{r}$在平行于和垂直于速度方向(即$\boldsymbol{v}$的方向)上的投影分量，即分别定义为

$$\boldsymbol{r}_{/\!/} = \frac{(\boldsymbol{r}\cdot\boldsymbol{v})\boldsymbol{v}}{v^2}, \qquad \boldsymbol{r}_{\perp} = \boldsymbol{r} - \frac{(\boldsymbol{r}\cdot\boldsymbol{v})\boldsymbol{v}}{v^2} \tag{1.4.18}$$

方程(1.4.15)中的$\boldsymbol{v}$与$\boldsymbol{x}$轴方向平行，所以

$$\boldsymbol{r}_{/\!/} = (x,0,0), \qquad \boldsymbol{r}_{\perp} = (0,y,z) \tag{1.4.19}$$

其中下角标“$/\!/(\perp)$”表示平行于(垂直于)$\boldsymbol{x}$轴.

考虑方程(1.4.19)，可以把方程(1.4.15)写成三维空间矢量的形式

$$\boldsymbol{r}'_{/\!/} = \frac{1}{\sqrt{1-\boldsymbol{v}^2/c^2}}(\boldsymbol{r}_{/\!/} - \boldsymbol{v}_{/\!/}t) \tag{1.4.20a}$$

$$\boldsymbol{r}'_{\perp} = \boldsymbol{r}_{\perp} \tag{1.4.20b}$$

$$t' = \frac{1}{\sqrt{1-\boldsymbol{v}^2/c^2}}\left(t - \frac{\boldsymbol{v}\cdot\boldsymbol{r}'_{/\!/}}{c^2}\right) \tag{1.4.20c}$$

类似地

$$\boldsymbol{r}' = \boldsymbol{r}'_{/\!/} + \boldsymbol{r}'_{\perp} \tag{1.4.21}$$

将方程(1.4.20a,b)代入(1.4.21)，并利用方程(1.4.17)，得到**更一般的齐次洛伦兹变换**的三维矢量形式

$$\boldsymbol{r}' = \frac{1}{\sqrt{1-v^2/c^2}}(\boldsymbol{r}^{\dagger} - \boldsymbol{v}t) \tag{1.4.22a}$$

$$t' = \frac{1}{\sqrt{1 - v^2 / c^2}} \left(t - \frac{\boldsymbol{v} \cdot \boldsymbol{r}}{c^2} \right) \tag{1.4.22b}$$

其中

$$\boldsymbol{r}^\dagger \equiv \sqrt{1 - v^2 / c^2} \left[\boldsymbol{r} - \left(1 - \frac{1}{\sqrt{1 - v^2 / c^2}} \right) \frac{\boldsymbol{v} \cdot \boldsymbol{r}}{v^2} \boldsymbol{v} \right] \tag{1.4.22c}$$

式中，两个惯性系之间的相对速度 $\boldsymbol{v}$ 的方向可以任意. 当然，如果 $\boldsymbol{v}$ 的方向与 $\boldsymbol{x}$ 轴方向平行，则方程(1.4.22)简化为通常的齐次洛伦兹变换方程(1.4.15).

另外，不含时空反演和时空平移的最一般的情况是初始时刻两惯性系只有原点重合而三个直角坐标轴不重合，即三个直角坐标轴之间存在三维空间的转动，那么这种情况的最一般的齐次洛伦兹变换就是用三维空间的转动算符 D 去乘方程 (1.4.22)；三维空间坐标轴转动的结果是方程(1.4.22b)(时间坐标变换式)保持不变，而三维空间坐标变成

$$D\boldsymbol{r}' = \boldsymbol{r} + \boldsymbol{v} \left[\left(\frac{1}{\sqrt{1 - \beta^2}} - 1 \right) \frac{\boldsymbol{r} \cdot \boldsymbol{v}}{v^2} - \frac{1}{\sqrt{1 - \beta^2}} t \right] \tag{1.4.23}$$

其中 $\beta \equiv v / c$，转动算符 D 把三维矢量 $\boldsymbol{r}'$ 变成三维矢量 $D\boldsymbol{r}'$. 所以，逆转动算符 D^{-1} 的操作代表 Σ' 的笛卡儿坐标轴转动成与 Σ 系的坐标轴取向相同. 因此，两惯性系之间的相对速度 $\boldsymbol{v}$ 和 $\boldsymbol{v}'$ 有如下关系：

$$D\boldsymbol{v}' = -\boldsymbol{v} \tag{1.4.24}$$

将逆算符 D^{-1} 作用于方程(1.4.23)并使用方程(1.4.24)，含有转动的最一般的洛伦兹变换是

$$\boldsymbol{r}' = D^{-1}\boldsymbol{r} - \boldsymbol{v}' \left[\left(\frac{1}{\sqrt{1 - \beta^2}} - 1 \right) \frac{\boldsymbol{r} \cdot \boldsymbol{v}}{v^2} - \frac{1}{\sqrt{1 - \beta^2}} t \right] \tag{1.4.25a}$$

$$t' = \frac{1}{\sqrt{1 - \beta^2}} \left(t - \frac{\boldsymbol{r} \cdot \boldsymbol{v}}{c^2} \right) \tag{1.4.25b}$$

为了获得两惯性系 Σ 和 Σ' 的坐标轴具有相同的取向，转动算符 D 也可以解释成转动 Σ 系的坐标轴，则逆变换是

$$\boldsymbol{r} = D\boldsymbol{r}' - \boldsymbol{v} \left[\left(\frac{1}{\sqrt{1 - \beta^2}} - 1 \right) \frac{\boldsymbol{r}' \cdot \boldsymbol{v}'}{v^2} - \frac{1}{\sqrt{1 - \beta^2}} t' \right] \tag{1.4.26a}$$

$$t = \frac{1}{\sqrt{1 - \beta^2}} \left(t' - \frac{\boldsymbol{r}' \cdot \boldsymbol{v}'}{c^2} \right) \tag{1.4.26b}$$

其中

$$v' = |\boldsymbol{v}'|, \quad v = |\boldsymbol{v}| \tag{1.4.26c}$$

庞加莱变换 如果在初始时刻两个惯性系的时空坐标轴分别相互平行但不重合(即**庞加莱时空平移**). 时空平移后的坐标变换称为**庞加莱变换**:

$$x' = \frac{1}{\sqrt{1-v^2/c^2}}(x - vt) + b_x \tag{1.4.27a}$$

$$y' = y + b_y \tag{1.4.27b}$$

$$z' = z + b_z \tag{1.4.27c}$$

$$t' = \frac{1}{\sqrt{1-v^2/c^2}}\left(t - \frac{v}{c^2}x\right) + b_t \tag{1.4.27d}$$

其中，b_x、b_y、b_z、b_t 是常数 4-矢量 b_μ 的 4 个分量，代表**庞加莱时空平移**. 齐次洛伦兹变换构成**洛伦兹群**；庞加莱变换构成**庞加莱群**.

洛伦兹变换中的膨胀因子 $\gamma = 1/\sqrt{1-v^2/c^2}$ 在两个惯性系之间的相对速度 v 趋于真空光速 c 时趋于无穷大. 所以惯性系之间的相对速度必定小于真空光速.

1.4.4 庞加莱的光速不变性与洛伦兹的洛伦兹变换

庞加莱的光速不变性 庞加莱在 1905 年之前已经接近了**光速不变原理和相对性原理**的提出，例如，他在 1898 年发表的关于时间测量的论文中写道：“光具有不变的速度，尤其是它的速度在一切方向上都是相同的，这是一个公设，没有这个公设，就无法度量光速. 这个公设从来也不能直接用经验来验证……”[9]. 而且，1904 年他在圣路易斯会议的报告中预言了全新力学即将出现:“也许我们将要建造一种全新的力学，我们已经成功地瞥见到它了. 在这个全新的力学内，惯性随速度而增加，光速会变为不可逾越的极限. 原来的比较简单的力学依然保持为一级近似，因为它对不太大的速度还是正确的，以致在新力学中还能够发现旧力学”.

与爱因斯坦光速不变原理的陈述相比，庞加莱除了没有涉及光速与光源运动的无关性之外，他对假定单向光速各向同性的必要性说得更加清楚，而且明确表示这个假设不能用实验加以验证. 正如我们在“1.2 单程光速与双程光速的关系”中已经分析的，假定了“单向光速各向同性”就有了“单向光速等于双程光速”这一结果，而双程光速不需要异地对钟，也就是不需要定义惯性系的时间坐标，只需要当地的时钟测量光信号往返(双程)的运动时间而得到双程光速的测量值，而单程光速就可以取双程光速的实验值. 接下来的问题是：单程光速在建立狭义相对论中具有什么作用？单程光速用来对准异地的时钟，也就是定义惯性系中的时间坐标(即定义同时性). 有了惯性系，进而推导出洛伦兹坐标变换，这是狭义相对论运动学的核心和建立狭义相对论动力学(即近代物理学)的基础(参见 1.5.2 狭义相对论是近代物理学的一大支柱).

但是庞加莱提出光速不变性之后并没有迈出建立狭义相对论的关键一步[2]——即使用不变的单向光速去定义同时性(即没有改变牛顿的绝对时间概念)，也就没有推导出狭义相对论的洛伦兹变换. 1904 年洛伦兹从静止以太论和牛顿绝对时间的概念出发，推导出不同于伽利略变换的新变换，但是无法解释其中的时间坐标. 对于洛伦兹坚持的牛顿绝对时间的概念，庞加莱并没有提出纠正，反而把洛伦兹推出的变换命名为“洛伦兹变换”(正如下面说明的，“**洛伦兹的洛伦兹变换**”不是狭义相对论中的洛伦兹变换). 因此，庞加莱不可能建立狭义相对论.

洛伦兹的洛伦兹变换　虽然洛伦兹的洛伦兹变换与狭义相对论没有任何关系，但是狭义相对论的坐标变换仍被命名为“洛伦兹变换”. 因而，有必要说明洛伦兹的洛伦兹变换与爱因斯坦狭义相对论的洛伦兹变换之间的本质区别. 为了区别于狭义相对论的洛伦兹变换，我们在下面洛伦兹的坐标变换中的那些与狭义相对论坐标变换中具有不同物理意义的记号添加了下标“洛”:

$$x' = \frac{1}{\sqrt{1 - v_{洛}^2 / c_{洛}^2}} (x - v_{洛} t_{洛}) \tag{1.4.28a}$$

$$t'_{洛} = \frac{1}{\sqrt{1 - v_{洛}^2 / c_{洛}^2}} \left(t_{洛} - \frac{v_{洛}}{c_{洛}^2} x \right) \tag{1.4.28b}$$

这个坐标变换与爱因斯坦狭义相对论的洛伦兹变换方程(1.4.15)在数学形式上完全一样，但是其中带有下标“洛”的记号的物理意义与狭义相对论的完全不同. 洛伦兹直到 1928 年还对他这个坐标变换中的时间坐标进行解释[10]:“因为必须变换时间，所以我引入了**当地时间**的概念，它在相互运动的不同坐标系中是不同的. **但是我从未认为它与真实时间有任何联系. 对我来说，真实时间仍由原来经典的绝对时间概念表示**”.

在下面的表 1.1 中，我们对洛伦兹 1904 年的坐标变换与爱因斯坦狭义相对论的坐标变换之间的区别进行了说明[11]，其中为了更清楚起见，爱因斯坦坐标变换中的相关记号添加了下标“爱”.

表 1.1　对比爱因斯坦的洛伦兹变换(1.4.15)与洛伦兹的洛伦兹变换(1.4.28)

	爱因斯坦的	洛伦兹的
参考系	$\Sigma(x,y,z,t)$ 系同 $\Sigma'(x',y',z',t')$ 系等价	$S(x,y,z,t)$ 是静止以太系(绝对系)； $S'(x',y',z',t')$ 相对以太的运动系
光速	真空光速 $c_{爱}$在每个惯性系及各个方向都是同样的常数	$c_{洛}$是静止以太中的(S 系中的)各向同性的光速，运动系 S'中的光速是 $c'_{洛}=c_{洛}-v_{牛}$
时间	$t_{爱}$和 $t'_{爱}$都是使用光速不变原理定义的时间坐标	$t_{洛}$是绝对系中的牛顿时间； $t'_{洛}$是当地时间，无物理意义
速度	$v_{爱}$由 $t_{爱}$定义	$v_{牛}$由牛顿绝对时间定义

说明：表中显示的两者本质的区别表明，洛伦兹的洛伦兹变换不是爱因斯坦狭

义相对论中的洛伦兹变换. 从 1905 年狭义相对论的出现至今 100 多年来，有不少作者用不同的方法推导了坐标变换，这些变换中的常数 c 和时间坐标(以及相应的速度)如果不是用光速不变原理定义的，那么这些变换就绝不是爱因斯坦狭义相对论的洛伦兹变换，而只能叫张三变换或李四变换，如同洛伦兹 1904 年发表的变换只能叫**洛伦兹的**洛伦兹变换一样.

1.5 四维闵可夫斯基时空

庞加莱[4]和闵可夫斯基[5,6]将时间坐标(ct)和空间坐标(x,y,z)平等处理成新的四维空间的四个维度而建立了四维平直时空几何. 使用四维时空几何可以更简洁地表述狭义相对论，特别是为建立狭义相对论性的近代物理理论提供了简便而必不可少的工具. 由此，也刷新了人们对时间和空间的物理观念：自然界中物理学的时间和空间不再是孤立的，而是四维时空(闵可夫斯基平直时空)的统一体，时间只是这个四维时空中的一个维度. 所以，四维时空表述是近代物理理论必不可少的工具.

1.5.1 闵可夫斯基四维平直时空的基本内容

闵可夫斯基四维时空 M_4 称为“**世界**(world)”，其中的时空点称为“**世界点**(world point)”，代表“**事件**(event)”，它由 4 个时空坐标 $x^\mu=(ct,x,y,z)$ 表达，**四维间隔**(interval)是 $\mathrm{d}s^2=\eta_{\mu\nu}\mathrm{d}x^\mu\mathrm{d}x^\nu$，其中 $\eta_{\mu\nu}$ 称为**闵可夫斯基度规**，它通常有 3 种不同的定义：$\eta_{\mu\nu}=(-1,1,1,1)$，$\eta_{\mu\nu}=(1,-1,-1,-1)$，$\eta_{\mu\nu}=(1,1,1,1)$.

闵可夫斯基四维时空有两种形式：①**复四维时空**(其中三维空间坐标是实数，一维时间坐标是虚数)，②**实四维时空**(三维空间坐标和一维时间坐标都是实数). 对此分别在下面进行简单介绍.

1. 闵可夫斯基实四维时空

实四维时空坐标 4-矢量 $x^\mu(\mu=0,1,2,3)$ 定义为

$$\begin{cases}x^\mu=(x^0,\ x^1,\ x^2,\ x^3)=(x^0,\ x^i), \quad i=1,2,3\\ x^0=ct,\quad x^1=x,\quad x^2=y,\quad x^3=z,\end{cases} \tag{1.5.1}$$

其中，$x^\mu=(x^0,\ x^i)$ 是四维时空中的“世界点”即时空坐标，相应的时空坐标间隔(4-间隔) $\mathrm{d}x^\mu$ 是

$$\begin{cases}\mathrm{d}x^\mu=(\mathrm{d}x^0,\ \mathrm{d}x^1,\ \mathrm{d}x^2,\ \mathrm{d}x^3)\\ \mathrm{d}x^0=c\mathrm{d}t,\quad \mathrm{d}x^1=\mathrm{d}x,\quad \mathrm{d}x^2=\mathrm{d}y,\quad \mathrm{d}x^3=\mathrm{d}z\end{cases} \tag{1.5.2}$$

4-矢量 x^μ 和 $\mathrm{d}x^\mu$ 的洛伦兹变换分别写成

$$x'^\mu=\Lambda^\mu{}_\nu x^\nu \tag{1.5.3a}$$

$$\mathrm{d}x'^{\mu} = \Lambda^{\mu}{}_{\nu}\,\mathrm{d}x^{\nu} \tag{1.5.3b}$$

其中，$\Lambda^{\mu}{}_{\nu}$ 是方程(1.4.15)中时空坐标前的系数，相应的矩阵形式是

$$(x'^{\mu}) = (\Lambda^{\mu}{}_{\nu})(x^{\nu}) \tag{1.5.4a}$$

$$(\mathrm{d}x'^{\mu}) = (\Lambda^{\mu}{}_{\nu})(\mathrm{d}x^{\nu}) \tag{1.5.4b}$$

其中，按照通常的约定，重复的上下角标表示对其四个分量求和；变换矩阵$(\Lambda^{\mu}{}_{\nu})$是洛伦兹变换方程的系数矩阵. 洛伦兹变换矩阵的行列式为

$$\det(\Lambda^{\mu}{}_{\nu}) \equiv \left|(\Lambda^{\mu}{}_{\nu})\right| = \pm 1 \tag{1.5.5}$$

变换矩阵$(\Lambda^{\mu}{}_{\nu})$是洛伦兹群的一个元素. 行列式为+1的变换矩阵属于正洛伦兹群的一个元素，而行列式为−1的变换矩阵属于包含时空反射的全(完整)洛伦兹群的一个元素.

洛伦兹变换的矩阵形式 (正)洛伦兹变换(1.4.15)改写成四维时空坐标的形式:

$$\begin{cases} t' = \gamma\left(t - \dfrac{\beta}{c}x\right) \\ x' = \gamma(x - vt) \\ y' = y \\ z' = z \end{cases} \rightarrow \begin{cases} x^{0\prime} = \gamma(x^0 - \beta x^1) \\ x^{1\prime} = \gamma(x^1 - \beta x^0) \\ x^{2\prime} = x^2 \\ x^{3\prime} = x^3 \end{cases} \tag{1.5.6a}$$

其中

$$\beta = \frac{v}{c}, \qquad \gamma = \frac{1}{\sqrt{1-\beta^2}} \tag{1.5.6b}$$

将方程(1.5.6a)写成如下矩阵形式:

$$\begin{pmatrix} x^{0\prime} \\ x^{1\prime} \\ x^{2\prime} \\ x^{3\prime} \end{pmatrix} = \begin{pmatrix} \gamma & -\gamma\beta & 0 & 0 \\ -\gamma\beta & \gamma & 0 & 0 \\ 0 & 0 & 1 & 0 \\ 0 & 0 & 0 & 1 \end{pmatrix} \begin{pmatrix} x^0 \\ x^1 \\ x^2 \\ x^3 \end{pmatrix} \rightarrow (x'^{\mu}) = (\Lambda^{\mu}{}_{\nu})(x^{\nu}) \tag{1.5.7}$$

其中，坐标 4-矢量的矩阵形式(x'^{μ})、(x^{ν})和洛伦兹变换的矩阵形式$(\Lambda^{\mu}{}_{\nu})$分别是

$$(x'^{\mu}) = \begin{pmatrix} x^{0\prime} \\ x^{1\prime} \\ x^{2\prime} \\ x^{3\prime} \end{pmatrix}, \quad (x^{\nu}) = \begin{pmatrix} x^0 \\ x^1 \\ x^2 \\ x^3 \end{pmatrix}, \quad (\Lambda^{\mu}{}_{\nu}) = \begin{pmatrix} \gamma & -\gamma\beta & 0 & 0 \\ -\gamma\beta & \gamma & 0 & 0 \\ 0 & 0 & 1 & 0 \\ 0 & 0 & 0 & 1 \end{pmatrix} \tag{1.5.8}$$

洛伦兹变换矩阵$(\Lambda^{\mu}{}_{\nu})$的逆变换矩阵$(\Lambda^{\mu}{}_{\nu})^{-1}$是

$$(\Lambda^{\mu}{}_{\nu})^{-1}=\begin{pmatrix}\gamma & \gamma\beta & 0 & 0\\ \gamma\beta & \gamma & 0 & 0\\ 0 & 0 & 1 & 0\\ 0 & 0 & 0 & 1\end{pmatrix} \tag{1.5.9}$$

四维空间的无穷小间隔(4-间隔) $\mathrm{d}s$ 是

$$\mathrm{d}s^2=-c^2\mathrm{d}t^2+\mathrm{d}x^2+\mathrm{d}y^2+\mathrm{d}z^2 \tag{1.5.10a}$$

$$\mathrm{d}s'^2=-c^2\mathrm{d}t'^2+\mathrm{d}x'^2+\mathrm{d}y'^2+\mathrm{d}z'^2 \tag{1.5.10b}$$

引入闵可夫斯基度规张量 $\eta_{\mu\nu}$，有

$$(\eta_{\mu\nu})=\mathrm{diag}(-1,1,1,1)=\begin{pmatrix}-1 & 0 & 0 & 0\\ 0 & 1 & 0 & 0\\ 0 & 0 & 1 & 0\\ 0 & 0 & 0 & 1\end{pmatrix} \tag{1.5.11}$$

则方程(1.5.10)简写成四维形式

$$\mathrm{d}s^2=\eta_{\mu\nu}\mathrm{d}x^{\mu}\mathrm{d}x^{\nu} \tag{1.5.12a}$$

$$\mathrm{d}s'^2=\eta_{\mu\nu}\mathrm{d}x'^{\mu}\mathrm{d}x'^{\nu} \tag{1.5.12b}$$

其中，4-矢量 $\mathrm{d}x^{\mu}$ 由(1.5.2)定义($\mathrm{d}x'^{\mu}$ 的定义类似)，度规张量 $\eta_{\mu\nu}$ 在洛伦兹变换下不变. 方程(1.5.12)可以称为四维闵可夫斯基时空的**线元**或度规. 上下角标的升降由闵可夫斯基度规 $\eta_{\mu\nu}$ 与其逆度规 $\eta^{\mu\nu}$ 决定，在这样定义的四维时空中需要区分上下角标. 例如 $x^0=ct$ ，而 $x_0=\eta_{00}x^0=-x^0=-ct$.

闵可夫斯基度规 $\eta_{\mu\nu}$ 的逆度规 $\eta^{\mu\nu}$ 由下列方程定义：

$$\eta^{\mu\lambda}\eta_{\nu\lambda}=\delta^{\mu}_{\nu}=\begin{cases}1, & \mu=\nu\\ 0, & \mu\neq\nu\end{cases} \tag{1.5.13}$$

该方程的解是

$$\eta^{\mu\lambda}=\mathrm{diag}(-1,1,1,1) \tag{1.5.14}$$

三种类型的物理事件的四维间隔 ①类光间隔 $\mathrm{d}s^2=0$ ，这是以光速运动的粒子(包括光子)的运动方程；另外，两个类光事件之间的三维空间间隔除以时间间隔在数值上等于真空光速 c 的数值；两个类光事件之间可能存在因果关系，也可能没有因果联系；②类时间隔 $\mathrm{d}s^2<0$ ，以小于光速 c 的速度运动的物质的4-间隔；另外，两个类时事件之间的三维空间间隔除以时间间隔在数值上小于真空光速 c 的数值；两个类时事件之间可能有因果关系，也可能没有因果联系；③类空间隔 $\mathrm{d}s^2>0$ ，即是说两个类空事件之间的三维空间间隔除以时间间隔在数值上大于真空光速 c 的数

值. 由于狭义相对论中不存在超光速信号,所以这些类空事件之间没有因果联系. 另外, 四维时空间隔是洛伦兹变换下的不变量, 所以类光间隔、类时间隔、类空间隔这三种不同类型的时空间隔之间不可能通过洛伦兹变换进行互相转变; 特别是, 亚光速运动不可能通过洛伦兹变换转化成超光速运动, 反之亦然.

4-矢量、4-张量、4-张量密度 如果在洛伦兹变换下任何具有 4 个分量的 A^μ 其变换方式与坐标逆变 4-矢量 x^μ 的变换方式相同, 即

$$A'^\mu = \Lambda^\mu{}_\nu A^\nu \tag{1.5.15}$$

那么这个量就是一个逆变 4-矢量. 定义协变 4-矢量 A_μ 在洛伦兹变换下的变换为

$$A'_\mu = \Lambda_\mu{}^\nu A_\nu \tag{1.5.16}$$

其中的系数 $\Lambda_\mu{}^\nu$ 与微分算符 $\dfrac{\partial}{\partial x^\mu}$ 变换的系数一样, 即

$$\frac{\partial}{\partial x'^\mu} = \Lambda_\mu{}^\nu \frac{\partial}{\partial x^\nu} \tag{1.5.17}$$

将微分算符方程作用到 x^ν, 得到

$$\Lambda_\mu{}^\nu = \frac{\partial x^\nu}{\partial x'^\mu} \tag{1.5.18}$$

这就是说, $\Lambda_\mu{}^\nu$ 是洛伦兹逆变换方程(1.4.16)的系数. 用到方程(1.5.3a), 方程(1.5.17)变成

$$\frac{\partial}{\partial x'^\mu} = \Lambda_\mu{}^\nu \frac{\partial}{\partial x^\nu} = \Lambda_\mu{}^\nu \frac{\partial x'^\lambda}{\partial x^\nu}\frac{\partial}{\partial x'^\lambda} = \Lambda_\mu{}^\nu \Lambda^\lambda{}_\nu \frac{\partial}{\partial x'^\lambda} \tag{1.5.19}$$

因此有

$$\Lambda_\mu{}^\nu \Lambda^\lambda{}_\nu = \delta^\lambda_\mu \tag{1.5.20}$$

一个具有 N 个角标的逆变四维张量 $T^{\mu\nu\cdots}$ (简称逆变 4-张量) 其每个角标均取值 (0,1,2,3), 那么这个张量具有 4^N 个分量, 这个 N 阶逆变 4-张量的洛伦兹变换是

$$T'^{\mu\nu\cdots} = \Lambda^\mu{}_\alpha \Lambda^\nu{}_\beta \cdots T^{\alpha\beta\cdots} \tag{1.5.21}$$

这里的 N 个系数 $(\Lambda^\mu{}_\alpha, \Lambda^\nu{}_\beta, \cdots)$ 中的每一个就是方程(1.4.15)或(1.5.15)中的系数. 就是说 N 阶逆变张量的变换如同 N 个(并列的)逆变 4-矢量的变换.

类似地, 协变 4-张量 $T_{\mu\nu\cdots}$ 的每个角标的洛伦兹变换与协变坐标 4-矢量 x_μ 的洛伦兹变换方程(1.4.16)类似

$$T'_{\mu\nu\cdots} = \Lambda_\mu{}^\alpha \Lambda_\nu{}^\beta \cdots T_{\alpha\beta\cdots} \tag{1.5.22}$$

另一种类型的张量是具有 N 个逆变角标和 M 个协变角标的混合张量 $T^{\mu\nu\cdots}_{\alpha\beta\cdots}$, 其洛伦兹变换如同 N 个逆变坐标 4-矢量和 M 个协变坐标 4-矢量的洛伦兹变换

$$T'^{\mu\nu\cdots}_{\alpha\beta\cdots} = \Lambda^{\mu}{}_{\mu'}\Lambda^{\nu}{}_{\nu'}\Lambda_{\alpha}{}^{\alpha'}\Lambda_{\beta}{}^{\beta'}\cdots T^{\mu'\nu'\cdots}_{\alpha'\beta'\cdots} \tag{1.5.23}$$

逆变 **4-张量密度**的洛伦兹变换是

$$T'^{\mu\nu\cdots} = \Lambda^{\mu}{}_{\mu'}\Lambda^{\nu}{}_{\nu'}\left|(\Lambda^{\sigma}{}_{\rho})\right|\cdots T'^{\mu'\nu'\cdots} \tag{1.5.24}$$

对比逆变坐标 4-张量，这里多了一个洛伦兹变换矩阵的行列式；如果变换是正洛伦兹变换(即没有爱因斯坦惯性系的时空坐标的反射变换)，这个行列式为+1，因此这个逆变坐标 4-张量密度的变换如同逆变 4-张量的变换；如果变换是全洛伦兹变换(即包含时空坐标反射)，则行列式为–1，那么逆变 4-张量密度的变换是负的逆变 4-张量的变换.

张量(或张量密度)的代数和运算的规则:具有相同阶数的两个张量(或张量密度)之和或之差仍然是张量(或张量密度)；张量和张量密度的乘积是张量密度；两个张量(或张量密度)的乘积是张量闵可夫斯基度规与张量(或张量密度)的收缩给出具有较低阶的张量(或张量密度)；一个张量(或张量密度)的分量的导数构成一个新张量(或张量密度)的分量，这个新张量(或张量密度)的阶数比原张量(或张量密度)的阶数升高一位.

张量(或张量密度)有对称的或反对称的. 对称张量(或对称张量密度)的两个或多个角标互相交换位置后的张量(或张量密度)等于原张量(或张量密度)，例如，说一个张量是对称张量，则有

$$T^{\mu\nu} = T^{\nu\mu}$$

张量(或张量密度)的这种对称性质在洛伦兹变换下保持不变.

反对称张量(或张量密度)其角标如果是奇次置换，则每个分量都会改变符号，而如果是偶次置换，则每个分量保持不变. 例如

$$T^{\mu\nu} = -T^{\nu\mu}$$

$$T^{\mu\nu\alpha\beta} = T^{\nu\alpha\mu\beta} = T^{\alpha\mu\nu\beta} = -T^{\mu\alpha\nu\beta} = -T^{\nu\mu\alpha\beta} = -T^{\alpha\nu\mu\beta}$$

4-间隔 $\mathrm{d}s^2$ 是零阶张量，即标量. $\mathrm{d}x^\mu$ 是一阶逆变矢量，或说逆变 4-矢量. 闵可夫斯基度规 $\eta^{\mu\nu}$ 是二阶逆变(对称)张量，而它的逆度规 $\eta_{\mu\nu}$ 则是二阶协变(对称)张量. 度规张量 $\eta_{\mu\nu}$ 与逆变 4-矢量 A^ν 的乘积(或说缩并) $\eta_{\mu\nu}A^\nu$ 是协变 4-矢量；度规张量 $\eta^{\mu\nu}$ 与协变 4-矢量 A_ν 的乘积(或说缩并) $\eta^{\mu\nu}A_\nu$ 是逆变 4-矢量. 所以度规 $\eta^{\mu\nu}$ 和 $\eta_{\mu\nu}$ 将被用于升降矢量(张量)的上下角标.

一个 4-矢量 A^μ 其模的平方是洛伦兹变换下的不变量

$$A^2 = \eta_{\mu\nu}A^\mu A^\nu = -(A^0)^2 + (A^1)^2 + (A^2)^2 + (A^3)^2 = -(A^0)^2 + (\boldsymbol{A})^2 \tag{1.5.25}$$

其中 $A \equiv (A^0, A^1, A^2, A^3) = (A^0, \boldsymbol{A})$ 代表逆变 4-矢量，A^0 是 A^μ 的一维时间分量，$\boldsymbol{A}$ 是 A^μ 的三维空间分量，其平方是点“·”积(即标量积) $A^2 = \boldsymbol{A}\cdot\boldsymbol{A}$. 同样两个 4-矢量 A 和 B 的标量积

$$A \cdot B = \eta_{\mu\nu} A^{\mu} B^{\nu} = A^{\mu} B_{\mu} = A_{\nu} B^{\nu} \tag{1.5.26}$$

其中 $A_{\mu} = \eta_{\mu\nu} A^{\nu}$，$B_{\nu} = \eta_{\mu\nu} B^{\mu}$.

有质粒子的类时运动(粒子运动的时间膨胀、4-速度矢量、4-加速度矢量) 现在把时空间隔的概念应用于具有静质量粒子的运动. 该粒子运动速度总是小于真空光速($\mathrm{d}s^2 < 0$)，其轨迹是四维**类时世界线**. 如果该粒子既不是直线运动也不是匀速运动，那么我们用下列的微分方程定义沿其运动路径的参数τ：

$$\mathrm{d}\tau \equiv \sqrt{\frac{-\mathrm{d}s^2}{c^2}} = \sqrt{\mathrm{d}t^2 - \frac{\mathrm{d}\boldsymbol{r}^2}{c^2}} = \mathrm{d}t\sqrt{1 - \frac{\boldsymbol{u}^2}{c^2}} \tag{1.5.27}$$

其中，$\boldsymbol{u} = \mathrm{d}\boldsymbol{r} / \mathrm{d}t$ 是粒子的运动速度；$\mathrm{d}\tau$ 是与粒子一起运动的时钟给出的时间间隔，就是其固有时间(或说是粒子的时间)间隔；$\mathrm{d}t$ 是相应的坐标时间隔. 所以方程(1.5.27)给出的是固有时与坐标时之间的关系(**粒子运动的时间膨胀效应**)

$$\frac{\mathrm{d}\tau}{\mathrm{d}t} = \sqrt{1 - \frac{\boldsymbol{u}^2}{c^2}} \tag{1.5.28}$$

这个方程类似于 1.6.4 节的时间膨胀效应方程(1.6.12)，但是要比(1.6.12)应用范围更广；该方程既适用于匀速运动的粒子也适用于加速运动的粒子. 参数τ与$\mathrm{d}\tau$之间的关系由积分给出

$$\tau = \int \mathrm{d}t\sqrt{1 - \frac{\boldsymbol{u}^2}{c^2}} \tag{1.5.29}$$

而且τ与$\mathrm{d}\tau$都是洛伦兹变换下的不变量.

粒子的 **4-速度矢量** $u^{\mu} = (u^0, \boldsymbol{u})$ 定义如下：

$$u^{\mu} = \frac{\mathrm{d}x^{\mu}}{\mathrm{d}\tau} = \left(c\frac{\mathrm{d}t}{\mathrm{d}\tau}, \frac{\mathrm{d}\boldsymbol{r}}{\mathrm{d}\tau}\right) \tag{1.5.30}$$

这是粒子运动速度 4-矢量，因为 $\mathrm{d}x^{\mu}$ 是 4-矢量，而 $\mathrm{d}\tau$ 是标量.

粒子的 **4-加速度矢量** a^{μ} 定义为

$$a^{\mu} = \frac{\mathrm{d}u^{\mu}}{\mathrm{d}\tau} = \frac{\mathrm{d}^2 x^{\mu}}{\mathrm{d}\tau^2} \tag{1.5.31}$$

这个加速度也是一个 4-矢量.

此外，另一种闵可夫斯基实四维时空的度规取为 $(\eta_{\mu\nu}) = (\eta^{\mu\nu}) = \mathrm{diag}(1, -1, -1, -1)$，这与方程(1.5.11)和(1.5.14)的度规相差符号，因而这两种度规相应的四维线元(四维间隔)也就相差符号.

2. 复四维时空

闵可夫斯基**复四维时空**中的坐标 4-矢量定义为

$$\begin{cases} x_\mu = (x_1, x_2, x_3, x_4) \\ x_1 = x, \quad x_2 = y, \quad x_3 = z, \quad x_4 = \mathrm{i}ct \end{cases} \tag{1.5.32}$$

相应的时空坐标间隔 4-矢量是

$$\begin{cases} \mathrm{d}x_\mu = (\mathrm{d}x_1,\ \mathrm{d}x_2,\ \mathrm{d}x_3,\ \mathrm{d}x_4) \\ \mathrm{d}x_1 = \mathrm{d}x, \quad \mathrm{d}x_2 = \mathrm{d}y, \quad \mathrm{d}x_3 = \mathrm{d}z, \quad \mathrm{d}x_4 = \mathrm{d}(\mathrm{i}ct) \end{cases} \tag{1.5.33}$$

4-矢量的洛伦兹变换为

$$x'_\mu = \Lambda_{\mu\nu} x_\nu \tag{1.5.34a}$$

$$\mathrm{d}x'_\mu = \Lambda_{\mu\nu} \mathrm{d}x_\nu \tag{1.5.34b}$$

其中的四维洛伦兹变换系数 $\Lambda_{\mu\nu}$ 在下面通过将(3+1)维的洛伦兹变换方程(1.4.15)改写成四维形式而得到(类似于上面实四维时空的情况).

闵可夫斯基(复)四维时空间隔 $\mathrm{d}s$ 定义为

$$\mathrm{d}s^2 = \eta_{\mu\nu}\mathrm{d}x_\mu \mathrm{d}x_\nu = \mathrm{d}x^2 + \mathrm{d}y^2 + \mathrm{d}z^2 + (\mathrm{i}c\mathrm{d}t)^2 \tag{1.5.35a}$$

$$\mathrm{d}s'^2 = \eta_{\mu\nu}\mathrm{d}x'_\mu \mathrm{d}x'_\nu = \mathrm{d}x'^2 + \mathrm{d}y'^2 + \mathrm{d}z'^2 + (\mathrm{i}c\mathrm{d}t')^2 \tag{1.5.35b}$$

闵可夫斯基度规 $\eta_{\mu\nu}$ 及其逆度规 $\eta^{\mu\nu}$ 是如下 4×4 的单位矩阵:

$$(\eta_{\mu\nu}) = (\eta^{\mu\nu}) = \mathrm{diag}(1,1,1,1) = \begin{pmatrix} 1 & 0 & 0 & 0 \\ 0 & 1 & 0 & 0 \\ 0 & 0 & 1 & 0 \\ 0 & 0 & 0 & 1 \end{pmatrix} \tag{1.5.36}$$

由这个单位矩阵升降矢量角标则不会发生任何改变，所以在复四维时空中不必区分上下角标，我们选取下指标来表达 4-矢量或 4-张量. 上面的四维线元 $\mathrm{d}s^2$ 在洛伦兹变换下保持不变，即 $\mathrm{d}s'^2 = \mathrm{d}s^2$.

方程(1.5.34)的矩阵形式写成

$$(x'_\mu) = (\Lambda_{\mu\nu})(x_\nu) \tag{1.5.37a}$$

$$(\mathrm{d}x'_\mu) = (\Lambda_{\mu\nu})(\mathrm{d}x_\nu) \tag{1.5.37b}$$

使用(1.5.33)的四维记号定义，洛伦兹变换方程(1.4.15)改写成

$$\begin{cases} x' = \gamma(x + \mathrm{i}\beta \mathrm{i}ct) \\ y' = y \\ z' = z \\ \mathrm{i}ct' = \gamma(\mathrm{i}ct - \mathrm{i}\beta x) \end{cases} \rightarrow \begin{cases} x'_1 = \gamma(x_1 + \mathrm{i}\beta x_4) \\ x'_2 = x_2 \\ x'_3 = x_3 \\ x'_4 = \gamma(x_4 - \mathrm{i}\beta x_1) \end{cases} \tag{1.5.38}$$

其中β和γ的定义参见方程(1.5.6b). 将方程(1.5.38)写成矩阵形式

$$\begin{pmatrix} x_1' \\ x_2' \\ x_3' \\ x_4' \end{pmatrix} = \begin{pmatrix} \gamma & 0 & 0 & \mathrm{i}\beta\gamma \\ 0 & 1 & 0 & 0 \\ 0 & 0 & 1 & 0 \\ -\mathrm{i}\beta\gamma & 0 & 0 & \gamma \end{pmatrix} \begin{pmatrix} x_1 \\ x_2 \\ x_3 \\ x_4 \end{pmatrix} \to (x_\mu') = (\Lambda_{\mu\nu})(x_\nu) \tag{1.5.39}$$

由此得到 4-矢量x_μ'和x_μ以及洛伦兹变换$\Lambda_{\mu\nu}$的矩阵形式为

$$(x_\mu') = \begin{pmatrix} x_1' \\ x_2' \\ x_3' \\ x_4' \end{pmatrix}, \quad (x_\nu) = \begin{pmatrix} x_1 \\ x_2 \\ x_3 \\ x_4 \end{pmatrix}, \quad (\Lambda_{\mu\nu}) = \begin{pmatrix} \gamma & 0 & 0 & \mathrm{i}\beta\gamma \\ 0 & 1 & 0 & 0 \\ 0 & 0 & 1 & 0 \\ -\mathrm{i}\beta\gamma & 0 & 0 & \gamma \end{pmatrix} \tag{1.5.40}$$

洛伦兹变换矩阵的逆矩阵$(\Lambda_{\mu\nu})^{-1}$是它的转置矩阵$(\tilde{\Lambda}_{\mu\nu})$

$$(\Lambda_{\mu\nu})^{-1} = (\tilde{\Lambda}_{\mu\nu}) = \begin{pmatrix} \gamma & 0 & 0 & -\mathrm{i}\beta\gamma \\ 0 & 1 & 0 & 0 \\ 0 & 0 & 1 & 0 \\ \mathrm{i}\beta\gamma & 0 & 0 & \gamma \end{pmatrix} \tag{1.5.41}$$

满足

$$(\Lambda_{\mu\nu})(\tilde{\Lambda}_{\sigma\rho}) = (\delta_{\mu\nu}) = \begin{pmatrix} 1 & 0 & 0 & 0 \\ 0 & 1 & 0 & 0 \\ 0 & 0 & 1 & 0 \\ 0 & 0 & 0 & 1 \end{pmatrix} \tag{1.5.42}$$

洛伦兹变换在复四维时空中是正交变换，可由其不变量$x_\mu' x_\mu' = x_\mu x_\mu$得到正交变换矩阵元的表述

$$\Lambda_{\mu\sigma}\Lambda_{\mu\rho} = \delta_{\sigma\rho} \tag{1.5.43}$$

闵可夫斯基复四维时空中的N阶张量$T_{\mu\nu\sigma\cdots}$其洛伦兹变换如同N个 4-矢量的变换

$$T_{\mu\nu\cdots}' = \Lambda_\mu{}^\alpha \Lambda_\nu{}^\beta T_{\alpha\beta\cdots} \tag{1.5.44}$$

复四维时空中的矢量如坐标矢量一样，前 3 个是实数而第 4 个是虚数. 类似地，二阶张量$T_{\mu\nu}$的 16 个分量中$T_{4\nu}$和$T_{\mu 4}$是虚数，其他的是实数. 更多的张量运算类似于上面实四维时空的情况.

1.5.2 狭义相对论是近代物理学的一大支柱[11,12]

狭义相对论的第一个基本原理(狭义相对性原理)表述为：一切物理定律的动力学方程式在洛伦兹变换下保持形式不变(或者说洛伦兹协变性).

近代物理学中的平直时空理论是用(狭义)相对性原理的这种表述构造出来的.构造的方法通常是作用量方法.以场量 φ_a 为例，使用物理系统的动力学变量 φ_a 构造出在洛伦兹变换下不变的作用量

$$I=\int \mathrm{d}x^4 L \tag{1.5.45}$$

其中 $L(\varphi_a,\partial_\mu\varphi_a)$ 是由场量 φ_a 及其对时空坐标的偏导数 $\partial_\mu\varphi_a$ 构造的洛伦兹变换下不变的拉格朗日量(密度).由最小作用量原理：作用量对场量的变分取为零，$\delta I=0$(稳定的物理系统处于能量最低状态)，即(去掉分部积分的表面项)得到

$$0=\delta I=\int \mathrm{d}x^4\left[\frac{\partial L}{\partial\varphi_a}\delta\varphi_a+\frac{\partial L}{\partial(\partial_\mu\varphi_a)}\delta(\partial_\mu\varphi_a)\right]=\int \mathrm{d}x^4\delta\varphi_a\left[\frac{\partial L}{\partial\varphi_a}-\partial_\mu\left(\frac{\partial L}{\partial(\partial_\mu\varphi_a)}\right)\right]$$

由此得到物理系统的动力学运动方程(欧拉-拉格朗日方程)

$$\frac{\partial L}{\partial\varphi_a}-\partial_\mu\left(\frac{\partial L}{\partial(\partial_\mu\varphi_a)}\right)=0 \tag{1.5.46}$$

这样得到的动力学运动方程在洛伦兹变换下保持形式不变(即满足狭义相对性原理的要求).物理系统的(齐次)洛伦兹不变性给出角动量守恒，时空平移(庞加莱平移)不变性给出能量守恒和动量守恒.

描写引力相互作用的广义相对论是黎曼弯曲时空的理论，其与狭义相对论的联系有两个：一个是爱因斯坦等效原理，即在引力场中的“局部惯性系”中狭义相对论成立，也就是说在其中进行非引力实验所得结果就是狭义相对论的平直时空的物理学；另一个是爱因斯坦引力场方程在全空间没有物质存在的情况下其解就是闵可夫斯基平直时空.所以说，狭义相对论是近代物理学(包括广义相对论)的一大支柱.近代物理学的另外一大支柱是量子力学.

1.6 狭义相对论的主要结论

狭义相对论与牛顿经典力学的差别只在于同时性定义的不同，也就是爱因斯坦惯性系的时间坐标与牛顿惯性系的时间坐标之间的不同.由于这种差别，所导出的坐标变换也就不同.前者导出的是爱因斯坦的洛伦兹变换，后者导出的是伽利略变换.坐标变换是物理学的基础，狭义相对论的洛伦兹变换预言了不同于经典物理学的新的物理效应.例如，(异地)同时性的相对性、运动时钟的速率变慢、运动尺子的长度收缩、物体的惯性质量随其运动速度的增加而变大(质速关系)、物质的惯性质量与能量在数值上等同(质能关系)、光子的静止质量为零、真空光速是物质运动的极限速度(即任何具有非零静止质量的物质都不可能达到真空光速更不可能超过

光速) 等. 下面我们将对这些新的相对论效应逐一进行介绍. 为此，我们把洛伦兹变换方程 (1.4.15) 及其逆变换方程 (1.4.16) 写成时空坐标间隔的形式. 洛伦兹变换是线性变换，所以对于无穷小间隔 (dx, dy, dz, dt)，其洛伦兹变换与方程 (1.4.15) 形式相同，即

$$\mathrm{d}x' = \frac{1}{\sqrt{1-v^2/c^2}}(\mathrm{d}x - v\mathrm{d}t) \tag{1.6.1a}$$

$$\mathrm{d}y' = \mathrm{d}y \tag{1.6.1b}$$

$$\mathrm{d}z' = \mathrm{d}z \tag{1.6.1c}$$

$$\mathrm{d}t' = \frac{1}{\sqrt{1-v^2/c^2}}\left(\mathrm{d}t - \frac{v}{c^2}\mathrm{d}x\right) \tag{1.6.1d}$$

其逆变换是

$$\mathrm{d}x = \frac{1}{\sqrt{1-v^2/c^2}}(\mathrm{d}x' + v\mathrm{d}t') \tag{1.6.2a}$$

$$\mathrm{d}y = \mathrm{d}y' \tag{1.6.2b}$$

$$\mathrm{d}z = \mathrm{d}z' \tag{1.6.2c}$$

$$\mathrm{d}t = \frac{1}{\sqrt{1-v^2/c^2}}\left(\mathrm{d}t' + \frac{v}{c^2}\mathrm{d}x'\right) \tag{1.6.2d}$$

对于有限间隔的时空坐标

$$\Delta x = x_2 - x_1, \quad \Delta y = y_2 - y_1, \quad \Delta z = z_2 - z_1, \quad \Delta t = t_2 - t_1 \tag{1.6.3a}$$

$$\Delta x' = x_2' - x_1', \quad \Delta y' = y_2' - y_1', \quad \Delta z' = z_2' - z_1', \quad \Delta t' = t_2' - t_1' \tag{1.6.3b}$$

相应的洛伦兹变换与方程 (1.6.1) 的形式一样

$$\Delta x' = \frac{1}{\sqrt{1-v^2/c^2}}(\Delta x - v\Delta t) \tag{1.6.4a}$$

$$\Delta y' = \Delta y \tag{1.6.4b}$$

$$\Delta z' = \Delta z \tag{1.6.4c}$$

$$\Delta t' = \frac{1}{\sqrt{1-v^2/c^2}}\left(\Delta t - \frac{v}{c^2}\Delta x\right) \tag{1.6.4d}$$

1.6.1 无穷小洛伦兹变换

从数学形式上看，在洛伦兹变换中取 $c \to \infty$ 则成为伽利略变换. 这是自然的结

果，因为爱因斯坦惯性系中的同时性定义在$c\to\infty$时就成为牛顿的同时性定义. 但是，真空光速c的数值是有限的，在低速情况(即$v\ll c$)，洛伦兹变换方程(1.6.1)按v/c展开后略去二阶以上的小量而得到无穷小洛伦兹变换

$$\mathrm{d}x'=\mathrm{d}x-v\mathrm{d}t \tag{1.6.5a}$$

$$\mathrm{d}y'=\mathrm{d}y,\quad \mathrm{d}z'=\mathrm{d}z \tag{1.6.5b}$$

$$\mathrm{d}t'=\mathrm{d}t\left(1-\frac{vu_x}{c^2}\right) \tag{1.6.5c}$$

其中，$u_x=\dfrac{\mathrm{d}x}{\mathrm{d}t}$. 用方程(1.6.5c)(即时间坐标变换式)去除前3个空间坐标变换式给出爱因斯坦速度相加定律的低速近似

$$u'_x=\frac{u_x-v}{1-vu_x/c^2} \tag{1.6.6a}$$

$$u'_y=\frac{u_y}{1-vu_x/c^2} \tag{1.6.6b}$$

$$u'_z=\frac{u_z}{1-vu_x/c^2} \tag{1.6.6c}$$

方程(1.6.6)是爱因斯坦速度相加定律(1.6.50)略去明显的(v/c)的二阶项之后的结果.

方程(1.6.5)和(1.6.6)中的因子$\dfrac{vu_x}{c^2}$称为**爱因斯坦同时性因子**，其中的速度$u_x=\dfrac{\mathrm{d}x}{\mathrm{d}t}$并非只代表物体或信号的传播速度，也可以是没有因果联系的类光、类时或类空间隔的三维空间坐标间隔在x轴的投影除以相应的时间间隔.

爱因斯坦同时性因子$\dfrac{vu_x}{c^2}$的量级由u_x的大小决定，例如，讨论的是通常物体的运动，如果该物体沿x轴的运动速度$u_x<v$或者为v的量级，则有$\dfrac{vu_x}{c^2}\sim\left(\dfrac{v}{c}\right)^2$，那么这个爱因斯坦同时性因子应当略去. 在这种情况下，无穷小洛伦兹变换(1.6.5)成为伽利略变换，同时，方程(1.6.6)成为牛顿速度相加定律. 但是，如果u_x接近于c(例如加速器的高能粒子或者高能宇宙射线)，特别是对于真空中的电磁现象$u_x=c$，那么方程(1.6.5)中的爱因斯坦同时性因子$\dfrac{vu_x}{c^2}\sim\dfrac{v}{c}$是一阶量级而不能忽略，因而，在此情况下无穷小洛伦兹变换就不是伽利略变换，同时方程(1.6.6)也不是牛顿速度相加定律. 尽管如此，爱因斯坦同时性因子是不能被实验检验的(等同于单向光速不能用实验测量).

1.6.2　同时性的相对性

假定在 Σ 系 x 轴的不同地点 $(\Delta x>0,\ \Delta y=\Delta z=0)$ 同时（$\Delta t=0$）发生了两个物理事件，在 Σ' 系看来将如何？为此，在洛伦兹变换方程(1.6.4d)中代入 $\Delta t=0$ 后给出

$$\Delta t'=\frac{-\left(\dfrac{v}{c^2}\Delta x\right)}{\sqrt{1-v^2/c^2}}<0 \tag{1.6.7}$$

这就是说，在 Σ 系 x 轴的不同地点 $(\Delta x>0,\ \Delta y=\Delta z=0)$ 同时（$\Delta t=0$）发生了两个物理事件，在 Σ' 系看来不再是同时发生的（即 $\Delta t'\neq 0$）. 这就是 **“同时性的相对性”**.

洛伦兹变换方程(1.6.4)表明 $(\Delta x=0,\ \Delta t=0)\to(\Delta x'=0,\ \Delta t'=0)$，即在 Σ 系的同一个空间点同时发生的两个事件，在 Σ' 系看来也是在同一时空点同时发生的. 所以，同时性的相对性是指异地的同时性才是相对的.

1.6.3　因果律问题

发生在不同地点 $(\Delta x>0)$ 的两个事件在时间上如果不是同时发生的，那么必定存在时间的先后次序，但是这两个事件不一定存在因果联系. 只有那些由某种物质联系起来的事件才能说它们之间存在因果联系，例如，手枪打靶中，子弹从手枪飞出是“因”，目标靶上出现的弹孔是“果”. 所以我们就说“子弹”和“弹孔”存在因果联系. **因果律(或说因果关系)**是说：在事件次序上 “事件因”总是在“事件果”之前发生，而且这种时间的先后次序在洛伦兹变换下保持不变.

两个事件的时间间隔 Δt 和 $\Delta t'$ 之间的关系由洛伦兹变换方程(1.6.4d)给出

$$\Delta t'=\frac{\Delta t}{\sqrt{1-v^2/c^2}}\left(1-\frac{v}{c}\frac{\Delta x/\Delta t}{c}\right) \tag{1.6.8}$$

因果律要求 $\Delta t'$ 必须同 Δt 具有相同的符号，这就要求上式右边括号的量大于零，即

$$1-\frac{v}{c}\frac{\Delta x/\Delta t}{c}>0 \tag{1.6.9}$$

1.5 节已经指出，闵可夫斯基四维时空中存在三种类型的时空间隔：类时间隔、类光间隔、类空间隔. 下面分析这几种时空间隔的因果关系问题.

(1) 对于类时间隔事件：$c^2(\Delta t)^2-\Delta x^2>0$，即有 $\dfrac{\Delta x}{\Delta t}<c$. 由于 $v<c$，所以方程(1.6.9)成立，这就是说 $\Delta t'$ 和 Δt 符号相同. 所以，对于类时间隔的事件，其因果律在洛伦兹变换下保持成立.

(2) 对于类光间隔事件：$c^2(\Delta t)^2-\Delta x^2=0$，即有 $\dfrac{\Delta x}{\Delta t}=c$. 同样由于 $v<c$，所以

方程(1.6.9)成立，这就是说$\Delta t'$和Δt符号相同. 所以，对于类光间隔的事件，其因果律在洛伦兹变换下保持成立.

(3)对于类空间隔事件：$c^2(\Delta t)^2-\Delta x^2<0$，即有$\dfrac{\Delta x}{\Delta t}>c$. 所以，要使方程(1.6.9)成立，则要求$\dfrac{v}{c}\dfrac{\Delta x/\Delta t}{c}<1$，即两惯性系之间的相对速度$v$需要小于$\dfrac{c^2}{\Delta x/\Delta t}$；在这样的情况下，$\Delta t'$和$\Delta t$符号才相同. 但是，如果速度$v$满足如下的条件：

$$c>v>c^2\frac{\Delta t}{\Delta x} \tag{1.6.10}$$

则方程(1.6.8)右边括号的量是负值，因而$\Delta t'$和Δt 的符号相反. 就是说，对于具有类空间隔的两个事件，它们的时间次序在Σ系和在Σ'系是相反的，如果这两个类空事件具有因果关系的话，那么洛伦兹变换就破坏了因果律. 然而，两个具有类空间隔的事件之间的联系速度一定是超光速的. 可是在狭义相对论的框架内没有超光速运动，所以具有类空间隔的事件之间没有因果联系也就不存在违反因果律的问题.

1.6.4 时间膨胀(运动时钟变慢)

假设有一只静止在Σ'系中的时钟，其空间坐标间隔$\mathrm{d}x'=\mathrm{d}y'=\mathrm{d}z'=0$，它的时间间隔以$\mathrm{d}t'$表示. 由于该时钟相对于$\Sigma$系以不变速度$v$沿$x$轴正方向运动(就是两惯性系的相对运动)，所以该时钟在$\mathrm{d}t'$的时间内在Σ系中的路径是$\mathrm{d}x=v\mathrm{d}t$. $\mathrm{d}t'$是静止在Σ'系中的时钟给出的时间间隔，这样的时间间隔称为**固有时(间隔)**或称**原时(间隔)**；**固有时是洛伦兹变换的不变量**. 但是，$\mathrm{d}t$是Σ系中的两只时钟(它们是用光信号互相校准的)给出的时间差，这两只时钟之间的空间间隔是$\mathrm{d}x$，这样的时间间隔称为**坐标时(间隔)**. 固有时是同一只时钟给出的时间差，因此是直接的物理观测量而与同时性定义无关. **固有时**与**坐标时**之间的关系由洛伦兹变换方程(1.6.1)导出. 代入$\mathrm{d}x'=\mathrm{d}y'=\mathrm{d}z'=0$，并且为了区分于坐标时而把固有时用记号$\mathrm{d}\tau'$表达，即$\mathrm{d}\tau'\equiv\mathrm{d}t'$，则方程(1.6.1)成为(省略$\mathrm{d}y=\mathrm{d}z=0$)

$$\begin{cases}\mathrm{d}x=v\mathrm{d}t\\ \mathrm{d}\tau'=\dfrac{1}{\sqrt{1-v^2/c^2}}\left(\mathrm{d}t-\dfrac{v}{c^2}\mathrm{d}x\right)\end{cases} \tag{1.6.11}$$

其中，第一式就是该时钟在Σ系中的运动方程，把它代入第二式就得到

$$\mathrm{d}\tau'=\mathrm{d}t\sqrt{1-v^2/c^2} \tag{1.6.12}$$

这就是狭义相对论的**时间膨胀**效应；由于$v<c$，所以收缩因子$\sqrt{1-v^2/c^2}<1$，因而$\mathrm{d}\tau'<\mathrm{d}t$，即运动的时钟走慢了. 更确切地说是，**一只时钟(固有时间隔)比两只时钟(坐标时间隔)走得慢.**

1.6.5　时钟佯谬(或孪生子佯谬)问题

时间变慢的概念最早是拉莫尔(Larmor)在 1900 年的《以太与物质》(*Aether and Matter*)一书中评述菲茨杰拉德-洛伦兹收缩时提出的：在以太中以速度 v 移动的时钟其速率将减慢为原来的 $\sqrt{1-v^2/c^2}$ ，即运动时钟的速率与在以太中静止时钟的速率之比是 $\sqrt{1-v^2/c^2}:1$. 显然，这种变慢有着绝对的意义.

但是，在狭义相对论中每个惯性系在物理上都是等价的，即没有绝对运动，“运动的时钟走慢了”这句话具有某种相对的意义. 而且“佯谬”的出现是因为时间膨胀效应是一种速度效应，而狭义相对论的洛伦兹变换存在速度的互易性(参见 1.6.10 中的“速度的互易性”)，所以运动的时钟可以争辩为是静止的时钟在运动. 这样说来，似乎会出现所谓“时钟佯谬或孪生子佯谬”的问题. 对于理论上的这种“时钟佯谬”问题，长期以来各种观点之间进行着激烈的争论[13-20]，有人甚至企图从广义相对论的观点出发来消除“佯谬”. 爱因斯坦也曾讲过，解决时钟佯谬的问题超出了狭义相对论的范围[13]. 但是，实际情况并非如此，只要我们正确地使用狭义相对论，会自然消除“时钟佯谬”[19-22]. 二阶多普勒效应的实验结果证明了时间膨胀的真实性，但是仍有学者对此进行了争辩[23].

显然，时间膨胀公式(1.5.12)所显示的运动的时钟“走慢了”并不是就两只时钟之间的关系(即固有时与固有时之间的关系)而言的，而是指**固有时**与**坐标时**之间的关系，也就是说，是“一只运动的时钟比两只静止的时钟走慢了”，这并不存在完全对称的关系. 这似乎表明，时间膨胀效应对于一只时钟与两只时钟的比对来说并不存在“佯谬”问题.

现在的问题是，如果我们在两只时钟之间来比对快慢(即在固有时与固有时之间比对快慢)，情况将如何呢？可是分别静止在两个惯性系中的两只时钟只能相遇一次. 因此，要比对两只给定时钟的速率，它们必须有两次相遇的机会. 要实现两次相遇就必须让一只时钟的运动路径必须是闭合的.

(1) 设 B 钟静止在 Σ 系中，A 钟沿一个闭合路径运动；A 钟和 B 钟第一次相遇时互相对准；然后在 A 钟走完一圈回到起点，与 B 钟再次相遇时比对两只时钟的走时之间的(即比对固有时与固有时之间的)差别. 在惯性系 Σ 中进行计算：类似于方程(1.5.27)，现在使用 A 钟的四维时空间隔 $\mathrm{d}s$ 定义其固有时间隔 $\mathrm{d}\tau_\mathrm{A}$

$$\mathrm{d}\tau_\mathrm{A} \equiv \frac{\mathrm{d}s}{c} = \sqrt{\mathrm{d}t^2 - \frac{\mathrm{d}\boldsymbol{r}^2}{c^2}} = \mathrm{d}t\sqrt{1-\frac{\boldsymbol{u}^2}{c^2}} \tag{1.6.13}$$

其中 $\boldsymbol{u}=\mathrm{d}\boldsymbol{r}/\mathrm{d}t$ 是 A 钟在 Σ 系中的运动速度，因为具有静止质量，所以其速度小于真空光速 c ，它运动的轨迹是类时世界线. $\mathrm{d}\tau_\mathrm{A}$ 是 A 钟的固有时间隔，$\mathrm{d}t$ 是相应的坐标时间隔. 方程(1.6.13)所给出的固有时间隔与坐标时间隔之间的关系对于非加速或加速运动均适用. A 钟沿闭合路径运动一圈的固有时间隔$\Delta\tau_A$由方程(1.6.13)的闭合回路积分给出

$$\Delta\tau_A=\oint d\tau_A=\oint dt\sqrt{1-\frac{\boldsymbol{u}^2}{c^2}} \tag{1.6.14}$$

为了简单,假设 A 钟的速度的绝对值$u=|\boldsymbol{u}|$是常数(例如 A 钟做匀速圆周运动),则该方程简化成

$$\Delta\tau_A=\sqrt{1-\frac{\boldsymbol{u}^2}{c^2}}\oint dt=\Delta\tau_B\sqrt{1-\frac{\boldsymbol{u}^2}{c^2}} \tag{1.6.15}$$

其中$\Delta\tau_B=\oint dt$是静止在Σ系中的 B 钟记录下的 A 钟走过一圈所花费时间间隔，所以这是B钟的固有时间隔. 在这个计算中,回路积分是在同一个惯性系Σ(实验室系)中进行的，所以符合狭义相对论的要求(虽然 A 钟在做闭合路径的运动过程中并非一直处于同一个惯性参考系). 由方程(1.6.15)给出的两只时钟的固有时之间的关系可以看出,是做闭合回路运动的 A 钟走慢了($\Delta\tau_A<\Delta\tau_B$). 由于在闭合回路运动的 A 钟经历了加速度，所以上面的结果暗含着加速度不会改变时钟速率的假设，时间膨胀的实验证明了这种假设的正确性.

在闭合回路运动的 A 钟并非一直处于同一个惯性系,因而简单地在运动 A 钟的参考系使用狭义相对论计算时间膨胀效应显然是不正确的，所以不存在时钟佯谬的问题.

(2)孪生子佯谬：假设孪生弟弟 B 停留在地球上，哥哥 A 乘宇宙飞船以不变速度$+\boldsymbol{v}$离开地球到远方的星球旅行. 在地球上的孪生弟弟 B 看来，地球到星球的距离是l_0，哥哥 A 从地球到达星球然后再以$-\boldsymbol{v}$的不变速度返回地球，在他回到地球后比对兄弟两人的年龄.

由弟弟 B 的时钟记录的哥哥往返旅游所用的时间(这就是弟弟 B 的年龄增长)是

$$\Delta\tau_B=\frac{2l_0}{v} \tag{1.6.16}$$

其中，距离$2l_0$是往返路程. 但是，因为“长度收缩效应”，在哥哥看来他往返旅行的路程是$2l'=2l_0\sqrt{1-\beta^2}$，所以哥哥 A 的时钟记录的往返时间(这即是哥哥 A 的年龄增长)是[20]

$$\Delta\tau_A=\frac{2l'}{v}=\frac{2l_0\sqrt{1-\beta^2}}{v}=\Delta\tau_B\sqrt{1-\beta^2} \tag{1.6.17}$$

其中用到方程(1.6.16). 方程(1.6.17)表明旅行的哥哥 A 比地球上的弟弟 B 年轻了：

$$\Delta\tau_A<\Delta\tau_B \tag{1.6.18}$$

这个结果与前面的结果一样，是旅行的哥哥变得年轻了(即往返运动的时钟走慢了). 以上计算都忽略了加速度对时钟的影响. 事实上，所有具有加速度的实验对象其时间膨胀效应(包括二阶多普勒频移效应)的实验证明加速度不影响时间膨胀效应.

上面我们谈了在理论上如何消除“时钟佯谬”的问题. 在实践中，人们也用实验做了不少验证. 例如，Pound 和 Rebka 在 1960 年完成了穆斯堡尔效应对温度依赖关系的实验，实验结果与狭义相对论符合. Sherwin 曾把这个实验看做是对“时钟佯谬”的解答. 在时间测量技术不断发展的情况下，Hafele 和 Keating 在 1971 年用飞机携带原子钟做环球航行的方法完成了时间膨胀实验，直接检验了相对论效应.

另外，二阶多普勒频率移动效应和飞行介子的寿命增长，是时间膨胀预言的两个重要结果. 检验这类效应的实验包括: 氢的极隧射线实验、原子核俘获反应中的伽马射线发射实验、横向二阶多普勒频移实验(利用穆斯堡尔效应测量)、运动原子对激光的饱和吸收，以及精度更高的飞行介子的寿命增长等，所有这些实验都与狭义相对论时间膨胀效应的预言相符合(具体情况参见本书第 9 章　时间膨胀效应实验).

1.6.6　光行差与多普勒频移效应

光行差效应来自光信号传播方向的洛伦兹变换，因而可以利用爱因斯坦速度相加定律而得到；二阶多普勒频移效应起源于时间膨胀(运动时钟变慢). 这两种效应可以由波矢 4-矢量的洛伦兹变换得到. 所以，简单方便的推导方式是使用 4-矢量形式推导.

考虑真空中传播的一列单色平面电磁波 $\boldsymbol{E}$，有

$$\boldsymbol{E}=\boldsymbol{E}_0\mathrm{e}^{\mathrm{i}\varphi} \tag{1.6.19}$$

其中

$$\varphi=\boldsymbol{k}\cdot\boldsymbol{r}-\omega t \tag{1.6.20}$$

φ 是该平面波的相角，$\boldsymbol{k}=(k_1,k_2,k_3)$ 称为波矢，$\boldsymbol{r}$ 是三维空间点 (x,y,z) 的径矢量，$\omega=2\pi\nu$ 是该单色平面波的角频率，ν 是频率，角频率与波长 λ 及波矢的关系是 $\dfrac{\omega}{c}=\dfrac{2\pi}{\lambda}=|\boldsymbol{k}|=k$. 波矢 4-矢量和四维时空坐标 4-矢量定义如下:

$$k_\mu=(k_0,\boldsymbol{k}),\quad k_0=-\frac{\omega}{c} \tag{1.6.21}$$

$$x^\mu=(x^0,\boldsymbol{r}),\quad x^0=ct \tag{1.6.22}$$

这里四维时空的闵可夫斯基度规选取的是 $\eta_{\mu\nu}=\eta^{\mu\nu}=(-1,1,1,1)$. 由此，可以把相角写成四维形式

$$\varphi=\boldsymbol{k}\cdot\boldsymbol{r}-\omega t=k_\mu x^\mu \tag{1.6.23}$$

该相角是洛伦兹变换下的不变量；这就是说，波矢4-矢量的洛伦兹变换是坐标4-矢量的洛伦兹变换的逆变换，换个说法就是波矢4-矢量k_μ与$\dfrac{\partial}{\partial x^\mu}$的变换一样. 坐标4-矢量的变换由方程(1.4.15)改写成

$$x'^0=\frac{1}{\sqrt{1-\beta^2}}(x^0-\beta x^1) \tag{1.6.24a}$$

$$x'^1=\frac{1}{\sqrt{1-\beta^2}}(x-\beta x^0) \tag{1.6.24b}$$

$$x'^2=x^2 \tag{1.6.24c}$$

$$x'^3=x^3 \tag{1.6.24d}$$

把协变的波矢4-矢量k_μ换成逆变波矢4-矢量k^μ

$$k^\mu=\eta^{\mu\nu}k_\nu=\left(\frac{\omega}{c},\boldsymbol{k}\right) \tag{1.6.25}$$

那么这个逆变的k^μ的洛伦兹变换方程形式上等同于x^μ的变换方程(1.6.24)，所以只需把方程(1.6.24)中的$x^\mu=(x^0,\boldsymbol{r})$换成$k^\mu=\left(\dfrac{\omega}{c},\boldsymbol{k}\right)$即可

$$\frac{\omega'}{c}=\frac{1}{\sqrt{1-\beta^2}}\left(\frac{\omega}{c}-\beta k_x\right) \tag{1.6.26a}$$

$$k'_x=\frac{1}{\sqrt{1-\beta^2}}\left(k_x-\beta\frac{\omega}{c}\right) \tag{1.6.26b}$$

$$k'_y=k_y \tag{1.6.26c}$$

$$k'_z=k_z \tag{1.6.26d}$$

其中$\beta=v/c$. 为了简单，其中已经假定波矢$\boldsymbol{k}$在x-y平面内(即$k_z=0$)，那么$\boldsymbol{k}'$也在x'-y'平面内(即$k'_z=0$). 设$\boldsymbol{k}$与x轴正方向(即$\boldsymbol{\beta}$的方向)的夹角为θ，$\boldsymbol{k}'$与x轴的夹角为θ'，则波矢写成

$$k_x=\frac{\omega}{c}\cos\theta,\quad k_y=\frac{\omega}{c}\sin\theta \tag{1.6.27a}$$

$$k'_x=\frac{\omega'}{c}\cos\theta',\quad k'_y=\frac{\omega'}{c}\sin\theta' \tag{1.6.27b}$$

利用该方程，我们可以将方程(1.6.26)改写成

$$\omega' = \omega \frac{1-\beta\cos\theta}{\sqrt{1-\beta^2}} \tag{1.6.28}$$

$$\begin{cases} \omega'\cos\theta' = \omega \dfrac{\cos\theta - \beta}{\sqrt{1-\beta^2}} \\ \omega'\sin\theta' = \omega\sin\theta \end{cases} \tag{1.6.29}$$

方程(1.6.28)是狭义相对论的**多普勒频移效应**，其中，收缩因子$\sqrt{1-\beta^2}$来源于时钟变慢效应(参见下一小节的推导过程).

将方程(1.6.28)代入方程(1.6.29)从而消掉角频率ω'和ω，剩下的是光线传播方向的变换关系，即**光行差效应**

$$\begin{cases} \cos\theta' = \dfrac{\cos\theta - \beta}{1-\beta\cos\theta} \\ \sin\theta' = \dfrac{\sin\theta}{1-\beta\cos\theta}\sqrt{1-\beta^2} \end{cases} \tag{1.6.30}$$

狭义相对论多普勒频移效应(1.6.28)以及光行差效应(1.6.30)分别与经典物理学的频移效应和光行差效应之间的差别都在于收缩因子$\sqrt{1-\beta^2}$，即差别在于$\beta = \dfrac{v}{c}$的二阶项. 也就是说方程(1.6.28)和(1.6.30)的一阶近似即是经典物理学的结果.

如果光源的运动方向与光线的方向垂直(即$\theta = 90°, \cos\theta = 0$)，那么多普勒频移方程(1.6.28)变为

$$\omega' = \frac{\omega}{\sqrt{1-\beta^2}} \tag{1.6.31a}$$

这称为**横向多普勒频移**(β的二阶效应)，经典物理没有横向频移. 上式表明

$$\omega < \omega' \tag{1.6.31b}$$

需要说明的是，$\theta = 90°$是在Σ系中的观察者观察的角度，也就是光线方向与x轴垂直. 静止在Σ'系中的光源发出的光线(其角频率ω'称为固有频率)，在Σ系中的观察者观察到的频率ω小于固有频率ω'(相应的波长$\lambda > \lambda'$)，即**横向多普勒频移是红移**(这是由相对速度引起的，所以不妨称为**速度红移**以便区别于广义相对论的**引力红移**).

应当注意：在Σ系中的横向(即$\theta = 90°$)，而在Σ'系中并不是横向(即$\theta' \neq 90°$)这是因为方向的光行差效应(1.6.30). 举例来说，光信号在Σ系中的x-y平面内沿y轴正方向传播，$\boldsymbol{c} = (0, c, 0)$，即光线与$\boldsymbol{v}$的方向(即$x$轴的正方向)的夹角$\theta = 90°$，代入光行差方程(1.6.30)得到光线在$\Sigma'$系中$x'$-$y'$平面内的方向不垂直于$x'$轴(非横向，即$\theta' \neq 90°$)；$\boldsymbol{c}'$与$\boldsymbol{v}$的夹角$\theta'$是

$$\begin{cases}\cos\theta' = -\beta \\ \sin\theta' = \sqrt{1-\beta^2}\end{cases} \tag{1.6.32a}$$

因而在 Σ' 系中光速 $\boldsymbol{c}'$ 在 x' 和 y' 坐标轴上的投影是

$$\begin{cases}c'_y = c\sin\theta' = c\sqrt{1-v^2/c^2} \\ c'_x = c\cos\theta' = -v\end{cases} \tag{1.6.32b}$$

将 $(u_x = 0, u_y = c)$ 代入爱因斯坦速度相加定律(1.6.50)后也得到同样的结果.

1.6.7 二阶多普勒效应来源于时间膨胀

为了显示狭义相对论多普勒频移方程(1.6.28)与经典物理的多普勒频移方程之间的差别来源于狭义相对论的时间膨胀效应，我们使用图 1.4 进行重新推导.

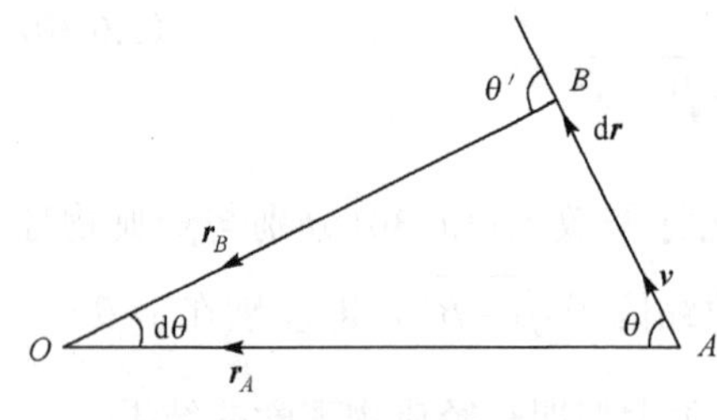

图 1.4 推导多普勒频移的简图

在图 1.4 中，静止在 Σ' 系中的一个光源在 Σ 系中以速度 $\boldsymbol{v}$ 在 t_A 时刻经过 A 点时发射第 n 个光波的波峰，此时随光源共动的时钟给出的时刻是 τ'_A (这是 Σ' 系中的固有时). 之后，光源在 Σ 系的坐标时刻 $t_B = t_A + \mathrm{d}t$ (Σ' 系中相应的时刻是 τ'_B)到达 B 点，此时光源发射第 $n+\mathrm{d}n$ 个波峰. 随光源共动的同一只时钟记录的时间差

$$\mathrm{d}\tau' = \tau'_B - \tau'_A \tag{1.6.33}$$

是固有时间隔. 但是 t_A 和 t_B 分别由 Σ 系中 A 点和 B 点的两只时钟给出，所以两者之差

$$\mathrm{d}t = t_B - t_A \tag{1.6.34}$$

是坐标时间隔.

假设第 n 个波峰和第 $n+\mathrm{d}n$ 个波峰被 O 点的观察者分别在时刻 τ_n 和 $\tau_{n+\mathrm{d}n}$ 接收到，两者之差

$$\mathrm{d}\tau = \tau_{n+\mathrm{d}n} - \tau_n \tag{1.6.35}$$

也是固有时间隔(因为它们是 Σ 系中 O 点的同一只时钟给出的). 图 1.4 的几何关系(注意微分 $\mathrm{d}\boldsymbol{r}$ 是无穷小量)给出

$$\mathrm{d}\boldsymbol{r} = \boldsymbol{v}\mathrm{d}t, \quad \theta' = \theta + \mathrm{d}\theta, \quad \boldsymbol{r}_B = \boldsymbol{r}_A - \mathrm{d}\boldsymbol{r} \tag{1.6.36}$$

其中，θ 和 θ' 分别是速度 $\boldsymbol{v}$ 与 $\boldsymbol{r}_A$ 和 $\boldsymbol{r}_B$ 之间的夹角，而 $\mathrm{d}\theta$ 是 $\boldsymbol{r}_A$ 和 $\boldsymbol{r}_B$ 之间的夹角.

现在寻找 $\mathrm{d}\tau$ 与 $\mathrm{d}t$ 之间的关系. 由图 1.4 中的几何关系及方程(1.6.34)给出

$$\tau_n = t_A + \frac{r_A}{c}, \quad \tau_{n+\mathrm{d}n} = t_B + \frac{r_B}{c} = t_A + \mathrm{d}t + \frac{r_B}{c} \tag{1.6.37}$$

其中，$r_A = |\boldsymbol{r}_A|$，$r_B = |\boldsymbol{r}_B|$. 把方程(1.6.37)代入方程(1.6.35)后得到

$$\mathrm{d}\tau = \mathrm{d}t + \frac{r_B}{c} - \frac{r_A}{c} \tag{1.6.38}$$

由方程(1.6.36)中的最后一个方程得到

$$r_B^2 = (\boldsymbol{r}_A - \mathrm{d}\boldsymbol{r})^2 = r_A^2 - 2r_A\cos\theta\,\mathrm{d}r \tag{1.6.39}$$

也可以写成

$$r_B = r_A - v\cos\theta\,\mathrm{d}t \tag{1.6.40}$$

其中用到 $\mathrm{d}r = v\mathrm{d}t$. 利用方程(1.6.40)，方程(1.6.38)成为

$$\mathrm{d}\tau = \mathrm{d}t(1-\beta\cos\theta) \tag{1.6.41}$$

由定义，观测到的频率 ω 和光源的固有频率 ω' 分别是

$$\omega = \frac{\mathrm{d}n}{\mathrm{d}\tau}, \quad \omega' = \frac{\mathrm{d}n}{\mathrm{d}\tau'} \tag{1.6.42}$$

由此有

$$\omega = \frac{\mathrm{d}n}{\mathrm{d}\tau} = \frac{\mathrm{d}n}{\mathrm{d}\tau'}\frac{\mathrm{d}\tau'}{\mathrm{d}\tau} = \omega'\frac{\mathrm{d}\tau'}{\mathrm{d}\tau} \tag{1.6.43}$$

把方程(1.6.41)代入该方程后得到

$$\omega = \omega'\frac{1}{1-\beta\cos\theta}\left(\frac{\mathrm{d}\tau'}{\mathrm{d}t}\right) \tag{1.6.44}$$

其中，$\mathrm{d}\tau'/\mathrm{d}t$ 是固有时间隔与其相应的坐标时间隔之比，在经典物理中这个比率是 1，而在狭义相对论中这个比率就是时间膨胀效应方程(1.6.12)，即

$$\frac{\mathrm{d}\tau'}{\mathrm{d}t} = \sqrt{1-\beta^2} \tag{1.6.45}$$

所以方程(1.6.44)成为

$$\omega = \omega'\frac{\sqrt{1-\beta^2}}{1-\beta\cos\theta} \tag{1.6.46}$$

这就是 1.6.6 节给出的狭义相对论的**多普勒频移**方程(1.6.28). 因此，上面的推导显示其中的收缩因子 $\sqrt{1-\beta^2}$ 只是来自时间膨胀效应(即运动时钟变慢效应). 另外，方程(1.6.46)中的因子 $(1-\beta\cos\theta)$ 则与经典物理的多普勒频移效应中的一样.

1.6.8 长度收缩

利用时空坐标有限间隔的洛伦兹变换(1.6.4)推导长度收缩公式. 为此，假定静止在Σ'系中x'轴的一只杆子其长度是$\Delta x' \equiv x'_{头} - x'_{尾} = l_0$，而$\Delta y = \Delta z = 0$，所以只需方程(1.6.4a,d)

$$\begin{cases} l_0 = \dfrac{1}{\sqrt{1-v^2/c^2}}(\Delta x - v\Delta t) \\ \Delta t' = \dfrac{1}{\sqrt{1-v^2/c^2}}\left(\Delta t - \dfrac{v}{c^2}\Delta x\right) \end{cases} \tag{1.6.47}$$

杆子静止的长度l_0称为**固有长度**，该杆子在Σ系的观测者看来是以不变速度v运动. 问题是：如何测量运动杆子的长度？答案只能是：在Σ系中的观测者对杆子的头部和尾部必须同时测量，测得的长度用$l \equiv \Delta x$代表，所以在方程(1.6.47)中必须代入$\Delta t = 0$(如果不同时测量，那么测出的就不是运动杆子的长度而是杆子的长度加或减杆子的运动路程)，则方程(1.6.47)变成

$$\begin{cases} l = l_0\sqrt{1-v^2/c^2} \\ \Delta t' = t'_{头} - t'_{尾} = -l_0 \dfrac{v}{c^2} < 0 \end{cases} \tag{1.6.48}$$

其中第一式是狭义相对论的**长度收缩效应**，$l < l_0$**即运动杆子的长度**l**小于其固有长度**l_0. 上面方程的第二个式子显示在Σ系中的观察者是对运动杆子的头部和尾部进行的同时测量，即$\Delta t = 0$. 但是，在Σ'系中的观察者看来并不是同时测量的，由方程(1.6.48)的第二式给出的$t'_{头} < t'_{尾}$表明在Σ'系看来Σ系中的观测者先测量了头部，过了$l_0 \dfrac{v}{c^2}$的时间间隔后才测量尾部；这就是同时性的相对性(参见 1.6.2 节)，而这是下面解释尺缩佯谬的关键之点.

1.6.9 尺缩佯谬问题

尺缩佯谬的一个例子是：桌面(Σ系)上的沟槽与杆子(Σ'系)一样长，杆子在桌面以恒定速度v沿沟槽方向运动(参见图 1.5(a)). 在Σ系的观察者看来其长度缩短，所以如果同时下按杆子的头部和尾部则可以掉入沟槽；但是在杆子的Σ'系看来是桌面运动因而沟槽变短所以杆子不能掉入沟槽，这似乎出现了矛盾(**佯谬**). 另一类例子是，汽车与车库的静止长度相同，如果汽车以一定速度开进车库，在车的尾部刚进到车库的瞬间车库门是否能关上；在车库看来汽车缩短了所以可以关上门，但是在驾驶员看来车库缩短了所以关不上车库门. 这两个例子中的“矛盾”起因于同时性的相对性.

以第一个例子为例对佯谬的解释[11]：在桌面看来杆子缩短是同时(即 $\Delta t = 0$)按下运动杆子两端的结果(见上面“尺缩效应”的推导过程). 但是，由于同时性的相对性，方程(1.6.48)的第二式表明，在 Σ' 系的杆子看到 $t'_{头} < t'_{尾}$，即先按了前端，过了 $l_0 v / c^2$ 的时间间隔后才按下尾端，而此时桌面的沟槽相对于杆子已经在反方向移动了 δ 距离，即杆子的尾端已经处于沟槽之内(见图 1.5(b))

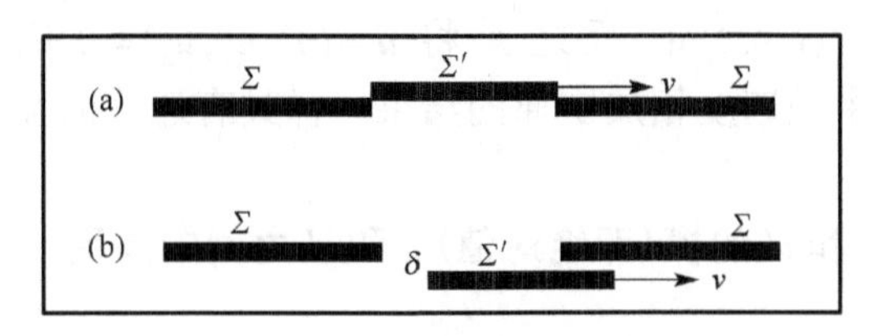

图 1.5 解释尺缩佯谬的示意图

在图 1.5(b)中有

$$\delta = v\Delta t' = l_0 \frac{v^2}{c^2} \tag{1.6.49}$$

即在与杆子共动的观测者看来它的前端先进入沟槽,然后尾端进入沟槽(当然在忽略桌面厚度和杆子厚度的情况下杆子是“钻入”沟槽的)，所以不存在矛盾.

1.6.10 爱因斯坦速度相加定律

爱因斯坦速度相加定律由洛伦兹变换方程(1.6.5)的空间变换式除以时间变换式得到

$$u'_x = \frac{u_x - v}{1 - \frac{vu_x}{c^2}}, \quad u'_y = u_y \frac{\sqrt{1 - v^2 / c^2}}{1 - \frac{vu_x}{c^2}}, \quad u'_z = u_z \frac{\sqrt{1 - v^2 / c^2}}{1 - \frac{vu_x}{c^2}} \tag{1.6.50}$$

其逆变换是

$$u_x = \frac{u'_x + v}{1 + \frac{vu'_x}{c^2}}, \quad u_y = u'_y \frac{\sqrt{1 - v^2 / c^2}}{1 + \frac{vu'_x}{c^2}}, \quad u_z = u'_z \frac{\sqrt{1 - v^2 / c^2}}{1 + \frac{vu'_x}{c^2}} \tag{1.6.51}$$

把爱因斯坦速度相加公式(1.6.50)与牛顿速度相加公式(1.3.3)比对可以看出，两者存在两个差别：一是爱因斯坦的横向速度多出一个收缩因子 $\sqrt{1-\beta^2}$，其中 $\beta = \frac{v}{c}$；二是每个变换式的分母都多出一个因子 $\left(1 - \frac{vu_x}{c^2}\right)$，其中第二项来自爱因斯坦同时性因子，如同在 1.6.1 节(无穷小洛伦兹变换)中的情况，$\frac{vu_x}{c^2}$ 这一项的数量级要视 $\frac{u_x}{c}$ 的数量级而定：如果 $\frac{u_x}{c} \sim 1$ (特别是对于电磁现象 $u_x = c$)，则该项是一阶项而不能忽略，在此情况下爱因斯坦速度相加定律的低速近似就不是牛顿速度相加定律；只当 $\frac{u_x}{c}\leqslant\frac{v}{c}$ 或者 $\frac{u_x}{c}\sim\frac{v}{c}$ 时，$\frac{vu_x}{c^2}\sim\left(\frac{v}{c}\right)^2$ 才能忽略掉，这种情况下的爱因斯坦速度相加定律的一阶近似才是牛顿速度相加定律.

速度的互易性 在方程(1.6.50)中代入 $\boldsymbol{u}'=(u'_x,u'_y,u'_z)=0$（即静止在 Σ' 系中的观测者），得到 $\boldsymbol{u}=(v,0,0)$；反之，将 $\boldsymbol{u}=(u_x,u_y,u_z)=0$ 代入(1.6.50)后得到 $\boldsymbol{u}'=(-v,0,0)$；即与牛顿速度相加定律的结果一样具有速度的互易性(你看我是 $\boldsymbol{v}$，我看你是 $-\boldsymbol{v}$).

两个三维矢量 $\boldsymbol{u}$ 和 $\boldsymbol{u}'$ 的模(即绝对值) u 和 u' 之间的关系 将方程(1.6.50)代入下列方程:

$$u'^2=u'^2_x+u'^2_y+u'^2_z \tag{1.6.52}$$

得到

$$u'^2=c^2\frac{u^2-2uv\cos\alpha+v^2\left(1-\frac{u^2}{c^2}\sin^2\alpha\right)}{c^2-2vu\cos\alpha+\frac{v^2}{c^2}u^2\cos^2\alpha} \tag{1.6.53}$$

其中两惯性系的相对运动速度 $\boldsymbol{v}$ 沿 x 轴正方向，角度 α 是 $\boldsymbol{u}$ 的方向与 $\boldsymbol{v}$ 或 x 轴正方向的夹角，即 $u_x=u\cos\alpha$. 在推导方程(1.6.53)的过程中用到下面的定义:

$$u^2=u_x^2+u_y^2+u_z^2,\quad u_y^2+u_z^2=u^2-u_x^2 \tag{1.6.54}$$

方程(1.6.53)可以改写成**3-矢量形式**

$$\boldsymbol{u}'^2=\frac{1}{\left(1-\frac{\boldsymbol{u}\cdot\boldsymbol{v}}{c^2}\right)^2}\left[\boldsymbol{u}^2-2\boldsymbol{u}\cdot\boldsymbol{v}+\boldsymbol{v}^2-\left(\frac{\boldsymbol{u}\times\boldsymbol{v}}{c}\right)\right] \tag{1.6.55}$$

其中点积(标量积) $\boldsymbol{u}\cdot\boldsymbol{v}=uv\cos\alpha$，叉积(矢量积) $|\boldsymbol{u}\times\boldsymbol{v}|=uv\sin\alpha$.

下面推导**粒子运动四维速度的爱因斯坦速度相加定律**. 为此，定义的粒子 4-速度为

$$u^\mu=\frac{\mathrm{d}x^\mu}{\mathrm{d}\tau}=\left(c\frac{\mathrm{d}t}{\mathrm{d}\tau},\frac{\mathrm{d}\boldsymbol{r}}{\mathrm{d}\tau}\right) \tag{1.6.56}$$

其中固有时与坐标时的关系由方程(1.5.28)给出

$$\gamma(\boldsymbol{u})\equiv\frac{\mathrm{d}t}{\mathrm{d}\tau}=\frac{1}{\sqrt{1-\boldsymbol{u}^2/c^2}} \tag{1.6.57}$$

由此有

$$\frac{\mathrm{d}}{\mathrm{d}\tau}=\frac{\mathrm{d}t}{\mathrm{d}\tau}\frac{\mathrm{d}}{\mathrm{d}t}=\gamma(\boldsymbol{u})\frac{\mathrm{d}}{\mathrm{d}t} \tag{1.6.58}$$

而且有

$$\frac{\mathrm{d}\boldsymbol{r}}{\mathrm{d}\tau}=\gamma(\boldsymbol{u})\frac{\mathrm{d}\boldsymbol{r}}{\mathrm{d}t}=\gamma(\boldsymbol{u})\boldsymbol{u} \tag{1.6.59}$$

其中 $\boldsymbol{u}=\frac{\mathrm{d}\boldsymbol{r}}{\mathrm{d}t}$ 是物体的运动速度. 则方程(1.6.56)的 4-速度成为

$$u^{\mu}=(\gamma(\boldsymbol{u})c,\ \gamma(\boldsymbol{u})\boldsymbol{u}) \tag{1.6.60}$$

4-速度 u^{μ} 的时间分量 $\gamma(\boldsymbol{u})c$ 的洛伦兹变换如同时间坐标 ct 的洛伦兹变换，空间分量 $\gamma(\boldsymbol{u})\boldsymbol{u}$ 的变换如同空间坐标 $\boldsymbol{r}$ 的变换. 为此，把洛伦兹变换写成 3-矢量形式

$$\boldsymbol{r}'=\gamma(\boldsymbol{v})(\boldsymbol{r}^{\dagger}-\boldsymbol{v}t) \tag{1.6.61a}$$

$$t'=\gamma(\boldsymbol{v})\left(t-\frac{\boldsymbol{v}\cdot\boldsymbol{r}}{c^2}\right) \tag{1.6.61b}$$

$$\boldsymbol{r}^{\dagger}\equiv\frac{1}{\gamma(\boldsymbol{v})}\left\{\boldsymbol{r}-[1-\gamma(\boldsymbol{v})]\frac{\boldsymbol{v}\cdot\boldsymbol{r}}{v^2}\boldsymbol{v}\right\} \tag{1.6.61c}$$

在方程(1.6.61)中做如下的替换：

$$\boldsymbol{r}\to\gamma(\boldsymbol{u})\boldsymbol{u},\quad \boldsymbol{r}'\to\gamma(\boldsymbol{u}')\boldsymbol{u}',\quad t'\to\gamma(\boldsymbol{u}'),\quad t\to\gamma(\boldsymbol{u}) \tag{1.6.62}$$

就得到**粒子 4-速度的洛伦兹变换方程**

$$\gamma(\boldsymbol{u}')\boldsymbol{u}'=\gamma(\boldsymbol{v})\gamma(\boldsymbol{u})(\boldsymbol{u}^{\dagger}-\boldsymbol{v}) \tag{1.6.63a}$$

$$\gamma(\boldsymbol{u}')=\gamma(\boldsymbol{v})\gamma(\boldsymbol{u})\left(1-\frac{\boldsymbol{v}\cdot\boldsymbol{u}}{c^2}\right) \tag{1.6.63b}$$

$$\boldsymbol{u}^{\dagger}\equiv\frac{1}{\gamma(\boldsymbol{v})}\left\{\boldsymbol{u}-[1-\gamma(\boldsymbol{v})]\frac{\boldsymbol{v}\cdot\boldsymbol{u}}{v^2}\boldsymbol{v}\right\} \tag{1.6.63c}$$

其中 $\gamma(\boldsymbol{u})$ 和 $\gamma(\boldsymbol{v})$ 分别由方程(1.6.57)和(1.5.6b)定义. 将方程(1.6.63b)代入方程(1.6.63a)，得到**3-矢量形式的爱因斯坦速度相加定律**

$$\begin{cases}\boldsymbol{u}'=\dfrac{\boldsymbol{u}^{\dagger}-\boldsymbol{v}}{1-\boldsymbol{u}\cdot\boldsymbol{v}/c^2}\\[2ex] \boldsymbol{u}^{\dagger}\equiv\dfrac{1}{\gamma(\boldsymbol{v})}\left\{\boldsymbol{u}-[1-\gamma(\boldsymbol{v})]\dfrac{\boldsymbol{v}\cdot\boldsymbol{u}}{v^2}\boldsymbol{v}\right\}\end{cases} \tag{1.6.64}$$

如果 $\boldsymbol{v}=(v,0,0)$，则方程(1.6.64)退化为方程(1.6.50).

如果在方程(1.6.53)中代入 $u=c$，即单向光速，则给出 $u'=c$，这是自然的结果，

因为单向光速不变是推导洛伦兹变换的出发点，所以爱因斯坦速度相加定律自然满足真空光速的不变性；但是牛顿速度相加定律不会满足真空光速不变性. 所以，单向光速不变性虽然与伽利略相对性原理不相容，但是它与狭义相对论的狭义相对性原理相容. 这一点容易理解，因为速度的定义与同时性定义(或说与惯性系的定义)密不可分，相对性原理同样与惯性系定义密切相关；伽利略相对性原理涉及的是牛顿惯性系，而狭义相对论的相对性原理则涉及的是爱因斯坦惯性系. 所以，在这种意义上说狭义相对性原理不只是对伽利略相对性原理的推广，而且是基于不同的同时性定义. 这就是说，狭义相对性原理与光速不变原理密切相关.

1.6.11 加速度变换定律

四维闵可夫斯基时空中的4-加速度由方程(1.5.31)定义

$$a^{\mu}=\frac{\mathrm{d}u^{\mu}}{\mathrm{d}\tau}=\frac{\mathrm{d}^2x^{\mu}}{\mathrm{d}\tau^2}=\left(c\frac{\mathrm{d}^2t}{\mathrm{d}\tau^2},\ \frac{\mathrm{d}^2\boldsymbol{r}}{\mathrm{d}\tau^2}\right) \tag{1.6.65}$$

使用方程(1.6.57)和(1.6.59)，上式 a^{μ} 的时空分量成为

$$c\frac{\mathrm{d}^2t}{\mathrm{d}\tau^2}=c\frac{\mathrm{d}}{\mathrm{d}\tau}\frac{\mathrm{d}t}{\mathrm{d}\tau}=c\frac{\mathrm{d}\gamma(\boldsymbol{u})}{\mathrm{d}\tau}=c\gamma(\boldsymbol{u})\frac{\mathrm{d}\gamma(\boldsymbol{u})}{\mathrm{d}t}=c[\gamma(\boldsymbol{u})]^2\xi \tag{1.6.66a}$$

$$\frac{\mathrm{d}^2\boldsymbol{r}}{\mathrm{d}\tau^2}=\frac{\mathrm{d}}{\mathrm{d}\tau}\frac{\mathrm{d}\boldsymbol{r}}{\mathrm{d}\tau}=\gamma(\boldsymbol{u})\frac{\mathrm{d}}{\mathrm{d}t}[\gamma(\boldsymbol{u})\boldsymbol{u}]=[\gamma(\boldsymbol{u})]^2(\boldsymbol{a}+\boldsymbol{u}\xi) \tag{1.6.66b}$$

其中

$$\xi\equiv[\gamma(\boldsymbol{u})]^2\frac{\boldsymbol{a}\cdot\boldsymbol{u}}{c^2} \tag{1.6.66c}$$

因为 x^{μ} 是4-矢量而 $\mathrm{d}\tau$ 是4-标量，则 a^{μ} 是4-矢量. 所以，a^{μ} 的洛伦兹变换如同 x^{μ} 的变换方程(1.6.61)，即

$$[\gamma(\boldsymbol{u}')]^2(\boldsymbol{a}'+\boldsymbol{u}'\xi')=\gamma(\boldsymbol{v})[\gamma(\boldsymbol{u})]^2\ (\boldsymbol{a}^{\dagger}+\boldsymbol{u}^{\dagger}\xi-\boldsymbol{v}\xi) \tag{1.6.67a}$$

$$[\gamma(\boldsymbol{u}')]^2\xi'=\gamma(\boldsymbol{v}')[\gamma(\boldsymbol{u})]^2\left[\xi-\frac{\boldsymbol{v}\cdot(\boldsymbol{a}+\boldsymbol{u}\xi)}{c^2}\right] \tag{1.6.67b}$$

其中，$\boldsymbol{u}^{\dagger}$ 由方程(1.5.63c)定义；而 $\boldsymbol{a}^{\dagger}$ 则定义为

$$\boldsymbol{a}^{\dagger}\equiv\frac{1}{\gamma(\boldsymbol{v})}\left\{\boldsymbol{a}-[1-\gamma(\boldsymbol{v})]\frac{(\boldsymbol{v}\cdot\boldsymbol{a})\boldsymbol{v}}{v^2}\right\} \tag{1.6.68a}$$

利用爱因斯坦速度相加定律方程(1.6.64)，消掉方程(1.6.67)中的 ξ，得到

$$\boldsymbol{a}'=\frac{1}{\gamma(\boldsymbol{v})(1-\boldsymbol{u}\cdot\boldsymbol{v}/c^2)^3}\left[\boldsymbol{a}^{\dagger}\left(1-\frac{\boldsymbol{u}\cdot\boldsymbol{v}}{c^2}\right)+\frac{(\boldsymbol{u}^{\dagger}-\boldsymbol{v})(\boldsymbol{a}\cdot\boldsymbol{v})}{c^2}\right] \tag{1.6.68b}$$

这就是**运动粒子的加速度变换定律**. 特别是，如果选取粒子在其中静止的瞬时参考系，即 $\boldsymbol{u}=0$，那么方程(1.6.68b)退化为

$$\boldsymbol{a}'=\frac{\boldsymbol{a}^{\dagger}-\boldsymbol{v}(\boldsymbol{a}\cdot\boldsymbol{v})/c^{2}}{\gamma(\boldsymbol{v})} \tag{1.6.69}$$

在牛顿极限，$c\to\infty$，变换方程(1.6.68)和(1.6.69)退化到牛顿的结果即 $\boldsymbol{a}'=\boldsymbol{a}$.

1.6.12 质速关系和质能关系

按照狭义相对论的第一个基本原理即狭义相对性原理，物理系统的作用量是如下非齐次洛伦兹变换(庞加莱变换)下的不变量：

$$x^{\mu}\to x'^{\mu}=\Lambda^{\mu}{}_{\nu}x^{\nu}+b^{\mu} \tag{1.6.70}$$

其中时空平移常数 b^{μ} 是个常数 4-矢量. 庞加莱变换的全体构成庞加莱群. 该方程右边第一项包含空间转动的最一般的洛伦兹变换，即方程(1.4.25)，其系数记为 $\Lambda^{\mu}{}_{\nu}$. 物理系统作用量在齐次洛伦兹变换($\Lambda^{\mu}{}_{\nu}$)下的不变性给出角动量守恒定律. 庞加莱时空平移(b^{μ})代表两惯性系 Σ 和 Σ' 的坐标原点位置之间的相对移动，作用量在庞加莱时空平移变换下的不变代表时空的均匀性且给出能量-动量守恒定律. 这种守恒定律是相对论力学的基础之一.

在惯性系 Σ 中以速度 $\boldsymbol{u}$ 运动的粒子的动量 $\boldsymbol{p}$ 正比于速度 $\boldsymbol{u}$，即

$$\boldsymbol{p}=m\boldsymbol{u} \tag{1.6.71}$$

其中比例系数 m 称为粒子的**惯性质量**，该系数不是常数而是速度矢量绝对值 $u=|\boldsymbol{u}|$ 的普适函数，即

$$m=m(u)=f(u) \tag{1.6.72}$$

在 S' 系，按照相对性原理，粒子的动量 $\boldsymbol{p}'$ 应当正比于粒子的速度 $\boldsymbol{u}'$，即

$$\boldsymbol{p}'=m'\boldsymbol{u}' \tag{1.6.73}$$

其中惯性质量 m' 同样有

$$m'=m'(u')=f(u') \tag{1.6.74}$$

在任何惯性系中的动量守恒定律可以唯一确定函数 $f(u)$. 在两个全同粒子的弹性碰撞中使用动量守恒定律后得到如下表达式：

$$f(u)=\frac{f(0)}{\sqrt{1-u^{2}/c^{2}}} \tag{1.6.75}$$

或者有

$$m=\frac{m_{0}}{\sqrt{1-u^{2}/c^{2}}} \tag{1.6.76}$$

其中 $m_0 = f(0)$ 是粒子的速度 $u=0$ 时的惯性质量即粒子的**静质量**，而 $u>0$ 的质量 $m(u)$ 称为粒子的**相对论质量**或说**总质量**. 方程(1.6.76)就是惯性质量与运动速度之间的关系，简称为**质速关系**. 由方程(1.6.71)定义的动量可写成

$$\boldsymbol{p} = m\boldsymbol{u} = \frac{m_0 \boldsymbol{u}}{\sqrt{1-u^2/c^2}} \tag{1.6.77}$$

牛顿力学第二定律在牛顿惯性系 N 中写成 $\boldsymbol{F} = m\boldsymbol{a}$，其中惯性质量与物体运动速度无关；这个定律满足伽利略相对性原理，即在伽利略变换下在另一个牛顿惯性系中形式不变，即 $\boldsymbol{F}' = m\boldsymbol{a}'$. 但是，这样的定律不能满足狭义相对论中的相对性原理，即在洛伦兹变换下不能保持形式不变. 因此该定律需要修改成洛伦兹变换的协变形式.

动量守恒定律是说自由粒子的动量不会随时间而变，即 $\dfrac{\mathrm{d}\boldsymbol{p}'}{\mathrm{d}t}=0$. 但是粒子受到外力作用时其动量要随时间而变化. 所以，这个力定义为单位时间内动量的变化

$$\boldsymbol{F} = \frac{\mathrm{d}\boldsymbol{p}}{\mathrm{d}t} \tag{1.6.78}$$

其中动量 $\boldsymbol{p}$ 由方程(1.6.77)给出. 这个方程的低速近似就是牛顿力学第二定律. 利用方程(1.6.77)，方程(1.6.78)成为

$$\boldsymbol{F} = m\frac{\mathrm{d}\boldsymbol{u}}{\mathrm{d}t} + \frac{\mathrm{d}m}{\mathrm{d}t}\boldsymbol{u} = m\frac{\mathrm{d}\boldsymbol{u}}{\mathrm{d}t} + \frac{\boldsymbol{F}\cdot\boldsymbol{u}}{c^2}\boldsymbol{u}$$

或者写成

$$m\frac{\mathrm{d}\boldsymbol{u}}{\mathrm{d}t} = \boldsymbol{F} - \frac{\boldsymbol{F}\cdot\boldsymbol{u}}{c^2}\boldsymbol{u} \tag{1.6.79}$$

其中用到后面的方程(1.6.87b)，即 $c^2(\mathrm{d}m/\mathrm{d}t) = \boldsymbol{F}\cdot\boldsymbol{u}$. 方程(1.6.79)就是在力作用下的粒子运动方程. 该运动方程表明，加速度 $\mathrm{d}\boldsymbol{u}/\mathrm{d}t$ 与力 $\boldsymbol{F}$ 的方向一般不平行，除非力 $\boldsymbol{F}$ 的方向与速度 $\boldsymbol{u}$ 的方向垂直或平行.

爱因斯坦在他的第一篇狭义相对论的文章中讨论了荷电粒子在电磁场中的运动，他假定电磁场作用在粒子上的力正比于粒子的加速度，并且引入了所谓的“纵向质量”和“横向质量”. 同时爱因斯坦指出力的不同定义会导致质量的不同数值. 例如，力的定义(1.6.78)会导致质量方程(1.6.76). 1909 年 Lewis 和 Tolman 证实由这个力学观点出发研究了两个质量球体的弹性碰撞[24]. 借助于动量守恒定律和爱因斯坦速度相加公式，他们得到了质量方程(1.6.76). 这个推导与电磁场理论无关.

质量-能量关系(简称为质能关系)可以从质速关系(1.6.76)和力的定义方程(1.6.78)给出. 粒子动能 K 的改变量等于力 $\boldsymbol{F}$ 在单位时间内所做功 W 的速率，即

$$\frac{\mathrm{d}K}{\mathrm{d}t}=W=\boldsymbol{F}\cdot\boldsymbol{u} \tag{1.6.80}$$

利用方程(1.6.76)和(1.6.78)，方程(1.6.80)成为

$$\frac{\mathrm{d}K}{\mathrm{d}t}=\boldsymbol{u}\cdot\frac{\mathrm{d}}{\mathrm{d}t}\left(\frac{m_0\boldsymbol{u}}{\sqrt{1-u^2/c^2}}\right)=\frac{m_0}{\sqrt{1-u^2/c^2}}\boldsymbol{u}\cdot\frac{\mathrm{d}\boldsymbol{u}}{\mathrm{d}t}+\frac{m_0u^2}{c^2(1-u^2/c^2)^{3/2}}u\frac{\mathrm{d}u}{\mathrm{d}t} \tag{1.6.81}$$

由于

$$\boldsymbol{u}\cdot\frac{\mathrm{d}\boldsymbol{u}}{\mathrm{d}t}=\frac{1}{2}\frac{\mathrm{d}}{\mathrm{d}t}(\boldsymbol{u}\cdot\boldsymbol{u})=\frac{1}{2}\frac{\mathrm{d}}{\mathrm{d}t}(u^2)=u\frac{\mathrm{d}u}{\mathrm{d}t}$$

则方程(1.6.81)简化为

$$\frac{\mathrm{d}K}{\mathrm{d}t}=\frac{\mathrm{d}}{\mathrm{d}t}\left(\frac{m_0c^2}{\sqrt{1-u^2/c^2}}\right)=c^2\frac{\mathrm{d}m}{\mathrm{d}t} \tag{1.6.82}$$

对该方程进行积分得到粒子的动能

$$K=\frac{m_0c^2}{\sqrt{1-u^2/c^2}}+C=mc^2+C \tag{1.6.83}$$

其中常数 C 由边界条件确定. 在粒子的速度 $u=0$ 时(即粒子静止不动)，动能 $K=0$，所以得到

$$C=-m_0c^2 \tag{1.6.84}$$

则动能方程(1.6.83)成为

$$K=\frac{m_0c^2}{\sqrt{1-u^2/c^2}}-m_0c^2 \tag{1.6.85a}$$

展开该方程右边的第一项后有

$$K=\frac{1}{2}m_0u^2\left(1+\frac{3}{4}\frac{u^2}{c^2}+\cdots\right) \tag{1.6.85b}$$

在低速情况($u/c\ll 1$)，上式的一阶近似就是牛顿动能的公式

$$K=\frac{1}{2}m_0u^2 \tag{1.6.86}$$

将方程(1.6.85a)右边第一项记为 E，则有

$$E=K+m_0c^2=\frac{m_0c^2}{\sqrt{1-u^2/c^2}}=mc^2 \tag{1.6.87a}$$

该方程可以写成

$$\frac{\mathrm{d}E}{\mathrm{d}t}=\frac{\mathrm{d}m}{\mathrm{d}t}c^2=\boldsymbol{F}\cdot\boldsymbol{u} \tag{1.6.87b}$$

或者

$$\Delta E = c^2 \Delta m \tag{1.6.87c}$$

其中m是方程(1.6.76)给出的粒子总质量. 方程(1.6.87a)或(1.6.87c)给出了质量与能量之间的关系，即**质能关系**. 类似地，可以把方程(1.6.85a)右边第二项记为E_0，即

$$E_0 = m_0 c^2 \tag{1.6.88}$$

E和E_0分别称为**总能量**和**静(止)能量(或固有能量)**；m和m_0则分别称为**总质量**和**静(止)质量(或固有质量)**.

由于$u \to c$时，具有静质量的粒子其动能K和总能量E都趋于无穷大，所以为确保自由光子的能量有限性，光子的静质量应该是零.

由能量公式(1.6.87a)和动量公式(1.6.77)得到能量与动量的关系

$$\boldsymbol{p}^2 c^2 - E^2 = -m_0^2 c^4 \tag{1.6.89}$$

即有

$$E = c\sqrt{\boldsymbol{p}^2 + m_0^2 c^2} \tag{1.6.90}$$

由此，粒子的速度可以写成

$$u = \frac{|\boldsymbol{p}|c^2}{E} = \frac{\mathrm{d}E}{\mathrm{d}|\boldsymbol{p}|} \tag{1.6.91}$$

1.6.13节证明能量-动量关系式(1.6.89)在洛伦兹变换下是不变量.

1.6.13 质量、动量、能量和力的变换

前面给出的定义和相互关系在Σ系中有效. 在另一个惯性系Σ'中应该有类似的定义和关系式

$$m' = \frac{m_0}{\sqrt{1-u'^2/c^2}} \tag{1.6.92}$$

$$\boldsymbol{p}' = m'\boldsymbol{u}' = \frac{m_0 \boldsymbol{u}'}{\sqrt{1-u'^2/c^2}} \tag{1.6.93}$$

$$E' = m'c^2 \tag{1.6.94}$$

$$\boldsymbol{F}' = \frac{\mathrm{d}\boldsymbol{p}'}{\mathrm{d}t'} \tag{1.6.95}$$

$$\frac{\mathrm{d}E'}{\mathrm{d}t'} = \boldsymbol{F} \cdot \boldsymbol{u}' \tag{1.6.96}$$

Σ'系中的量(m'、$\boldsymbol{p}'$、E'、$\boldsymbol{F}'$)与Σ系中的量(m、$\boldsymbol{p}$、E、$\boldsymbol{F}$)之间的变换方程可以通

过爱因斯坦速度相加定律和洛伦兹变换得到.

利用爱因斯坦速度相加定律，膨胀因子改写成

$$\frac{1}{\sqrt{1-u'^2/c^2}}=\frac{1}{\sqrt{1-(u_x'^2+u_y'^2+u_z'^2)/c^2}}=\frac{1}{\sqrt{1-u^2/c^2}}\frac{1-vu_x/c^2}{\sqrt{1-v^2/c^2}} \tag{1.6.97}$$

将该方程代入(1.6.92)和(1.6.94)，则 m' 和 E' 的方程分别改写为

$$m'=\frac{m_0}{\sqrt{1-u^2/c^2}}\frac{1-vu_x/c^2}{\sqrt{1-v^2/c^2}}=m\frac{1-vu_x/c^2}{\sqrt{1-v^2/c^2}}=\frac{m-vp_x/c^2}{\sqrt{1-v^2/c^2}} \tag{1.6.98}$$

$$\left(\frac{E'}{c^2}\right)=\frac{(E/c^2)-(v/c^2)p_x}{\sqrt{1-v^2/c^2}} \tag{1.6.99}$$

利用方程(1.6.98)和爱因斯坦速度相加方程(1.6.50)分别替换方程(1.6.93)中的 m' 和 $\boldsymbol{u}'=(u_x',u_x',u_x')$ 后得

$$p_x'=\frac{p_x-vE/c^2}{\sqrt{1-v^2/c^2}} \tag{1.6.100a}$$

$$p_y'=p_y \tag{1.6.100b}$$

$$p_z'=p_z \tag{1.6.100c}$$

方程(1.6.99)的变换形式相当于 ct 的洛伦兹变换形式，而方程(1.6.100)的变换形式相当于空间坐标 (x,y,z) 的洛伦兹变换形式. 所以，能量和动量 $(E/c,p_x,p_y,p_z)$ 的洛伦兹变换如同坐标 4-矢量 (ct,x,y,z) 的洛伦兹变换. 因此，$p^\mu=(E/c,p_x,p_y,p_z)$ 是一个逆变 4-矢量，其绝对值(即模)是洛伦兹变换的不变量，即

$$\eta_{\mu\nu}p'^\mu p'^\nu=\eta_{\mu\nu}p^\mu p^\nu=m_0^2c^4 \tag{1.6.101}$$

或者写成

$$\boldsymbol{p}'^2c^2-E'^2=\boldsymbol{p}^2c^2-E^2=-m_0^2c^4 \tag{1.6.102}$$

其中用了能量和动量之间的关系方程(1.6.89).

能量-动量 4-矢量 $p^\mu=(E/c,\boldsymbol{p})$ 的更一般的洛伦兹变换由坐标 4-矢量的更一般的洛伦兹变换(1.4.22)做替换 $\boldsymbol{r}\to\boldsymbol{p},\boldsymbol{r}'\to\boldsymbol{p}',t\to(E/c^2)$ 而得到

$$\boldsymbol{p}'=\gamma\left(\boldsymbol{p}^\dagger-\boldsymbol{v}\frac{E}{c^2}\right) \tag{1.6.103a}$$

$$E'=\gamma(E-\boldsymbol{v}\cdot\boldsymbol{p}) \tag{1.6.103b}$$

其中

$$\boldsymbol{p}^\dagger\equiv\frac{1}{\gamma}\left[\boldsymbol{p}-(1-\gamma)\frac{(\boldsymbol{v}\cdot\boldsymbol{p})\boldsymbol{v}}{v^2}\right] \tag{1.6.103c}$$

其中膨胀因子γ的定义在方程(1.5.6b)给出.

相对论力学中的力不再有绝对的含义，所以可以重新把力定义成

$$\boldsymbol{f}=\dot{\boldsymbol{p}}=\frac{\mathrm{d}\boldsymbol{p}}{\mathrm{d}\tau} \tag{1.6.104}$$

其中，固有时间隔$\mathrm{d}\tau$是洛伦兹变换的不变量，则由方程(1.6.87b)得到

$$\dot{E}\equiv\frac{\mathrm{d}E}{\mathrm{d}\tau}=\boldsymbol{f}\cdot\boldsymbol{u} \tag{1.6.105}$$

所以，$\left(\dfrac{\dot{E}}{c^2},\dot{\boldsymbol{p}}\right)$的变换如同坐标4-矢量$(ct,\boldsymbol{r})$的变换，故$\left(\dfrac{\boldsymbol{f}\cdot\boldsymbol{u}}{c^2},\boldsymbol{f}\right)$是个4-矢量.

1.6.14 亚光速世界、光速世界、超光速世界和极限速度

粒子的质能关系(1.6.87a)给出

$$E=\frac{m_0c^2}{\sqrt{1-u^2/c^2}} \tag{1.6.106}$$

对于以**光速运动的粒子(包括光子)** $u=c$，方程(1.6.106)表明它们的能量E为无穷大，自然界没有无穷大的能量，就是整个宇宙的能量也不会无穷大；而且物理学不能接受无穷大的量值. 为了避开这个问题，这类粒子(包括光子)的静质量m_0应当取为零，可以称这类粒子为**光速世界**粒子，它们相应的四维时空间隔是**类光间隔**。有$\mathrm{d}s^2=c^2\mathrm{d}t^2-\mathrm{d}r^2=0$.

电动力学的麦克斯韦方程符合光子静质量为零(在四维闵可夫斯基时空中写下电磁场的作用量时，相角变换对称性或说$U(1)$对称性排除了光子静质量项). 但是，检验光子静质量的实验数据与麦克斯韦电磁场方程比对不如与普罗卡(Proca)重电磁场(光子具有静质量的电磁场)方程进行比较. 参见第6章普罗卡重电磁场.

亚光速世界 具有静止质量的粒子或普通物体其速度小于光速，把它们加速到光速需要无穷大的能量，所以这是不可能办到的. 真空光速c是亚光速世界的速度上限，亚光速世界的四维时空间隔是**类时间隔**，有$\mathrm{d}s^2=c^2\mathrm{d}t^2-\mathrm{d}r^2>0$.

超光速世界 粒子的速度$u>c$时，方程(1.6.106)分母成为虚数，为了解决这个问题需要把分子的静质量也取为虚数. 能够这样做的一个理由是质量不是物理上的直接观测量. 静质量是虚数的粒子称为**超光速粒子**或称为**快子(tachyon)**，其速度大于真空光速而且不可能等于光速，真空光速是快子运动速度的下限. 超光速世界的四维时空间隔是**类空间隔**，有$\mathrm{d}s^2=c^2\mathrm{d}t^2-\mathrm{d}r^2<0$.

洛伦兹变换不能在类时间隔、类光间隔、类空间隔这三种不同四维间隔之间进行变换，这就是说，亚光速世界、光速世界、超光速世界是相互孤立的，不能互相转化.

寻找超光速粒子的实验 1967年Feinberg在狭义相对论框架内研讨了超光速粒子快子的可能性问题[25](超光速粒子的早期评论可参见本章参考文献[26-28]). 较早通过实验分析寻找快子的是 Alväger 和 Kreisler，他们在 1968 年曾分析了 β 衰变产物，但是没有发现快子[29]，后来有关基本粒子反应和宇宙射线的实验研究也没有发现超光速粒子[30-33]. 1974 年 Clay 和 Crouch 报道他们观测了广延大气簇射，声称在通常的簇射粒子群到达地面之前记录到了其他未知信号，他们把这类未知信号解释为超光速粒子所致[33]，但是之后并没有进一步的报道. 虽然实验并没有发现快子真实存在的确切证据，但是有关快子的研究包括中微子快子的研究一直没有间断过[34-37].

1.6.15 托马斯进动

在非相对论运动学中，无空间转动的伽利略变换构成群. 考虑三个牛顿惯性系 N、N'、N''. 假设 N' 系中的笛卡儿坐标轴与 N 系中的相应坐标轴平行. 同样，N'' 系中的笛卡儿坐标轴也平行于 N 系中的相应坐标轴，即没有空间转动. 设 N' 系和 N'' 系相对于 N 系的速度分别是 $\boldsymbol{v}$ 和 $\boldsymbol{u}$，一般来说 $\boldsymbol{v}$ 和 $\boldsymbol{u}$ 的方向并不互相平行. N 系和 N' 系(或 N'' 系)中的坐标 (x, y, z, t) 和 (x', y', z', t') [或 (x'', y'', z'', t'')]之间的关系由没有空间转动的伽利略变换给出. 众所周知，N' 系的坐标和 N'' 系的坐标之间的关系也是由没有空间转动的伽利略变换给出.

然而，在狭义相对论的运动学中情况并非如此，如果爱因斯坦惯性系 Σ 和 Σ' 的相应坐标轴互相平行且两个惯性系以速度 $\boldsymbol{v}$ 相对运动，那么它们之间的关系由无空间转动的洛伦兹变换给出. 如果再选取另一个爱因斯坦惯性系 Σ''，使它与 Σ' 系之间的关系也由无空间转动的洛伦兹变换给出. 那么，一般的洛伦兹变换显示，Σ'' 系与 Σ 系之间的坐标变换不再是无转动的洛伦兹变换了. 这就是说，Σ'' 系与 Σ 系之间的空间坐标轴不再是互相平行了，而是存在一个空间转动 $\boldsymbol{\Omega}$. 这种转动通常称为**维格纳(Wigner)转动**. 1927 年托马斯(Thomas)首先研究了狭义相对论的这种运动学效应并将其应用于原子中的电子，并且首次发现电子磁矩的进动现象，这种现象称为**托马斯进动**[38-40]；**托马斯进动**就是**维格纳转动 $\boldsymbol{\Omega}$** 的时间变化率即对时间的导数，即 $\dot{\boldsymbol{\Omega}} \equiv \mathrm{d}\boldsymbol{\Omega} / \mathrm{d}t$.

1926 年乌伦贝克(Uhlenback)和古德斯米特(Goudsmit)为了解释原子光谱线精细结构分裂引入了电子自旋的概念. 他们证明，如果电子的 g 因子等于 2(参见本书13.1 节)，那么反常塞曼效应就可以获得解释，而且存在多重态分裂(精细结构). 但是，当与精细结构的实验值比对时却发现实验值只是理论预言值的一半. 如果把电子的 g 因子取为 1 的话，虽然精细结构的预言值与实验值相符，但是反常塞曼效应又不能解释了. 1927 年托马斯的工作[38]指出，这种矛盾是由相对论运动学效应带来的. 考虑到托马斯进动效应之后，反常塞曼效应和精细结构分裂就同时可解释了.

两个相继的洛伦兹变换(托马斯进动) 爱因斯坦惯性系Σ和Σ'的时空坐标之间的一般洛伦兹变换由方程(1.4.22)给出

$$\boldsymbol{r}'=\left[\boldsymbol{r}+(\gamma-1)\frac{\boldsymbol{v}\cdot\boldsymbol{r}}{v^2}\boldsymbol{v}\right]-\gamma\boldsymbol{v}t \tag{1.6.107a}$$

$$t'=\gamma\left(t-\frac{\boldsymbol{v}\cdot\boldsymbol{r}}{c^2}\right) \tag{1.6.107b}$$

其中

$$\gamma\equiv\frac{1}{\sqrt{1-v^2/c^2}},\quad \boldsymbol{r}=(x,y,z),\quad \boldsymbol{r}'=(x',y',z') \tag{1.6.107c}$$

$\boldsymbol{v}$是Σ'系相对于Σ系的速度，即在Σ系观测到Σ'系(原点)的运动速度. 方程中的“点乘”(标量积)由通常定义：$\boldsymbol{v}\cdot\boldsymbol{r}=v_x x+v_y y+v_z z$. 由于$\Sigma$系笛卡儿坐标轴与$\Sigma'$系的相应坐标轴相互平行，所以$\Sigma'$系中的观察者测到$\Sigma$系(原点)的速度就是$-\boldsymbol{v}$. 在方程(1.6.107)中做下列代换：$(\boldsymbol{r},t)\leftrightarrow(\boldsymbol{r}',t')$，$\boldsymbol{v}\leftrightarrow-\boldsymbol{v}$，即得到逆变换

$$\boldsymbol{r}=\left[\boldsymbol{r}'+(\gamma-1)\frac{\boldsymbol{v}'\cdot\boldsymbol{r}'}{v^2}\boldsymbol{v}'\right]-\gamma\boldsymbol{v}'t' \tag{1.6.108a}$$

$$t=\gamma\left(t'-\frac{\boldsymbol{v}'\cdot\boldsymbol{r}'}{c^2}\right) \tag{1.6.108b}$$

其中$\boldsymbol{v}'=-\boldsymbol{v}$是$\Sigma$系相对于$\Sigma'$系的速度. 将方程(1.6.107)写成分量形式，并以$\boldsymbol{r}=(x,y,z),\boldsymbol{r}'=(x',y',z'),\boldsymbol{v}=(v_x,v_y,v_z)$代入，即得到如下四个分列方程：

$$x'=x\left[1+(\gamma-1)\frac{v_x^2}{v^2}\right]+y(\gamma-1)\frac{v_xv_y}{v^2}+z(\gamma-1)\frac{v_xv_z}{v^2}-\gamma v_xt \tag{1.6.109a}$$

$$y'=x(\gamma-1)\frac{v_xv_y}{v^2}+y\left[1+(\gamma-1)\frac{v_y^2}{v^2}\right]+z(\gamma-1)\frac{v_yv_z}{v^2}-\gamma v_yt \tag{1.6.109b}$$

$$z'=x(\gamma-1)\frac{v_xv_z}{v^2}+y(\gamma-1)\frac{v_yv_x}{v^2}+z\left[1+(\gamma-1)\frac{v_z^2}{v^2}\right]-\gamma v_zt \tag{1.6.109c}$$

$$t'=\gamma\left(t-\frac{v_xx+v_yy+v_zz}{c^2}\right) \tag{1.6.109d}$$

逆变换由方程(1.6.109)通过代换$(x,y,z,t)\leftrightarrow(x',y',z',t')$和$(v_x,v_y,v_z)\leftrightarrow(v'_x,v'_y,v'_z)$而得到.

以上考虑的是两个惯性系的笛卡儿坐标轴互相平行的情况. 现在考虑坐标轴不平行的情况. 例如，引入第三个惯性系Σ''，其与Σ'系相对静止且两个惯性系的原点

重合，Σ'' 系相对于 Σ 系的速度也是 $\boldsymbol{v}$. 假设 Σ'' 系和 Σ' 系的相应坐标轴并不互相平行，所以可以对 Σ'' 系进行三维空间转动（设这个转动算符是 D）使之坐标轴与 Σ' 系的相应坐标轴重合. 因此 Σ'' 系中的任一空间 3-矢量 $\boldsymbol{r}''$ 在 D 的转动下将成为 Σ' 系中的相应 3-矢量 $\boldsymbol{r}'$，即 $D\boldsymbol{r}''=\boldsymbol{r}'$. 由于 Σ'' 系与 Σ' 系的坐标轴不互相平行，所以 Σ 系相对于 Σ'' 的速度 $\boldsymbol{v}''$ 不等于 $-\boldsymbol{v}$，它们之间同样差一个空间转动，即

$$D\boldsymbol{v}''=-\boldsymbol{v} \tag{1.6.110}$$

将 $D\boldsymbol{r}''=\boldsymbol{r}'$ 代入方程(1.6.107)后得到

$$D\boldsymbol{r}''=\left[\boldsymbol{r}+(\gamma-1)\frac{\boldsymbol{v}\cdot\boldsymbol{r}}{v^2}\boldsymbol{v}\right]-\gamma\boldsymbol{v}t \tag{1.6.111a}$$

$$t''=\gamma\left(t-\frac{\boldsymbol{v}\cdot\boldsymbol{r}}{c^2}\right) \tag{1.6.111b}$$

用逆转动算符 D^{-1} 左乘方程(1.6.111)的两边，再利用方程(1.6.110)，就得到 Σ'' 系与 Σ 系之间的洛伦兹变换

$$\boldsymbol{r}''=D^{-1}\boldsymbol{r}-\boldsymbol{v}''\left[(\gamma-1)\frac{\boldsymbol{v}\cdot\boldsymbol{r}}{v^2}-\gamma t\right] \tag{1.6.112a}$$

$$t''=\gamma\left(t-\frac{\boldsymbol{v}\cdot\boldsymbol{r}}{c^2}\right) \tag{1.6.112b}$$

该方程是包含空间转动的洛伦兹变换.

对方程(1.6.107)和(1.6.108)微分便得到无转动洛伦兹变换下的速度变换方程

$$\boldsymbol{u}'=\frac{\gamma^{-1}\boldsymbol{u}+\left[(1-\gamma^{-1})\dfrac{\boldsymbol{u}\cdot\boldsymbol{v}}{v^2}-1\right]\boldsymbol{v}}{1-\dfrac{\boldsymbol{u}\cdot\boldsymbol{v}}{c^2}} \tag{1.6.113a}$$

$$\boldsymbol{u}=\frac{\gamma^{-1}\boldsymbol{u}'+\left[(1-\gamma^{-1})\dfrac{\boldsymbol{u}'\cdot\boldsymbol{v}}{v^2}+1\right]\boldsymbol{v}}{1-\dfrac{\boldsymbol{u}'\cdot\boldsymbol{v}}{c^2}} \tag{1.6.113b}$$

其中 $\boldsymbol{u}=\dfrac{\mathrm{d}\boldsymbol{r}}{\mathrm{d}t}$, $\boldsymbol{u}'=\dfrac{\mathrm{d}\boldsymbol{r}'}{\mathrm{d}t'}$.

现在考虑三个惯性系 Σ、Σ' 和 Σ'' 之间的两个相继的洛伦兹变换. Σ' 系相对于 Σ 系的速度是 $\boldsymbol{v}$ 且两个惯性系的相应坐标轴互相平行. 假设 Σ'' 系相对于 Σ' 系的速度是 $\boldsymbol{u}'$，同样选择这两个惯性系的坐标轴互相平行. Σ' 系和 Σ 系之间的洛伦兹变换是方程(1.6.107). 将方程(1.6.107)中的坐标进行如下替换：$(\boldsymbol{r},t,\boldsymbol{v})\to(\boldsymbol{r}',t',\boldsymbol{u}'),(\boldsymbol{r}',t')\to$

$(\boldsymbol{r}'',t'')$，则得到惯性系Σ'和Σ''之间的洛伦兹变换. 从Σ'系与Σ系之间的洛伦兹变换和Σ'与Σ''之间的洛伦兹变换中消掉$(\boldsymbol{r}',t')$后则得到Σ''系与Σ系之间的洛伦兹变换

$$\boldsymbol{r}''=D^{-1}\boldsymbol{r}-\boldsymbol{w}''\left[\frac{\boldsymbol{r}\cdot\boldsymbol{w}}{\boldsymbol{w}^2}\left(\frac{1}{\sqrt{1-w^2/c^2}}-1\right)-\frac{t}{\sqrt{1-w^2/c^2}}\right] \tag{1.6.114}$$

方程(1.6.114)与(1.6.112)形式一样,这表明Σ''系与Σ系的相应坐标轴不是互相平行的. $\boldsymbol{w}$是Σ''系相对于Σ系的速度，$\boldsymbol{w}''$是Σ系相对于Σ''系的速度. 由速度变换方程(1.6.113)可知

$$\boldsymbol{w}=\frac{\boldsymbol{u}'\sqrt{1-\dfrac{v^2}{c^2}}+\boldsymbol{v}\left[\dfrac{\boldsymbol{u}'\cdot\boldsymbol{v}}{v^2}\left(1-\sqrt{1-\dfrac{v^2}{c^2}}\right)+1\right]}{1+\dfrac{\boldsymbol{u}'\cdot\boldsymbol{v}}{c^2}} \tag{1.6.115}$$

$$\boldsymbol{w}''=\frac{\boldsymbol{v}\sqrt{1-\dfrac{u'^2}{c^2}}+\boldsymbol{u}'\left[\dfrac{\boldsymbol{u}'\cdot\boldsymbol{v}}{u'^2}\left(1-\sqrt{1-\dfrac{u'^2}{c^2}}\right)+1\right]}{1+\dfrac{\boldsymbol{u}'\cdot\boldsymbol{v}}{c^2}} \tag{1.6.116}$$

由(1.6.110)可知

$$D\boldsymbol{w}''=-\boldsymbol{w} \tag{1.6.117}$$

现在考虑从Σ'系到Σ''系的无穷小洛伦兹变换，即u'/c是无穷小量. 忽略u'/c的二阶以上的小量，则Σ'系到Σ''系的变换成为

$$\begin{cases}\boldsymbol{r}''=\boldsymbol{r}'-\boldsymbol{u}'t'\\ t''=t'-\dfrac{\boldsymbol{u}'\cdot\boldsymbol{r}'}{c^2}\end{cases} \tag{1.6.118}$$

方程(1.6.115)和(1.6.116)变成

$$\begin{cases}\boldsymbol{w}=\boldsymbol{v}+\sqrt{1-\dfrac{v^2}{c^2}}\left[\boldsymbol{u}'+\boldsymbol{v}\dfrac{\boldsymbol{v}\cdot\boldsymbol{u}'}{v^2}\left(\sqrt{1-\dfrac{v^2}{c^2}}-1\right)\right]\\ \boldsymbol{w}''=-\left(\boldsymbol{v}+\boldsymbol{u}'-\boldsymbol{v}\dfrac{\boldsymbol{u}'\cdot\boldsymbol{v}}{c^2}\right)\end{cases} \tag{1.6.119a}$$

$$w^2=w''^2=v^2+2(\boldsymbol{v}\cdot\boldsymbol{u}')\left(1-\frac{v^2}{c^2}\right) \tag{1.6.119b}$$

将方程(1.6.107)代入(1.6.118)后消掉$\boldsymbol{r}'$和t'，得到

$$\begin{cases} D^{-1}\boldsymbol{r}=\boldsymbol{r}+\dfrac{(\boldsymbol{v}\times\mathrm{d}\boldsymbol{v})\times\boldsymbol{r}}{v^2}\left[\dfrac{1}{\sqrt{1-v^2/c^2}}-1\right] \\ \mathrm{d}\boldsymbol{v}=\boldsymbol{w}-\boldsymbol{v} \end{cases} \tag{1.6.120}$$

取到 $\mathrm{d}\boldsymbol{v}$ 的一阶项

$$D\boldsymbol{r}=\boldsymbol{r}+\mathrm{d}\boldsymbol{\Omega}\times\boldsymbol{r} \tag{1.6.121a}$$

其中

$$\mathrm{d}\boldsymbol{\Omega}=-\left(\frac{1}{\sqrt{1-v^2/c^2}}-1\right)\frac{\boldsymbol{v}\times\mathrm{d}\boldsymbol{v}}{v^2} \tag{1.6.121b}$$

是**维格纳转动**，转动算符 D 代表绕矢量 $\boldsymbol{\Omega}$ 方向作无穷小转动，转动角是 $|\mathrm{d}\boldsymbol{\Omega}|$.

现在考虑自旋电子的运动. 设电子 t 时刻静止在 Σ' 系中，$t+\mathrm{d}t$ 时刻电子的瞬时静止系是 Σ'' 系. 所以方程(1.6.121b)中的 $\mathrm{d}\boldsymbol{v}=\boldsymbol{a}\mathrm{d}t$，$\boldsymbol{a}$ 是电子的加速度. 由 Σ' 系到 Σ'' 系的变换是无转动的无穷小洛伦兹变换. 因而假定，如果电子不受外加的扭力作用，那么电子的自旋在 $t+\mathrm{d}t$ 时刻在 Σ'' 系中的取向与 t 时刻在 Σ' 系中取向相同. 所以在方程(1.6.121b)中以 $\mathrm{d}\boldsymbol{v}=\boldsymbol{a}\mathrm{d}t$ 代入时，转动矢量 $\boldsymbol{\Omega}$ 就代表在 $t+\mathrm{d}t$ 时刻加到 Σ 系坐标轴的转动，它把 Σ 系的坐标轴转动成平行于 Σ'' 系的坐标轴. 由于电子自旋的方向相对于它的静止系不变，所以相对于 Σ 系它绕 $\boldsymbol{\Omega}$ 轴转了一个角度 $|\boldsymbol{\Omega}|$，即电子自旋相对于 Σ 系经历了进动，进动的速度是

$$\begin{cases} \omega_{\mathrm{T}}=\dfrac{\mathrm{d}\boldsymbol{\Omega}}{\mathrm{d}t}=-(\gamma-1)\dfrac{\boldsymbol{v}\times\boldsymbol{a}}{v^2} \\ \gamma=\dfrac{1}{\sqrt{1-v^2/c^2}} \end{cases} \tag{1.6.122}$$

当 $\dfrac{v}{c}\ll 1$ 时，到最低阶 $O\left(\dfrac{v^2}{c^2}\right)$ 近似，方程(1.6.122)成为

$$\boldsymbol{\omega}_{\mathrm{T}}=-\frac{\boldsymbol{v}\times\boldsymbol{a}}{2c^2} \tag{1.6.123}$$

这就是**托马斯进动**.

推导托马斯进动的方法很多，这里引用的是 Møller 的方法[39]. 有关其他的方法可以参见本章参考文献[40].

上述推导给出的是有限的维格纳转动 $\boldsymbol{\Omega}$，即方程(1.6.121b)；但是托马斯进动只需要无穷小(微分)的维格纳转动 $\mathrm{d}\boldsymbol{\Omega}$. 所以把 Σ'' 系相对于 Σ' 系运动的有限速度改成无穷小(微分)速度 $\mathrm{d}\boldsymbol{v}'$ 进行推导必定变得很简单，因为推导过程中无须保留 $\mathrm{d}v$ 的高阶项.

近来，最简单的推导(参见本章参考文献[41])即是如此，而且采用速度的洛伦兹变换而不用坐标的洛伦兹变换. 下面介绍本章参考文献[41]的推导方法.

这种方法不像上面那样使用时空坐标的洛伦兹变换，而是使用爱因斯坦速度相加定律(即速度的洛伦兹变换)，这种方法可以显示维格纳转动的另一种几何图像.

仍然考虑三个惯性系Σ、Σ'和Σ''，其中Σ'系相对于Σ系的速度是$\boldsymbol{v}$，Σ''系相对于Σ'系的速度是无穷小速度$\mathrm{d}\boldsymbol{v}'$.

假设Σ系看到Σ''系的速度记为$\boldsymbol{v}+\mathrm{d}\boldsymbol{v}$，反过来在$\Sigma''$系看$\Sigma$系的速度用$\boldsymbol{w}$表示.在非相对论极限下，存在速度的互易性，即$\boldsymbol{w}=-(\boldsymbol{v}+\mathrm{d}\boldsymbol{v})$. 但是，相对于两个相继的狭义相对论的洛伦兹变换，并没有速度互易性，即$\boldsymbol{w}\neq-(\boldsymbol{v}+\mathrm{d}\boldsymbol{v})$，而且$\Sigma$系看$\Sigma''$系的速度$(\boldsymbol{v}+\mathrm{d}\boldsymbol{v})$与$\Sigma''$系看$\Sigma$系的速度$\boldsymbol{w}$并不在同一个方向上，两者之间的夹角$\mathrm{d}\Omega$即为维格纳转动. 因为$\mathrm{d}\boldsymbol{v}'$是微分小量，所以这两个矢量之间的夹角$\mathrm{d}\Omega$也是微分小量，那么这两个矢量的单位方向矢量$\dfrac{\boldsymbol{v}+\mathrm{d}\boldsymbol{v}}{|\boldsymbol{v}+\mathrm{d}\boldsymbol{v}|}$和$\dfrac{\boldsymbol{w}}{|\boldsymbol{w}|}$之间的矢量积(即叉乘)的绝对值近似为$\mathrm{d}\Omega$，即

$$\left|\frac{\boldsymbol{v}+\mathrm{d}\boldsymbol{v}}{|\boldsymbol{v}+\mathrm{d}\boldsymbol{v}|}\times\frac{\boldsymbol{w}}{w}\right|=\sin(\mathrm{d}\Omega)\approx\mathrm{d}\Omega$$

即有

$$\mathrm{d}\boldsymbol{\Omega}\approx\frac{\boldsymbol{v}+\mathrm{d}\boldsymbol{v}}{|\boldsymbol{v}+\mathrm{d}\boldsymbol{v}|}\times\frac{\boldsymbol{w}}{w}\approx-\frac{1}{v^2}\boldsymbol{w}\times(\boldsymbol{v}+\mathrm{d}\boldsymbol{v}) \tag{1.6.124}$$

其中，分子是微分的一阶小量，所以分母需要略去微分的一阶小量而成为v^2.

现在分两步进行速度的洛伦兹变换(即爱因斯坦速度相加定理)，矢量形式的速度洛伦兹变换由方程(1.6.64)给出

$$\boldsymbol{u}'=\frac{\sqrt{1-\dfrac{v^2}{c^2}}\left(\boldsymbol{u}-\dfrac{\boldsymbol{v}\cdot\boldsymbol{u}}{v^2}\boldsymbol{v}\right)-\left(\boldsymbol{v}-\dfrac{\boldsymbol{v}\cdot\boldsymbol{u}}{v^2}\boldsymbol{v}\right)}{1-\boldsymbol{u}\cdot\boldsymbol{v}/c^2} \tag{1.6.125}$$

第一步：利用方程(1.6.125)推导$\mathrm{d}\boldsymbol{v}'$与$\mathrm{d}\boldsymbol{v}$的关系. 为此，注意到$\Sigma''$系在$\Sigma$系和在$\Sigma'$系中的速度分别是$\boldsymbol{u}=(\boldsymbol{v}+\mathrm{d}\boldsymbol{v})$和$\boldsymbol{u}'=\mathrm{d}\boldsymbol{v}'$. 这两个速度之间的关系即由速度变换方程(1.6.125)给出

$$\mathrm{d}\boldsymbol{v}'\approx\frac{1}{\sqrt{1-v^2/c^2}}\left(\mathrm{d}\boldsymbol{v}-\frac{\boldsymbol{v}\cdot\mathrm{d}\boldsymbol{v}}{v^2}\boldsymbol{v}\right)+\frac{1}{(1-v^2/c^2)}\frac{\boldsymbol{v}\cdot\mathrm{d}\boldsymbol{v}}{v^2}\boldsymbol{v} \tag{1.6.126}$$

第二步：计算Σ系在Σ''系和Σ'系中的速度之间的关系. 为此，注意到这涉及的是Σ''系和Σ'系之间的速度变换，这两个惯性系之间的相对速度是$\mathrm{d}\boldsymbol{v}'$，所以要在方程(1.6.125)做代换$\boldsymbol{v}\to\mathrm{d}\boldsymbol{v}'$. 而且$\Sigma$系在$\Sigma'$系和$\Sigma''$系中的速度分别是$\boldsymbol{u}=-\boldsymbol{v}$和$\boldsymbol{u}'=\boldsymbol{w}$. 这两个速度的变换方程(1.6.125)则给出

$$\boldsymbol{w}\approx-\boldsymbol{v}+\frac{\boldsymbol{v}\cdot\mathrm{d}\boldsymbol{v}'}{c^2}\boldsymbol{v}-\mathrm{d}\boldsymbol{v}' \tag{1.6.127}$$

其中，略去了 $\mathrm{d}\boldsymbol{v}'$ 的高阶项. 将方程(1.6.126)代入(1.6.127)，有

$$\begin{cases} \boldsymbol{w} \approx (-\boldsymbol{v} - \gamma \mathrm{d}\boldsymbol{v}) + \dfrac{\boldsymbol{v} \cdot \mathrm{d}\boldsymbol{v}}{v^2}(\gamma + \gamma^2 + \beta^2\gamma^2)\boldsymbol{v} \\ \gamma = \dfrac{1}{\sqrt{1-\beta^2}}, \quad \beta = \dfrac{v}{c} \end{cases}$$

注意方程(1.6.124)右边是 $\propto \boldsymbol{w} \times (\boldsymbol{v} + \mathrm{d}\boldsymbol{v})$，所以上式右边的第二项到 $\mathrm{d}\boldsymbol{v}$ 的量级没有贡献，因而

$$\boldsymbol{w} \approx -\left(\boldsymbol{v} + \frac{1}{\sqrt{1 - v^2/c^2}} \mathrm{d}\boldsymbol{v}\right) \tag{1.6.128}$$

把方程(1.6.128)代入方程(1.6.124)即得到维格纳转动

$$\mathrm{d}\boldsymbol{\Omega} = -\frac{1}{v^2}\left(\frac{1}{\sqrt{1 - v^2/c^2}} - 1\right)\boldsymbol{v} \times \mathrm{d}\boldsymbol{v} \tag{1.6.129}$$

两边除以 $\mathrm{d}t$ (即把微分变成微商)得到托马斯进动

$$\dot{\boldsymbol{\Omega}} = -\frac{1}{v^2}\left(\frac{1}{\sqrt{1 - v^2/c^2}} - 1\right)\boldsymbol{v} \times \dot{\boldsymbol{v}} \tag{1.6.130}$$

这就是托马斯进动方程(1.6.122). 这种方法的基础是，对于第二个变换是无穷小洛伦兹变换的情况下，无穷小的维格纳转动 $\mathrm{d}\Omega$ 是 Σ 和 Σ'' 的两个坐标系的原点之间的连线在这两个惯性系中的方向之间的夹角. 以上是托马斯进动的理论推导，有关托马斯进动的实验检验请参见本书第 13 章.

1.6.16　狭义相对论实验的主要类型

上面介绍了狭义相对论的两个基本原理和主要结果，检验狭义相对论的实验主要是针对这些内容的. 按照实验的具体目的，可以分为下面几种类型.

(1) 狭义相对性原理实验检验：相对性原理意味着不存在绝对运动，也不存在所谓的优越参考系，一切惯性系都是等价的；相互作用的动力学定律在所有惯性系适用，物理系统具有洛伦兹变换下的不变性，等等. 有关的实验参见第 7 章.

(2) 光速不变原理是相对论与经典物理学的根本区别所在：直接检验光速不变原理是极为重要的. 在这方面所做的大量实验(见第 8 章)，其目的是检验光速是否各向同性以及光速与光源运动是否有关. 正如后面论证的，至今实验检验的只是回路(双程)光速的不变性，原则上单向光速不能测量，因而单程光速的各向同性也就不可能用实验检验.

(3) 时间膨胀实验：运动时钟的时间变慢效应的量级是 $\beta^2 = (v/c)^2$ 的量级. 在高

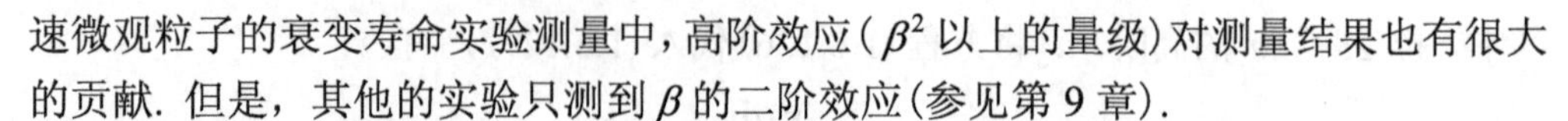

速微观粒子的衰变寿命实验测量中，高阶效应（β^2 以上的量级）对测量结果也有很大的贡献. 但是，其他的实验只测到 β 的二阶效应(参见第 9 章).

(4)运动介质的电磁学实验：在这类实验中，有关研究光在透明介质中的传播速度的实验，也是对爱因斯坦速度相加定理的一种检验. 在第 10 章里，我们将从运动介质电动力学(闵可夫斯基-麦克斯韦电磁理论)的观点出发分析这类实验.

(5)第 11 章将介绍相对论力学实验，即有关检验相对论质速关系和质能关系的实验.

(6)光子静质量上限：作为相对论的特殊结果，光子的静质量必须是零. 为了检验这一结论所做的各种实验，其零结果为光子静质量提供了上限. 作为参考资料，我们把这部分内容收入了第 12 章.

(7)第 13 章介绍了检验托马斯效应的实验.

参 考 文 献

[1] Einstein A. Zur Elektrodynamik bewegter Körper. Annalen der physik, 1905, 17: 891-921.(中译本参见爱因斯坦论著选编. 上海: 上海人民出版社, 1973.)

[2] 张元仲. 爱因斯坦建立狭义相对论的关键一步——同时性定义. 物理与工程, 2015, 25 (4): 3-8.(参见本书附录 A)

[3] Einstein A. Die Grundlage der allgemeinen relativitätstheorie. Annalen der physik, 1916, 49:769-822.

[4] Poincaré H. Sur la dynamique de l'électron. Rendiconti del circolo matematico di palermo, 1906, 21: 129.

[5] Minkowski H. Die Grundgleichungen für die elektromagnetischen Vorgänge in bewegten Körper. Nachrichten von der gesellschaft der wissenschaften zu Göttingen, 1908, 53 : 53-111.

[6] Minkowski H. Raum und Zeit. Physikalische zeitschrift, 1909, 10: 104.

[7] Zhang Y Z. Special relativity and its experimental foundations. Singapore: World Scientific Publishing Co. Pte. Ltd., 1998.

[8] 柏格曼. 相对论引论. 周奇, 郝苹, 译. 北京: 人民教育出版社, 1961.

[9] Li X M. Direct contribution of Poincaré to physics revolution. Nature information, 1984, (2) : 79.

[10] Lorentz H A. Conference on the Michelson-Morley experiment. Astrophysical journal, 1928, 68: 345-351. (中译文参见罗瑟 W G V. 相对论导论. 岳曾元, 关德相, 译. 北京: 科学出版社, 1980: 69.)

[11] 张元仲. 狭义相对论的两个基本假设一个都不能少. 物理与工程, 2018, 28(1) : 45-53. (参见本书附录 D)

[12] 张元仲. 为什么说狭义相对论是近代物理学的一大支柱.物理与工程, 2017, 27(2): 3-5.(参见本书附录 C)

[13] Einstein A. Eine dialog über einwände gegen die relativitätstheorie. Naturwissenschaften, 1918, 6: 697-702.

[14] Tolman R C. Relativity, thermodynamics and cosmology. New York: Oxford U. P., 1966: 194-197.

[15] Cullwick E G. Electromagnetism and relativity. London: Longman and Green , 1957.

[16] Cornille P. The twin paradox and the hafele and keating experiment. Physics letters A, 1988, 131: 156-162.

[17] Prokhovnik S J. The twin paradoxes of special relativity : their resolutions and implications. Foundations of physics, 1989, 19 : 541.

[18] Rodrigues W A, Rosa M A F. The meaning of time in relativity and Einstein's later view of the twin paradox. Foundations of physics, 1989, 19: 705.

[19] Schild A. The clock paradox in relativity theory. American mathematical monthly, 1959, 66: 1.

[20] Muller R A. Twin paradox in special relativity. American journal of physics,1972, 40: 966.

[21] Lowry E. The clock paradox. American journal of physics, 1963, 31: 59.

[22] Taylor E, Wheeler J. Spacetime physics. San Francisco: Freeman, 1966: 94-95.

[23] Huang Y S. Einstein's relativistic time-dilation: a critical analysis and a suggested experiment. Helvetica physica acta, 1993, 66: 346.

[24] Lewis G N, Tolman R C. The principle of relativity, and non-Newtonian mechanics. Philosophical magazine: 1909, 18: 510.

[25] Feinberg G. Possibility of faster-than-light particles. Physical review, 1967, 159: 1089-1105.

[26] Bilaniuk O M, Sudarshan F C G. Particles beyond the light barrier. Physics today,1969, 22: 43.

[27] Bilaniuk O M, Deshpande V K, Sudarshan F C G. “Meta” Relativity. American journal of physics,1962, 30: 718.

[28] Bilaniuk O M , et al. More about tachyons. Physics today, 1969, 22(12): 47.

[29] Alväger T, Kreisler M N. Quest for faster-than-light particles. Physical review, 1968, 171: 1357.

[30] Baltay C, et al. Search for uncharged faster-than-light particles. Physical review, 1970, D1: 759.

[31] Danburg J S, et al. Search for ionizing tachyon pairs from 2.2−GeV/c K−p interactions. Physical review, 1971, D 4: 53.

[32] Murthy P V R. Search for tachyons in the cosmic radiation. Nuovo cimento, 1971, Ser.1: 908.

[33] Clay R W, Crouch P C. Possible observation of tachyons associated with extensive air showers. Nature,1974, 248: 28-30.

[34] Ehrlich R. The mont blanc neutrinos from SN 1987A: could they have been monochromatic (8 MeV) tachyons with m^2=keV^2? Astroparticle physics, 2018, 99 : 21-29.

[35] Piao Yun-Song, et al. Assisted tachyonic inflation. Physical review, 2002, D66: 121301.

[36] Guo Z K, et al. Inflationary attractor from tachyonic matter. Physical review , 2003, D68: 043508.

[37] Ravanpak A, Fadakar G F. Dynamical system analysis of randall-sundrum model with tachyon field on the brane. Physical review, 2020, D101: 103525.

[38] Thomas L T. The kinematics of an electron with an axis. Philosophical magazine,1927, 3: 1.

[39] Møller C. The theory of relativity. Oxford : Clarendon Press, 1952.

[40] Fisher G P. The Thomas precession. American journal of physics, 1972, 40: 1772.

[41] Dragan A, Odrzygozdz T. A half-page derivation of the Thomas precession. American journal of physics, 2013, 81: 631.

第 2 章　双程光速不变的狭义相对论

1963 年爱德瓦兹假定了双程光速不变原理：真空中闭合环路的光速(或双程光速)不变，而单程光速可变，以此替代狭义相对论的光速不变原理；但保留狭义相对性原理，然后推导出形式上不同于狭义相对论洛伦兹变换的坐标变换[1] (称之为爱德瓦兹变换).

2.1　满足双程光速不变原理的光速表达式

双程光速不变原理可以表述为　光在真空中沿任何闭合环路(或往返直线)的平均速度 $\overline{c}_r$ 是常数 c，且与光源的运动状态无关.

满足双程光速不变而单程光速可变的光速表达式　沿 $\boldsymbol{r}$ 方向的单程光速 c_{+r} 和沿 $-\boldsymbol{r}$ 方向的单程光速 c_{-r} 与往返双程光速 $\overline{c}_r = c$ 的关系由方程(1.2.4)～(1.2.6)给出

$$\frac{1}{\overline{c}_r} = \frac{t_O' - t_O}{2r} = \frac{1}{2}\left(\frac{t_O' - t_p}{r} + \frac{t_p - t_O}{r}\right) = \frac{1}{2}\left(\frac{1}{c_{-r}} + \frac{1}{c_{+r}}\right) \tag{2.1.1}$$

或写成

$$\overline{c}_r = \frac{2c_{+r}c_{-r}}{c_{+r} + c_{-r}} = c \tag{2.1.2a}$$

其中，单程光速 $c_{\pm r}$ 的取值受到如下的限制：

$$\frac{c}{2} \leqslant c_{+r}(\text{或}\, c_{-r}) \leqslant \infty \tag{2.1.2b}$$

单程光速的参数化表达式　在爱德瓦兹惯性系 $S(x,y,z,t_q)$，引入光速的方向性参数 $\boldsymbol{q}$，方程(2.1.2)中的单程光速可以表达成

$$c_r = \frac{c}{1 - q_r} \tag{2.1.3a}$$

其中

$$q_r = \boldsymbol{q} \cdot \hat{\boldsymbol{r}} = q\cos\theta, \quad \hat{\boldsymbol{r}} = \frac{\boldsymbol{r}}{|\boldsymbol{r}|} \tag{2.1.3b}$$

即角度 θ 是 $\boldsymbol{q}$ 与光信号传播方向 $\boldsymbol{r}$ 之间的夹角，而且方向性参数的绝对值 q 由方程(2.1.2b)限制为

$$-1 \leqslant q \leqslant +1 \tag{2.1.3c}$$

为了简单，假设$\boldsymbol{q}$的方向沿x轴正方向，即$\boldsymbol{q}=(q,0,0)$，则方程(2.1.3)给出

$$c_{+x}=\frac{c}{1-q},\quad c_{-x}=\frac{c}{1+q} \tag{2.1.4a}$$

$$c_{\pm y}=c_{\pm z}=c \tag{2.1.4b}$$

在$S'(x',y',z',t'_{q'})$系有类似的关系式

$$c_{+r'}=\frac{c}{1-q'_{r'}} \tag{2.1.5a}$$

其中

$$q'_{r'}=\boldsymbol{q}'\cdot\hat{\boldsymbol{r}}'=q'\cos\theta',\quad \hat{\boldsymbol{r}}'=\frac{\boldsymbol{r}'}{|\boldsymbol{r}'|} \tag{2.1.5b}$$

角度θ'是$\boldsymbol{q}'$与光信号传播方向$\boldsymbol{r}'$之间的夹角. 类似地，方向性参数的绝对值q'由方程(2.1.3)限制为

$$-1 \leqslant q' \leqslant +1 \tag{2.1.5c}$$

同样设$\boldsymbol{q}'$的方向沿x'轴正方向，即$\boldsymbol{q}'=(q',0,0)$，则方程(2.1.5)给出

$$c_{+x'}=\frac{c}{1-q'},\quad c_{-x'}=\frac{c}{1+q'} \tag{2.1.6a}$$

$$c_{\pm y'}=c_{\pm z'}=c \tag{2.1.6b}$$

在惯性系S，计算q_r与(q_x,q_y,q_z)之间的关系：

设$\boldsymbol{r}$与x、y、z三个坐标轴的夹角分别是α、β、γ，$\boldsymbol{q}$的方向为任意方向，$\boldsymbol{q}$与$\boldsymbol{r}$之间的夹角为θ，如图2.1所示.

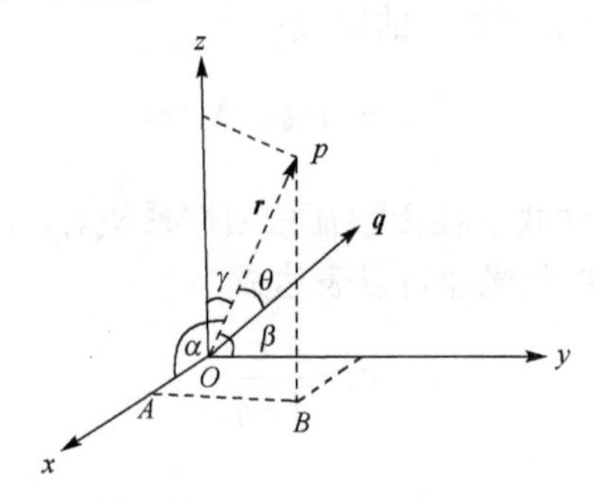

图2.1　光信号沿同一个闭合光路的往返路径的传播

考虑图2.1中的同一个闭合光路的往返路径l_+和l_-，有

$$\begin{aligned} l_+ &= l_{OA}+l_{AB}+l_{Bp}+l_{pO} \\ l_- &= l_{Op}+l_{pB}+l_{BA}+l_{AO} \end{aligned} \tag{2.1.7}$$

其中各点的空间坐标分别是$O(0,0,0)$、$A(x,0,0)$、$B(x,y,0)$、$p(x,y,z)$. 光信号沿这个闭合光路往返传播所用时间分别是

$$t_+ = \frac{x}{c_{+x}} + \frac{y}{c_{+y}} + \frac{z}{c_{+z}} + \frac{r}{c_{-r}} \tag{2.1.8a}$$

$$t_- = \frac{r}{c_{+r}} + \frac{z}{c_{-z}} + \frac{y}{c_{-y}} + \frac{x}{c_{-x}} \tag{2.1.8b}$$

其中

$$x = r\cos\alpha, \quad y = r\cos\beta, \quad z = r\cos\gamma \tag{2.1.8c}$$

这个往返时间相等，即$t_+ = t_-$. 所以，将由方程(2.1.3)定义的单程光速代入(2.1.8)得到

$$t_+ - t_- = \frac{2r}{c}[q_r - (q_x\cos\alpha + q_y\cos\beta + q_z\cos\gamma)] = 0 \tag{2.1.9}$$

方程(2.1.9)给出[2]

$$q_r = q_x\cos\alpha + q_y\cos\beta + q_z\cos\gamma \tag{2.1.10}$$

在$S'(x',y',z',t'_{q'})$系有类似结果

$$q'_{r'} = q'_{x'}\cos\alpha' + q'_{y'}\cos\beta' + q'_{z'}\cos\gamma' \tag{2.1.11a}$$

$$\cos\alpha' = \frac{x'}{r'}, \quad \cos\beta' = \frac{y'}{r'}, \quad \cos\gamma' = \frac{z'}{r'} \tag{2.1.11b}$$

下面证明单程光速(2.1.3)的回路积分满足回路光速的不变性：

方程(2.1.3)给出光信号沿任意闭合回路(或往返直线)的传播时间是

$$t_{回路} = \oint \mathrm{d}r\frac{1}{c_{\pm r}} = \frac{1}{c}\oint \mathrm{d}r(1 \pm \boldsymbol{q}\cdot\hat{\boldsymbol{r}}) = \frac{1}{c}\oint \mathrm{d}r \pm \frac{1}{c}\oint \mathrm{d}r(\boldsymbol{q}\cdot\hat{\boldsymbol{r}}) \tag{2.1.12}$$

该方程右边第二项含有

$$\oint(\boldsymbol{q}\cdot\boldsymbol{r})\mathrm{d}r = \oint \boldsymbol{q}\cdot\mathrm{d}\boldsymbol{r} = \iint(\nabla\times\boldsymbol{q})\cdot\mathrm{d}\boldsymbol{\sigma} = 0$$

其中$\mathrm{d}r$是光回路(或往返直线)上的无穷小线段，$\hat{\boldsymbol{r}}$是它的方向，所以$\hat{\boldsymbol{r}}\mathrm{d}r = \mathrm{d}\boldsymbol{r}$，而上式倒数第二个等号使用了斯托克斯定理把回路线积分变成面积分，由于$\boldsymbol{q}$是常数矢量因而其旋度是零. 现在方程(2.1.12)变成

$$t_{回路} = \frac{1}{c}\oint \mathrm{d}r = \frac{L}{c} \tag{2.1.13}$$

其中，L是闭合回路的长度(或直线的往返距离). 因而，该方程给出

$$c = \frac{L}{t_{回路}} \tag{2.1.14}$$

这表明(2.1.3)中的常数 c 就是平均回路(或直线的往返双程)光速. 即是说，方程(2.1.3)是满足**回路(双程)光速不变原理**要求的数学表述.

2.2 爱德瓦兹同时性及其惯性系定义

由方程(2.1.3)和(2.1.5)定义的单程光速分别定义爱德瓦兹惯性系 $S(x,y,z,t_q)$ 和 $S'(x',y',z',t'_{q'})$ 中的时间坐标 t_q 和 $t'_{q'}$ (下角标 q 和 q' 代表的是爱德瓦兹时间坐标)[2]

$$\begin{cases} t_q = r / c_{+r} \\ t'_{q'} = r' / c_{+r'} \end{cases} \tag{2.2.1a}$$

或改写成平方形式

$$\begin{cases} x^2 + y^2 + z^2 - c_{+r}^2 t_q^2 = 0 \\ x'^2 + y'^2 + z'^2 - c_{+r'}^2 t'^2_{q'} = 0 \end{cases} \tag{2.2.1b}$$

在假设单程光速的方向性参数 $\boldsymbol{q}(\boldsymbol{q}')$ 平行于 $x(x')$ 轴的情况下，单程光速由方程(2.1.4)和(2.1.6)给出. 需要注意，这两个方程中的光速不是沿 $\boldsymbol{r}$ 传播的光信号往返单程速度 $\boldsymbol{c}_{\pm r}$ 在三个坐标轴上的投影，而是三个光信号分别沿三个坐标轴往返运动的速度. 所以

$$c_{\pm r}^2 \neq c_{\pm x}^2 + c_{\pm y}^2 + c_{\pm z}^2, \quad c'^2_{\pm r'} \neq c'^2_{\pm x'} + c'^2_{\pm y'} + c'^2_{\pm z'} \tag{2.2.2}$$

爱因斯坦惯性系 $\Sigma(x,y,z,t)$ 与爱德瓦兹惯性系 $S(x,y,z,t_q)$ 的空间坐标没有区别(即它们是同一个笛卡儿直角标架)，但是时间坐标的定义(即对钟方法)不同：在同一个笛卡儿标架中的各个位置同时放有爱因斯坦时钟和爱德瓦兹时钟，其中的爱因斯坦时钟是用(单向)光速不变原理互相校准的，而爱德瓦兹时钟则是使用回路(双程)光速不变原理互相校准的(参见图 2.2).

爱德瓦兹惯性系中的对钟方法可以有两种. 第一种方式是如同(2.2.1)使用方程(2.1.3)的第一式定义的光速 c_{+r} 校准空间所有位置的时间坐标 $t_q = r / c_{+r}$. 第二种方式是相续使用方程(2.1.4)中的光速分三步对钟：第一步先对准 x 轴上每一点的时钟，即 $t_q = \pm x / c_{\pm x}$；第二步是用 x 轴的时钟通过使用公式 $t_q = y / c$ 校准 $z = 0$ 的 x-y 平面上的时钟；第三步是使用 $z = 0$ 的 x-y 平面上的时钟通过公式 $t_q = z / c$ 对准全空间的时钟.

方程(2.1.4)表明，单程光速的方向性参数 q 的取值在[−1,+1]之中有无穷多种选择. 这就是说，存在无穷多种同时性定义，而爱因斯坦同时性定义(即 $q = 0$)是其中最简单的一种.

2.3 爱因斯坦同时性与爱德瓦兹同时性之间的关系

爱因斯坦同时性是使用各向同性的单向光速 c 对钟，而爱德瓦兹同时性(如 2.2 节展示的)是使用方程(2.1.4)中给出的可变单程光速 c_{+x} 对钟的. 两者之间的关系可以借助图 2.2 来说明. 如图 2.2 中，假设在 O 点的时钟显示 t_O 时刻，光信号从 O 点传向 p 点(在该点放有爱因斯坦时钟和爱德瓦兹时钟)，到达 p 点时，爱因斯坦时钟调到 t 时刻，同时爱德瓦兹时钟调到 t_q 时刻.

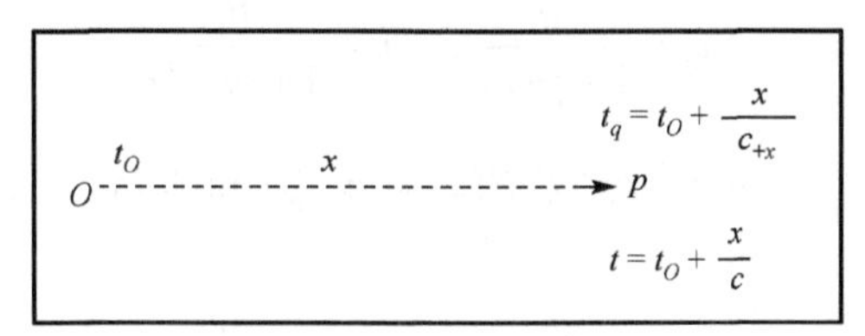

图 2.2 对钟示意图

爱因斯坦惯性系 $\Sigma(x,y,z,t)$ 中的时间坐标 t 与爱德瓦兹惯性系 $S(x,y,z,t_q)$ 中的时间坐标 t_q 在图 2.2 中分别给出

$$t = t_O + \frac{x}{c} \tag{2.3.1}$$

$$t_q = t_O + \frac{x}{c_{+x}} \tag{2.3.2}$$

两类时间(坐标)之间的差别是

$$t_q - t = \frac{x}{c_+} - \frac{x}{c} = \frac{x}{c}(1-q) - \frac{x}{c} = -q\frac{x}{c}$$

或写成

$$t_q = t - q\frac{x}{c} \tag{2.3.3a}$$

带撇的时间坐标有类似关系

$$t'_{q'} = t' - q'\frac{x'}{c} \tag{2.3.3b}$$

微分间隔的关系式是

$$\mathrm{d}t_q = \mathrm{d}t - q\frac{\mathrm{d}x}{c} \tag{2.3.4a}$$

$$\mathrm{d}t'_{q'} = \mathrm{d}t' - q'\frac{\mathrm{d}x'}{c} \tag{2.3.4b}$$

速度的定义与时间坐标的定义相关：用爱因斯坦的时间坐标 $\mathrm{d}t$ 定义的速度 $u=\dfrac{\mathrm{d}x}{\mathrm{d}t}$ 称为爱因斯坦速度；用爱德瓦兹的时间坐标 $\mathrm{d}t_q$ 定义的速度 $u_q=\dfrac{\mathrm{d}x}{\mathrm{d}t_q}$ 称为爱德瓦兹速度. 这两种速度之间的关系如下：

$$u_q=\frac{\mathrm{d}x}{\mathrm{d}t_q}=\frac{\mathrm{d}x}{\mathrm{d}t-q\mathrm{d}x/c}=\frac{\mathrm{d}x/\mathrm{d}t}{1-(\mathrm{d}x/\mathrm{d}t)q/c}=\frac{u}{1-qu/c}$$

即

$$u_q=\frac{u}{1-qu/c},\quad u=\frac{u_q}{1+qu_q/c} \tag{2.3.5}$$

其中用到方程(2.3.4). 带撇的惯性系 $S(x',y',z',t'_{q'})$ 和 $\Sigma'(x',y',z',t')$ 中的速度之间有类似的关系式

$$u'_{q'}=\frac{u'}{1-q'u'/c},\quad u'=\frac{u'_{q'}}{1+q'u'_{q'}/c} \tag{2.3.6}$$

对于两惯性系之间的速度有类似的关系

$$v_q=\frac{v}{1-qv/c} \tag{2.3.7}$$

其中，v_q 是爱德瓦兹惯性系 S 和 S' 之间的相对速度，v 是爱因斯坦惯性系 Σ 和 Σ' 之间的相对速度.

2.4 双程(回路)光速不变的爱德瓦兹变换

自从爱因斯坦于 1905 年发表了狭义相对论之后，不断有人用实验试图检验单向光速各向同性，所有这类实验检验的只是双程光速的不变性而不可能检验单程光速的各向同性. 但是，在一些书籍和文献中断言，单向光速的不变性已被实验证实. 此外，一些学者也曾把电磁感应实验说成是爱因斯坦同时性因子的证据. 本书将分析用双程(回路)光速不变性代替爱因斯坦的(单程)光速不变性之后狭义相对论效应会有何改变，并进一步阐明，在找到其他更理想的异地时钟校准的方法之前，使用通常的光信号对钟不可能用实验判断单程光速是否各向同性，也不可能验证爱因斯坦同时性因子. 双程(回路)光速不变的狭义相对论[1]与爱因斯坦单程光速不变的狭义相对论预言了同样的可观察效应[2-5].

2.4.1 爱德瓦兹变换

两个爱德瓦兹惯性系 $S(x,y,z,t_q)$ 和 $S'(x',y',z',t'_{q'})$ 在初始时刻三个相应的空间笛

卡儿坐标轴相互重合，且带撇系相对于不带撇系以不变速度 v_q 沿 x 轴正方向运动. 1963 年爱德瓦兹给出的这样两个惯性系之间的坐标变换是[1]

$$x' = \frac{x - v_q t_q}{\sqrt{(1+qv_q/c)^2 - {v_q}^2/c^2}} \tag{2.4.1a}$$

$$y' = y, \quad z' = z \tag{2.4.1b}$$

$$t'_{q'} = \frac{\left[1+(q+q')\dfrac{v_q}{c}\right]t_q - \left[(1-q^2)\dfrac{v_q}{c} + q' - q\right]\dfrac{x}{c}}{\sqrt{(1+qv_q/c)^2 - {v_q}^2/c^2}} \tag{2.4.1c}$$

这就是**爱德瓦兹变换**. 其中，光速的方向性参数 $\boldsymbol{q} = (q,0,0)$, $\boldsymbol{q}' = (q',0,0)$.

爱因斯坦同时性定义是爱德瓦兹同时性定义的特殊情况，即单程光速的方向性参数为零的情况. 所以代入 $q = q' = 0$ 同时 $v_q = v$, $t_q = t$, $t'_{q'} = t'$，则方程(2.4.1)退化为狭义相对论的洛伦兹变换(1.4.15).

2.4.2　爱德瓦兹变换与洛伦兹变换之间的关系[2,5]

这两类变换之间的唯一差别就是同时性的定义不同，所以，把(2.4.1)中的爱德瓦兹同时性换成爱因斯坦的同时性，那么爱德瓦兹变换(2.4.1)就变成洛伦兹变换.

具体操作就是把使用方程(2.3.3)和方程(2.3.7)的如下关系：

$$t_q = t - q\frac{x}{c} \tag{2.4.2a}$$

$$t'_{q'} = t' - q'\frac{x'}{c} \tag{2.4.2b}$$

$$v_q = \frac{v}{1 - qv/c} \tag{2.4.2c}$$

代入爱德瓦兹变换(2.4.1)后即得到洛伦兹变换(1.4.15)；反之亦然.

所以，无须独立地从头推导爱德瓦兹变换，只需使用方程(2.4.2)把狭义相对论的洛伦兹变换(1.4.15)中的时间坐标 (t,t') 和速度 v 换成爱德瓦兹时间坐标 (t_q,t'_q) 和速度 v_q，便得到两个爱德瓦兹惯性系 $S_q(x,y,z,t_q)$ 与 $S'_{q'}(x',y',z',t'_{q'})$ 之间的坐标变换(2.4.1).

任何物理实验都不可能测出 $q\,(q')$ 的数值，也就是说，实验不能测量出单向光速，而只能测量出双程(回路)光速. 这是因为实验中校准时间的方法都是使用光信号并假设单程光速各向同性. 所以，不能直接使用爱德瓦兹变换来比对实验数据，而必须把实验数据代入方程(2.4.2)中的爱因斯坦时间和速度 t、t'、v 后求出爱德瓦

兹时间和速度 t'_q、$t'_{q'}$、v_q，然后才能代入爱德瓦兹变换. 这样的操作就等于将实验数据同爱因斯坦的洛伦兹变换比对(作为例子可参见 2.5.2 爱德瓦兹时间膨胀效应中与实验数据的比对内容).

爱德瓦兹惯性系与爱因斯坦惯性系之间的坐标变换 为了同第 3 章中的罗伯逊变换以及 M-S 变换相互比较，把方程(2.4.1)中的带撇的爱德瓦兹系换成爱因斯坦系. 为此，代入 $q'=0$，则爱德瓦兹系 S' 变成爱因斯坦系 Σ，用大写的字母代表爱因斯坦系的时空坐标，即 $\Sigma(X,Y,Z,T)$. 将 $q'=0$ 代入(2.4.1)并做替换 $(x',y',z',t'_{q'})\to(X,Y,Z,T)$，便得到**爱因斯坦惯性系 $\Sigma(X,Y,Z,T)$ 到爱德瓦兹惯性系 $S(x,y,z,t_q)$ 的坐标变换**

$$X=\frac{x-v_q t_q}{\sqrt{(1+qv_q/c)^2-{v_q}^2/c^2}} \tag{2.4.3a}$$

$$Y=y,\quad Z=z \tag{2.4.3b}$$

$$T=\frac{\left[1+q\dfrac{v_q}{c}\right]t_q-\left[(1-q^2)\dfrac{v_q}{c}-q\right]\dfrac{x}{c}}{\sqrt{(1+qv_q/c)^2-{v_q}^2/c^2}} \tag{2.4.3c}$$

其中，v_q 是爱德瓦兹速度，即在爱德瓦兹系 $S(x,y,z,t_q)$ 中测量爱因斯坦系 $\Sigma(X,Y,Z,T)$ 沿 x 轴的运动速度.

反过来，$S(x,y,z,t_q)\to\Sigma(X,Y,Z,T)$ 的坐标变换是

$$x=\frac{X-vT}{\sqrt{1-\beta^2}} \tag{2.4.4a}$$

$$y=Y,\quad z=Z \tag{2.4.4b}$$

$$t_q=\frac{1}{\sqrt{1-\beta^2}}\left[(1+q\beta)T-(q+\beta)\frac{X}{c}\right] \tag{2.4.4c}$$

其中，$\beta=v/c$，v 是爱因斯坦速度，就是在爱因斯坦系中测量的爱德瓦兹系的运动速度.

验证单程光速表达式 在爱因斯坦惯性系 $\Sigma(X,Y,Z,T)$ 中单向光速各向同性，即光信号的类光 4-间隔是

$$\mathrm{d}s^2=c^2\mathrm{d}T^2-\mathrm{d}X^2-\mathrm{d}Y^2-\mathrm{d}Z^2=0 \tag{2.4.5}$$

为了求出爱德瓦兹惯性系 $S(x,y,z,t_q)$ 中沿 $\boldsymbol{r}$ 方向的光速 c_r，将方程(2.4.3)代入(2.4.5)后给出 S 中光信号的四维时空间隔

$$\mathrm{d}s^2=[q\mathrm{d}x+c\mathrm{d}t_q]^2-\mathrm{d}x^2-\mathrm{d}y^2-\mathrm{d}z^2=0 \tag{2.4.6}$$

其中

$$dx = c_x dt_q,\quad dx^2 + dy^2 + dz^2 = dr^2 = c_r dt_q \tag{2.4.7}$$

因此，方程(2.4.6)可以改写成

$$q^2 c_x^2 + 2cqc_x + c^2 - c_r^2 = 0 \tag{2.4.8}$$

其中，$c_x = c_r \cos\theta$，所以上式改写成

$$(q^2\cos^2\theta - 1)c_r^2 + (2cq\cos\theta)c_r - c^2 = 0 \tag{2.4.9}$$

由该方程解出沿 $\boldsymbol{r}$ 方向的光速

$$c_r = \frac{c}{1 - q\cos\theta} \tag{2.4.10}$$

其中，角度 θ 是光线方向(即 $\boldsymbol{r}$ 的方向)与 x 轴正方向(即 $\boldsymbol{q}$ 的方向)之间的夹角. 这样得到的爱德瓦兹单程光速的表达式与方程(2.1.3)相同. 这就是说. 变换方程(2.4.3)把爱因斯坦惯性系中的闵可夫斯基时空的类光间隔(2.4.5)变成了爱德瓦兹惯性系中的类光间隔(2.4.6).

2.5 爱德瓦兹变换与物理实验

爱德瓦兹变换给出的物理效应公式形式上与狭义相对论的洛伦兹变换不一样，但是差别只是同时性定义不同，因为实验都是使用爱因斯坦同时性定义，所以在与实验数据比对的时候爱德瓦兹变换给出的预言就与狭义相对论的预言没有区别，即光速的方向性参数测不出来. 早在狭义相对论出现之前的1898年发表的关于“时间测量”的论文中明确说明，单程光速各向同性的假设“从来也不能直接用经验来验证”(参见 1.4.4). 还有其他一些学者对这类问题进行过详细讨论，例如，Reichenbach[6]和 Grunbaum[7]讨论了同时性定义问题并指出，即使单程光速真的各向异性也不会产生可观测效应; Ruderfer[8]则强调狭义相对论中的单程光速不变性假设不可能被实验检验.

2.5.1 同时性的相对性和长度收缩

在爱德瓦兹变换(2.4.1)中把时空坐标换成时空间隔，然后代入 $\Delta t_q = 0$，即在惯性系 $S(x, y, z, t_q)$ 中同时测量，得到

$$\Delta x' = \frac{\Delta x}{\sqrt{(1 + qv_q/c)^2 - v_q{}^2/c^2}} \tag{2.5.1a}$$

$$\Delta t_q' = \frac{-\left[(1-q^2)\dfrac{v_q}{c} + (q' - q)\right]\dfrac{x}{c}}{\sqrt{(1 + qv_q/c)^2 - v_q{}^2/c^2}} \tag{2.5.1b}$$

令 $l_0 \equiv \Delta x'$ (静止在 S' 系中的杆子固有长度)， $l_q \equiv \Delta x$ 是 S 系中同时测量运动杆子的两端给出的长度，则方程(2.5.1a)给出长度收缩效应

$$l_q = l_0\sqrt{(1+qv_q/c)^2 - {v_q}^2/c^2} \tag{2.5.2}$$

方程(2.5.1b)表明同时性的相对性，即在 S 系中同时($\Delta t_q = 0$)测量杆子的两端,而在 S' 系中显示并没有同时测量($\Delta t'_q \neq 0$).

现在讨论爱因斯坦狭义相对论的长度收缩(1.6.48)与爱德瓦兹长度收缩(2.5.2)之间的关系[2].

方程(2.5.2)中的运动长度 l_q 对应于在爱德瓦兹惯性系中同时测量 $\Delta t_q = 0$ ，但是方程(1.6.48)中的运动长度 l 对应于在爱因斯坦惯性系中同时测量 $\Delta t = 0$. 这两种同时测量之间的关系由方程(2.4.2)给出

$$\Delta t_q = \Delta t - q\frac{\Delta x}{c} \tag{2.5.3}$$

在方程(2.5.3)中代入 $\Delta t_q = 0$ 和 $\Delta x = l_q$ 后给出

$$\Delta t = q\frac{l_q}{c} \tag{2.5.4a}$$

$$v_q = \frac{v}{1-qv/c} \tag{2.5.4b}$$

因为 $\Delta t \neq 0$ (即不是同时的)，所以上式中的 l_q 并不是爱因斯坦狭义相对论的运动长度，而是杆子的长度加上 Δt 的时间内运动杆子移动的距离 δ ，则

$$\delta = v\Delta t = q\frac{v}{c}l_q \tag{2.5.5}$$

其中 v 是爱因斯坦速度. 因此，狭义相对论的运动长度 l 与在爱德瓦兹惯性系中的运动长度 l_q 之间的关系是

$$l = l_q - \delta = l_q\left(1 - q\frac{v}{c}\right) \tag{2.5.6}$$

或写成

$$l_q = \frac{l}{1-qv/c} \tag{2.5.7}$$

把该式代入**爱德瓦兹长度收缩**方程(2.5.2)，有

$$\frac{l}{1-qv/c} = l_0\sqrt{(1+qv_q/c)^2 - {v_q}^2/c^2} \tag{2.5.8}$$

利用方程(2.5.4b)把该方程中的爱德瓦兹速度 v_q 换成爱因斯坦速度 v ，则方程(2.5.8)

变成狭义相对论的尺缩公式(1.6.48)[2]

$$l = l_0\sqrt{1-\frac{v^2}{c^2}} \tag{2.5.9}$$

必须注意到实验测量都是使用爱因斯坦同时性定义，在把爱德瓦兹长度收缩方程(2.5.2)与实验数据比对时，一定要把其中的爱德瓦兹同时性定义换成爱因斯坦同时性定义(如同上面的推导中所做的那样)，因而爱德瓦兹长度收缩效应在物理上与狭义相对论的没有区别. 这个结论对于其他效应也一样(例如下面的时间膨胀效应).

2.5.2　爱德瓦兹时间膨胀效应

假设有一只静止在爱德瓦兹惯性系 S' 中的时钟，其空间坐标是 $\Delta x' = \Delta y' = \Delta z' = 0$ (即静止不动)，其时间间隔是固有时间隔 $\Delta\tau' \equiv \Delta t'_{q'}$，则爱德瓦兹变换(2.4.1)变成

$$\Delta x = v_q \Delta t_q \tag{2.5.10a}$$

$$\Delta\tau' = \frac{\left[1+(q+q')\frac{v_q}{c}\right]\Delta t_q + \left[(q^2-1)\frac{v_q}{c}+q-q'\right]\frac{\Delta x}{c}}{\sqrt{(1+qv_q/c)^2 - v_q^{\ 2}/c^2}} \tag{2.5.10b}$$

把(2.5.10a)代入(2.5.10b)后得到**爱德瓦兹时间膨胀**公式

$$\Delta\tau' = \Delta t_q\sqrt{\left(1+q\frac{v_q}{c}\right)^2 - \frac{v_q^2}{c^2}} \tag{2.5.11a}$$

在方程(2.4.4)中代入 $\Delta X = \Delta Y = \Delta Z = 0$，即时钟静止在爱因斯坦惯性系中，$\Delta\tau \equiv \Delta T$，得到**爱德瓦兹时间膨胀**公式的另一种表述

$$\Delta\tau \equiv \Delta T = \Delta t_q\left(1+q\frac{v}{c}\right)^{-1}\sqrt{1-\frac{v^2}{c^2}} \tag{2.5.11b}$$

方程(2.5.11)的两个表达式其数学形式上的不同是因为其中的速度定义不同：v_q 是爱德瓦兹速度，而 v 是爱因斯坦速度. 两者的关系见(2.5.3)及(2.5.4b)，即

$$\Delta t_q = \Delta t - q\frac{\Delta x}{c} \tag{2.5.12a}$$

$$v_q = \frac{v}{1-qv/c} \tag{2.5.12b}$$

利用方程(2.5.12)把方程(2.5.11)中的 Δt_q 和 v_q 换成 Δt 和 v 后，得到与爱因斯坦狭义

相对论的时间膨胀方程(1.6.12)相同的表达式[2,5]

$$\Delta\tau' = \Delta t\sqrt{1-v^2/c^2} \tag{2.5.13}$$

这就是说，爱德瓦兹时间膨胀公式(2.5.11)中的光速方向性参数q不可能由时间膨胀实验给出. 对此，**使用如下的假想例子来具体解释：**

假设运动时钟的实验结果给出运动时钟的时间间隔是A秒，相应的时间坐标间隔是B秒，时钟的运动速度与光速之比是D.

如果把这几个数据直接与方程(2.5.11)比对，即代入$\Delta\tau' = A,\ \Delta t_q = B,\ v_q/c = D$，那么爱德瓦兹时间膨胀公式(2.5.11)给出单程光速方向性参数的实验值是

$$q = \frac{-1+\sqrt{(A^2/B^2)+D^2}}{D} \tag{2.5.14}$$

这似乎表明，单程光速的方向性参数可以由实验测量了.

但问题是，迄今为止的任何实验室实验，都是使用光信号对钟(即定义同时性)，并假定单程光速是个常数. 这就是说实验中都是使用爱因斯坦的同时性定义. 所以，首先需要把$\Delta t = B,\ \dfrac{v}{c} = D,\ \ \dfrac{\Delta x}{c} = \dfrac{v}{c}\Delta t = DB$代入(2.5.12)而得到爱德瓦兹惯性系中的相应物理量

$$\begin{cases} \Delta t_q = B(1-qD) \\ \dfrac{v_q}{c} = \dfrac{D}{1-qD} \end{cases} \tag{2.5.15}$$

将方程(2.5.15)代入爱德瓦兹时间膨胀公式(2.5.11)的右边之后，得到的便是爱因斯坦时间膨胀的结果$A = B\sqrt{1-D^2}$，即单程光速的方向性参数不能由时间膨胀实验的结果给出.

2.5.3 爱德瓦兹速度相加公式

用爱德瓦兹变换(2.4.1)中的时间坐标变换式去除空间坐标变换式即得到**爱德瓦兹速度相加公式**

$$u'_{q',x'} = \varepsilon(u_{q,x} - v_q) \tag{2.5.16a}$$

$$u'_{q',y'} = \eta u_{q,y}\sqrt{\left(1+q\frac{v_q}{c}\right)^2 - \left(\frac{v_q}{c}\right)^2} \tag{2.5.16b}$$

$$u'_{q',z'} = \eta u_{q,z}\sqrt{\left(1+q\frac{v_q}{c}\right)^2 - \left(\frac{v_q}{c}\right)^2} \tag{2.5.16c}$$

其中

$$\eta = \frac{1}{1+(q+q')\frac{v_q}{c} - \left[(1-q^2)\frac{v_q}{c} + (q'-q)\right]\frac{u_{q,x}}{c}} \tag{2.5.16d}$$

在爱德瓦兹惯性系 $S(S')$ 中由 $t_q(t'_{q'})$ 定义的物体运动速度分别是

$$u_{q,x} = \frac{\mathrm{d}x}{\mathrm{d}t_q}, \quad u_{q,y} = \frac{\mathrm{d}y}{\mathrm{d}t_q}, \quad u_{q,z} = \frac{\mathrm{d}z}{\mathrm{d}t_q} \tag{2.5.17a}$$

$$u'_{q',x'} = \frac{\mathrm{d}x'}{\mathrm{d}t'_{q'}}, \quad u'_{q',y'} = \frac{\mathrm{d}y'}{\mathrm{d}t'_{q'}}, \quad u'_{q',z'} = \frac{\mathrm{d}z'}{\mathrm{d}t'_{q'}} \tag{2.5.17b}$$

速度 v_q 是 S' 系相对于 S 系沿 x 轴正方向的运动速度(即在 S 系测量的 S' 系的速度).由爱因斯坦时间 t 与爱德瓦兹时间 t_q 的关系(2.5.3)，即

$$\mathrm{d}t_q = \mathrm{d}t - q\frac{\mathrm{d}x}{c} \tag{2.5.18a}$$

$$\mathrm{d}t'_q = \mathrm{d}t' - q'\frac{\mathrm{d}x'}{c} \tag{2.5.18b}$$

则方程(2.5.17)定义的爱德瓦兹速度 $u_q(u'_{q'})$ 以及 v_q 与爱因斯坦速度的关系是

$$u_{q,x} = \frac{u_x}{1-qu_x/c}, \quad u_{q,y} = \frac{u_y}{1-qu_x/c}, \quad u_{q,z} = \frac{u_z}{1-qu_x/c} \tag{2.5.19a}$$

$$u'_{q',x'} = \frac{u'_{x'}}{1-qu'_{x'}/c}, \quad u'_{q',y'} = \frac{u'_{y'}}{1-qu'_{x'}/c}, \quad u'_{q',z'} = \frac{u'_{z'}}{1-qu'_{x'}/c} \tag{2.5.19b}$$

$$v_q = \frac{v}{1-qv/c} \tag{2.5.19c}$$

爱德瓦兹速度相加公式(2.5.16)在形式上不同于爱因斯坦速度相加公式(1.6.50)，正如前面强调的，两者的差别完全是因为同时性定义的不同(因而速度的定义不同). 所以，把方程(2.5.16)中的爱德瓦兹速度通过方程(2.5.19)换成爱因斯坦速度后，爱德瓦兹速度相加公式(2.5.16)就变成爱因斯坦的公式(1.6.50).

2.5.4 速度的互易性问题

在爱德瓦兹速度相加公式(2.5.16)代入 $u'_{q',x'} = u'_{q',y'} = u'_{q',z'} = 0$ 后得到爱德瓦兹惯性系 S' 相对于 S 系的速度是

$$\boldsymbol{u}_q = (v_q, 0, 0) \tag{2.5.20}$$

类似地，代入 $u_{q,x} = u_{q,y} = u_{q,z} = 0$ 后得到 S 系相对于 S' 系的速度是

$$u'_{q',x'} = \frac{-v_q}{1+(q+q')(v_q/c)}, \quad u'_{q',y'} = u'_{q',z'} = 0 \tag{2.5.21}$$

如果单向光速的方向性参数 $q' = -q$，则方程(2.5.21)给出

$$\boldsymbol{u}'_{q'} = (-v_q, 0, 0) = -\boldsymbol{u}_q \tag{2.5.22}$$

即速度互易性成立. 这说明，**速度互易性只要求两个惯性系中的同时性定义相同，**而爱因斯坦惯性系只是一种特殊的情况(即 $q' = q = 0$).

上面讨论的速度互易性问题说明，速度的数值不是绝对的而是与同时性定义紧密相连的. 在这种意义上，速度不是直接的观测量，而是距离的观测量与坐标时间间隔的观测量之比，而坐标时间间隔的大小完全依赖于同时性定义.

2.5.5 爱德瓦兹光行差与多普勒频移

类似于 1.6.7 中狭义相对论多普勒效应的推导，使用下面的图 2.3 推导爱德瓦兹光行差和多普勒频移效应[2]. 在图 2.3 中，静止在 S' 系的光源在 S 系以速度 $\boldsymbol{v}$ 沿 x 轴运动，在 A 点发射的光信号沿 $\boldsymbol{r}_A$ 以光速 $c(\theta_A)$ 传播到 O 点被接收，$\boldsymbol{r}_A$ 与 $\boldsymbol{v}$ 方向(即 x 轴方向)的夹角是 θ_A. 光源到 B 点时发射的光波沿 $\boldsymbol{r}_B$ 传到 O 点被接收.

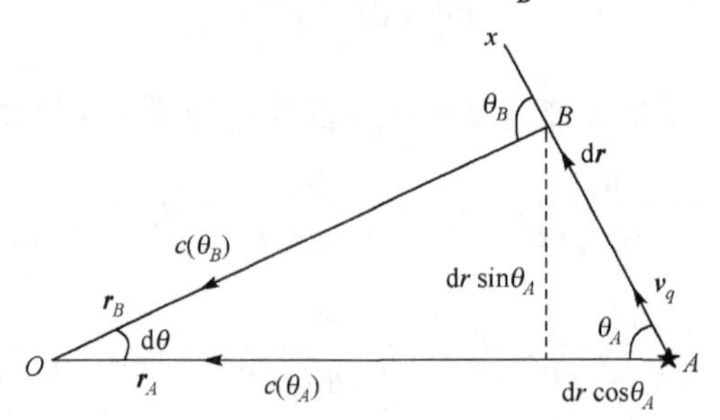

图 2.3 运动光源所发出的光信号的传播图

为简单，设光线处于 S 系的 x-y 平面，所以 $c_z = 0$, $c_x = c_r\cos\theta_A$, $c_y = c_r\sin\theta_A$. 爱德瓦兹速度相加公式(2.5.16)表明光线在 S' 系也处于 x'-y' 平面，即 $c'_z = 0$, $c'_x = c'_{r'}\cos\theta'_A$ 和 $c'_{y'} = c'_{r'}\sin\theta'_A$. 单程光速由(2.1.3)给出

$$c_r = \frac{c}{1-q\cos\theta_A}, \quad c'_{r'} = \frac{c}{1-q'\cos\theta'_A}, \tag{2.5.23}$$

或写成

$$\begin{cases} c_r = c + qc_r\cos\theta_A = c + qc_x \\ c'_{r'} = c + q'c'_{r'}\cos\theta'_A = c + q'c'_x \end{cases} \tag{2.5.24}$$

其中

$$c_x = c_r\cos\theta_A = \frac{c}{1-q\cos\theta_A}\cos\theta_A \tag{2.5.25}$$

$$c'_x = c'_{r'} \cos\theta'_A = \frac{c}{1 - q' \cos\theta'_A} \cos\theta'_A \tag{2.5.26}$$

爱德瓦兹速度相加公式(2.5.16)给出光速 c'_x 与 c_x 的关系

$$c'_x = \frac{c_x - v_q}{1 + (q + q')\frac{v_q}{c} - \left[(1 - q^2)\frac{v_q}{c} + (q' - q)\right]\frac{c_x}{c}} \tag{2.5.27}$$

由定义知，在 S' 系显示的光线与 x' 轴夹角 θ'_A 的余弦为

$$\cos\theta'_A = \frac{c'_x}{c'_{r'}} = \frac{c'_x}{c + q' c'_x} \tag{2.5.28}$$

其中用到方程(2.5.24). 将方程(2.5.25)和(2.5.26)代入(2.5.27)后得到爱德瓦兹光行差公式

$$\cos\theta'_A = \frac{(1 + q v_q / c)\cos\theta_A - v_q / c}{1 + q v_q / c - (v_q / c)\cos\theta_A} \tag{2.5.29a}$$

以及

$$\sin\theta'_A = \frac{c'_y}{c'_{r'}} = \sqrt{1 - \cos^2\theta'_A} = \frac{\sin\theta_A \sqrt{[1 + (v_q / c) q]^2 - v_q^2 / c^2}}{1 + (v_q / c) q - (v_q / c)\cos\theta_A} \tag{2.5.29b}$$

这就是**爱德瓦兹光行差效应**.

推导**爱德瓦兹多普勒频移效应**. 如图 2.3 所示，静止在爱德瓦兹惯性系 S' 的光源随同 S' 系以速度 $\boldsymbol{v}_q$ 相对于爱德瓦兹惯性系 S（实验室系）运动，在该惯性系的 O 点有一观测者接收光源发射的光波. 光源在 $t_{q,A}$ 时刻过 A 点时发射第 n 个光信号的波峰，而由固结于光源的另一只时钟记录的相应时间是 τ'_A. 然后，在实验室系的坐标时间 $t_{q,\mathrm{B}} + \mathrm{d}t_q$ 光源到达 B 点并发射第 $n + \mathrm{d}n$ 个波峰，此时相应的光源的时刻是 τ'_B. τ'_A、τ'_B 是光源的同一只时钟的时间，所以它们的差

$$\mathrm{d}\tau' = \tau'_A - \tau'_B \tag{2.5.30}$$

是**固有时间隔**(与同时性定义无关，所以不需要添加下角标 q). 然而，$t_{q,A}$ 是 A 点的时钟记录的时间，$t_{q,A} + \mathrm{d}t_q$ 是 B 点的另一只时钟的时间，其中的 $\mathrm{d}t_q$ 是**爱德瓦兹坐标时间隔**(与爱德瓦兹同时性定义联系，所以添加了下角标).

设第 n 和第 $n + \mathrm{d}n$ 个波峰被 O 点的观测者时钟分别于 τ_n 和 $\tau_{n+\mathrm{d}n}$ 时刻接收到. 这两个时刻之差

$$\mathrm{d}\tau = \tau_{n+\mathrm{d}n} - \tau_n \tag{2.5.31}$$

也是固有时间隔，因为它们是 O 点的同一只时钟记录的时间.

由图 2.3 所示的几何，有

$$\boldsymbol{r}_B = \boldsymbol{r}_A - \mathrm{d}\boldsymbol{r} \tag{2.5.32a}$$

$$\mathrm{d}\boldsymbol{r} = \boldsymbol{v}_q \mathrm{d}t_q \tag{2.5.32b}$$

$$\theta_B = \theta_A + \mathrm{d}\theta \tag{2.5.32c}$$

另外，$\sin\mathrm{d}\theta_A = \mathrm{d}\theta_A = \dfrac{\mathrm{d}r\sin\theta_A}{r_A - \mathrm{d}r\cos\theta_A} = \dfrac{1}{r_A}\mathrm{d}r\sin\theta_A\left(1+\dfrac{\mathrm{d}r}{r_A}\cos\theta_A\right) = \dfrac{\mathrm{d}r}{r_A}\sin\theta_A$，即

$$\mathrm{d}\theta_A = \frac{\mathrm{d}r}{r_A}\sin\theta_A \tag{2.5.32d}$$

其中，θ_A、θ_B 分别是 $\boldsymbol{v}_q$ 与 $\boldsymbol{r}_A$、$\boldsymbol{r}_B$ 的夹角，$\mathrm{d}\theta$ 是 $\boldsymbol{r}_A$ 与 $\boldsymbol{r}_B$ 的夹角. 需要注意的是相对速度 $\boldsymbol{v}_q$ 是爱德瓦兹速度.

由方程(2.5.23)知道，第 n 个波峰沿 $\boldsymbol{r}_A$ 的光速是

$$c(\theta_A) = \frac{c}{1-q\cos\theta_A} \tag{2.5.33a}$$

而第 $n+\mathrm{d}n$ 个波峰沿 $\boldsymbol{r}_B$ 的光速是

$$c(\theta_B) = c(\theta_A + \mathrm{d}\theta) = \frac{c}{1-q\cos(\theta_A+\mathrm{d}\theta)} = \frac{c}{1-q\cos\theta_A + (q\sin\theta_A)\mathrm{d}\theta} \tag{2.5.33b}$$

其中用到了 $\cos(\theta_A+\mathrm{d}\theta) = \cos\theta_A\cos\mathrm{d}\theta - \sin\theta_A\sin\mathrm{d}\theta = \cos\theta_A - \mathrm{d}\theta\sin\theta_A$.

此外，由图 2.3 中的几何学知道，第 n 个波峰和第 $n+\mathrm{d}n$ 个波峰到达 O 点的时间分别是

$$\tau_n = t_{q,A} + \frac{r_A}{c(\theta_A)} \tag{2.5.34a}$$

$$\tau_{n+\mathrm{d}n} = t_{q,A} + \mathrm{d}t_q + \frac{r_B}{c(\theta_A+\mathrm{d}\theta)} \tag{2.5.34b}$$

则 O 点接收到这两个波峰的固有时间隔即方程(2.5.31)为

$$\mathrm{d}\tau = \mathrm{d}t_q + \frac{r_B}{c(\theta_A+\mathrm{d}\theta)} - \frac{r_A}{c(\theta_A)} \tag{2.5.35}$$

由方程(2.5.32a)有

$$r_B^2 = (\boldsymbol{r}_A - \mathrm{d}\boldsymbol{r})^2 = r_A^2 - 2\boldsymbol{r}_A\cdot\mathrm{d}\boldsymbol{r} = r_A^2 - 2r_A\mathrm{d}r\cos\theta_A$$

或写成

$$r_B = r_A - \mathrm{d}r\cos\theta_A \tag{2.5.36}$$

将方程(2.5.33)和(2.5.36)代入(2.5.35)，再用(2.5.32b,d)，得到

$$\mathrm{d}\tau = \mathrm{d}t_q\left(1+q\frac{v_q}{c} - \frac{v_q}{c}\cos\theta_A\right) \tag{2.5.37}$$

光源固有频率 ω' 和 O 点观测频率 ω 分别定义为

$$\omega' = \frac{2\pi \mathrm{d}n}{\mathrm{d}\tau'} \tag{2.5.38a}$$

$$\omega = \frac{2\pi \mathrm{d}n}{\mathrm{d}\tau} \tag{2.5.38b}$$

由此得到

$$\omega = \frac{2\pi \mathrm{d}n}{\mathrm{d}\tau} = \frac{2\pi \mathrm{d}n}{\mathrm{d}\tau'}\frac{\mathrm{d}\tau'}{\mathrm{d}\tau} = \omega'\frac{\mathrm{d}\tau'}{\mathrm{d}\tau} \tag{2.5.39}$$

将方程(2.5.37)代入方程(2.5.39)后，得

$$\omega = \omega' \frac{\mathrm{d}\tau' / \mathrm{d}t_q}{1 + qv_q / c - (v_q / c)\cos\theta_A} \tag{2.5.40}$$

该方程的分子是爱德瓦兹时间膨胀效应(2.5.11a)，所以(2.5.40)成为

$$\omega = \omega' \frac{\sqrt{[1 + (v_q / c)q]^2 - (v_q / c)^2}}{1 + qv_q / c - (v_q / c)\cos\theta_A} \tag{2.5.41}$$

这就是**爱德瓦兹多普勒频移公式.**

爱德瓦兹光行差和多普勒频移公式与实验数据比对的问题：

同长度收缩及数据膨胀的情况一样，对于公式中的与同时性定义有关的爱德瓦兹物理量必须换成爱因斯坦物理量然后才能与实验数据比对，实验结果证明的是爱因斯坦的光行差效应和多普勒效应，同样不能检验单程光速的方向性参数.

在爱德瓦兹光行差公式(2.5.29a,b)和多普勒频移公式(2.5.41)中，θ_A、ω、ω' 与同时性定义无关，所以它们可以直接使用实验数据，而速度 v_q 与同时性定义有关，所以要按照方程(2.5.12b)替换成爱因斯坦速度

$$v_q = \frac{v}{1 - qv / c} \tag{2.5.42}$$

由此，爱德瓦兹光行差和多普勒效应将分别退化成爱因斯坦光行差和多普勒效应.

参考文献

[1] Edwards W F. Special relativity in anisotropic space. American journal of physics, 1963, 31: 482-489.

[2] Zhang Y Z. Special relativity and its experimental foundations. Singapore: World Scientific Publishing Co. Pte. Ltd., 1998.

[3] Winnie J A. Special relativity without one-way velocity assumptions: part I. Philosophy of science, 1970, 37: 228.

[4] 武哲. 狭义相对论的逻辑结构和解释——从单程光速和同时性问题谈起. 物理, 1977, 6: 175.

[5] Zhang Y Z. Test throries of special relativity. General relativity and gravition, 1995, 27: 475-493.

[6] Reichenbach. The philosophy of space and time. New York: Dover Publications, Inc., 1958: 142.

[7] Grunbaum A. Logical and philosophical foundations of the special theory of relativity in philosophy of science. Danto A, Morgenbesser S, eds. New York: Meridian Books, 1960.

[8] Ruderfer M. Relativity-blessing or blindfold. Proceedings of the IRE, 1960, 48: 1661.

第 3 章 狭义相对论的检验理论

罗伯逊(Robertson) 1949 年提出了一种新的坐标变换[1]，称之为**罗伯逊变换**，是罗伯逊惯性系 $S(x,y,z,\bar{t})$ 与爱因斯坦惯性系 $\Sigma(X,Y,Z,T)$ 之间的坐标变换. 在罗伯逊惯性系中双程光速各向异性，而在任何给定方向上的单程往返光速相等，即在给定方向上的单程光速等于双程光速. 到了 1977 年，曼苏里(Mansouri)和塞塞尔(Sexl)提出了另外一类坐标变换[2-4]，简称 M-S 变换，是 M-S 惯性系 $S(x,y,z,\bar{t}_q)$ 与爱因斯坦惯性系 $\Sigma(X,Y,Z,T)$ 之间的坐标变换. 自此之后，很多学者对这类坐标变换进行过讨论，例如，Bertotti[5]在 1979 年，MacArthur[6]在 1986 年，Haugan 和 Will[7]在 1987 年，Abolghasem、Khajehpour 和 Mansouri[8]在 1988 年，Riis 等人[9, 10]在 1988 年和 1989 年，Bay 和 White[11]在 1989 年，Gabriel 和 Haugan[12]在 1990 年，Krisher 等人[13]在 1990 年，以及 Will[14]在 1992 年都发表过针对这类问题的论文. 但是，迄今为止，在一些文献中仍然对单程光速不可测量的问题概念模糊甚至错误.

M-S 惯性系与罗伯逊惯性系的差别只是在给定方向上的往返单程光速不相等(如同爱德瓦兹惯性系与爱因斯坦惯性系的差别)，所以如同爱德瓦兹变换比爱因斯坦的洛伦兹变换多了单程光速的方向性参数 q 一样，M-S 变换也是只比罗伯逊变换多了单程光速的方向性参数 q，这个参数同样不能用实验给出. 也就是说 **M-S 变换与罗伯逊变换给出同样的物理效应**. 所以，**只有罗伯逊变换可以称得上是狭义相对论的检验理论，因为它的双程光速各向异性可以用实验检验**. **但是，文献中却把不能用实验检验的 M-S 变换同罗伯逊变换不适地捆绑在一起叫作“罗伯逊-曼苏里-塞塞尔检验理论”，而实际上在与实验数据比对的时候根本用不到 M-S 变换.**

关于爱因斯坦的洛伦兹变换、爱德瓦兹变换、罗伯逊变换、M-S 变换之间的关系以及相关的实验检验请参见第 4 章.

3.1 双程光速可变的坐标变换——罗伯逊变换

罗伯逊 1949 年发表的变换如下[1]：

$$\begin{cases} x = a_1^{-1}\left(1-\dfrac{v^2}{c^2}\right)^{-1}(X - vT) \\ y = a_2^{-1}Y \\ z = a_2^{-1}Z \\ \bar{t} = a_0^{-1}\left(1-\dfrac{v^2}{c^2}\right)^{-1}\left(T-\dfrac{v}{c^2}X\right) \end{cases} \tag{3.1.1}$$

其中，a_0、a_1、a_2 是 v^2 的函数，(X,Y,Z,T) 是**爱因斯坦惯性系**的时空坐标，在其中单向光速各向同性. $(x,y,z,\bar{t})$ 是**罗伯逊惯性系**的时空坐标，在其中双程光速各向异性，而在每一个给定方向上往返单程光速相等(下文将会说明). 在爱因斯坦惯性系中看到罗伯逊惯性系以不变速度 v 沿 X 轴正方向运动，而且初始时刻两个惯性系坐标轴重合. 方程(3.1.1)就是罗伯逊惯性系 $S(x,y,z,\bar{t})$ 与爱因斯坦惯性系 $\Sigma(X,Y,Z,T)$ 之间的坐标变换. **罗伯逊惯性系的时间坐标 $\bar{t}$ 由光信号的运动方程(1.3.1)定义，其中的单程光速 c_r 由方程(3.1.8)给出.**

引入另外的参数 a、b、d，有

$$a_0 = a^{-1},\quad a_1^{-1} = b\left(1-\frac{v^2}{c^2}\right),\quad a_2^{-1} = d \tag{3.1.2}$$

方程(3.1.1)变为

$$\bar{t} = a\frac{1}{1-v^2/c^2}\left(T-\frac{v}{c^2}X\right) \tag{3.1.3a}$$

$$x = b(X - vT) \tag{3.1.3b}$$

$$y = dY,\quad z = dZ \tag{3.1.3c}$$

相应的逆变换是

$$T = a^{-1}\bar{t} + b^{-1}\gamma^2\frac{v}{c^2}x \tag{3.1.4a}$$

$$X = \gamma^2 b^{-1}x + a^{-1}v\bar{t} \tag{3.1.4b}$$

$$Y = d^{-1}y,\quad Z = d^{-1}z \tag{3.1.4c}$$

其中，$\gamma = 1/\sqrt{1-v^2/c^2}$，$v$ 是爱因斯坦速度，$\bar{t}$ 是罗伯逊惯性系的时间坐标.

罗伯逊变换(3.1.3)成为洛伦兹变换的条件是

$$a = \sqrt{1-\frac{v^2}{c^2}} = 1-\frac{1}{2}\frac{v^2}{c^2}+O\left(\frac{v^4}{c^4}\right) \tag{3.1.5a}$$

$$b = \frac{1}{\sqrt{1-\dfrac{v^2}{c^2}}} = 1+\frac{1}{2}\frac{v^2}{c^2}+O\left(\frac{v^4}{c^4}\right) \tag{3.1.5b}$$

$$d = 1 \tag{3.1.5c}$$

罗伯逊变换作为狭义相对论的检验理论，其参数 a、b、d 的级数展开与方程(3.1.5)的区别是在二阶项引入三个参数 α、β、δ. 有关这三个参数，在文献中存在两种不同的定义.

(1) **一种定义是检验(双程)光速各向同性的实验所使用的定义(参见本章参考文献**[15,16]).

$$a=1+\alpha\frac{v^2}{c^2}+O\left(\frac{v^4}{c^4}\right) \tag{3.1.6a}$$

$$b=1+\beta\frac{v^2}{c^2}+O\left(\frac{v^4}{c^4}\right) \tag{3.1.6b}$$

$$d=1+\delta\frac{v^2}{c^2}+O\left(\frac{v^4}{c^4}\right) \tag{3.1.6c}$$

在 $\alpha=-1/2,\ \beta=1/2,\ \delta=0$ 时，沿任意方向的光速 c_r 展开式(3.1.11c)中的两个参数组合成为零，即 $\alpha-\beta+1=\delta-\beta+1/2=0$，则光速成为狭义相对论中的常数，即 $c_r=c$. 这类实验就是寻找这两个常数组合的非零值，即寻找(双程)光速各向同性的破坏.

(2) **另一种是时间膨胀实验需要的定义(参见本章参考文献**[14]).

$$a=1+\left(\alpha-\frac{1}{2}\right)\frac{v^2}{c^2}+O\left(\frac{v^4}{c^4}\right) \tag{3.1.7a}$$

$$b=1+\left(\beta+\frac{1}{2}\right)\frac{v^2}{c^2}+O\left(\frac{v^4}{c^4}\right) \tag{3.1.7b}$$

$$d=1+\delta\frac{v^2}{c^2}+O\left(\frac{v^4}{c^4}\right) \tag{3.1.7c}$$

其中，$\alpha=\beta=\delta=0$ 时，罗伯逊变换退化成洛伦兹变换. 罗伯逊时间膨胀效应(3.1.17a)取决于常数 a，到二阶项即是参数 α，实验寻找的是该参数的非零值(表示洛伦兹不变性的破坏).

3.1.1　罗伯逊惯性系中光速表达式[17,18]

在爱因斯坦惯性系 $\Sigma(X,Y,Z,T)$ 中单程光速各向同性，其运动方程由方程 (1.3.6)给出

$$X^2+Y^2+Z^2-c^2T^2=0 \tag{3.1.8a}$$

将方程(3.1.4)代入(3.1.8a)得到罗伯逊惯性系中的光速方程

$$\frac{x^2}{\left[\frac{cb}{a}\left(1-\frac{v^2}{c^2}\right)\right]^2}+\frac{y^2}{\left[\frac{cd}{a}\sqrt{1-\frac{v^2}{c^2}}\right]^2}+\frac{z^2}{\left[\frac{cd}{a}\sqrt{1-\frac{v^2}{c^2}}\right]^2}-\overline{t}^2=0 \tag{3.1.8b}$$

将 x^2 项的分母记为 $\overline{c}_{//}^2$，(y^2,z^2) 项的分母相同记为 $\overline{c}_{\perp}^2$，即

$$\overline{c}_{//}=\frac{cb}{a}\left(1-\frac{v^2}{c^2}\right),\quad \overline{c}_{\perp}=\frac{cd}{a}\sqrt{1-\frac{v^2}{c^2}} \tag{3.1.9a}$$

逆关系是

$$a=d\frac{c}{\overline{c}_{\perp}}\sqrt{1-\frac{v^2}{c^2}},\quad b=d\frac{\overline{c}_{//}}{\overline{c}_{\perp}}\left(\sqrt{1-\frac{v^2}{c^2}}\right)^{-1} \tag{3.1.9b}$$

方程(3.1.9)定义的 $\overline{c}_{//}$、$\overline{c}_{\perp}$ 与检验参数 α、β、δ 的关系通过将方程(3.1.6)代入(3.1.9a)得到

$$\begin{aligned}\overline{c}_{//}&=c\left[1+(\beta-\alpha-1)\frac{v^2}{c^2}+O\left(\frac{v^4}{c^4}\right)\right]\\ \overline{c}_{\perp}&=c\left[1+\left(\delta-\alpha-\frac{1}{2}\right)\frac{v^2}{c^2}+O\left(\frac{v^4}{c^4}\right)\right]\end{aligned} \tag{3.1.9c}$$

使用方程(3.1.9a)定义的新参数 $\overline{c}_{//}$、$\overline{c}_{\perp}$(下面可以看出这两个新参数具有明显的物理意义)，罗伯逊惯性系中的光速运动方程(3.1.8b)改写成

$$\frac{x^2}{\overline{c}_{//}^2}+\frac{y^2}{\overline{c}_{\perp}^2}+\frac{z^2}{\overline{c}_{\perp}^2}-\overline{t}^2=0 \tag{3.1.10a}$$

或改写成

$$c_r^2\frac{\overline{c}_{//}^2+\left(\overline{c}_{\perp}^2-\overline{c}_{//}^2\right)\cos^2\theta}{\overline{c}_{//}^2\overline{c}_{\perp}^2}-1=0 \tag{3.1.10b}$$

其中用到如下定义：

$$c_x=\frac{x}{\overline{t}}=\frac{r\cos\theta}{\overline{t}}=c_r\cos\theta,\quad c_y=\frac{y}{\overline{t}},\quad c_z=\frac{z}{\overline{t}} \tag{3.1.10c}$$

$$c_r=r/\overline{t},\quad c_y^2+c_z^2=c_r^2-c_x^2=c_r^2(1-\cos^2\theta) \tag{3.1.10d}$$

角度 θ 是 $\boldsymbol{r}$ 与 x 轴之间的夹角．方程(3.1.10b)给出罗伯逊惯性系中**沿任意 $\boldsymbol{r}$ 方向的单程光速 c_r**[17,18]

$$c_r = \frac{\overline{c}_{//}\overline{c}_{\perp}}{\sqrt{\overline{c}_{//}^{\,2} + \left(\overline{c}_{\perp}^{\,2} - \overline{c}_{//}^{\,2}\right)\cos^2\theta}} \tag{3.1.11a}$$

不同方向的光速不同(即光速 c_r 是各向异性的). 但是，在任何给定方向 $\boldsymbol{r}$ 上的正反方向的单程光速 $c_{\pm r}$ 相等，所以单程光速 $c_{\pm r}$ 等于双程光速 $\overline{c}_r$.

将方程(3.1.9a)代入(3.1.11a)中后，**单程光速用原始参数**(a、b、d)**表达**

$$c_r = \left(\frac{cbd}{a\gamma^2}\right)\frac{1}{\sqrt{b^2\gamma^{-2}\sin^2\theta + d^2\cos^2\theta}} \tag{3.1.11b}$$

方程(3.1.11a)和(3.1.11b)表明，单程光速 c_r 用新参数($\overline{c}_{//}$、$\overline{c}_{\perp}$)表达比用原参数(a、b、d)表达更简练，而且下面会看到，新参数具有明显的物理意义.

将方程(3.1.6)代入(3.1.11a)得到单程光速与参数 α、β、δ 的关系式

$$c_r = c\left[1-(\alpha-\beta+1)\frac{v^2}{c^2}+\left(\delta-\beta+\frac{1}{2}\right)\sin^2\theta\frac{v^2}{c^2}\right]+O\left(\frac{v^4}{c^4}\right) \tag{3.1.11c}$$

其中，光速随方向的变化指的是双程光速的各向异性. 由此得到光信号通过 $\mathrm{d}r = \sqrt{\mathrm{d}x^2 + \mathrm{d}y^2 + \mathrm{d}z^2}$ 所用的时间 $\mathrm{d}\overline{t}$ (往返时间相等)等于[15,16]

$$\mathrm{d}\overline{t} = \frac{\mathrm{d}r}{c_r} = \frac{\mathrm{d}r}{c}\left[1+(\alpha-\beta+1)\frac{v^2}{c^2}-\left(\delta-\beta+\frac{1}{2}\right)\sin^2\theta\frac{v^2}{c^2}\right]+O\left(\frac{v^4}{c^4}\right) \tag{3.1.11d}$$

其中，与方向(角度 θ)有关的参数组合 $(\delta-\beta+1/2)$ 可由迈克耳孙-莫雷(Michelson-Morley)型实验来检验，另一个参数组合 $(\alpha-\beta+1)$ 则由肯尼迪-桑代克(Kennedy-Thorndike)型实验检验.

罗伯逊惯性系 $S(x,y,z,\overline{t})$ **中的光速方程**：光信号运动方程(也就是时间坐标 $\overline{t}$ 的定义)是 $\overline{t} = r/c_r$，写成平方形式则有

$$x^2 + y^2 + z^2 - c_r^2\overline{t}^2 = 0 \tag{3.1.11e}$$

确定新参数 $c_{//}$ **与** $c_{\perp}$ **的物理意义**[15-17]：由方程(3.1.11a)，$\theta = 0°$ 和 $\theta = 180°$ 分别是 x 轴正、反方向，而 $\theta = 90°$ 和 $\theta = 270°$ 分别是垂直于 x 轴的正、反方向，相应的光速是

$$(c_r)_{\theta=0°,180°} = \overline{c}_{//} \tag{3.1.12a}$$

$$(c_r)_{\theta=90°,\ 270°} = \overline{c}_{\perp} \tag{3.1.12b}$$

方程(3.1.12)表明，参数 $c_{//}$ 和 $c_{\perp}$ 分别是平行于和垂直于 x 轴方向上的单程(或双程)光速，且互不相等，即 $c_{//} \neq c_{\perp}$.

3.1.2 用新参数表达的罗伯逊变换[17,18]

罗伯逊变换(3.1.1)和(3.1.3)中的原始参数看不出明显的物理意义. 现在选用

3.1.1 节定义的新参数 $\bar{c}_{//}$ 和 $\bar{c}_{\perp}$，其明显的物理意义分别是平行于和垂直于 x 轴方向上的单程或双程光速. 为此，将方程(3.1.9b)代入罗伯逊的原始变换(3.1.3)后得到使用新参数表达的罗伯逊变换

$$\bar{t}=d\frac{c}{\bar{c}_{\perp}}\frac{1}{\sqrt{1-v^2/c^2}}\left(T-\frac{v}{c^2}X\right) \tag{3.1.13a}$$

$$x=d\frac{\bar{c}_{//}}{\bar{c}_{\perp}}\frac{1}{\sqrt{1-v^2/c^2}}(X-vT) \tag{3.1.13b}$$

$$y=dY,\quad z=dZ \tag{3.1.13c}$$

其中，新参数 $\bar{c}_{//}$ 和 $\bar{c}_{\perp}$ 是罗伯逊惯性系 $S(x,y,z,\bar{t})$ 中分别平行于和垂直于 x 轴方向上的单程或双程光速，c 是爱因斯坦惯性系 $\Sigma(X,Y,Z,T)$ 中的单程光速(是常数)，而且参数 d 也显示出其物理意义，即可以称其为“共形(conformal)参数”.

方程(3.1.13)的逆变换是

$$X=d^{-1}\left(\frac{\bar{c}_{\perp}}{\bar{c}_{//}}\right)\frac{1}{\sqrt{1-v^2/c^2}}\left[x+\frac{\bar{c}_{//}}{c}v\bar{t}\right] \tag{3.1.14a}$$

$$Y=d^{-1}y,\quad Z=d^{-1}z \tag{3.1.14b}$$

$$T=d^{-1}\left(\frac{\bar{c}_{\perp}}{c}\right)\frac{1}{\sqrt{1-v^2/c^2}}\left\{\bar{t}+\frac{v}{c\bar{c}_{//}}x\right\} \tag{3.1.14c}$$

罗伯逊变换(3.1.3)和(3.1.13)与洛伦兹变换(1.4.15)的关系(参见本书第 4 章)：如果新参数等于不变的光速，即 $\bar{c}_{//}=\bar{c}_{\perp}=c$(此时，罗伯逊的时间坐标 $\bar{t}$ 成为爱因斯坦的时间坐标 t)，则(3.1.11a)给出 $c_r=c$，此时小写的坐标系 (x,y,z,t) 和大写的坐标系 (X,Y,Z,T) 一样都是爱因斯坦惯性系，在其中单程光速各向同性，而且罗伯逊变换(3.1.13)变成共形的洛伦兹变换(1.4.12). 这就是说，罗伯逊变换(3.1.13)只能使四维时空中的类光间隔保持不变，而不能使类时间隔和类空间隔保持不换，除非其中的共形参数 $d=1$，此时，罗伯逊变换(3.1.13)最后退化为通常的洛伦兹变换.

3.1.3 罗伯逊速度相加公式

用方程(3.1.3)中的时间变换式去除三个空间坐标变换式得到罗伯逊速度相加公式

$$\bar{u}_x=\frac{b}{a}\gamma^{-2}\frac{u_x-v}{1-\frac{v}{c^2}u_x} \tag{3.1.15a}$$

$$\bar{u}_y=\frac{d}{a}\gamma^{-2}\frac{u_y}{1-\frac{v}{c^2}u_x} \tag{3.1.15b}$$

$$\bar{u}_z = \frac{d}{a}\gamma^{-2}\frac{u_z}{1-\frac{v}{c^2}u_x} \tag{3.1.15c}$$

其中

$$\bar{u}_x = x/\bar{t}, \quad \bar{u}_y = y/\bar{t}, \quad \bar{u}_z = z/\bar{t} \tag{3.1.15d}$$

$$u_x = X/T, \quad u_y = Y/T, \quad u_z = Z/T \tag{3.1.15e}$$

分别是罗伯逊速度和爱因斯坦速度.

用新参数表达罗伯逊速度相加公式. 为此，使用罗伯逊变换(3.1.13)或者在(3.1.15)代入(3.1.9b)后得到

$$\bar{u}_x = \frac{\bar{c}_{//}}{c}\frac{u_x - v}{1-\frac{v}{c^2}u_x} \tag{3.1.16a}$$

$$\bar{u}_y = \frac{\bar{c}_{\perp}}{c}\frac{u_y\sqrt{1-\beta^2}}{1-\frac{v}{c^2}u_x} \tag{3.1.16b}$$

$$\bar{u}_z = \frac{\bar{c}_{\perp}}{c}\frac{u_z\sqrt{1-\beta^2}}{1-\frac{v}{c^2}u_x} \tag{3.1.16c}$$

显然，只要假定$\bar{c}_{//} = \bar{c}_{\perp} = c$，那么罗伯逊速度相加公式(3.1.16)就退化成爱因斯坦速度相加公式.

3.1.4　罗伯逊时间膨胀效应

(1) **设时钟静止在罗伯逊惯性系**，即$\Delta x = \Delta y = \Delta z = 0$，其固有时间隔是$\Delta\tau \equiv \Delta\bar{t}$，则由方程(3.1.4)的时间变换式给出在爱因斯坦惯性系中的时间膨胀公式

$$\Delta\tau = a\Delta T \tag{3.1.17a}$$

或者用新参数表达

$$\Delta\tau = \left(\frac{cd}{\bar{c}_{\perp}}\right)\Delta T\sqrt{1-v^2/c^2} \tag{3.1.17b}$$

其中，c、v、ΔT都是爱因斯坦系中的观测量，$\Delta\tau \equiv \Delta\bar{t}$是运动时钟的固有时，其与同时性定义无关，所以爱因斯坦系中的时间膨胀应当是狭义相对论的预言，即$a = \sqrt{1-v^2/c^2}$. 但是罗伯逊变换作为洛伦兹变换的检验理论，可以把a由(3.1.6)或(3.1.7)定义的待定常数α来替代，即实验室系(爱因斯坦系)中的时间膨胀实验可以

检验参数 α 或 $d/\overline{c}_\perp$.

(2) 设**时钟静止在爱因斯坦惯性系**，即 $\Delta X=\Delta Y=\Delta Z=0$，其固有时间隔是 $\Delta\tau\equiv\Delta T$，则由方程(3.1.3)的时间变换式给出**罗伯逊时间膨胀公式**

$$\Delta\tau=a^{-1}\left(1-\frac{v^2}{c^2}\right)\Delta\overline{t} \tag{3.1.18a}$$

或者用新参数表达

$$\Delta\tau=\Delta\overline{t}\left(\frac{\overline{c}_\perp}{cd}\right)\sqrt{1-v^2/c^2} \tag{3.1.18b}$$

方程(3.1.18)显示在罗伯逊惯性系 S 中的时间膨胀实验同样是对(3.1.6)或(3.1.7)定义的参数 α 的检验或是对参数 $(\overline{c}_\perp,d)$ 的检验. 这两个方程中右边的速度 v 是时钟相对于观测者(爱因斯坦系)的运动速度(即爱因斯坦速度). 但是，几个参数和坐标时间隔 $\Delta\overline{t}$ 都是罗伯逊系的观测量. 所以，用来同(3.1.18)的理论预言比对的实验数据必须适合这些观测量的定义.

要把爱因斯坦速度 v 换成罗伯逊速度 $\overline{v}$，需要把 $\Delta X=0$ 代入方程(3.1.14)的空间变换式，得到时钟在罗伯逊系中的运动轨迹

$$x=-\frac{\overline{c}_{//}}{c}v\overline{t}=\overline{v}\,\overline{t} \tag{3.1.19}$$

由此得到罗伯逊系的观测者看到时钟的速度是 $\overline{v}$，即

$$\overline{v}=-\frac{\overline{c}_{//}}{c}v,\quad \frac{v}{c}=-\frac{\overline{v}}{\overline{c}_{//}} \tag{3.1.20}$$

利用(3.1.20)，把(3.1.18)中的爱因斯坦速度 v 更换成罗伯逊速度 $\overline{v}$ 后给出

$$\Delta\tau=\Delta\overline{t}\,a^{-1}\left(1-\frac{\overline{v}^2}{\overline{c}_{//}^{\,2}}\right)=\Delta\overline{t}\left(\frac{\overline{c}_\perp}{cd}\right)\sqrt{1-\frac{\overline{v}^2}{\overline{c}_{//}^{\,2}}} \tag{3.1.21}$$

方程(3.1.21)表明，罗伯逊惯性系中的时间膨胀实验可以检验其中的参数 $\overline{c}_\perp$、$\overline{c}_{//}$、d.

3.1.5 罗伯逊尺缩效应

(1) 设杆子静止在罗伯逊惯性系 $S(x,y,z,\overline{t})$ 的 x 轴，即固有长度 $l_0=\Delta x$，在爱因斯坦惯性系 $\Sigma(X,Y,Z,T)$ 同时 $\Delta T=0$ 测量运动杆子的前后两端，得到运动杆子的长度 $l=\Delta X$. 将这些条件代入罗伯逊变换(3.1.3)的第二式，得到在爱因斯坦惯性系观测的尺缩效应

$$l=b^{-1}l_0 \tag{3.1.22a}$$

或者用新参数表达

$$l = l_0 \frac{\overline{c}_\perp}{\overline{c}_{//} d}\sqrt{1-\frac{v^2}{c^2}} \tag{3.1.22b}$$

尺缩效应应当与时间膨胀的情况类似，在爱因斯坦惯性系测量运动杆子的长度应当是狭义相对论的结果，即$\overline{c}_{//}=\overline{c}_\perp$，$d=1$，$b^{-1}=\sqrt{1-v^2/c^2}$．所以，实验可以检验参数$b$或$\overline{c}_{//}$、$\overline{c}_\perp$、$d$，即检验(3.1.6)或(3.1.7)定义的参数$\beta$．

(2)设杆子静止在爱因斯坦惯性系$\Sigma(X,Y,Z,T)$的X轴，即固有长度$l_0=\Delta X$，在罗伯逊惯性系$S(x,y,z,\overline{t})$同时$\Delta\overline{t}=0$测量运动杆子的前后两端，得到运动杆子的长度$l=\Delta x$．将这些条件代入罗伯逊变换(3.1.4)的第二式子，则给出在罗伯逊惯性系的尺缩效应

$$l = b(1-v^2/c^2)l_0 \tag{3.1.23a}$$

或者用新参数表达

$$l = \frac{\overline{c}_{//} d}{\overline{c}_\perp} l_0\sqrt{1-v^2/c^2} \tag{3.1.23b}$$

这个结果同样显示：当$b^{-1}=\sqrt{1-v^2/c^2}$或者($\overline{c}_{//}=\overline{c}_\perp$，$d=1$)时它成为狭义相对论的尺缩效应．所以，实验即是对(3.1.6)或(3.1.7)定义的参数β的检验．

3.1.6 罗伯逊变换的多普勒频移效应

推导罗伯逊变换的多普勒频移效应其过程类似于使用图2.3推导爱德瓦兹多普勒频移效应，所以不再重复推导过程，直接给出罗伯逊频移效应是[17]

$$\omega = \omega_0\left(\frac{\overline{c}_\perp}{cd}\right)\sqrt{1-\frac{\overline{v}^2}{\overline{c}_{//}^2}}\left[1-\overline{v}\cos\theta\frac{\overline{c}_{//}^2+(\overline{c}_\perp^2-\overline{c}_{//}^2)(\cos^2\theta+\sin\theta)}{\overline{c}_{//}\overline{c}_\perp\sqrt{\overline{c}_{//}^2+(\overline{c}_\perp^2-\overline{c}_{//}^2)\cos^2\theta}}\right]^{-1} \tag{3.1.24}$$

其中，下角标“//”和“⊥”代表分别平行于和垂直于光源速度$\overline{v}$，光源的共动系是爱因斯坦惯性系Σ，观察者在罗伯逊系S，角度θ是在S测到的光线与$\overline{v}$之间的夹角，ω_0和ω分别是爱因斯坦惯性系Σ和罗伯逊惯性系S中观测的光波角频率．如果$d=1,\overline{c}_{//}=\overline{c}_\perp=c$，即罗伯逊惯性系$S$变成爱因斯坦惯性系$\Sigma$，那么(3.1.24)就成为狭义相对论中的两个爱因斯坦惯性系之间的多普勒效应．

在横向多普勒效应则在(3.1.24)中代入角度$\theta=90°$得到

$$\omega = \omega_0\left(\frac{\overline{c}_\perp}{cd}\right)\sqrt{1-\frac{\overline{v}^2}{\overline{c}_{//}^2}} = \omega_0\, a^{-1}\left(1-\frac{v^2}{c^2}\right) \tag{3.1.25}$$

横向多普勒频移公式(3.1.25)来源于时间膨胀效应(v/c的二阶效应)，如果双程光速各向同性$\overline{c}_\perp=c$，且$d=1,a=\sqrt{1-v^2/c^2}$，则(3.1.25)退化为狭义相对论的横向多普勒效应．所以，类似于时间膨胀实验，横向多普勒频移实验也是对方程(3.1.6)或(3.1.7)定义的参数α的检验，或者是对双程光速各向同性以及共形参数的检验．

3.2 单程-双程光速均可变的坐标变换——曼苏里-塞塞尔坐标变换

狭义相对论的洛伦兹变换满足单向光速不变性(当然双程光速的不变性自然成立)；爱德瓦兹变换满足双程光速不变性而单向光速可变；罗伯逊变换包含双程光速的可变性而在双程路径中往返的单程光速相等(当然单程光速也就等于双程光速，因而单向光速各向异性). 下面介绍的**曼苏里-塞塞尔**变换(简称 M-S 变换)[2]是爱因斯坦惯性系 $\Sigma(X,Y,Z,T)$ 与 M-S 惯性系 $S(x,y,z,\overline{t}_q)$ 之间的变换方程. 这两类惯性系之间的空间坐标定义相同，时间坐标 $\overline{t}_q$ 与 T 的定义不一样(参见 1.3). M-S 惯性系中的时间坐标顶部的横杠表示与罗伯逊时间坐标相关联，下角标 q 表示与爱德瓦兹时间坐标的类似性.

既满足双程光速可变，并且在任何方向上往返的单向光速也不一定相等，原始的 M-S 变换[2]是

$$\overline{t}_q = aT + \boldsymbol{\varepsilon}\cdot\boldsymbol{x} \tag{3.2.1a}$$

$$x = b(X - vT) \tag{3.2.1b}$$

$$y = dY, \quad z = dZ \tag{3.2.1c}$$

其中大写字母是爱因斯坦惯性系的坐标，小写字母则是 M-S 惯性系的坐标，特别注意：方程(3.2.1a)右边的 $\boldsymbol{\varepsilon} = (\varepsilon_x, \varepsilon_y, \varepsilon_z)$ 和 $\boldsymbol{x}$ 是 M-S 惯性系中的三维空间矢量. 方程(3.2.1)中的参数 a、b、d 与罗伯逊变换方程(3.1.3)中的一样. 但是，$\boldsymbol{\varepsilon}$ 是比罗伯逊变换中多出的参数. 下面具体讨论这个参数的可能表达形式.

M-S 变换(3.2.1)与罗伯逊变换(3.1.3)比对，只是时间变换式不同. 假设参数 $\boldsymbol{\varepsilon}$ 沿 x 轴正方向，即 $\boldsymbol{\varepsilon} = (\varepsilon, 0, 0)$，那么 $\boldsymbol{\varepsilon}\cdot\boldsymbol{x} = \varepsilon x$ 中的 x 通过方程(3.2.1b)换成含有 X、T 的表达式，则 M-S 变换(3.2.1)变成

$$\overline{t}_q = (a - \varepsilon bv)\left[T + \frac{\varepsilon b}{(a - \varepsilon bv)}X\right] \tag{3.2.2a}$$

$$x = b(X - vT) \tag{3.2.2b}$$

$$y = dY, \quad z = dZ \tag{3.2.2c}$$

(1) **如果参数** ε **不是新的独立参数而是** a、b、d **的函数**. 让(3.2.2a)右边 X 前的系数与罗伯逊变换(3.1.3a)右边 X 前的系数相同，即有

$$\frac{\varepsilon b}{(a - \varepsilon bv)} = -\frac{v}{c^2} \tag{3.2.3a}$$

求解出

$$\varepsilon=-\frac{av/c}{bc(1-v^2/c^2)} \tag{3.2.3b}$$

把这个解代入(3.2.2a)右边方括号前的系数得到

$$(a-\varepsilon bv)=\frac{a}{1-v^2/c^2} \tag{3.2.3c}$$

这样，M-S 变换就成为罗伯逊变换(3.1.3).

(2) **如果 ε 是新的独立参数(代表新的自由度)**. 罗伯逊惯性系中的双程光速已经是各向异性的，只有给定方向的往返单程光速相等. 所以，欲引入新的自由度，只有假设任何方向的往返单程光速不等，即 $c_{+r}\neq c_{-r}$，对此最简单的参数化就是像爱德瓦兹惯性系中的单程光速那样引入单程光速的方向性参数 $\boldsymbol{q}=(q_x,0,0)$ 而把单程光速写成

$$c_r=\frac{\overline{c}_r}{1-q_r} \tag{3.2.4}$$

其中，$\overline{c}_r$ 是沿 $\boldsymbol{r}$ 的往返双程光速，$q_r=q\cos\theta$，角度 θ 是 $\boldsymbol{r}$ 与 $x(X)$ 轴的夹角.

所以，ε 作为新的参数应当由方向性参数 q 表达；当 $q=0$ 时，ε 应当由方程(3.2.3b)给出. 由于 q 和 v/c 一样是量纲为一的量，所以将其纳入(3.2.3b)的右边应当同 v/c 处于同样的地位，即[15-17]

$$\varepsilon=-\frac{a}{bc(1-v^2/c^2)}\left(\frac{v}{c}+q\right)=-\frac{1}{\overline{c}_{//}}\left(\frac{v}{c}+q\right) \tag{3.2.5a}$$

将参数 a、b 对 v/c 的级数展开方程(3.1.6)或(3.1.9c)代入(3.2.5a)后得到

$$\varepsilon=-\frac{1}{c}\left[q+\frac{v}{c}+q(1+\alpha-\beta)\frac{v^2}{c^2}\right]+O\left(\frac{v^3}{c^3}\right) \tag{3.2.5b}$$

将(3.2.5a)代入 M-S 变换(3.2.2)得到具有四个参数 a、b、d、q 的 M-S 坐标变换

$$\overline{t}_q=\frac{a}{1-\beta^2}\left[(1+q\beta)T-(\beta+q)\frac{X}{c}\right] \tag{3.2.6a}$$

$$x=b(X-vT) \tag{3.2.6b}$$

$$y=dY \tag{3.2.6c}$$

$$z=dZ \tag{3.2.6d}$$

使用(3.1.6b)

$$a=d\frac{c}{\overline{c}_\perp}\sqrt{1-\beta^2},\quad b=d\frac{\overline{c}_{//}}{\overline{c}_\perp}\frac{1}{\sqrt{1-\beta^2}} \tag{3.2.7}$$

M-S 变换用新参数 $(\overline{c}_{//},\overline{c}_\perp)$ 表达成

$$\bar{t}_q = d\frac{c/\bar{c}_\perp}{\sqrt{1-\beta^2}}\left[(1+q\beta)T-(\beta+q)\frac{X}{c}\right] \tag{3.2.8a}$$

$$x = d\frac{\bar{c}_{//}}{\bar{c}_\perp}\frac{1}{\sqrt{1-\beta^2}}(X-vT) \tag{3.2.8b}$$

$$y = dY \tag{3.2.8c}$$

$$z = dZ \tag{3.2.8d}$$

其中 $\beta = v/c$ 是在爱因斯坦惯性系 $\Sigma(X,Y,Z,T)$ 中观测到的M-S惯性系的速度与真空光速之比，参数 q 是M-S惯性系中的单程光速的方向性参数.

验证方程(3.2.8)满足单程光速的定义(3.2.4)式. 为此，将(3.2.8)代入爱因斯坦惯性系中的光信号运动方程

$$c^2T^2 - X^2 - Y^2 - Z^2 = 0 \tag{3.2.9}$$

然后成为

$$c_r^2\left[\frac{1}{\bar{c}_r^2}q_r^2 - \frac{1}{c_\perp^2} - \left(\frac{1}{c_{//}^2}-\frac{1}{c_\perp^2}\right)\cos^2\alpha\right] + c_r\left(\frac{1}{\bar{c}_r}q_r\right) + 1 = 0 \tag{3.2.10}$$

其中，$c_r = r/\bar{t}_q$, $\cos\alpha = x/r$. 由方程(3.2.9)解出单程光速[15-17]

$$c_r = \left[\sqrt{\frac{1}{c_\perp^2}+\left(\frac{1}{c_{//}^2}-\frac{1}{c_\perp^2}\right)\cos^2\alpha} - \frac{q_r}{\bar{c}_r}\right]^{-1} = \frac{\bar{c}_r}{1-q_r} \tag{3.2.11}$$

这个结果表明，方程(3.2.5)的定义与单程光速方程(3.2.4)一致.

容易看出，单程光速的方向性参数 $q=0$ 时，M-S变换方程(3.2.6)即退化为罗伯逊变换方程(3.1.3). 这就是说，M-S变换与罗伯逊变换的差别只是时间坐标的定义(同时性定义)不同，完全类似于爱德瓦兹变换与洛伦兹变换之间的差别. 爱德瓦兹变换不需要从头重新推导而只需要把洛伦兹变换中的爱因斯坦时间坐标 t 以及速度 v 转换成爱德瓦兹时间坐标 t_q 以及速度 v_q，便得到爱德瓦兹变换. 完全类似，M-S变换也无须从头重新推导而只需要把罗伯逊变换中的时间坐标 $\bar{t}$ 以及速度 $\bar{v}$ 换成M-S的时间坐标 $\bar{t}_q$ 以及速度 $\bar{v}_q$，就可得到M-S变换[15-17]. 因此，M-S变换是平庸的和多余的，本不该出现.

参考文献

[1] Robertson H P. Postulate versus observation in the special theory of relativity. Reviews of modern physics, 1949, 21: 378.

[2] Mansouri R, Sexl R U. A test theory of special relativity: I. simultaneity and clock synchronization. General relativity and gravitation , 1977, 8: 497-513.

[3] Mansouri R, Sexl R U. A test theory of special relativity: II. first order tests. General relativity and gravitation, 1977, 8: 515-524.

[4] Mansouri R, Sexl R U. A test theory of special relativity: III. second order tests. General relativity and gravitation, 1977, 8: 809-814.

[5] Bertotti B. Relativistic effects on time scales and signal transmission. Radio science, 1979, 14: 621.

[6] MacArthur D W. Special relativity: understanding experimental tests and formulations. Physical review A, 1986, 33: 1.

[7] Haugan M P, Will C M. Modern tests of special relativity. Physics today, 1987, 40(5): 69.

[8] Abolghasem G, Khajehpour M R H, Mansouri R. How to test the special theory of relativity on the rotating earth. Physics letters A,1988, 132: 310.

[9] Riis E, et al. Test of the Isotropy of the speed of light using fast-beam laser spectroscopy. Physical review letters, 1988, 60: 81.

[10] Riis E, et al. Reply. Physical review letters, 1989, 62: 842.

[11] Bay Z, White J A. Comment on “test of the isotropy of the speed of light using fast-beam laser spectroscopy” . Physical review letters, 1989, 62: 841.

[12] Gabriel M D, Haugan M P. Testing the Einstein equivalence principle: atomic clocks and local Lorentz invariance. Physical review D, 1990, 41: 2943.

[13] Krisher T P, et al. Test of the isotropy of the one-way speed of light using hydrogen-maser frequency standards. Physical review D, 1990, 42: 731.

[14] Will C M. Clock synchronization and isotropy of the one-way speed of light. Physical review D, 1992, 45: 403.

[15] Wolf P, et al. Tests of Lorentz invariance using a microwave resonator: an update, joint meeting of 2003 ieee international frequency control symposium and pda exhibition and 17th european frequency and time forum. e-print: gr-qc/0306047 [gr-qc].

[16] Antonini P, et al. Test of constancy of speed of light with rotating cryogenic optical resonators. Physical review A,2005, 71: 050101.

[17] Zhang Y Z. Special relativity and its experimental foundations. Singapore: World Scientific Publishing Co. Pte. Ltd., 1998.

[18] Zhang Y Z. Test throries of special relativity. General relativity and gravition, 1995, 27: 475-493.

第 4 章 四类变换之间的比对

爱因斯坦惯性系的三维空间坐标的标架是三维欧几里得空间中的笛卡儿直角标架，时间坐标是用爱因斯坦光速不变原理(单向光速各向同性的光信号)定义(时钟校准)的，洛伦兹变换是两个爱因斯坦惯性系之间的时空坐标变换.

爱德瓦兹惯性系的三维空间标架同样是笛卡儿直角标架，时间坐标是用回路(双程)光速不变而单程光速可变的光信号定义的，所以爱德瓦兹惯性系之间的变换只是比洛伦兹变换多了单程光速的方向性参数. 然而，这个参数原则上不能用实验检验，所以爱德瓦兹变换在物理上与洛伦兹变换等同. 因此，实验数据不能同复杂的爱德瓦兹变换比对，而是应当直接与简洁的洛伦兹变换比对. 也就是说，实验只能检验(除了单程光速各向同性外)洛伦兹变换，而不能检验爱德瓦兹变换.

罗伯逊惯性系和 M-S 惯性系的空间标架同样是笛卡儿直角标架，时间坐标的定义不同于爱因斯坦和爱德瓦兹的定义. 罗伯逊惯性系中定义时间所用的光信号速度是：双程光速可变而单程光速等于双程光速，因而单向光速也随方向变化. 所以，检验罗伯逊变换就是检验双程(或闭合回路)光速是否各向同性，这也就是对洛伦兹变换的检验. 所以，可以把罗伯逊变换称为狭义相对论的检验理论.

M-S 变换比罗伯逊变换也只是多了实验不能测量的单向光速的方向性参数. 因而 M-S 变换与罗伯逊变换之间的关系如同爱德瓦兹变换与洛伦兹变换之间的关系. 所以说，M-S 变换是多余的.

4.1 四类坐标变换之间在数学形式上的关系

图 4.1 显示了四类坐标变换之间**在数学形式上**的关系[1,2].

罗伯逊变换(3.1.3)有三个参数 a、b、d

$$\bar{t} = a\frac{1}{1-v^2/c^2}\left(T-\frac{v}{c^2}X\right) \tag{4.1.1a}$$

$$x = b(X - vT) \tag{4.1.1b}$$

$$y = dY, \quad z = dZ \tag{4.1.1c}$$

M-S 变换(3.2.1)有四个参数 a、b、d 和 ε

$$\overline{t_q} = aT + \boldsymbol{\varepsilon} \cdot \boldsymbol{x} \tag{4.1.2a}$$

$$x = b(X - vT) \tag{4.1.2b}$$

$$y = dY, \quad z = dZ \tag{4.1.2c}$$

其中的参数由方程(3.2.5)给出.

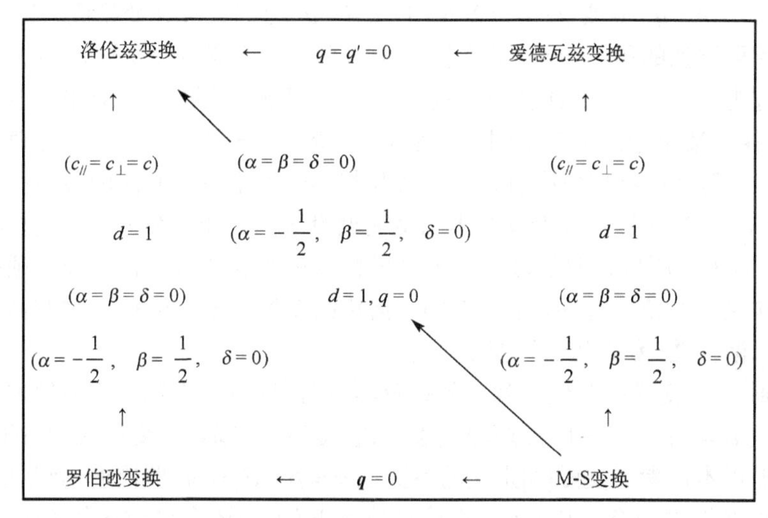

图 4.1 四类坐标变换之间在数学形式上的关系图

实验对狭义相对论的检验只是检验到 v/c 的二阶效应，所以把方程(4.1.1)和(4.1.2)中的三个参数 a、b、d 展开成 v/c 的级数，其中二阶项中的三个待定参数 α、β、δ 将替代 a、b、d 与实验数据比对. 只是 α、β 存在两种不同定义：一种由方程(3.1.6)定义[3]，该定义用于与**检验(双程)光速各向同性的实验**比对；另一种由方程(3.1.7)定义[4]，该定义用于与**时间膨胀实验**的比对.

M-S 变换中的另一个参数 ε 与其他三个参数的关系由方程(3.2.5a)给出，其中单程光速的方向性参数 q 是与惯性系之间的相对速度 v 无关的常数.

四类变换方程之间的区别如下：

(1)洛伦兹变换没有待定参数.

(2)爱德瓦兹变换包含一个不能探测的参数 q (表达单程光速的方向性).

(3)罗伯逊变换包含三个待定参数 α、β、δ，其中 α、β 由(3.1.6)或(3.1.7)定义这两个参数表达双程光速的方向性；δ 是待定的共形参数.

(4)M-S 变换包含四个参数 α、β、δ、q，其中 α、β、δ 等同于罗伯逊变换中的参数，q 类同于爱德瓦兹变换中的不能用实验检验的单程光速方向性参数.

从待定参数的取值可以看出这四类变换之间在数学形式上的关系如下：

(1) $q=0$ 的爱德瓦兹变换就是洛伦兹变换.

(2) 由方程(3.1.7)所定义的参数取 $\alpha=\beta=\delta=0$ 或者由方程(3.1.6)所定义的参数取 $\alpha=-1/2, \beta=1/2, \delta=0$ 时，罗伯逊变换成为洛伦兹变换.

(3) 对于 M-S 变换，有

① $q=0$ 时，M-S 变换就是罗伯逊变换.

② $\alpha=\beta=\delta=0$ 或者 $\alpha=-1/2, \beta=1/2, \delta=0$ 时，M-S 变换成为爱德瓦兹变换.

③ $\alpha=\beta=\delta=q=0$ 或 $\alpha=-1/2, \beta=1/2, \delta=q=0$ 时，M-S 变换成为洛伦兹变换.

在此需要强调的是，一些学者在其发表的文章中把罗伯逊变换和 M-S 变换捆绑在一起而称为“罗伯逊-曼苏里-塞塞尔”变换或理论. 从图 4.1 看出，罗伯逊变换和 M-S 变换在数学形式上的不同，只是 M-S 变换中多了一个与单程光速有关的方向性参数 q，但是从物理效应看，一切实验都不能确定单程光速的各向同性或各向异性. 所以，在物理上 M-S 变换与罗伯逊变换没区别，如同爱德瓦兹变换与洛伦兹变换无区别一样. 所以，罗伯逊变换无须与 M-S 变换捆绑在一起，而只须把罗伯逊变换作为狭义相对论的检验理论. 否则，洛伦兹变换也要与爱德瓦兹变换捆绑在一起而改成“洛伦兹-爱德瓦兹”变换.

在提到 M-S 变换的时候，就必须顾及其中的参数 ε. 否则，不能像本章参考文献[3]中说的 $\alpha=-1/2, \beta=1/2, \delta=0$ 时罗伯逊-曼苏里-塞塞尔变换成为洛伦兹变换；同样也不能说本章参考文献[4]定义的参数在 $\alpha=\beta=\delta=0$ 时罗伯逊-曼苏里-塞塞尔变换退化为洛伦兹变换. 实际上，在这种情况下(因为还有参数 ε 存在)M-S 惯性系退化成爱德瓦兹类型的变换，而不是退化为洛伦兹变换.

4.2 四类坐标变换的物理效应之间的比对

4.1 节从数学形式上阐明了四类坐标变换之间的关系. 现在利用时间膨胀效应和长度收缩效应作为理论预言来解释如何与实验进行比对. 有关爱德瓦兹变换的时间膨胀效应与实验数据正确的比对问题，我们已经在 2.5.2 节中做了原则性的说明并使用假想的实验数据进行了具体解释. 本节重点阐述罗伯逊变换和 M-S 变换同实验的比对问题.

4.2.1 时间膨胀效应的比对

因为罗伯逊变换和 M-S 变换分别给出的是罗伯逊惯性系 $S(x,y,z,\bar{t})$ 和 M-S 惯性系 $S(x,y,z,\bar{t}_q)$ 与爱因斯坦惯性系 $\Sigma(X,Y,Z,T)$ 之间的坐标变换，其中的时间坐标在顶部添加了横杠和下标 q，以便区别于爱因斯坦时间坐标 T 和爱德瓦兹时间坐标 t_q. 所以时间膨胀效应的讨论包含两种情况：一是时钟静止在罗伯逊惯性系和 M-S 惯性系；另一种情况是时钟静止在爱因斯坦惯性系. 四类坐标变换预言的时间膨胀效应如表 4.1 所示.

表 4.1　时间膨胀(运动的时钟变慢)效应

坐标变换	时钟所处位置	时间膨胀效应	说明
洛伦兹变换 (1.4.15)	时钟静止在爱因斯坦惯性系	$\Delta\tau=\Delta t\sqrt{1-\beta^2},\quad \beta=\dfrac{v}{c}$	两个爱因斯坦惯性系等价，所以时钟放在哪个惯性系结果一样
爱德瓦兹变换 (2.4.4)	时钟静止在爱德瓦兹惯性系	$\Delta x=\Delta y=\Delta z=0,\quad \Delta\tau=\Delta t_q$ $\Delta\tau=\Delta T\sqrt{1-\beta^2}$	在爱因斯坦惯性系观测运动时钟必定是狭义相对论的时间膨胀
	时钟静止在爱因斯坦惯性系	$\Delta X=\Delta Y=\Delta Z=0,\quad \Delta\tau=\Delta T$ $\Delta\tau=\Delta t\sqrt{1-\beta^2}$	参见方程 (2.5.11b) ~ (2.5.13) 的推导：$\Delta t_q\to\Delta t$
罗伯逊变换 (3.1.3)	时钟静止在罗伯逊惯性系 (3.1.17)	$\Delta\tau=a\Delta T=\left(\dfrac{cd}{\overline{c}_\perp}\right)\Delta T\sqrt{1-\beta^2}$	$\Delta x=0,\Delta\tau\equiv\Delta\overline{t}$ 在爱因斯坦惯性系观测的应是狭义相对论的时间膨胀，实验可以检验其中的参数
	时钟静止在爱因斯坦惯性系 (3.1.18)	$\Delta\tau=a^{-1}(1-\beta^2)\Delta\overline{t}=\Delta\overline{t}\left(\dfrac{\overline{c}_\perp}{cd}\right)\sqrt{1-\beta^2}$	$\Delta X=\Delta Y=\Delta Z=0,\ \Delta\tau\equiv\Delta T$，$\beta=v/c$ 是爱因斯坦惯性系中的量. 实验可以检验其中的几个参数
M-S 变换 (3.2.6)	时钟静止在 M-S 惯性系 $S(x,y,z,\overline{t}_q)$	$\Delta x=0,\quad \Delta\tau\equiv\Delta\overline{t}_q,\quad \Delta\tau=a\Delta T$ 参数 a 应当是 $\sqrt{1-\beta^2}$	与罗伯逊时间膨胀类似，时钟在 M-S 惯性系静止，在爱因斯坦惯性系看来就是运动的时钟变慢，所以应当是狭义相对论的时间膨胀
	时钟静止在爱因斯坦惯性系 $\Sigma(X,Y,Z,T)$	$\Delta X=0,\quad \Delta\tau=\Delta\overline{t}_q(1-\beta^2)/a(1+q\beta)$ $d=1,\quad \overline{c}_\perp=c$，则变成爱德瓦兹的结果	$\Delta\tau\equiv\Delta T$，q 不能测量 $a=d(c/\overline{c}_\perp)\sqrt{1-\beta^2}$

4.2.2　罗伯逊变换的实验检验

单程光速(即方向性参数 q)不可能由实验测定. 这不是实验技术问题而是原理问题. 因为速度不是实验的直接探测量而只是距离与坐标时间间隔之比，坐标时间是用光信号的速度定义的，迄今为止的实验中都是假设单程光速的不变性来定义时间坐标的. 假定了单程光速之后再用来探测单程光速即形成逻辑循环.

M-S 坐标变换和爱德瓦兹坐标变换分别与罗伯逊坐标变换和洛伦兹坐标变换的差别完全是时间坐标的定义不同，前两类变换比后两类变换只是多出一个表达单程光速的方向性参数，而这个参数不能用实验确定. 所以，M-S 变换和爱德瓦兹变换给不出新的物理效应，实验只能检验洛伦兹变换和罗伯逊变换. 所以，本小节的标题没有把 M-S 变换包含进去，虽然(正如 4.1 节说的)文献中都是不恰当地把罗伯逊坐标变换同 M-S 坐标变换捆绑在一起并声称对“罗伯逊-曼苏里-塞塞尔”变换进行了检验.

作为例子，4.2.1 节给出的时间膨胀结果中，M-S 变换和爱德瓦兹变换的结果都出现方向性参数 q. 如果用时间膨胀的实验数据与其比对，绝不能直接代入，因为实验数据都是以单程光速的常数性为前提的，就是说与 M-S 变换及爱德瓦兹变换中的同时性定义不同. 实验数据与理论预言的正确比对应当是(参见 **2.5.2 爱德瓦兹时**

间膨胀效应)：坐标时间和速度的数据应当与爱因斯坦惯性系中的时间和速度相联系，然后求出爱德瓦兹惯性系中和 M-S 惯性系中的时间和速度，再代入 M-S 和爱德瓦兹的理论预言公式. 这样操作的结果则是，实验检验的是洛伦兹变换和罗伯逊变换的理论预言.

作为狭义相对论的检验理论，为了使实验结果有个定量的表述，在第 3 章已经把罗伯逊变换的几个参数 a、b、d 相对于 v/c 做级数展开并只保留到二阶近似，并使用展开式中二阶项的系数 α、β、δ 作为待定参数来进行实验检验，只是存在两种关于 α、β 的不同定义：**检验(双程)光速各向同性的实验**选用方程(3.1.6)的定义；而与**时间膨胀实验比对需要**选用方程(3.1.7)的定义.

大爆炸宇宙模型预言宇宙存在微波背景，称为宇宙微波背景辐射. 1964 年地面微波天线首次(偶然)探测到来自宇宙各个方向的波长为 7.35cm 的微波背景，其能谱符合绝对温度 3.5K 的黑体辐射. 1989 年以来，宇宙背景探测器(COBE)、威尔金森微波各向异性探测器(WMAP)以及普朗克卫星进行了更为精确的测量表明，宇宙微波背景辐射的温度为 2.725K，在宇宙中分布均匀且各向同性(后来发现的四极各向异性非常小). 由此，很多学者把固结于微波背景的参考系看作是一种优越参考系 Σ (爱因斯坦惯性系)，在其中光速各向同性；相对于 Σ 做匀速直线运动的是其他的惯性系 S (爱德瓦兹惯性系、罗伯逊惯性系或 M-S 惯性系)，在其中光速各向异性.

这种情况有点类似于静止以太说(在以太中静止的惯性系，光速各向同性)，但是却有着本质的区别：在以太理论中，相对于以太运动的惯性系中光速满足牛顿速度相加定律，而在罗伯逊惯性系 S 中光信号的速度相加定律类似于狭义相对论的爱因斯坦速度相加定律.

前面反复说明了，M-S 变换比罗伯逊变换只是多了单程光速的方向性参数 q，而这个参数不能用实验检验，所以只须讨论罗伯逊变换而不必理会 M-S 变换，如同只需要讨论洛伦兹变换而不必理会爱德瓦兹变换一样. 检验罗伯逊变换中的参数就是检验双程光速的各向同性(也就是检验爱因斯坦光速不变原理). 这类实验分为两类：时间膨胀效应的实验检验(如表 4.1 所示，检验的是参数 α)、双程光速各向同性的实验检验(例如迈克耳孙-莫雷型实验和肯尼迪-桑代克型实验，参见本书第 8 章).

迄今为止，在罗伯逊时间膨胀效应中的参数 $a\approx1+(\alpha-1/2)v^2/c^2$ 的实验检验(α 的非零值表示洛伦兹不变性的破坏)这类实验没有发现时间膨胀实验的结果对狭义相对论的预言有任何偏离. 例如：

2007 年，Reinhardt 等人[5]使用存储环中的速度为光速的 6.4% 和 3.0% 的 $^7Li^+$ 离子进行了艾夫斯-史迪威(Ives-Stilwell)类型的实验[4]，给出参数 α 的上限是 $|\alpha|\leqslant8.4\times10^{-8}$.

2014 年，Botermann 等人[6]使用速度为光速的 33.8% 的 $^7Li^+$ 离子进行的类似于

本章参考文献[5]中的实验，给出更低的约束$|\alpha|\leqslant 2\times10^{-8}$.

2017 年，Delva 等人[7]比对了 4 只锶(Sr)原子光钟，其中 2 只放在法国巴黎，一只放在德国的不伦瑞克，另一只放在英国的德丁顿. 这些时钟通过两个光纤链路连接. 实验结果给出更低的上限$|\alpha|\leqslant 1.1\times10^{-8}$.

早先的时间膨胀实验，例如，1997 年 Wolf 和 Petit[8]利用 GPS 星载原子钟与地面原子钟比对给出$|\alpha|\leqslant 10^{-6}$.

这些罗伯逊时间膨胀的实验检验汇总在表 4.2 中.

表 4.2　罗伯逊时间膨胀的实验检验

文献	方程(3.1.7)定义的时间膨胀破坏参数 α	实验方法
Delva, et al. Phys. Rev. Lett, 2017, 118: 22.	$\|\alpha\|\leqslant 1.1\times10^{-8}$	4 只相距数千千米的光钟网络，观测频率差的日变化检验时间膨胀的狭义相对论的预言
Botermann, et al. Phys. Rev. Lett, 2014, 113: 120405.	$\|\alpha\|\leqslant 2\times10^{-8}$	艾夫斯-史迪威类型的实验：观测高速运动的 $^7Li^+$ 离子光谱的二阶多普勒频移(时间膨胀)
Reinhardt,et al. Nature Phys. 2007, 3: 861.	$\|\alpha\|\leqslant 8.4\times10^{-8}$	艾夫斯-史迪威类型的实验：观测不同速度的 $^7Li^+$ 原子光钟的二阶多普勒频移(时间膨胀)
Wolf,et al. Phys. Rev. A, 1997, 56: 4405.	$\|\alpha\|\leqslant 10^{-6}$	观测 25 颗 GPS 卫星上的铯和铷原子钟与地面上的氢原子微波钟之间的二阶多普勒移动

罗伯逊变换中的(双程)光速 c_r 各向异性的实验检验(这类实验没有发现双程光速的各向异性)　实验给出的是方程(3.1.11d)中的两个参数组合的取值限制

$$\mathrm{d}\bar{t}=\frac{\mathrm{d}r}{c_r}=\frac{\mathrm{d}r}{c}\left(1+P_{\mathrm{KT}}\frac{v^2}{c^2}-P_{\mathrm{MM}}\frac{v^2}{c^2}\sin^2\theta\right)+O\left(\frac{v^4}{c^4}\right) \tag{4.2.1}$$

其中，表达破坏光速常数性的两个参数组合$P_{\mathrm{KT}}=\beta-\alpha-1$和$P_{\mathrm{MM}}=\delta-\beta+1/2$的非零值表示双程光速不变性的破坏(后者表示光速的各向同性的破坏，前者代表光速与惯性系的速度v有关). 与方向(角度θ)有关的参数组合P_{MM}由迈克耳孙-莫雷型实验来检验，即转动两个互相垂直的“臂”的方向(即改变方向角θ)观测光波或电磁波往返传播的时间差造成的干涉条纹移动或两个共振腔频率的差频是否改变；另一个参数组合P_{KT}则由肯尼迪-桑代克型实验进行检验(例如观测地球公转造成的相对速度v的变化而引起的条纹移动或者频率差的变化).

已经报道的实验有：

2004 年，Wolf 等人[9]监测低温蓝宝石振荡器频率与氢微波激射器频率之间的差频因地球的自转(迈克耳孙-莫雷型实验)和公转(肯尼迪-桑代克型实验)可能出现的变化对方程(4.2.1)中的(双程)光速各向异性的参数组合提供限制：由装置的方向改变(即双程光速方向改变)给出$P_{\mathrm{MM}}=\delta-\beta+1/2=(1.2\pm2.2)\times10^{-9}$；装置相对于优越系(宇宙微波背景)的速度变化给出$P_{\mathrm{KT}}=\beta-\alpha-1=(1.6\pm3.0)\times10^{-7}$.

2005 年，Herrmann 等人[13]比对一个固定的光学谐振器的共振频率与一个连续转动的光学谐振器的共振频率，实验结果对(双程)光速的破坏参数的限制是：$P_{MM}=\delta-\beta+\frac{1}{2}=(2.1\pm1.9)\times10^{-10}$.

2005 年，Antonini 等人[3]的装置是安装在转动平台上的两个互相垂直的蓝宝石光学共振腔，观测它们的共振频率随空间取向的变化(迈克耳孙-莫雷型实验)，结果没有发现(双程)光速各向同性的破坏. 实验结果对方程(4.2.1)中的参数组合提供的限制是：$P_{MM}=\delta-\beta+\frac{1}{2}=-(+0.5\pm3\pm0.7)\times10^{-10}$.

2005 年，Stanwix 等人[11]使用在实验室中转动的两个互相垂直的低温蓝宝石微波振荡器，观测它们的频率之差随转动的可能变化(迈克耳孙-莫雷型的实验)，其结果给出的限制是：$P_{MM}=(-0.9\pm2.0)\times10^{-10}$；2006 年改进的实验给出的上限是[12]：$P_{MM}=\beta-\delta+1/2=(9.4\pm8.1)\times10^{-11}$.

Tobar等人[10]自 2002 年 9 月至 2008 年 12 月，使用巴黎天文台的低温蓝宝石振荡器与各种氢微波激射器进行频率比对超过 6 年，寻找频率差因地球公转产生的变化(肯尼迪-桑代克型实验). 于 2010 年报道的结果对(4.2.1)中的参数组合的限制是：$P_{KT}=\beta-\alpha-1\leqslant(-4.8\pm3.7)\times10^{-8}$.

这些双程光速各向同性的实验检验汇总在表 4.3 中.

表 4.3 罗伯逊惯性系中的双程光速各向同性的实验检验

文献	$P_{MM}=\delta-\beta+1/2$	$P_{KT}=\beta-\alpha-1$	实验方案
Tobar, et al. Phys. Rev. D, 2010, 81: 022003.		$(-4.8\pm3.7)\times10^{-8}$	肯尼迪-桑代克型实验：使用蓝宝石振荡器与氢微波激射器进行频率比对超过 6 年，寻找差频的年变化
Stanwix, et al. Phys.Rev.D, 2006, 74: 081101.	$(9.4\pm8.1)\times10^{-11}$		转动的迈克耳孙-莫雷型实验：转动相互垂直的两个微波振荡器，观测频率差的变化
Stanwix, et al. Phys. Rev. Lett, 2005, 95: 040404.	$(-0.9\pm2.0)\times10^{-10}$		转动的迈克耳孙-莫雷型实验：转动相互垂直的两个微波振荡器，观测频率差的变化
Herrmann S, et al. Phys. Rev. Lett, 2005, 95: 150401.	$(2.1\pm1.9)\times10^{-10}$		将一个连续转动的光学谐振器的共振频率与一个不动的光学谐振器的共振频率比对，实验结果对(双程)光速的破坏参数提供限制
Antonini, et al. Phys. Rev. A, 2005, 71: 050101.	$-(+0.5\pm3\pm0.7)\times10^{-10}$		转动的迈克耳孙-莫雷型实验：转动相互垂直的两个光学振荡器，观测频率差的变化
Wolf , et al. Gen. Rel. and Grav., 2004, 36(10): 2351.	$(1.2\pm2.2)\times10^{-9}$	$(1.6\pm3.0)\times10^{-7}$	蓝宝石振荡器的频率与氢微波激射器的频率之间的差频因地球的自转和公转可能出现的变化(M-M 类型的实验+K-T 类型的实验)

参考文献

[1] Zhang Y Z. Test throries of special relativity. General relativity and gravition, 1995, 27: 475-493.

[2] Zhang Y Z. Special relativity and its experimental foundations. Singapore: World Scientific Publishing Co. Pte. Ltd., 1998.

[3] Antonini P, et al. Test of constancy of speed of light with rotating cryogenic optical resonators. Physical review A, 2005, 71: 050101.

[4] Will C M. Clock synchronization and isotropy of the one-way speed of light. Physical review D, 1992, 45: 403.

[5] Reinhardt S, et al. Test of relativistic time dilation with fast optical atomic clocks at different velocities. Nature physics, 2007, 3: 861-864.

[6] Botermann B, et al. Test of time dilation using stored Li^+ ions as clocks at relativistic speed. Physical review letters, 2014, 113: 120405.

[7] Delva P, et al. Test of special relativity using a fiber network of optical clock. Physical review letters, 2017, 118: 221102.

[8] Wolf P, Petit G. Satellite test of special relativity using the global positioning system. Physical review A, 1997, 56: 4405.

[9] Wolf P, et al. Whispering gallery resonators and tests of Lorentz invariance. General relativity and gravitation, 2004, 36: 2352-2372.

[10] Tobar M E, et al. Testing local Lorentz and position invariance and variation of fundamental constants by searching the derivative of the comparison frequency between a cryogenic sapphire oscillator and hydrogen maser. Physical review D, 2010, 81: 022003.

[11] Stanwix P L, et al. Test of Lorentz invariance in electrodynamics using rotating cryogenic sapphire microwave oscillators. Phys. rev. lett., 2005, 95: 040404.

[12] Stanwix P L, et al. Improved test of Lorentz invariance in electrodynamics using rotating cryogenic sapphire oscillators. Physical review D, 2006, 74: 081101.

[13] Herrmann S, et al. Test of the isotropy of the speed of light using a continuously rotating optical resonator. Physical review letters, 2005, 95: 150401.

第 5 章 运动介质中的电磁现象

在狭义相对论出现之前很久，人们已经研究了运动物体的电磁现象. 1831 年，法拉第[1]首先研究了所谓“单极感应”的问题. 他发现，在和转动磁体滑动接触的静止导线中产生了一个稳定的电流. 虽然这种运动磁体的电感应在工程技术中长期以来被广泛用来制造发电机(单极电机)，但是，对于这种现象的解释却一直有着激烈的争论. 1851 年菲佐为了检验菲涅耳(Fresnel)的以太拖曳理论，完成了光在流动水中传播速度的实验. 但是，以太拖曳理论在有色散的介质的情况下却出现了困难[2]. 之后，罗兰(Rowland)在 1876 年，伦琴(Röntgen)在 1888 年，和艾兴瓦尔德(Eichenwald)在 1903 年分别研究了运动物体的磁感应现象[3]. 洛伦兹在 1892 年和 1895 年提出的电子论认为[4]，一切电动力学现象都归结为运动电荷的效应，并假定电荷在磁场中运动时将受到正比于其速度的力的作用，电子之间的相互作用是通过一种介质(以太)进行的，这种介质就是电磁场的载体，而且有质物体的运动不带走以太介质. 利用这种观点，能够解释运动电介质的磁感应现象，也能解释菲佐流动水实验，而且在有色散的介质也不出现困难. 但是洛伦兹电子论不能完全解释 1887 年的迈克耳孙-莫雷实验，也无法解释法拉第的单极感应现象.

动体的电磁感应现象表明，电感应和磁感应只与物体相对于观察者的速度有关，表现为电、磁感应的对称性. 经典电动力学无法解释这种对称性. 爱因斯坦把他 1905 年的第一篇文章称为“论动体的电动力学”[5]，表明他建立狭义相对论的基本目标之一就是解决运动介质的电磁现象问题. 但是，他并没有给出有质物体的电动力学方程式的一般结构. 后来，闵可夫斯基(Minkowski)在 1908 年才以完全纳入狭义相对性原理的形式，提出了相对论性运动介质电动力学[6]，称为麦克斯韦-闵可夫斯基运动介质电动力学.

在狭义相对论问世之后，动体的电磁现象被看成是检验爱因斯坦同时性因子的极为重要的实验(当然，我们在第 1 章已经阐明这种观点不正确). 但是，由于电磁感应实验精度不高，这类实验的报道很少. 然而，还是有一些关于运动介质对电磁波传播的拖曳实验进行过报道[7-14].

至今所做的各种电磁学实验都还只是观测到v/c的一阶效应(v是动体的速度，c是真空中的光速)，实验结果与麦克斯韦-闵可夫斯基电动力学预言的一阶近似相符.

5.1　介质中的电磁场方程

运动介质中电磁现象的第一个完整的理论是由赫兹(Hertz)在 1890 年左右建立起来的. 对于缓慢运动导体中的电流感应，从赫兹理论推导出和近代理论相同的结果并被实验所证实. 但是，将赫兹理论用来研究电介质和不导电的磁介质在电磁场中的运动，则导致不正确的结果，因此不能解释伦琴、艾兴瓦尔德、威尔逊-威尔逊[15]等实验. 后来的洛伦兹电子论虽然可以解释运动电介质的磁感应现象，但不能解释可磁化介质的电效应. 爱因斯坦在 1905 年的狭义相对论的论文只给出了真空中电磁场的洛伦兹变换形式，并没有给出有质运动物体电磁场方程式的一般结构. 1908 年闵可夫斯基证明，只要场方程在洛伦兹变换下具有不变性，就可以马上写下运动介质的电磁场方程[6]，而无须引进附加的有关原子的假设. 这种运动介质的闵可夫斯基理论可以解释各种电磁学实验.

对于静止在惯性系 Σ' 中的介质，在其中的电磁现象由如下通常的宏观麦克斯韦电磁场方程描写[高斯(Gauss)单位制]：

$$\nabla'\times\boldsymbol{E}'=-\frac{1}{c}\frac{\partial\boldsymbol{B}'}{\partial t'} \tag{5.1.1a}$$

$$\nabla'\cdot\boldsymbol{B}'=0 \tag{5.1.1b}$$

$$\nabla'\times\boldsymbol{H}'=\frac{1}{c}\frac{\partial\boldsymbol{D}'}{\partial t'}+\frac{4\pi}{c}\boldsymbol{J}' \tag{5.1.1c}$$

$$\nabla'\cdot\boldsymbol{D}'=4\pi\rho' \tag{5.1.1d}$$

其中的电荷密度 ρ' 和电流密度 $\boldsymbol{J}'$ 满足守恒方程

$$\nabla'\cdot\boldsymbol{J}'+\frac{\partial\rho'}{\partial t}=0 \tag{5.1.1e}$$

方程(5.1.1)并不能完全确定电磁场量 $\boldsymbol{E}'$、$\boldsymbol{B}'$、$\boldsymbol{D}'$、$\boldsymbol{H}'$，如果把 $\boldsymbol{E}'$、$\boldsymbol{B}'$ 看成实际的物理量，那么必须给出 $\boldsymbol{D}'$、$\boldsymbol{H}'$ 与 $\boldsymbol{E}'$、$\boldsymbol{B}'$ 之间的关系，即**组成关系**，这个关系与物质的电磁特性有关. 各向同性介质的组成关系是

$$\boldsymbol{D}'=\varepsilon\boldsymbol{E}',\quad \boldsymbol{B}'=\mu\boldsymbol{H}' \tag{5.1.2a}$$

对于导电介质，有欧姆定律

$$\boldsymbol{J}'=\sigma\boldsymbol{E}' \tag{5.1.2b}$$

其中 ε、μ 和 σ 分别是介电常量、磁导率和电导率. 在真空中，$\varepsilon=\mu=1$.

按照相对性原理，在其他惯性系 Σ 中(把 Σ 系取为实验室系，假定 Σ' 系相对于 Σ 系以不变速度 $\boldsymbol{v}$ 运动，即在实验室系 Σ 中，介质以不变速度 $\boldsymbol{v}$ 运动)，运动介质

中的电磁场方程保持与方程(5.1.1) 完全相同的形式

$$\nabla\times\boldsymbol{E}=-\frac{1}{c}\frac{\partial\boldsymbol{B}}{\partial t}\tag{5.1.3a}$$

$$\nabla\cdot\boldsymbol{B}=0\tag{5.1.3b}$$

$$\nabla\times\boldsymbol{H}=\frac{1}{c}\frac{\partial\boldsymbol{D}}{\partial t}+\frac{4\pi}{c}\boldsymbol{J}\tag{5.1.3c}$$

$$\nabla\cdot\boldsymbol{D}=4\pi\rho\tag{5.1.3d}$$

并满足电荷守恒定律

$$\nabla\cdot\boldsymbol{J}+\frac{\partial\rho}{\partial t}=0\tag{5.1.3e}$$

Σ 系中的诸物理量 $\boldsymbol{E}$、$\boldsymbol{B}$、$\boldsymbol{D}$、$\boldsymbol{H}$、ρ、$\boldsymbol{J}$ 等与 Σ' 系中的诸物理量 $\boldsymbol{E}'$、$\boldsymbol{B}'$、$\boldsymbol{D}'$、$\boldsymbol{H}'$、ρ'、$\boldsymbol{J}'$ 等之间的关系，可以对方程(5.1.1)直接做洛伦兹变换而得到.

5.2 电磁场的相对论变换关系和组成关系

如果要方程(5.1.1)在洛伦兹变换下变成形式上相同的方程(5.1.3)，那么各场量的变换必须是

$$\boldsymbol{E}'_{//}=\boldsymbol{E}_{//},\quad \boldsymbol{E}'_{\perp}=\gamma(\boldsymbol{E}_{\perp}+\boldsymbol{\beta}\times\boldsymbol{B}_{\perp})\tag{5.2.1a}$$

$$\boldsymbol{B}'_{//}=\boldsymbol{B}_{//},\quad \boldsymbol{B}'_{\perp}=\gamma(\boldsymbol{B}_{\perp}-\boldsymbol{\beta}\times\boldsymbol{E}_{\perp})\tag{5.2.1b}$$

$$\boldsymbol{D}'_{//}=\boldsymbol{D}_{//},\quad \boldsymbol{D}'_{\perp}=\gamma(\boldsymbol{D}_{\perp}+\boldsymbol{\beta}\times\boldsymbol{H}_{\perp})\tag{5.2.1c}$$

$$\boldsymbol{H}'_{//}=\boldsymbol{H}_{//},\quad \boldsymbol{H}'_{\perp}=\gamma(\boldsymbol{H}_{\perp}-\boldsymbol{\beta}\times\boldsymbol{D}_{\perp})\tag{5.2.1d}$$

和

$$\boldsymbol{J}'_{\perp}=\boldsymbol{J}_{\perp},\quad \boldsymbol{J}'_{//}=\gamma(\boldsymbol{J}_{//}-\boldsymbol{\beta}\rho)\tag{5.2.2a}$$

$$\rho'=\gamma(\rho-\boldsymbol{\beta}\cdot\boldsymbol{J})\tag{5.2.2b}$$

其中，下标“//”和“⊥”分别代表电磁场量平行于和垂直于速度 $\boldsymbol{v}$ 的分量，$\boldsymbol{\beta}=\frac{\boldsymbol{v}}{c}$ 以及 $\gamma=\frac{1}{\sqrt{1-\beta^2}}$. 方程(5.2.1)和(5.2.2)的反变换可将其中的 $\boldsymbol{\beta}$ 换成 $-\boldsymbol{\beta}$，以及带“′”的量和不带“′”的量交换位置而得到.

由电磁场的变换方程(5.2.1)可以看到，电磁场量具有对称的性质，将电磁场划分为电场部分和磁场部分只具有相对的意义，这种划分是与观察者所处的惯性系有关.

电磁场量的变换关系(5.2.1)显示，除了真空而外，任何介质的组成关系(5.1.2a)在洛伦兹变换下不再是不变的. 将方程(5.2.1)代入方程(5.1.2a)得到

$$\boldsymbol{D}+\boldsymbol{\beta}\times\boldsymbol{H}=\varepsilon(\boldsymbol{E}+\boldsymbol{\beta}\times\boldsymbol{B}) \tag{5.2.3a}$$

$$\boldsymbol{B}-\boldsymbol{\beta}\times\boldsymbol{E}=\mu(\boldsymbol{H}-\boldsymbol{\beta}\times\boldsymbol{D}) \tag{5.2.3b}$$

解出 $\boldsymbol{D}$ 和 $\boldsymbol{B}$ ，即得到在 $\varSigma$ 系中运动介质的组成关系

$$\boldsymbol{D}=\frac{1}{1-\varepsilon\mu\beta^2}\left\{\varepsilon\boldsymbol{E}(1-\beta^2)+(\varepsilon\mu-1)\left[\frac{\boldsymbol{v}}{c}\times\boldsymbol{H}-\varepsilon\frac{\boldsymbol{v}}{c}\left(\frac{\boldsymbol{v}}{c}\cdot\boldsymbol{E}\right)\right]\right\} \tag{5.2.4a}$$

$$\boldsymbol{B}=\frac{1}{1-\varepsilon\mu\beta^2}\left\{\mu\boldsymbol{H}(1-\beta^2)-(\varepsilon\mu-1)\left[\frac{\boldsymbol{v}}{c}\times\boldsymbol{E}+\mu\frac{\boldsymbol{v}}{c}\left(\frac{\boldsymbol{v}}{c}\cdot\boldsymbol{H}\right)\right]\right\} \tag{5.2.4b}$$

其中参数 ε 和 μ 是由方程(5.1.2a)确定的，严格说来，对于任何介质它们都不是常数，而是电磁波频率 ω' 的函数，即 $\varepsilon=\varepsilon(\omega')$ 和 $\mu=\mu(\omega')$ ，其中 ω' 是在介质静止系 $\varSigma'$ 中测得的光波频率，也就是说，物质具有色散性质. 因此，方程(5.2.4)中的参数 ε 和 μ 仍然是 ω' 的函数.

在 $\varSigma$ 系中，欧姆定律的形式也要改变. 由方程(5.2.2)的反变换得

$$\boldsymbol{J}_{/\!/}=\gamma(\boldsymbol{J}'_{/\!/}+\boldsymbol{\beta}\rho'),\quad \boldsymbol{J}_{\perp}=\boldsymbol{J}'_{\perp} \tag{5.2.5a}$$

$$\rho=\gamma(\rho'+\boldsymbol{\beta}\cdot\boldsymbol{J}') \tag{5.2.5b}$$

可以进一步写成

$$\boldsymbol{J}=\boldsymbol{J}_{/\!/}+\boldsymbol{J}_{\perp}=(\gamma\boldsymbol{J}'_{/\!/}+\boldsymbol{J}'_{\perp})+\gamma\boldsymbol{\beta}\rho' \tag{5.2.6a}$$

其中第一项记为

$$\boldsymbol{J}_c=\gamma\boldsymbol{J}'_{/\!/}+\boldsymbol{J}'_{\perp} \tag{5.2.6b}$$

利用欧姆定律(5.1.2b)和电磁场量的变换关系式(5.2.1)，可将方程(5.2.6b)进一步写成

$$\boldsymbol{J}_c=\gamma\sigma\boldsymbol{E}'_{/\!/}+\sigma\boldsymbol{E}'_{\perp}=\sigma\gamma(\boldsymbol{E}+\boldsymbol{\beta}\times\boldsymbol{B}) \tag{5.2.6c}$$

这表明，电流 $\boldsymbol{J}_c$ 与电导率 σ 成正比，该电流密度 $\boldsymbol{J}_c$ 称为**传导电流密度**. 方程(5.2.6a)等号右边第二项 $\gamma\boldsymbol{\beta}\rho'$ 是与电荷密度 ρ' 的运动相关联的电流，称之为**对流电流密度**.

此外，在 $\varSigma'$ 系中极化矢量 $\boldsymbol{P}'$ 和磁化矢量 $\boldsymbol{M}'$ 定义为

$$\boldsymbol{E}'=\boldsymbol{D}'-4\pi\boldsymbol{P}',\quad \boldsymbol{B}'=\boldsymbol{H}'+4\pi\boldsymbol{M}' \tag{5.2.7}$$

将场量变换方程(5.2.1)代入(5.2.7)，若在 $\varSigma$ 系中 $\boldsymbol{P}$ 和 $\boldsymbol{M}$ 的定义与方程(5.2.7)形式相同，则必须有

$$\boldsymbol{P}'_{/\!/}=\boldsymbol{P}_{/\!/},\quad \boldsymbol{P}'_{\perp}=\gamma(\boldsymbol{P}_{\perp}-\boldsymbol{\beta}\times\boldsymbol{M}_{\perp}) \tag{5.2.8a}$$

$$\boldsymbol{M}'_{/\!/}=\boldsymbol{M}_{/\!/},\quad \boldsymbol{M}'_{\perp}=\gamma(\boldsymbol{M}_{\perp}+\boldsymbol{\beta}\times\boldsymbol{P}_{\perp}) \tag{5.2.8b}$$

5.3 电磁波在运动介质中的传播[8,9]

利用电磁场方程(5.1.3)和组成关系式(5.2.4)来讨论平面电磁波在运动介质中的传播问题. 对于自由电磁波，场方程(5.1.3)成为无源的电磁场方程(即$\boldsymbol{J}=0,\ \rho=0$). 将组成关系式(5.2.4)代入到这个无源场方程中,经过一些矢量运算消去场量$\boldsymbol{H}$、$\boldsymbol{B}$和$\boldsymbol{D}$，最后得到电场$\boldsymbol{E}$的二次微分方程

$$\left[-\nabla^2+\frac{n^2-1}{1-\beta^2}(\boldsymbol{\beta}\cdot\nabla)^2\right]\boldsymbol{E}+\frac{2(n^2-1)}{c(1-\beta^2)}(\boldsymbol{\beta}\cdot\nabla)\frac{\partial\boldsymbol{E}}{\partial t}+\frac{(n^2-\beta^2)}{c^2(1-\beta^2)}\frac{\partial^2\boldsymbol{E}}{\partial t^2}=0 \tag{5.3.1}$$

其中，$n=\sqrt{\varepsilon\mu}$是静止介质的折射指数,它是介质静止系Σ'中光波频率ω'的函数. 将频率为ω、波矢为$\boldsymbol{k}$的单色平面波$|\boldsymbol{E}|\sim\exp[\mathrm{i}(\boldsymbol{k}\cdot\boldsymbol{r}-\omega t)]$代入方程(5.3.1) 后得到波矢$\boldsymbol{k}$的二次方程

$$\boldsymbol{k}^2-\frac{n^2-1}{1-\beta^2}(\boldsymbol{\beta}\cdot\boldsymbol{k})^2+2\frac{n^2-1}{1-\beta^2}(\boldsymbol{\beta}\cdot\boldsymbol{k})\frac{\omega}{c}-\frac{n^2-\beta^2}{1-\beta^2}\left(\frac{\omega}{c}\right)^2=0 \tag{5.3.2}$$

至今所做的实验，都只是测到β的一阶效应，因此为了简单起见，以下只讨论一阶项，而将二阶以上的小项略去不计. 方程(5.3.2)的一阶近似是

$$F\equiv\boldsymbol{k}^2+2\{[n(\omega')]^2-1\}\boldsymbol{\beta}\cdot\boldsymbol{k}\frac{\omega}{c}-[n(\omega')]^2\frac{\omega^2}{c^2}=0 \tag{5.3.3}$$

式中，波矢$\boldsymbol{k}$和频率ω是实验室系Σ中的量，而折射指数$n(\omega')$是Σ'系中的值，通常在实验中已知的光频(或波长)是真空中的光频ω_0(或波长λ_0). 例如，考虑图 2.1 中的情况. 在实验室系(Σ系)中，入射光波的频率是ω_0，而折射频率ω不同于ω_0，因为介质表面相对于实验室在运动，而且折射指数$n(\omega')$是Σ'系中的频率ω'的函数. 所以，我们将ω'先换成Σ系中介质内的光频ω，然后再换成ω_0. 在介质共动系(Σ'系)中，真空频率ω_0'和介质中的频率ω'之间的关系由后面的折射定律给出，而ω'与ω之间的关系由多普勒频移方程(1.6.26)给出.

方程(1.6.26)到β的一阶近似是

$$\boldsymbol{k}'=\boldsymbol{k}-\frac{\omega}{c}\boldsymbol{\beta} \tag{5.3.4a}$$

$$\frac{\omega'}{c}=\frac{\omega}{c}-\boldsymbol{\beta}\cdot\boldsymbol{k} \tag{5.3.4b}$$

将 $n(\omega')$ 按 $\Delta\omega=\omega'-\omega$ 的幂级数展开(设 n 是 ω' 的连续可微函数)，到 β 的一阶项并使用方程(5.3.4b)后得到

$$n(\omega')=n(\omega)-c\boldsymbol{\beta}\cdot\boldsymbol{k}\left(\frac{\mathrm{d}n}{\mathrm{d}\omega}\right) \tag{5.3.5a}$$

其中

$$\frac{\mathrm{d}n}{\mathrm{d}\omega}\equiv\left(\frac{\mathrm{d}n(\omega')}{\mathrm{d}\omega'}\right)_{\omega'=\omega_0} \tag{5.3.5b}$$

将方程(5.3.5a)代入方程(5.3.3)得到

$$F(\boldsymbol{k},\omega)=\boldsymbol{k}^2+2f_1[n(\omega)]^2\frac{\omega}{c}(\boldsymbol{\beta}\cdot\boldsymbol{k})-[n(\omega)]^2\frac{\omega^2}{c^2}=0 \tag{5.3.6a}$$

其中

$$f_1\equiv1-\frac{1}{[n(\omega)]^2}+\frac{\omega}{n(\omega)}\frac{\mathrm{d}n}{\mathrm{d}\omega} \tag{5.3.6b}$$

由方程(5.3.6)解出 $k\equiv|\boldsymbol{k}|$，得到

$$k=n(\omega)\frac{\omega}{c}[1-n\omega f_1(\boldsymbol{\beta}\cdot\boldsymbol{k})] \tag{5.3.7}$$

其中 $\hat{\boldsymbol{k}}\equiv\boldsymbol{k}/k$ 是波矢的单位方向矢量. 由此(到 β 的一阶项)得到电磁波的相速度

$$u=\frac{\omega}{k}=\frac{c}{n(\omega)}[1+n(\omega)f_1(\boldsymbol{\beta}\cdot\boldsymbol{k})] \tag{5.3.8}$$

方程(5.3.6)～(5.3.8)中的诸量都是运动介质中的物理量. 要把 $n(\omega)$ 进一步用 $n(\omega_0)$ 表达出来，则与边界条件有关，5.4 节我们将讨论与实际实验情况有关的一种特例.

运动介质中电磁波的群速度 $\boldsymbol{W}=(W_i,i=x,y,z)$ 定义为

$$W_i=-\frac{\partial F}{\partial k_i}\left(\frac{\partial F}{\partial\omega}\right)^{-1}$$

代入方程(5.3.6)后得到群速度

$$w_i=-\frac{\partial F}{\partial k_i}\Big/\frac{\partial F}{\partial\omega}=\frac{c\left(\dfrac{k_i}{n^2}+f_1\dfrac{\omega}{c}\beta_i\right)}{\left(1+\dfrac{\omega}{n}\dfrac{\mathrm{d}n}{\mathrm{d}\omega}\right)\dfrac{\omega}{c}-\left(f_1+3\dfrac{\omega}{n}\dfrac{\mathrm{d}n}{\mathrm{d}\omega}\right)\boldsymbol{\beta}\cdot\boldsymbol{k}} \tag{5.3.9}$$

其中 $n=n(\omega)$，而且方程(5.3.9)右边的分母中略去了 $\dfrac{\mathrm{d}^2n}{\mathrm{d}\omega^2}$ 和 $\left(\dfrac{\mathrm{d}n}{\mathrm{d}\omega}\right)^2$ 的项(即假定 n 是

ω 的缓慢变化的函数).

由方程(5.3.9)可得

$$\tan\phi = \frac{w_x}{w_z} = \frac{\sin\theta + nf_1\beta_x}{\cos\theta + nf_1\beta_z} \tag{5.3.10}$$

其中 $\sin\theta = k_x / k,\ \cos\theta = k_z / k$，即假定了 $\boldsymbol{k}$ 和 $\boldsymbol{\beta}$ 都在 x-z 平面内. 由方程(5.3.9)可以知道，$\boldsymbol{w}$ 也在 x-z 平面内. 因此，ϕ 就是群速度 $\boldsymbol{w}$ 与 z 轴的夹角，θ 是波矢 $\boldsymbol{k}$ 与 z 轴的夹角，参见图 5.1.

5.4 电磁波的反射和折射[8,9]

为了讨论电磁波在运动介质表面的反射和折射，参照图 5.1 中的特殊情况. $z' \geqslant 0$ 的区域是 Σ' 系，其中充满折射率为 $n(\omega')$ 的透明介质；$z' < 0$ 的区域是真空，分界面是 $z' = 0$ 的平面. 介质相对于实验系 $\Sigma(x,y,z)$ 以速度 $\boldsymbol{v}(v_x,0,v_z)$ 运动. 光线从真空中入射到界面上，入射角是 θ_i，入射光波的波矢 $\boldsymbol{k}_0 = (k_{0x},0,k_{0z})$ 在 x-z 平面内，波矢的折射角是 θ；群速度 $\boldsymbol{W}$ 与 z 轴的夹角是 ϕ；角 γ 是介质静止时的折射角.

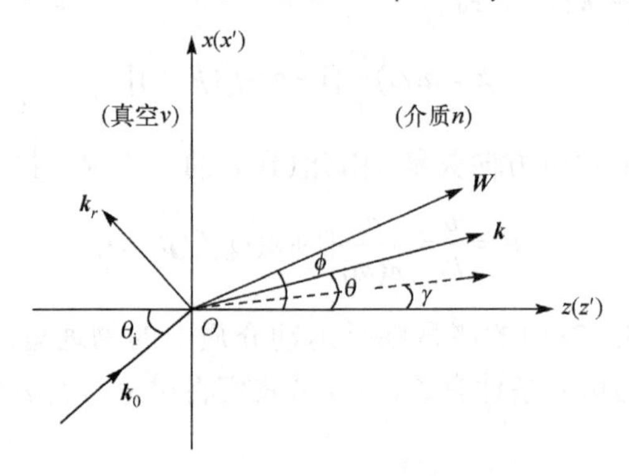

图 5.1 光线的折射和反射

由通常的麦克斯韦电磁理论的边界条件知道：在介质静止系 Σ' (即在介质的共动系)，折射波矢 $\boldsymbol{k}'$ 与反射波矢 $\boldsymbol{k}'_{\mathrm{r}}$ 在介质与真空的交界面上的切向分量等于入射波矢 $\boldsymbol{k}'_0$ 的切向分量；入射波、反射波、折射波的频率 ω_0、ω_{r}、ω 相同. 所以有

$$k'_x = (k'_0)_x \tag{5.4.1a}$$

$$\omega' = \omega'_0 \tag{5.4.1b}$$

和

$$(k'_{\mathrm{r}})_x = (k'_0)_x \tag{5.4.2a}$$

$$\omega'_{\mathrm{r}} = \omega'_0 \tag{5.4.2b}$$

其中

$$(k_0')_x = (k_0')\sin\theta_i', \quad (k_0') = \frac{\omega_0'}{c} \tag{5.4.3a}$$

$$k_x' = k'\sin\theta', \quad k' = n(\omega')\frac{\omega_0'}{c} \tag{5.4.3b}$$

$$(k_r')_x = (k_r')\sin\theta_r', \quad (k_r') = \frac{\omega_r'}{c} \tag{5.4.3c}$$

这里的 θ_i、θ、θ_r 分别是入射角、折射角、反射角. 这些方程是通常静止介质中(即介质的共动系 Σ' 中)的折射定律和反射定律. 实验室系 Σ 中的运动介质的折射定律和反射定律可以通过洛伦兹变换得到.

在方程(5.4.1)中使用变换方程(5.3.4)后给出

$$k_x - \frac{\omega}{c}\frac{v_x}{c} = (k_0)_x - \frac{\omega_0}{c}\frac{v_x}{c} \tag{5.4.4a}$$

$$\omega - \boldsymbol{v}\cdot\boldsymbol{k} = \omega_0 - \boldsymbol{v}\cdot\boldsymbol{k}_0 \tag{5.4.4b}$$

其中

$$(k_0)_x = \frac{\omega_0}{c}\sin\theta_i \tag{5.4.5a}$$

$$k_x = k\sin\theta \tag{5.4.5b}$$

这里 θ_i 和 θ 分别是在实验室系 Σ 中的入射角和折射角(参见图 5.1).

通过使用方程(5.4.3)，方程(5.4.4a)成为

$$k\sin\theta = \frac{\omega_0}{c}\sin\theta_i + \frac{v_x}{c}\frac{\omega-\omega_0}{c}$$

其中，由于方程(5.4.4b)，该方程右边第二项是 v/c 的二阶小量因而可以忽略掉，于是成为

$$\sin\theta = \frac{\omega_0}{ck}\sin\theta_i \tag{5.4.6a}$$

这是**运动介质的折射定律**. 方程(5.4.4b)可以写成

$$\omega = \omega_0 + \boldsymbol{v}\cdot(\boldsymbol{k}-\boldsymbol{k}_0) = \omega_0 + v_x(k_x - k_{0x}) + v_z(k_z - k_{0z})$$

方程(5.4.6a)表明，到一阶近似有 $k_x = k_{0x}$. 所以，上述方程右边的第二项成为零. 第三项具有一阶量级，因而 k_z 可以用 k_z' 替换(这是介质静止系中折射波的波矢). 所以，上述方程简化为

$$\omega = \omega_0\left[1 + \frac{v_z}{c}(n\cos\gamma - \cos\theta_i)\right] \tag{5.4.6b}$$

其中用到 $k_z \to k'_z \to (n\omega_0/c)\cos\gamma$ 和 $k_{0z}=(\omega_0/c)\cos\theta_i$. 方程(5.4.6)是实验室系 Σ 中的折射定律(即**运动介质中的折射定律**). 方程(5.4.6b)的角度 γ 是介质静止系 Σ' 中的折射角. **介质静止系中的折射定律**(5.4.1a)给出 $\sin\gamma=(1/n)\sin\theta'_{\mathrm{i}}$，其中 θ'_{i} 是介质静止系 Σ' 中的入射角，因而其与实验室系 Σ 中的折射角 θ_{i} 之差是一阶量，即

$$\sin\theta'_{\mathrm{i}}=\sin\theta+O(v/c)$$

因此有

$$\cos\gamma=\sqrt{1-\frac{\sin^2\theta_{\mathrm{i}}}{n^2}}+O\left(\frac{v}{c}\right)$$

因为方程(5.4.6b)右边第二项是一阶量，所以上面的方程右边第二项被略掉. 因而有

$$\cos\gamma=\sqrt{1-\frac{\sin^2\theta_{\mathrm{i}}}{n^2}} \tag{5.4.7}$$

类似地，由方程(5.4.2)并利用变换关系(5.3.4)得到在实验室系 Σ 中运动表面的反射定律

$$\sin\theta_{\mathrm{r}}=\left(1+2\frac{v_z}{c}\cos\theta_{\mathrm{i}}\right)\sin\theta_{\mathrm{i}} \tag{5.4.8a}$$

$$\omega_{\mathrm{r}}=\omega_0\left(1-2\frac{v_z}{c}\cos\theta_{\mathrm{i}}\right) \tag{5.4.8b}$$

利用方程(5.4.6)，方程(5.3.8)中的折射指数 $n(\omega)$ 可以用 $\omega-\omega_0$ 的幂级数展开成

$$n(\omega)=n(\omega_0)\left\{1+[n(\omega_0)\cos\gamma-\cos\theta_{\mathrm{i}}]\frac{\omega_0}{n(\omega_0)}\frac{\mathrm{d}n}{\mathrm{d}\omega_0}\frac{v_z}{c}\right\} \tag{5.4.9}$$

用方程(5.4.9)代入方程(5.3.8)中的 $n(\omega)$，那么在 Σ 系看来运动介质中的相速度可以重新写成

$$u=\frac{\omega}{k}=\frac{c}{n(\nu_0)}+f_1v_x\sin\gamma+f_2v_z\cos\gamma \tag{5.4.10a}$$

$$f_1=1-\frac{1}{[n(\nu_0)]^2}+\frac{\nu_0}{n(\nu_0)}\frac{\mathrm{d}n}{\mathrm{d}\nu_0} \tag{5.4.10b}$$

$$f_2=1-\frac{1}{[n(\nu_0)]^2}+\frac{\nu_0}{[n(\nu_0)]^2}\frac{\mathrm{d}n}{\mathrm{d}\nu_0}\left(\frac{\cos\theta_{\mathrm{i}}}{\cos\gamma}\right) \tag{5.4.10c}$$

其中用到 $\nu_0=\omega_0/2\pi$，而 $n(\nu_0)=n(\omega_0)$ 是介质的折射指数，其中 ν_0 是在实验室系 Σ 测量的入射光波的真空频率. 方程(5.4.10)与 Parks 和 Dowell 在 1974 年[16]利用菲涅耳公式得到的结果相同.

由方程(5.4.10b)定义的 f_1 称为**爱因斯坦拖曳系数**. **劳布(Laub)系数**是方程(5.4.10c)定义的 f_2 在 $\theta_i = 0$ 的特殊情况. 对于无色散的介质 $\frac{dn}{d\nu_0} = 0$ ，方程(5.4.10b，c)简化为

$$f_1 = f_2 = 1 - \frac{1}{n^2} \tag{5.4.11a}$$

这个系数称为**菲涅耳拖曳系数**. 另一个特殊情况是 θ_i 为布儒斯特角(Brewster's angle)，即

$$\frac{\cos\theta_i}{\cos\gamma} = \frac{1}{n} \tag{5.4.11b}$$

在此情况下，系数 f_2 成为

$$f_{(\text{Brewster})} = 1 - \frac{1}{n^2} + \frac{\nu_0}{n^3}\frac{dn}{d\nu_0} \tag{5.4.11c}$$

利用方程(5.4.6b)和(5.4.10)，**运动介质的折射定律**，即方程(5.4.6a)可以表达成

$$\sin\theta = \frac{\sin\theta_i}{n}\left\{1 + f_1\frac{v_x}{c}\sin\theta_i + \frac{v_z}{c}\left[\left(1 + \frac{\nu_0}{n}\frac{dn}{d\nu_0}\right)\cos\theta_i - \frac{1}{n}\cos\gamma\right]\right\} \tag{5.4.12}$$

参 考 文 献

[1] Faraday M. Experimental researches in electricity: vol. I. London: Quariteh, 1855, 225-230.

[2] Møller C. The Theory of Relativity. Oxford: Clarendon Press, 1952.

[3] Becker R. Electromagnetic fields and interactions: Vol. I, electro-magnetic theory and relativity. New York: Blaisdell, 1964:71, 86, 87 , 88.

[4] Whittaker E. A history of the theories of aether and electricity. New York: Nelson, 1951: Vol. I, 1953: Vol. II.

[5] 爱因斯坦文集: 第二卷. 北京: 商务印书馆, 1977: 83.

[6] Minkowski H. Die grundgleichungen für die elektromagnetischen Vorgänge in bewegten Körper. Nachrichten von der Gesellschaft der Wissenschaften zu Göttingen, 1980, 53: 53-111.

[7] O'Dell T H. The electrodynamics of magneto-electric. Amsterdam: Media, 1970.

[8] 张元仲. 运动介质电动力学和 Fresnel 牵引实验. 物理学报, 1975, 24: 180.

[9] 张元仲. 运动介质电动力学和(包含色散项的)牵引效应. 物理学报, 1977, 226: 455.

[10] Macek W M, et al. Measurement of Fresnel drag with the ring laser. Journal of applied physics, 1964, 35: 2556.

[11] Jones R V. Aberration of light in a moving medium. Journal of physics A, 1971, 4: L1.

[12] Jones R V. "Fresnel aether drag" in a transversely moving medium. Proceedings of the royal society of London A, 1972, 328: 337.

[13] Jones R V. "Aether Drag" in a transversely moving medium. Proceedings of the royal society of London A, 1975, 345: 351.

[14] Bilger H R, Zavadny A T. Fresnel drag in a ring laser: measurement of the dispersive term. Physical review A, 1972, 5: 591.

[15] Wilson M, Wilson H A. Electric effect of rotating a magnetic insulator in a magnetic field. Proceedings of the royal society A, 1913, 89: 99.

[16] Parks W F, Dowell J T. Fresnel drag in uniformly moving media. Physical review A, 1974, 9: 565.

第 6 章　普罗卡重电磁场

在真空中的麦克斯韦电磁场方程的电动力学常数 c 是电磁单位与静电单位之比. 常数 c 表示电磁波在真空中传播的速度. 这意味着光的单程速度至少在特定惯性系中是各向同性的. 依据爱因斯坦狭义相对论的第二个假设，在真空中光线总是以恒定速度 c 传播而与惯性系无关. 因此，并没有光子在其中静止的惯性系存在，这意味着光子的静止质量必须是零. 这个结论也可以从质量-速度-能量的关系式以及电磁场作用量的四维表述得到. 这个理论的预言已经受到实验的验证，例如，特别是量子电动力学实验的验证. 然而，所有检验光子静质量的实验全都是基于普罗卡电磁场理论[1]，即重(massive)电磁场理论进行的. 下面概括介绍这个理论的基础内容.

6.1　麦克斯韦电磁场方程的四维协变量形式

首先回忆麦克斯韦电磁理论. 真空中的麦克斯韦电磁场方程(高斯单位)是

$$\nabla\times\boldsymbol{E}=-\frac{1}{c}\frac{\partial\boldsymbol{B}}{\partial t}\tag{6.1.1a}$$

$$\nabla\cdot\boldsymbol{B}=0\tag{6.1.1b}$$

$$\nabla\times\boldsymbol{B}=\frac{1}{c}\frac{\partial\boldsymbol{E}}{\partial t}+\frac{4\pi}{c}\boldsymbol{J}\tag{6.1.1c}$$

$$\nabla\cdot\boldsymbol{E}=4\pi\rho\tag{6.1.1d}$$

并满足**电荷守恒定律**

$$\nabla\cdot\boldsymbol{J}+\frac{\partial\rho}{\partial t}=0\tag{6.1.1e}$$

现在把这些方程改写成闵可夫斯基四维时空的协变形式. 引入电荷-电流的4-矢量

$$J_\mu=(\boldsymbol{J},\,\mathrm{i}c\rho)\tag{6.1.2}$$

其中，$\mu=1,2,3,4$. 然后，(电荷守恒定律)连续性方程(6.1.1e)写成四维协变形式

$$\frac{\partial J_\mu}{\partial x_\mu}=0\tag{6.1.3}$$

为了简便，本章使用了复四维时空(可参见本书的 1.5.1 节)，其四维坐标矢量定义为

$$x_\mu = (x,\ y,\ z,\ \mathrm{i}ct) \tag{6.1.4}$$

相应的 4-间隔定义为

$$\mathrm{d}s^2 = \eta_{\mu\nu}\mathrm{d}x_\mu \mathrm{d}x_\nu = \mathrm{d}x^2 + \mathrm{d}y^2 + \mathrm{d}z^2 - c^2\mathrm{d}t^2 \tag{6.1.5a}$$

其中的闵可夫斯基度规(张量)是

$$\eta_{\mu\nu} = \mathrm{diag}(+1, +1, +1, +1) \tag{6.1.5b}$$

逆度规是

$$\eta^{\mu\nu} = \eta_{\mu\nu} = \mathrm{diag}(+1, +1, +1, +1) \tag{6.1.5c}$$

因此任何四维协变张量与逆变张量相同，例如，$x_\mu = x^\mu, A_\mu = A^\mu, J_\mu = J^\mu, F_{\mu\nu} = F^{\mu\nu}$，等等. 所以不必区分是上角标还是下角标.

三维电磁矢势 $\boldsymbol{A}$ 和电磁标量势 ϕ 的波动方程(高斯单位)是

$$\nabla^2 \boldsymbol{A} - \frac{1}{c^2}\frac{\partial^2 \boldsymbol{A}}{\partial t^2} = -\frac{4\pi}{c}\boldsymbol{J} \tag{6.1.6a}$$

$$\nabla^2 \phi - \frac{1}{c^2}\frac{\partial^2 \phi}{\partial t^2} = -4\pi\rho \tag{6.1.6b}$$

并满足洛伦兹规范条件

$$\nabla \cdot \boldsymbol{A} + \frac{1}{c}\frac{\partial \phi}{\partial t} = 0 \tag{6.1.7}$$

引入 4-矢势 A_μ，有

$$A_\mu = (\boldsymbol{A}, \mathrm{i}\phi) \tag{6.1.8}$$

则波动方程可以写成

$$\Box A_\mu = -\frac{4\pi}{c}J_\mu \tag{6.1.9}$$

其中，$\Box = \partial_\mu \partial_\mu = \nabla^2 - c^{-2}\dfrac{\partial^2}{\partial t^2}$，而且洛伦兹规范条件简化为

$$\frac{\partial A_\mu}{\partial x_\mu} = 0 \tag{6.1.10}$$

为了把麦克斯韦电磁场方向写成四维形式，引入电磁场的反对称场强 4-张量(即电磁场张量) $F_{\mu\nu}$ 如下：

$$F_{\mu\nu} = \partial_\mu A_\nu - \partial_\nu A_\mu \tag{6.1.11}$$

其中 $\partial_\mu = \partial / \partial x_\mu$. 明显地写出电磁场张量是

$$(F_{\mu\nu}) = \begin{pmatrix} 0 & B_z & -B_y & -\mathrm{i}E_x \\ -B_z & 0 & B_x & -\mathrm{i}E_y \\ B_y & -B_x & 0 & -\mathrm{i}E_z \\ \mathrm{i}E_x & \mathrm{i}E_y & \mathrm{i}E_z & 0 \end{pmatrix} \tag{6.1.12}$$

电磁场张量满足如下的恒等式：

$$ {}_{\lambda}F_{\mu\nu} + {}_{\nu}F_{\lambda\mu} + {}_{\mu}F_{\nu\lambda} = 0 \tag{6.1.13}$$

其中， $\mu = 1, 2, 3, 4$， $\nu = 1, 2, 3, 4$， $\lambda = 1, 2, 3, 4$. 方程(6.1.13)的显示形式就是方程(6.1.1a,b).

利用电磁场张量可以把另外两个麦克斯韦方程(6.1.1c,d)写出四维协变形式

$$\frac{\partial F_{\mu\nu}}{\partial x_\nu} = \frac{4\pi}{c} J_\mu \tag{6.1.14}$$

爱因斯坦惯性系 Σ 中的电磁场张量 $F_{\mu\nu}$ 通过洛伦兹变换则变成惯性系 Σ' 中的电磁场张量 $F'_{\sigma\rho}$

$$F'_{\sigma\rho} = \Lambda_{\sigma\mu}\Lambda_{\rho\nu}F_{\mu\nu} \tag{6.1.15}$$

对于坐标轴相互平行且相对速度 $\boldsymbol{v}$ 沿 x 轴正方向的两个惯性系 Σ 和 Σ'，相应的洛伦兹变换的系数矩阵 $(\Lambda_{\mu\nu})$ 由方程(1.5.40)给出

$$(\Lambda_{\mu\nu}) = \begin{pmatrix} \gamma & 0 & 0 & \mathrm{i}\beta\gamma \\ 0 & 1 & 0 & 0 \\ 0 & 0 & 1 & 0 \\ -\mathrm{i}\beta\gamma & 0 & 0 & \gamma \end{pmatrix} \tag{6.1.16}$$

其中

$$\beta = \frac{v}{c}, \quad \gamma = \frac{1}{\sqrt{1-\beta^2}} \tag{6.1.17}$$

惯性系 Σ' 中的电磁场 4-张量 $F'_{\sigma\rho}$ 的显示形式可以由方程(6.1.12)把不带撇的量换成带撇的量而得到.

惯性系 Σ 中的电荷-电流 4-矢量 J_μ 在洛伦兹变换下变成惯性系 Σ' 中的相应的 4-矢量

$$J'_\lambda = \Lambda_{\lambda\mu} J_\mu \tag{6.1.18}$$

这个方程的显式就是方程(5.2.2).

无源(即 $J_\mu = 0$)的麦克斯韦电磁场方程可由如下的作用量得到：

$$I_0 = -\frac{1}{16\pi}\int d^4x\, F_{\mu\nu}F_{\mu\nu} \tag{6.1.19a}$$

一般情况下，电磁 4-矢势 A_μ 与物质场之间相互作用的作用量是

$$I_i = \frac{1}{c}\int d^4x\, A_\mu J_\mu \tag{6.1.19b}$$

方程(6.1.19)在如下的 $U(1)$ 规范变换下不变：

$$A_\mu \to A'_\mu = A_\mu + \partial_\mu \alpha \tag{6.1.20}$$

其中 $\alpha(x)$ 是时空坐标 $x=(x_\mu)$ 的函数. 光子的质量项 $\mu^2 A_\mu A_\mu$ 会破坏 $U(1)$ 规范不变性(即破坏相角规范不变性).

6.2 普罗卡方程

如果放弃 $U(1)$ 相角规范不变性，那么在通常的拉格朗日量(6.1.19)中可以增加一项 $\mu^2 A_\mu A_\mu$，这是与光子静质量有关的项. 这样修改过的拉格朗日量得到的方程就是光子静质量 $\mu \neq 0$ 的重电磁场运动方程，即普罗卡方程. 所以，重电磁场(massive electromagnetic field)的作用量是(使用高斯单位制)

$$I = \int d^4x\left(-\frac{1}{16\pi}F_{\mu\nu}F_{\mu\nu} - \frac{1}{8\pi}\mu^2 A_\mu A_\mu + \frac{1}{c}A_\mu J_\mu\right) \tag{6.2.1}$$

其中，μ 是光子的静质量①，电磁场 4-张量 $F_{\mu\nu}$ 与 4-矢势 A_μ 的关系仍然由方程(6.1.11)给出. 作用量(6.2.1)对动力学变量 A_μ 的变分给出普罗卡方程②

$$\frac{\partial F_{\mu\nu}}{\partial x_\nu} + \mu^2 A_\mu = \frac{4\pi}{c}J_\mu \tag{6.2.2a}$$

式中，$F_{\mu\nu}$ 仍然满足恒等式(6.1.13)

$$\varepsilon_{\lambda\nu\rho\sigma}\frac{F_{\rho\sigma}}{x_\lambda} = 0 \tag{6.2.2b}$$

其中，$\varepsilon_{\lambda\nu\rho\sigma}$ 是单位全反对称 4-张量. 4-矢量 $(A_\mu) = (\boldsymbol{A}, \mathrm{i}\phi), (J_\mu) = (\boldsymbol{J}, \mathrm{i}c\rho)$，$\boldsymbol{A}$ 是矢势，ϕ 是标势，$\boldsymbol{J}$ 是电流密度，ρ 是电荷密度.

电流密度 J_μ 需要满足电荷守恒定律(6.1.3). 由普罗卡方程(6.2.2a)对 x_μ 微分，并使用 $F_{\mu\nu}$ 的定义式(6.1.11)及电荷守恒定律(6.1.3)，则得到洛伦兹规范条件(6.1.10). 这意味着在普罗卡理论中，洛伦兹规范条件等价于守恒定律.

① 光子静质量 μ 用波数表达的量纲是 cm^{-1}，其与以 g 为单位的质量 m_0 的关系是：$\mu = m_0 c/h$，即 $1\mathrm{cm}^{-1} = 3.50\times10^{-38}\mathrm{g}$.

② 普罗卡在 1930—1936 期间首先建立了重电磁场理论，参见本章参考文献[1,2].

把$F_{\mu\nu}$的定义(6.1.11)代入普罗卡方程(6.2.2a)，再利用规范条件(6.1.10)，得到普罗卡的电磁势A_μ的波动方程

$$(\Box-\mu^2)A_\mu=-\frac{4\pi}{c}J_\mu \tag{6.2.3}$$

其中，$\Box=\nabla^2-\frac{1}{c^2}\frac{\partial^2}{\partial t^2}$(达朗贝尔算子). 上述方程唯一确定了电磁势$A_\mu$.

上述诸方程的三维矢量形式汇聚如下：

$$\nabla\times\boldsymbol{B}-\frac{1}{c}\frac{\partial\boldsymbol{E}}{\partial t}=\frac{4\pi}{c}\boldsymbol{J}-\mu^2\boldsymbol{A} \tag{6.2.4a}$$

$$\nabla\cdot\boldsymbol{E}=4\pi\rho-\mu^2\phi \tag{6.2.4b}$$

$$\nabla\times\boldsymbol{E}=-\frac{1}{c}\frac{\partial\boldsymbol{B}}{\partial t} \tag{6.2.4c}$$

$$\nabla\cdot\boldsymbol{B}=0 \tag{6.2.4d}$$

$$\boldsymbol{B}=\nabla\times\boldsymbol{A} \tag{6.2.5a}$$

$$\boldsymbol{E}=-\nabla\phi-\frac{1}{c}\frac{\partial\boldsymbol{A}}{\partial t} \tag{6.2.5b}$$

$$\nabla\cdot\boldsymbol{J}+\frac{\partial\rho}{\partial t}=0 \tag{6.2.6a}$$

$$\nabla\cdot\boldsymbol{A}+\frac{1}{c}\frac{\partial\phi}{\partial t}=0 \tag{6.2.6b}$$

$$(\Box-\mu^2)\boldsymbol{A}=-\frac{4\pi}{c}\boldsymbol{J} \tag{6.2.7a}$$

$$(\Box-\mu^2)\phi=-4\pi\rho \tag{6.2.7b}$$

显然，$\mu=0$的普罗卡方程退化为麦克斯韦方程. 方程(6.2.2)是在保持洛伦兹不变性的前提下对麦克斯韦电磁场方程的唯一推广. 方程(6.2.4)～(6.2.7)是用实验检验光子静质量μ的理论基础(参见本书第12章 光子静质量上限).

说明 在真空中的麦克斯韦电磁场方程(6.1.1)中，常数c是真空光速. 但是在普罗卡电磁场方程(6.2.4)中，常数c是频率无穷大的光波在真空中的速度(见6.3节)，这个速度并没有真实的物理意义，因为不存在无穷大的频率. 但是这个速度常数是不可缺少的，这是量纲的要求，例如方程(6.2.4c)中的$\boldsymbol{E}$、$\boldsymbol{B}$具有相同的量纲，方程左边的空间微分的量纲是长度的倒数，右边的时间微分与速度常数$1/c$相乘之后其量纲才与左边的量纲一样. 所以具有速度量纲的常数c是不可缺少的，虽然它不是真实的物理观测量.

6.3 真空光速的色散效应

重电磁理论的预言之一是重光子($\mu \neq 0$)在真空中传播速度的色散效应. 方程(6.2.3)的无源($J_\mu = 0$)情况下的平面波解是

$$A_\mu \sim \mathrm{e}^{\mathrm{i}(\boldsymbol{k}\cdot\boldsymbol{r}-\omega t)} \tag{6.3.1}$$

该平面波代入方程(6.2.3)得到重光子的波矢 $\boldsymbol{k}$、角频率 ω 和静质量 μ 之间的关系是

$$\boldsymbol{k}^2 - \frac{\omega^2}{c^2} = -\mu^2 \tag{6.3.2}$$

这就是重电磁波在真空中传播的**色散关系**. 自由重电磁波的相速度是

$$u = \frac{\omega}{k} = c\left(1 - \frac{\mu^2 c^2}{\omega^2}\right)^{-1/2} \tag{6.3.3}$$

其中, $k = |\boldsymbol{k}| = 2\pi/\lambda$, λ 是波长. 方程(6.3.3)表明相速度依赖于频率, 因而群速度(及能量流的速度)不同于相速度. 群速度定义为

$$W = \frac{\mathrm{d}\omega}{\mathrm{d}k} = c\left(1 - \frac{\mu^2 c^2}{\omega^2}\right)^{1/2} \tag{6.3.4}$$

因为静质量 μ 是有限的数值, 所以 $\omega \to \infty$ 时相应的相速度和群速度都趋于常数 c

$$\lim_{\omega\to\infty} u = \lim_{\omega\to\infty} W = c \tag{6.3.5}$$

这就是说, 普罗卡方程中的常数 c 是频率趋于无限大的自由重电磁波在真空中的传播速度.

方程(6.3.2)显示, $\omega = \mu c$ 则 $k = 0$, 即这个频率的重电磁场是静态的不会传播. 当 $\omega < \mu c$ 时有 $k^2 < 0$, 即 k 是虚数. 这样, 方程(6.3.1)就对矢势贡献一个指数衰减因子 $\sim \mathrm{e}^{-|k|r}$, 即重电磁波的振幅是指数衰减的(evanescent). 只有角频率 $\omega > \mu c$ 的重电磁波才能在真空中无衰减地传播, 其相速度和群速度分别由方程(6.3.3)和(6.3.4)给出.

群速度方程(6.3.4)表明, 不同频率的电磁波在真空中传播的速度不同. 这种传播速度随频率而变化的现象称为色散. 显然, 这给人们提供了利用电磁波的真空色散效应确立光子静质量的可能性(测量不同频率的光信号的速度之差, 或者测量不同频率的光走过相同距离所用的时间之差).

考虑角频率为 ω_1 和 ω_2 的两列重电磁波, 并假设 $\omega_1 \gg \mu c$ 且 $\omega_2 \gg \mu c$, 那么由方程(6.3.4)可以得到这两列波在真空中的速度之差

$$-\frac{\Delta u}{c} \equiv \frac{W_1 - W_2}{c} \approx \frac{1}{2}\mu^2 c^2\left(\frac{1}{\omega_2^2} - \frac{1}{\omega_1^2}\right) \tag{6.3.6}$$

其中最后一个等式中略去了$\left(\frac{\mu^2c^2}{\omega^2}\right)^2$以上的小项. 在同样的近似下，由方程(6.3.2)可以得到

$$\left(\frac{\mu^2c^2}{\omega_2^2}\right)\approx\frac{\mu^2}{k^2}=\frac{\mu^2\lambda^2}{4\pi^2} \tag{6.3.7}$$

用方程(6.3.7),可将Δu用波长表达成

$$-\frac{\Delta u}{c}\approx\frac{\mu^2}{8\pi^2}(\lambda_2^2-\lambda_1^2) \tag{6.3.8}$$

如果这两列波通过相同的路程L，那么它们所用的时间之差便是

$$\Delta t=\frac{L}{W_1}-\frac{L}{W_2}\approx\frac{L}{8\pi^2c}(\lambda_2^2-\lambda_1^2)\mu^2 \tag{6.3.9}$$

方程(6.3.6)～(6.3.9)就是人们利用色散效应确立光子静质量μ的出发点.

参考文献

[1] Goldhaber A S, Nieto M M. Terrestrial and extraterrestrial limits on the photon mass. Reviews of modern physics, 1971, 43: 277.

[2] Zhang Y Z. Special relativity and its experimental foundations. Singapore: World Scientific Publishing Co. Pte. Ltd., 1998.

第 7 章 狭义相对性原理的实验检验

狭义相对性原理 前面已经指出，爱因斯坦狭义相对性原理是经典物理学中伽利略相对性原理的推广，当然这种推广并非平凡的推广，因为伽利略相对性原理涉及的是伽利略变换，而狭义相对性原理则涉及的是洛伦兹变换.

狭义相对性原理在其最广泛的意义上可以陈述为：全部物理现象都具有这样的特征，即它们不会给引进“绝对运动”的概念提供任何依据；或者比较简短而不那么精确地说，就是不存在绝对运动. 因此，各种寻找以太漂移效应或寻找优越惯性系的实验(例如最典型的是迈克耳孙-莫雷型实验，参见 8.1.1 节)所给出的零结果，都可以看作是为狭义相对性原理提供了证据.

另外，借助于洛伦兹变换方程(1.4.15)，可以把狭义相对性原理表述如下：物理定律的方程式在洛伦兹变换下保持形式不变(即协变性).

在 1.5.2 节(狭义相对论是近代物理理论的一大支柱)阐明了描写自然界四种基本相互作用(引力、电磁力、弱力、强力)的近代物理学(modern physics)都是以狭义相对性原理和量子力学为基础建立起来的，这包括(狭义)相对论力学、(狭义)相对论量子力学、量子电动力学、粒子物理学、广义相对论等. 迄今为止，近代物理学在地球实验室和天文观测中所取得的巨大成功同样是对狭义相对性原理的重要检验.

此外，有关狭义相对性原理的实验检验有如下几类：

(1)特鲁顿-诺伯(Trouton-Noble)类型的电磁学实验[1-6]：按照以太理论，当一个带电的平行板电容器在与其平板平行的方向上相对于以太运动时，平板上的电荷就形成两个大小相等方向相反的电流和平行于平板的磁场. 因而在电容器上可产生一个力偶. 这个力偶将使电容器转到纵向位置. 按照这种原理，Trouton 和 Noble 在 1902 和 1903 年[1,2]用静止在地球上的平板电容器做了实验，企图测量地球相对以太的运动. 实验没有观察到电容器的转动. 后来，Tomaschek[3,4]和 Chase[5]的实验进一步证实了这一点. 这个结果被看作是证明了相对性原理.

(2)空间各向同性的实验检验[7-12]：局部洛伦兹不变性要求，如果惯性质量是各向异性的，那么磁场中的原子和原子核的能级将受到影响. 有人曾用穆斯堡尔(Mössbauer)效应观察塞曼能级分裂有无随地球运动而变化的现象. 这类实验检验惯性质量各向异性的精度很高，$\Delta m / m \sim 5\times10^{-23}$ (其中 Δm 表示惯性质量的各向异性). 这种实验的结果也被看作是相对性原理的一个很好的证据.

(3) 检验狭义相对性原理在小距离上的真实性[13-16]：例如，如果狭义相对性原理在小距离上不正确，那么，π 介子和 μ 子的寿命将会改变. 对足够高能量的 μ 子能谱所做的分析表明，在小于 5×10^{-17} cm 的范围内狭义相对性原理才可能不正确. 此外，用飞行 π 介子寿命实验的数据与一个模型(在此模型中假定在小距离上相互作用传播的速度是超光速的)进行比较，给出基本长度的上限是 3×10^{-15} cm. 这表明，在小于 $\sim10^{-15}$ cm 的范围内才有可能存在破坏狭义相对论的超光速相互作用.

微观世界的物理理论，例如量子电动力学、量子场论、粒子物理标准模型等都具有洛伦兹对称性和 CPT 对称性(电荷共轭 C、宇称 P 和时间反演 T 的联合变换). 而且 CPT 对称性与洛伦兹对称性密切相连. 所以实验上对 CPT 对称性的验证与洛伦兹不变性的验证密不可分. 物理规律的洛伦兹不变性就是狭义相对论的第一个基本原理(或说假设)即狭义相对性原理.

检验 CPT 的微观物理实验至今没有停止过. 例如，早先的一些实验[17-20]，特别是利用高精度中性 K 子干涉测量法的实验. 近期的实验也不少，例如反氢原子的精细结构的实验研究[21]，强子和原子核的洛伦兹对称性及 CPT 对称性的检验[22]，等等. 迄今为止，各种类型的微观实验还未发现狭义相对性原理(洛伦兹不变性或 CPT 对称性)的破坏.

自从 20 世纪 90 年代以来，对 CPT 或洛伦兹对称性破坏的理论研究和实验检验从未间断，至今热度不减，参见本章参考文献[23-26].

参 考 文 献

[1] Trouton F T. The results of an electrical experiment, involving the relative motion of the earth and ether, suggested by the late professor Fitz Gerald. The scientific transactions of the royal dublin society, 1902, 7: 379.

[2] Trouton F T, Noble M R. The mechanical forces acting on a charged electric condenser moving through space. Philosophical transactions of the royal society A, 1904, 202: 165.

[3] Tomaschek R. Über Versuche zur Auffindung elektrodynamischer Wirkungen der Erdbewegung in großen Höhen I. Annalen der physik, 1926, 383: 743.

[4] Tomaschek R. Über Versuche zur Auffindung elektrodynamischer Wirkungen der Erdbewegung in großen Höhen II. Annalen der physik, 1926, 385: 509.

[5] Chase C T. A repetition of the Trouton-Noble ether drift experiment. Physical review, 1926, 28: 378.

[6] Butler J W. On the Trouton-Noble experiment. American journal of physics, 1968, 36: 936.

[7] Cocconi G, Salpeter E. A search for anisotropy of inertia . Il Nuovo Cimento, 1933, 10: 646.

[8] Cocconi G, Salpeter E. Upper limit for the anisotropy of inertia from the Mössbauer effect.

Physical review letter, 1960, 4: 176.

[9] Hughs V W, et al. Upper limit for the anisotropy of inertial mass from nuclear resonance experiments. Physical review letters, 1960, 4: 342.

[10] Sherwin C W, et al. Search for the anisotropy of inertia using the Mössbauer effect in Fe57 . Physical review letters, 1960, 4: 399.

[11] Drever R W P, et al. A search for anisotropy of inertial mass using a free precession technique . The philosophical magazine, 1961, 6: 683.

[12] Chupp T E, et al. Results of a new test of local Lorentz invariance: a search for mass anisotropy in 21Ne . Physical review letters, 1989, 63: 1541.

[13] Rédei L B. Validity of special relativity at small distances and the velocity dependence of the muon lifetime. Physical review, 1967, 162: 1299.

[14] Dardo M, Navarra G, Penengo P. The muon energy spectrum as a test of the validity of special relativity at small distances . Il Nuovo Cimemto A, 1969, 61: 219.

[15] Lundberg L E, Rédei L B. Validity of special relativity at small distances and the velocity dependence of the charged-pion lifetime . Physical review, 1968, 169: 1012.

[16] Greenberg A J, et al. Charged-pion lifetime and a limit on a fundamental length. Physical review letters, 1969, 23: 1267.

[17] Barnett R M, et al. Review of particle properties. Physical review D, 1996, 54: 1

[18] Gibbons L K, et al. CP and CPT symmetry tests from the two-pion decays of the neutral kaon with the Fermilab E731 detector. Physical review D, 1997, 55: 6625.

[19] Schwingenheuer B, et al. CPT tests in the neutral kaon system. Physical review letter, 1995, 74: 4376.

[20] Carosi R, et al. A measurement of the phases of the CP-violating amplitudes in K0→2π decays and a test of CPT invariance . Physics letters B, 1990, 237: 303.

[21] The ALPHA Collaboration. Author Correction: Investigation of the fine structure of antihydrogen. Nature, 2020, 578: 375.

[22] Noordmans J P, et al. Tests of Lorentz and CPT symmetry with hadrons and nuclei. Journal of physics: conference series, 2016, 952: 025502.

[23] Aaij R, et al. Search for violations of Lorentz invariance and CPT symmetry in $B^0_{(s)}$ mixing . Physical review letters, 2016, 116: 241601.

[24] Pruttivarasin T, et al. A Michelson-Morley test of Lorentz symmetry for electrons . Nature, 2015, 517: 592.

[25] Russell N E. Mining the data tables for Lorentz and CPT violation . CPT and Lorentz symmetry: proceedings of the eighth meeting on CPT and Lorentz symmetry, 2020: 82-85.

[26] Will C M. Clock synchronization and isotropy of the one way speed of light. Physical review D, 1992, 45: 403.

第 8 章　光速不变原理的实验检验

光速不变原理　光在真空中总是以不变速度 c 传播，且与光源的运动状态无关.

实验检验光速不变原理则针对其所包含的内容(也可参见本书的附录 D)：①该原理只适用于惯性系，所以实验必须在惯性系中进行；②检验真空光速与其频率的无关性(即光在真空中的传播没有色散)；③检验真空光速与光源运动状态的无关性；④检验真空光速的常数性(即光速与惯性系的无关性及双程光速的各向同性等)；⑤单向光速的各向同性只是一个理论假设，实验不能检验这个假设(正如本书 1.4.4 节指出的，早在 1898 年庞加莱就认识到单向光速各向同性不可能用实验来检验，但是多年来总有一些学者把某些双程光速的实验错误地说成是验证了单向光速的各向同性，例如本章参考文献[1-5]).

在 1.3 节中已经介绍了不同地点的同时性定义的任意性问题. 凡是只涉及单个时钟的物理现象，如光速是否与频率有关，光速是否与光源的运动状态有关，回路(双程)光速是否为常数，等等，这些实验不需要异地对钟，所以都是可以直接观测的. 在实验上对这类物理现象进行观察，原则上是简单的. 例如，为了观测光速与频率的关系，可以比较在某一给定点沿某个给定方向同时(或前后相差 Δt 的时间间隔)发出的两列不同频率的光波是否同时(或依然相隔 Δt 时间间隔)到达另一给定点. 另外，比对从不同运动速度的光源发出的光的速度的大小，情况也完全类似. 用这样的方法来证明单向光速与频率及光源运动状态有无关系，但不能确定单向光速的具体数值. 再有，可以用放在某给定地点上的一只时钟测量光信号走完任意一闭合回路(包括往返直线)所用的时间，从而定出平均回路(双程)光速的数值. 在各种不同条件下进行这类测量，就可以确定平均回路(双程)光速 c 的大小与发射体的运动状态、频率以及方向性等有没有关系. 上述这些问题都在实验上进行过不同程度的研究. 有关光速与频率的无关性问题(即光速的真空色散问题)，将在第 12 章(光子静质量上限)中介绍. 有关光速与光源运动状态的无关性的实验观测结果，则将在 8.2 节中予以介绍. 关于检验光速是否各向同性的问题要复杂些. 爱因斯坦光速不变原理中的“光速”指的是单向光速，即光信号沿任意给定方向的传播速度. 正如本书 1.3 节中已经指出的，单向光速的测量是与不同地点的同时性的定义有关的. 如果像现在实验中所做的那样，选取光信号作为校准时钟的信号，这在逻辑上是循环的，光速的单向性效应会因使用光本身校钟而被消除掉.

这就是说实验中实际测量的并不是单向光速的各向同性，而是回路(双程)光速的不变性. 这一类实验我们将在 8.1 节中介绍.

8.1　光速不变性实验

检验光速不变性的实验分为两部分：①在同一个惯性系中比较不同方向上的(双程)光速是否相等；②观察不同惯性系中的光速是否不变. 在第一部分实验中，有闭合光路(光辐射形成闭合路径)和“单向”光路(光辐射不构成闭合路径)两种类型. 闭合光路的实验有迈克耳孙-莫雷型实验和回路(非直线闭合光路)干涉仪实验.

早先闭合回路实验的目的(例如迈克耳孙-莫雷型实验)是为了寻找“以太漂移”的一阶效应，或者寻找地球相对于假想的绝对参考系的绝对运动. 这类实验的零结果导致了长度收缩的假设(即菲茨杰拉德-洛伦兹收缩). “单程光路”的实验测量主要是横向多普勒效应，在狭义相对论中应属于时间膨胀实验之列(参见第9章)，它们也可以用爱德瓦兹变换来解释. 但是，最早做的这类实验，目的是为了检验“以太漂移”的一阶效应，因为按照静止以太论，这类实验将包含“以太”绝对速度的一阶效应. 这类实验的零结果导致了时间变慢的假设[6-8]：在以太中运动时钟的速率相对于以太静止的绝对参考系变慢$(1-v^2/c^2)^{-1/2}$倍，则一阶效应不再出现. 狭义相对论中的横向多普勒效应来源于时间膨胀，所以也不存在一阶效应. 但是，曾经有人把这种实验的零结果作为单向光速不变性的证据，或作为相对性原理的证据[9]. 然而，用回路光速不变的爱德瓦兹变换分析这类实验并不能给出单向光速的方向性参数的数值. 虽然如此，但是鉴于历史因素，仍把它们作为“以太漂移”实验的一部分放入本章之中，并给出所谓“以太漂移”速度的上限，以便在了解这些实验的相对精度时作为参考. 第二部分实验中的干涉仪静止在实验室中，观测干涉条纹的周日和周年变化. 实验的零结果证明了(平均)回路光速的不变性(即与惯性系的更换无关).

下面分别介绍并分析上述这几类实验.

8.1.1　闭合光路实验

从爱德瓦兹坐标变换的出发点来看(参见第2章双程(回路)光速不变的狭义相对论)，闭合光路实验的负结果可以由回路光速不变原理——光在真空中的双程光速是个常数(无论单程光速如何)——而得到自然地解释.

为了解释介质中的闭合光路实验，需要将满足真空中的回路光速不变的单向光速方程(2.1.4)推广到均匀各向同性的介质之中

$$u=\frac{\bar{u}}{1-(\bar{u}/c)\boldsymbol{q}\cdot\hat{\boldsymbol{e}}} \tag{8.1.1}$$

其中$\bar{u}$是光信号在静止介质中的平均回路速度，c是真空中的平均回路光速(或说双

程光速)，在真空中有 $\bar{u}=c$，u 则是单位方向矢量 $\hat{e}$ 的方向上的(单程)光速，q 是与介质无关的单程光速的方向性参数，且有 $-1 \leqslant q \leqslant +1$.

方程(8.1.1)像真空中的对应方程(2.1.4)一样满足回路光速的不变性. 为此，考虑光信号在介质中沿闭合回路传播所用时间是下面的回路积分：

$$\Delta t = \oint \frac{\mathrm{d}l}{u} = \oint \frac{\mathrm{d}l}{\bar{u}} + \frac{1}{c}\oint (\boldsymbol{q}\cdot\boldsymbol{e})\mathrm{d}l \tag{8.1.2}$$

其中右边的第二项

$$\frac{1}{c}\oint \boldsymbol{q}\cdot\boldsymbol{e}\mathrm{d}l = \frac{1}{c}\oint \boldsymbol{q}\cdot\mathrm{d}\boldsymbol{l} = \frac{1}{c}\iint \nabla\times\boldsymbol{q}\cdot\mathrm{d}\boldsymbol{s} = 0 \tag{8.1.3}$$

其中，由定义有 $\hat{e}\mathrm{d}l=\mathrm{d}\boldsymbol{l}$，而且因为 $\boldsymbol{q}$ 是与时空坐标无关的常数矢量因而有 $\nabla\times\boldsymbol{q}=0$. 所以方程(8.1.2)成为

$$\Delta t = \oint \frac{\mathrm{d}l}{\bar{u}} \tag{8.1.4}$$

在均匀各向同性的介质中，沿闭合回路的平均速度 $\bar{u}$ 是常数，因而该方程成为

$$\Delta t = \frac{1}{\bar{u}}\oint \mathrm{d}l = \frac{L}{\bar{u}} \tag{8.1.5}$$

这表明 $\bar{u}=L/\Delta t$ 正是闭合回路的平均光速. 换句话说，方程(8.1.1)满足介质中的回路光速不变原理.

1. 迈克耳孙-莫雷型实验

如图 8.1 所示，光源 S 的一束光线，经半透镜 A 分成两束光，水平光束被反射镜 B 反射回到 A，垂直光束被反光镜 C 也反射回到 A，两束反射回的光束经半透镜 A 投射到观测屏 D 上形成干涉条纹. 实验中，把干涉仪转动 90°，观察干涉条纹的移动. 1881 年，迈克耳孙为了寻找“以太漂移”效应首先完成了这种实验[10]，结果没有观测到条纹的移动. 根据实验精度，如果存在“以太漂移”的话，漂移速度应当小于 21.2km/s. 后来，1887 年迈克耳孙和莫雷以更高的精度重新做了这个实验[11, 12]. 他们用的干涉仪臂长 11m，光的波长 $\lambda=5.9\times10^{-7}$ m，如果以太漂移速度 $v=30$ km/s(这是地球绕太阳运行的轨道速度)，那么静止以太理论预期的条纹移动量 $\varDelta\approx0.37$. 但是，当转动干涉仪时，他们发现最大的条纹移动量小于 0.01. 过了半年

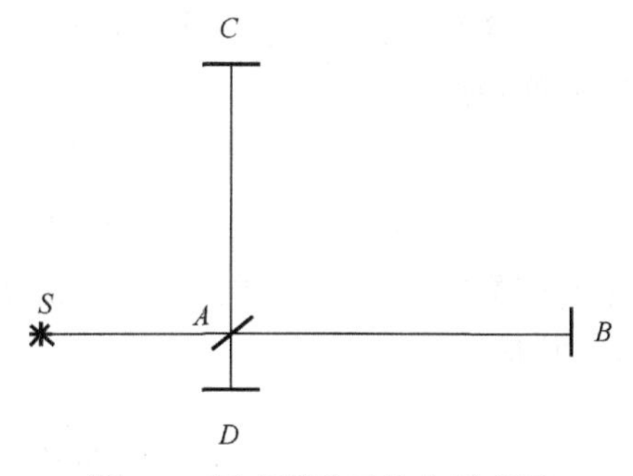

图 8.1　迈克耳孙干涉仪示意图

以后(此时地球相对于太阳运动的方向反向了)他们又做了一次观测，仍然没有看到以太理论所预言的干涉条纹的移动量. 根据实验精度，给出“以太漂移”速度的上限是 4.7km/s.

对于迈克耳孙-莫雷型实验的零结果存在以下三种不同的解释.

1)静止以太论对迈克耳孙-莫雷型实验的解释

设 S 为以太静止系(简称为静系，对应于实验中的太阳系)，S' 系是沿 x 轴方向以速度 v 相对于以太匀速直线运动的参考系(简称为动系，对应于地球实验室系). 在以太静止系，光速各向同性且是个常数 c (即不随时空坐标而变化).

动系中的光速 $\boldsymbol{c}'$ 由动系 (x',y',t') 与静系 (x,y,t) 之间的牛顿速度相加公式得到(假设光线位于 x-y 平面)

$$\begin{cases} c_x' = c_x - v \\ c_y' = c_y \end{cases} \tag{8.1.6}$$

其中 c_x 和 c_y 分别是光速在静系的 x 轴方向和 y 轴方向的投影，所以光速 $c^2 = c_x^2 + c_y^2$.

现在计算动系(S' 系)中的光速.

(1)设光线沿 $\pm x'$ 方向(即干涉仪水平臂的往返方向)，即 $c_y' = c_y = 0$，则方程(8.1.6)给出沿 $\pm x'$ 方向光速的大小分别是

$$c_{\pm x}' = c \mp v \tag{8.1.7}$$

(2)设光线沿 $\pm y'$ 方向，即 $c_x' = 0$，方程(8.1.6)给出 $c_x = v$，$c_y' = c_y$，则

$$c^2 = c_x^2 + c_y^2 = v^2 + c_y'^2 \tag{8.1.8}$$

即得到动系(实验室系)中 $\pm y'$ 方向的光速是

$$c_{\pm y}' = \sqrt{c^2 - v^2} \tag{8.1.9}$$

使用方程(8.1.7)和(8.1.9)给出的实验室系(S' 系)中的光速 $c_{\pm x}'$ 和 $c_{\pm y}'$ 计算迈克耳孙-莫雷实验的条纹移动.

在图 8.1 所示的干涉仪中，光波从 A 到 B 再回到 A 所花费的时间 t_{ABA} (往返水平臂的时间)是

$$t_{ABA} = \frac{l}{c-v} + \frac{l}{c+v} = \frac{2}{c}\frac{l}{(1 - v^2/c^2)} \tag{8.1.10}$$

其中 l 是臂长. 另一束垂直方向的光波从 A 到 C 再回到 A 所用时间 t_{ACA} (往返垂直臂的时间)是

$$t_{ACA} = \frac{2}{c}\frac{l}{\sqrt{1 - v^2/c^2}} \tag{8.1.11}$$

两束光波从 A 出发再各自走过往返路径回到 A 相遇后的时间差则是

$$\Delta t_{转动前} = t_{ABA} - t_{ACA} = \frac{2}{c}\left[\frac{l}{(1-v^2/c^2)} - \frac{l}{\sqrt{1-v^2/c^2}}\right] \tag{8.1.12}$$

干涉仪在图 8.1 所示的平面内转动 90° 后干涉仪两个臂的方向互换，所以转动后的两束光波在 A 再相遇后的时间差是

$$\Delta t_{转动后} = t_{ABA} - t_{ACA} = \frac{2}{c}\left[\frac{l}{\sqrt{1-v^2/c^2}} - \frac{l}{(1-v^2/c^2)}\right] \tag{8.1.13}$$

则转动前后两束光波时间差的改变量 δt 是

$$\delta t = \Delta t_{转动前} - \Delta t_{转动后} = \frac{4}{c}\left[\frac{l}{(1-v^2/c^2)} - \frac{l}{\sqrt{1-v^2/c^2}}\right] \simeq \frac{2l}{c}\left(\frac{v^2}{c^2}\right) \tag{8.1.14}$$

相应的干涉条纹移动量 $\varDelta$ 是

$$\varDelta = \frac{c}{\lambda}\delta t = \frac{2l}{\lambda}\frac{v^2}{c^2} \tag{8.1.15}$$

方程(8.1.15)即是用来计算以太风上限的理论公式.

2)静止以太说和洛伦兹收缩假说对零结果的解释

洛伦兹收缩假说　干涉仪在以太中静止的时候(即静止在参考系 S 的时候)其臂长用 l_0 表示，在动系(S' 系)中的干涉仪其横向(y' 方向)的臂长不变即仍然是 l_0，而水平方向(x' 方向)的臂长缩短成了 l，即

$$l = l_0\sqrt{1-v^2/c^2} \tag{8.1.16}$$

这就是**洛伦兹长度收缩假说**(菲茨杰拉德和洛伦兹独自提出这个假说[13,14]，所以又称为**菲茨杰拉德–洛伦兹长度收缩假说**)：相对于以太运动的物体其运动方向的长度按照比它静止在以太中的长度缩短了.

现在用**静止以太说和洛伦兹收缩假说来解释干涉仪实验的零结果.**

在静止以太论的计算中添加上洛伦兹长度收缩假说后，干涉仪的水平光束与垂直光束在 A 处重新回合后的时间差由(8.1.12)改成

$$\Delta t_{转动前} = t_{ABA} - t_{ACA} = \frac{2}{c}\left[\frac{l}{(1-v^2/c^2)} - \frac{l_0}{\sqrt{1-v^2/c^2}}\right] \tag{8.1.17}$$

把该式中的水平方向的臂长 l 用式(8.1.16)换成 l_0 后得到

$$\Delta t_{转动前} = t_{ABA} - t_{ACA} = 0 \tag{8.1.18}$$

干涉仪转动 90° 后的时间差仍是零，即

$$\Delta t_{\frac{\pi}{2}} = t_{ABA} - t_{ACA} = 0 \tag{8.1.19}$$

因而转动 90° 后两束光的时间差没有变化

$$\delta t = \Delta t_0 - \Delta t_{\frac{\pi}{2}} = 0 \tag{8.1.20}$$

即干涉条纹的移动量 $\varDelta = 0$.

3) 双程光速各向同性对零结果的解释

用迈克耳孙-莫雷干涉仪观察的是两个臂中光波往返(双程)的时间差 $\Delta t \equiv t_{ABA} - t_{ACA}$ 在转动 90° 之后的改变量. t_{ABA} 是光从 A 到 B 再回到 A 且由 A 处的时钟记录的时间间隔(**固有时间隔**);类似地,t_{ACA} 是光从 A 到 C 再回到 A 也是由 A 处的时钟记录的时间间隔(**固有时间隔**);这两个双程时间由双程光速给出 $c_{ABA} = \dfrac{2l}{t_{ABA}}$, $c_{ACA} = \dfrac{2l}{t_{ACA}}$. 这就是说,如果沿两个臂的双程光速相等,即 $c_{ABA} = c_{ACA}$(与单向光速是否相等无关),两个臂的双程时间差就是零,即 $\Delta t \equiv t_{ABA} - t_{ACA} = 0$,干涉仪转动 90° 之后这个时间差不会改变,即没有干涉条纹移动. 所以迈克耳孙-莫雷实验的零结果用双程光速各向同性而非单程各向同性就可以得到解释.

上面双程光速不变性的解释与单程光速是否可变无关. 例如,使用爱德瓦兹双程光速不变原理中双程与单程光速的关系(见 1.3.3 节):

$$c_{AB} = \frac{c_{ABA}}{1-q}, \quad c_{BA} = \frac{c_{ABA}}{1+q} \tag{8.1.21}$$

$$c_{AC} = \frac{c_{ACA}}{1-q'}, \quad c_{CA} = \frac{c_{ACA}}{1+q'} \tag{8.1.22}$$

其中,c_{AB} 是光波从 A 向 B 的单向光速,c_{BA} 是光波从 B 返回 A 的单向光速,$c_{ABA} \equiv \dfrac{2l}{t_{ABA}}$ 是水平方向的双程光速(t_{ABA} 是光波从 A 到 B 再返回 A 所用的时间). 类似地,$c_{ACA} \equiv \dfrac{2l}{t_{ACA}}$ 是垂直方向的双程光速,q 和 q' 是表征单向光速大小的方向性参数. 使用式(8.1.21)计算的 AB 方向的光波往返时间是

$$t_{ABA} = \frac{l}{c_{AB}} + \frac{l}{c_{BA}} = \frac{l}{c_{ABA}}(1-q) + \frac{l}{c_{ABA}}(1+q) = \frac{2l}{c_{ABA}} \tag{8.1.23}$$

使用式(8.1.22)计算出的 AC 方向的光波往返时间是

$$t_{ACA} = \frac{l}{c_{AC}} + \frac{l}{c_{CA}} = \frac{l}{c_{ACA}}(1-q') + \frac{l}{c_{ACA}}(1+q') = \frac{2l}{c_{ACA}} \tag{8.1.24}$$

所以两束光波往返时间差是

$$\Delta t_{\text{转动前}} = t_{ABA} - t_{ACA} = 2l\left(\frac{1}{c_{ABA}} - \frac{1}{c_{ACA}}\right) = \Delta t_{\text{转动后}} = 0 \tag{8.1.25}$$

这就是说只要双程光速各向同性(即 $c_{ABA} = c_{ACA}$)，无论单向光速如何(即无论方向性参数 q 和 q' 的数值如何)，方程(8.1.25)给出的两束光波的往返时间差转动前后都是零，所以转动 90° 后会有干涉条纹移动.

检验光以太的实验类型很多，例如恒星光行差实验、马司卡脱-贾明以太漂移实验、艾利静止水的以太风实验、菲佐流动水实验，以及迈克耳孙-莫雷实验等都没有观测到以太的效应. 虽然这些“企图证实地球相对于‘光介质’运动的实验失败”促使爱因斯坦提出了狭义相对性原理，但是迈克耳孙-莫雷实验测量的是光波的往返(双程)时间(**是固有时**)，**不需要定义同时性**，也就不可能对建立狭义相对论的关键一步(用不变光速的假设定义同时性)起到什么作用. 然而，在后来的很多有关狭义相对论的书籍和文章中为何在众多的寻找光以太的实验中单单把迈克耳孙-莫雷实验挑出来作为爱因斯坦建立狭义相对论的重要基础其缘由既无据可查也不合理. 例如，2005 年 P.Antonini 等人的文章[15]把迈克耳孙-莫雷实验说成是对“局部洛伦兹不变性”的精确检验并成为建立狭义相对论的基础.

在狭义相对论建立之后，人们又在各种不同的条件下反复做过迈克耳孙-莫雷型实验，而且精度越来越高，但都没有观察到“以太漂移”效应. 例如，Kennedy[16]在 1926 年和 Illingworth[17]在 1927 年分别用不等臂长(图 8.1 中的水平臂长不等于垂直臂长)的干涉仪做的实验给出，“以太漂移”速度的上限分别是 5.1km/s 和 2.3km/s，Joos 在 1930 年也用改进的干涉仪做了这种实验[18]，给出的上限是 1.5km/s. 此外，一个例外的情况是 Miller 在 1955 年的实验[19]，他观察到了约 10km/s 的“以太漂移”效应. 但是，随后 Shankland 等人[20]仔细分析了 Miller 的实验，指出这个实验所显示的条纹周期性移动，是由于统计涨落和温度变化造成的. 另外，Shamir 和 Fox[21]用两根透明固体细棒作为迈克耳孙干涉仪的两个臂，光源使用 He-Ne 激光，实验装置可以探测到 10^{-5} 个条纹移动量，在转动实验装置时他们同样没有观察到条纹移动.

上述各实验都是用光学相干方法(迈克耳孙干涉仪)做的. Essen[22]以微波代替可见光，用微波共振腔做了迈克耳孙-莫雷型实验，得到的“以太漂移”速度的上限是 2.5km/s.

1964 年 Jaseja 等人[23]用 He-Ne 气体微波激光器做了迈克耳孙-莫雷型实验，实验装置如图 8.2 所示. 激光器 Ⅰ 和 Ⅱ 固定在可转动的台子上，它们的轴线互相垂直，整个装置放在真空室内. 在激光器中，光线在两个反射平面之间往返形成闭合路径. 一般情况下，共振频率 $\nu \approx Nc/2L$，其中 N 是正整数，c 是光速，L 是激光器 Ⅰ 和 Ⅱ 内两反射平面之间的距离，$2L/c$ 则是以速度 c 传播的光波在两反射平面之间往

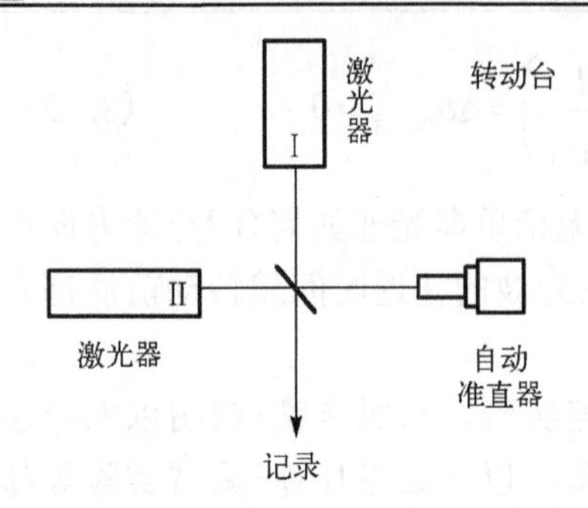

图 8.2　Jaseja 等人的两激光器实验

返走过闭合路径所花费的时间. 实验是观测这个时间是否随装置的转动而改变. 假设"以太漂移"(速度为 v)的方向与激光器 II 的轴线平行. 按照以太理论，在激光器 II 中往返传播的光速应是 $c\pm v$，而在激光器 I 中往返传播的光速应是 $\sqrt{c^2-v^2}$. 因此激光器 I 和 II 的共振频率应当分别是

$$\nu_{\mathrm{I}}=\frac{Nc}{2L}\left(1-\frac{v^2}{c^2}\right) \tag{8.1.26}$$

和

$$\nu_{\mathrm{II}}=\frac{Nc}{2L}\sqrt{1-\frac{v^2}{c^2}} \tag{8.1.27}$$

两束激光的差频是

$$\nu_{\mathrm{II}}-\nu_{\mathrm{I}}\approx\frac{1}{2}\frac{Nc}{2L}\frac{v^2}{c^2}\approx\frac{1}{2}\frac{v^2}{c^2}\nu \tag{8.1.28}$$

若将装置转动 90°，此时激光器 I 的轴线与"以太漂移"方向平行，因此两束激光的差频的相对改变应是

$$\frac{2(\nu_{\mathrm{II}}-\nu_{\mathrm{I}})}{\nu}\approx\frac{v^2}{c^2} \tag{8.1.29}$$

对于 He-Ne 红外激光，$\nu\approx3\times10^{14}$ Hz. 如果 v 以地球的轨道速度 30km/s 代入，则差频的改变是 3×10^{6} Hz. 实验中用光电仪器观测这种差频的改变. 在各种条件下所做的观测表明，"以太漂移"的上限是 0.95km/s. 在所有已完成的迈克耳孙-莫雷型实验中，这个上限是最小的.

自 20 世纪 90 年代以来，迈克耳孙-莫雷型实验分析不再使用以太理论，而是使用本书第 3 章的狭义相对论的检验理论，即使用罗伯逊变换中的参数分析实验数据. 罗伯逊惯性系中的光速表达式(3.1.11)

$$c_r=\frac{cbd}{a\gamma^2}\frac{1}{\sqrt{\left[b^2\gamma^{-2}\sin^2\theta+d^2\cos^2\theta\right]}} \tag{8.1.30}$$

其中，三个参数 a、b、d 的级数展开由(3.1.6)给出

$$a\approx1+\alpha\frac{v^2}{c^2},\quad b\approx1+\beta\frac{v^2}{c^2},\quad d\approx1+\delta\frac{v^2}{c^2} \tag{8.1.31}$$

这里二阶项的三个系数α、β、δ用于分析实验数据. $\alpha=-1/2, \beta=1/2, \delta=0$时，罗伯逊变换退化为洛伦兹变换. 将(8.1.31)代入(8.1.30)得到罗伯逊惯性系中的光速级数展开式

$$c_{\pm r} \approx c\left[1-(\alpha-\beta+1)\frac{v^2}{c^2}+\left(\delta-\beta+\frac{1}{2}\right)\frac{v^2}{c^2}\sin^2\theta\right] \tag{8.1.32a}$$

可以看出，给定方向的往返$\pm r$的单程光速$c_{\pm r}$相等，因而等于双程光速，双程光速随方向角θ而改变. 所以迈克耳孙干涉仪的相互垂直的两个臂的光速不等，也就是光信号或电磁波在两个臂的往返时间不等或共振频率不等(如果两个臂是电磁波驻波的谐振腔的话)，电磁波往返时间由(8.1.32a)给出

$$\Delta\bar{t}=\frac{\Delta l}{c_r}=\frac{\Delta l}{c}\left[1+(\alpha-\beta+1)\frac{v^2}{c^2}-\left(\delta-\beta+\frac{1}{2}\right)\sin^2\theta\frac{v^2}{c^2}\right] \tag{8.1.32b}$$

其中，$\Delta l=\sqrt{\Delta x^2+\Delta y^2+\Delta z^2}$是干涉仪的臂长，$\Delta\bar{t}$是罗伯逊惯性系的坐标时间隔，光波往返的时间则是固有时间隔(在时间记号顶部添加了一个横杠以区别于爱因斯坦惯性系的时间坐标). 有关方程(8.1.32)中的两组参数$\delta-\beta+1/2$和$\alpha-\beta+1$的实验检验在 4.2.2 节罗伯逊变换的实验检验给出了. 其中，几个迈克耳孙-莫雷型实验的结果如下：

Müller 等人[24]利用两个互相垂直的光学共振器(作为迈克耳孙干涉仪的两个臂)随地球转动，比对两个共振器的频率差的变化，超过 1 年的观测给出双程光速的各向异性：$\Delta_\theta c/c_0=(2.6\pm1.7)\times10^{-15}$；这意味着，方程(8.1.32)中的与装置的方向参数有关的组合参数的取值是$\beta-\delta-1/2=(-2.2\pm1.5)\times10^{-9}$.

2004 年，Wolf 等人[25]通过监测低温蓝宝石振荡器频率与氢微波激射器(maser)频率之间的差别因地球的自转和公转可能出现的变化对方程(8.1.32)中组合参数给出$1/2-\beta+\delta=(1.2\pm2.2)\times10^{-9}$.

2005 年，Antonini 等人[15]的装置是安装在转动圆盘上两个互相垂直的共振腔，它们的空间取向随圆盘转动而变化. 通过观测两个共振腔的频率差随圆盘转动而出现的变化，结果没有发现双程光速各向同性的破坏. 迈克耳孙-莫雷型实验的检验对方程(4.2.1)中的参数组合提供的限制是$\beta-\delta-1/2=(+0.5\pm3\pm0.7)\times10^{-10}$.

2006 年，Stanwix 等人[26]使用安装在转动圆盘上的两个互相垂直的低温蓝宝石微波振荡器，观测它们的频率比对与圆盘转动的关系，累积了超过一年的数据，其结果给出了对组合参数的限制：$\delta-\beta+1/2=9.4(8.1)\times10^{-11}$.

2009 年，Eisele 等人[27]在转动平台上安装的两个互相垂直的光学驻波腔，平台在 13 个月的时间内转动了大约 175000 次，观测它们的电磁波共振频率之差随方向的变化，结果没有发现由方程(8.1.32)定义的(双程)光速各向异性的证据，精度为0.6×10^{-17}.

至此，我们介绍了迈克耳孙-莫雷型实验，在这类实验中所观测的实际上是光波往返走过任一给定长度的直线路程所用的时间与该路程在空间中的方位是否有关. 因此这种实验的零结果表明，双程光速不变性成立，即用方程(8.1.1)可以很容易地解释这种零结果，而与光速的方向性参数 q 无关. 所以，这类实验并不是单向光速不变性的实验依据，而只是双程光速不变性的实验证据.

2. 回路干涉仪实验

与迈克耳孙-莫雷型实验中的光路不同，这里所说的“回路”是指非直线闭合路径.

1972 年 Silvertooth[28]将倍频晶体放在干涉仪的光路上(见图 8.3)，光源是激光(波长 1.06μm)，当波长为 1.06μm 的两束激光分别沿 ABC 和 ADC 传播时，经过倍频晶体后变为两种频率(波长为 1.06μm 和 0.53μm)的光波. 因此，当它们重新会合后，将形成两套干涉条纹. 实验中并不转动干涉仪，方位扫描是由地球转动提供的，因此观测的是两套条纹的相对位置随地球转动而可能出现的变化. 在较大范围的观测中没有发现条纹的相对移动. 按照光学中的干涉原理，干涉条纹的位置应由两束光波在 C 点的相角差 $\delta\varphi$ 决定. 显然，不管这两束光波走过的路程(ABC 和 ADC)如何不同，也不管在传播中它们的频率和速度各自发生了什么样的变化，只要它们在 C 点会合时具有相同的频率，那么它们在 C 点会合时的相角差必定是 $\delta\varphi=\omega_C\Delta t$，其中 ω_C 是到达 C 点的两束光波的角频率(在实验中对于基频的激光 $\omega_C=\omega$，对于倍频激光 $\omega_C=2\omega$)，而

$$\Delta t=t_{ABC}-t_{ADC}=\left(\frac{l_{AS}}{c_{AB}}+\frac{l_{BC}}{c_{BC}}\right)-\left(\frac{l_{AD}}{c_{AD}}+\frac{l_{DC}}{c_{DC}}\right) \tag{8.1.33}$$

在回路光速不变性的前提下，Δt 将是个常数，而不随地球的自转而改变. 回路光速不变的方程(8.1.1)已经证明，形成闭合路径的光波所用时间与单程光速的方向性参数无关，所以这类闭合回路的实验证明的仍然是双程光速的不变性.

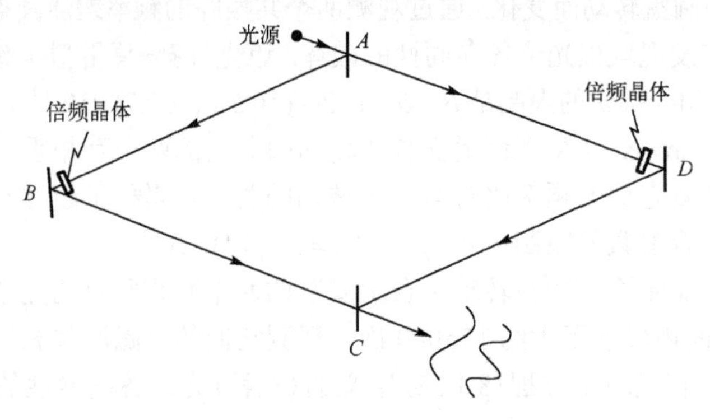

图 8.3 Silvertooth 实验简图

另一个闭合光路的实验是Trimmer等人在1973年完成的[29]. 他们用的装置是三角形干涉仪(见图8.4). 干涉仪的三个臂(光路)构成一个等腰三角形,其三个内角分别是45°、90°、45°,三个臂的长度分别是12cm、17cm、12cm,玻璃棒长12cm,折射率1.5. 整个装置被密封在真空室内. 从光源发出的光线被分成两束,然后以相反的方向进入三角形干涉仪,它们在干涉仪中走完一圈后又会合在一起产生干涉. 在一分钟的读数周期里观测干涉条纹的平均位置,在每次将干涉仪转动60°之后再进行读数. 实验没有发现条纹移动. 按照以太理论,考虑到玻璃棒中的菲涅耳以太拖曳效应(见10.3节)之后,两束光的"以太漂移"效应(一阶和二阶)也将互相抵消掉.

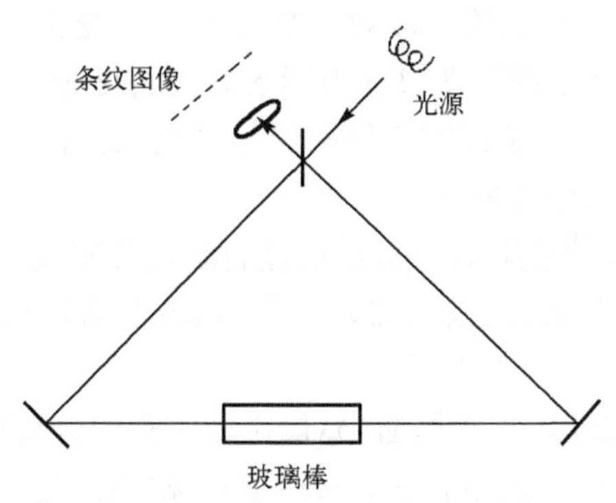

图8.4 Trimmer等人1973年的实验简图

以上两个回路干涉仪实验的零结果,可以很容易地用回路光速不变性,即光波走过闭合路径的时间由方程(8.1.4)给出

$$\Delta t = \oint \frac{\mathrm{d}l}{\overline{u}} = \frac{L_0}{c} + \frac{L_g}{c/n} \tag{8.1.34}$$

其中,n是玻璃的折射率,L_g是玻璃的长度,L_0是光在真空中的路径. 光波的在回路中的传播时间(8.1.34)与单程光速的方向性参数无关,也与装置的转动无关. 所以,实验检验的并非是单程光速而是回路光速的不变性.

为了检验空间的各向同性,Brillet和Hall[30]在1979年完成了转动激光器新的测量. 他们使用罗伯逊变换[31]分析实验测量

$$c^{-2}\mathrm{d}s^2 = \mathrm{d}t^2 - c^{-2}(\mathrm{d}x^2 + \mathrm{d}y^2 + \mathrm{d}z^2) \tag{8.1.35a}$$

$$c^{-2}\mathrm{d}s'^2 = (g_0\mathrm{d}t'^2) - c^{-2}[(g_1\mathrm{d}x'^2) + g_2(\mathrm{d}y'^2 + \mathrm{d}z'^2)] \tag{8.1.35b}$$

测量结果给出的频率移动的上限是$\pm 2.5\times 10^{-15}$,$g_2/g_1 - 1$的相应上限是$\pm 5\times 10^{-15}$,或者相对于激光器长度的改变量是$\Delta l/l = (1.5\pm 2.5)\times 10^{-15}$ (对比Joos的实验测量[18]给出$g_2/g_1 - 1 = (0\pm 3)\times 10^{-11}$;而Jaseja等的实验测量[23]给出$g_2/g_1 - 1 = \pm 2\times 10^{-11}$.

按照罗伯逊变换的四维时空间隔的度规(8.1.35b)与方程(3.1.9)定义的新参数的关系是

$$\frac{g_2}{g_1}-1=\frac{\overline{c}_{/\!/}-\overline{c}_{\perp}}{\overline{c}_{\perp}} \tag{8.1.36}$$

参见本章参考文献[32]，即本书方程(7.2.19)．这表明，上述实验只是证明了双程光速的各向同性．

3．肯尼迪-桑代克型的实验

1932 年 Kennedy 和 Thorndike[33]将不等臂长的迈克耳孙干涉仪固定不动，观测干涉条纹是否随时间而改变位置，即观察是否有周日变化和周年变化(由于地球自转和绕太阳的公转，地球上的干涉仪在不同的时间将处于不同惯性系中的不同方位上)．实验并没有观察到干涉条纹的周日和周年变化．这个实验的零结果表明，双程光速不变性在各个惯性系中均成立．

1990 年 Hils 和 Hall[34]使用两个相互垂直的激光器完成了改进的肯尼迪-桑代克型的实验，得到的差频变化的上限是2×10^{-13}．这表明洛伦兹变换在 70ppm 的精度上被实验证实．

自 20 世纪 90 年代以来，肯尼迪-桑代克型实验的分析使用罗伯逊变换中的光速表达式(8.1.32)，其中的参数组合$P_{\mathrm{KT}}=\alpha-\beta+1$检验的是干涉条纹随地球公转(即速度$v$)的可能变化(其非零数值表示双程光速在不同的惯性系中具有不同的数值)．实验均未观测条纹的变化，因此给出参数P_{KT}的取值限制．已经报道的这类实验如下．

2004 年，Wolf 等人[25]监测低温蓝宝石振荡器频率与氢微波激射器频率之间的差频因地球的自转(迈克耳孙-莫雷型实验)和公转(肯尼迪-桑代克型实验)可能出现的变化为方程(8.1.32)中的(双程)光速各向异性的参数组合提供限制：由装置的方向改变(即双程光速方向改变)，给出$1/2-\beta+\delta=(1.2\pm2.2)\times10^{-9}$；装置相对于优越系(宇宙微波背景)的速度变化，给出$P_{\mathrm{KT}}=\beta-\alpha-1=(1.6\pm3.0)\times10^{-7}$．

Tobar 等人在 2010 年完成了肯尼迪-桑代克型实验，他们从 2002 年 9 月至 2008 年 12 月，使用巴黎天文台的低温蓝宝石振荡器与各种氢微波激射器进行的频率比对超过 6 年，以便寻找两者的频率之差因地球公转产生的变化．2010 年报道的结果[35]对(8.1.32)中的参数组合的限制是$P_{\mathrm{KT}}=\beta-\alpha-1\leqslant(-1.7\pm4.0)\times10^{-8}$．

8.1.2 “单向”光路实验

所谓“单向”是指光辐射不构成闭合路径．其中的一类实验测量的是多普勒频率移动．例如，绝对以太论预言的横向运动的多普勒移动[9,36]

$$\nu_a^{\text{ether}} = \nu_0\left(1+\frac{\boldsymbol{v}\cdot\boldsymbol{u}}{c^2}\right) \tag{8.1.37}$$

其中忽略了高阶项，ν_0、ν_a^{ether}分别是在光源参考系的频率和以太静止系中的频率，$\boldsymbol{u}$是光源与观察者之间的相对速度，$\boldsymbol{v}$是实验室在以太中运动的绝对速度. 方程(8.1.37)显示横向多普勒频移$(\nu_a^{\text{ether}}-\nu_0)$与$\boldsymbol{u}$是线性关系，所以这类实验被称为一阶实验或单向实验.

按照狭义相对论，这类实验的测量包含了横向多普勒频移

$$\frac{\nu_a-\nu_0}{\nu_0}=\frac{u_a-u_s}{2c^2} \tag{8.1.38}$$

其中u_a和u_s分别是观察者和光源在实验室系中的速度，并且略去了高阶项. 正如第2章介绍的，爱德瓦兹变换也给出同样的预言. 换言之，不会有一阶效应出现. 所以，所谓的一阶实验实际上检验的是横向多普勒效应.

因此，这种类型的实验实际上属于第 9 章的内容. 但是正如本章开头指出的，历史上做这类实验的目的，是企图观察“以太漂移”的一阶效应，所以也把它们放在这里介绍.

1. 两梅塞实验

1958 年 Cedarholm 等人[37]完成了第一个这样的实验. 他们测量了两梅塞振荡器差频的变化，检验光速对参考系速度的依赖性. 实验中，两梅塞空腔中的氨分子束(NH_3)以速度u朝相反的方向飞行，假设两梅塞空腔(在平行于u的方向)相对于以太的速度(即以太风的速度)是v. 如果没有以太风，那么电磁辐射是在垂直于氨分子束的方向上. 如果沿分子束方向上有以太漂移，那么电磁辐射的方向将不再与束方向垂直，而是稍微朝前倾斜一个角度$\theta=\pi/2-v/c$，并且由于多普勒效应，辐射频率的改变应是uv/c^2. 因此，对于与氨分子束运动方向相反的两梅塞空腔，其差频是$2uv/c^2$. 这两梅塞空腔被固定在可转动的支架上，当把它们转动180°时，两梅塞空腔的差频的相对改变$\Delta\nu/\nu$应当是$4uv/c^2$. 实验条件为：$\nu=23870\,\text{MHz}$，氨分子平均热速度$u\sim0.6\,\text{km/s}$，若v取为地球轨道速度 30km/s，则差频改变$\Delta\nu=\dfrac{4uv}{c^2}\nu\approx20\,\text{Hz}$. 但是，实验中并没有观察到两梅塞差频的这种有规律的改变，由此给出的“以太漂移”应小于30m/s.

2. 转动圆盘的穆斯堡尔效应实验(也可以参见9.2.4节)

Ruderfer[36,7]在 1960 年和 1961 年，以及 Møller[9]在 1962 年指出：使用穆斯堡尔效应可以提高测量“以太漂移”的精度，其实验装置与时间膨胀实验装置类似；将γ射线源(Co^{57})和吸收体(Fe^{57})分别放在转子中心和转子边缘，在吸收体背后放有

计数器，记录穿过吸收体的γ光子数目(参见 9.2.4 节中的图 9.8，其中计数器放在圆盘的边缘)．当转子不动时，源发射的γ光子将由吸收体共振吸收．当转子快速转动时，如果源和吸收体之间有多普勒频移存在，那么被吸收体吸收的γ光子数就减少，计数器将记录到更多的γ光子数．另外，按照以太理论，如果在实验室中以太漂移的速度是v，那么，源和吸收体之间的频率改变应为$\Delta\nu/\nu=2\boldsymbol{v}\cdot\boldsymbol{u}/c^2$ (其中$\boldsymbol{u}$是吸收体的速度)．这表明，转子转动时$\Delta\nu/\nu$将周期性地改变，γ光子计数器的计数也将周期性地变化．1961 年和 1963 年 Champeney 等人[38,39]做了这种测量，他们把源和吸收体分别放在转动圆盘的两边，二者的连线通过圆盘中心．实验结果与狭义相对论预言一致，没有观察到源和吸收体之间的频率移动．按照以太理论，实验给出的“以太漂移”上限是 1.6m/s．

3．两激光器实验

1972 年 Cialdea[40]将两个激光器安装在可转动台子上的相对应的两边，两激光器到台子转轴的距离相等(图 8.5)．激光器 L_1 的光束经反射镜 M_1 反射后通过 M_2，然后与激光器 L_2 的经 M_2 反射的光束会合，并由光电倍增器(ph)接收，这两束激光的差频经放大器 A 放大后用示波器 O 进行观测．按照以太理论，当装置转动时，差频将周期性地改变．但是，实验结果与狭义相对论预言一致，没有观察到差频的这种改变．由此给出的“以太漂移”的上限是 0.9m/s．这是精度最高的“单向”实验．

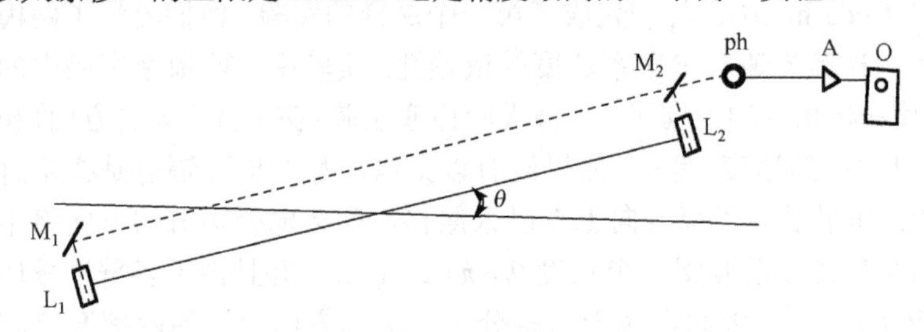

图 8.5　两激光器实验示意图

综上所述，我们看到，所谓“单向”实验，观测的都是横向多普勒频率移动效应．狭义相对论对这种实验的零结果的解释参见本书第 9 章：对于上述第一个实验，显然两梅塞的频率不会因装置在空间的方位不同而改变；对于第二和第三个实验的解释参见 9.2 节．因此，这类实验证明了狭义相对论中的二阶横向多普勒效应(时间膨胀效应)的正确性．但是，需要强调指出的是，这类实验像其他的实验一样，并不能确定爱德瓦兹变换(2.4.1)中的光速向异性的参数q．事实上，由爱德瓦兹变换得到的爱德瓦兹–多普勒频移公式(2.5.41)

$$\omega=\omega'\frac{\sqrt{[1+(v_q/c)q]^2-(v_q/c)^2}}{1+(qv_q/c)-(v_q/c)\cos\theta} \tag{8.1.39}$$

其中的速度 v_q 是由爱德瓦兹的同时性定义的，正如 2.5.5 节讨论的，把爱德瓦兹速度换成爱因斯坦速度，即利用方程(2.5.42)

$$v_q = \frac{v}{1-qv/c} \tag{8.1.40}$$

则爱德瓦兹–多普勒频移公式(8.1.39)将退化成爱因斯坦狭义相对论的多普勒效应，而不出现方向性参数

$$\omega = \omega' \frac{\sqrt{1-(v/c)^2}}{1-(v/c)\cos\theta} \tag{8.1.41}$$

在上述"单向"实验中，$\theta = \pi/2$ (横向)，方程(8.1.39)展开到 v^2/c^2 量级与方程(8.1.41)一样，即

$$\omega \approx \omega' \left(1 - \frac{1}{2}\frac{v^2}{c^2}\right) \tag{8.1.42}$$

即横向多普勒效应不包含方向性参数. 因此，上述所谓的"单向"实验不能检验方向性参数，即不能检验单程光速的各向异性.

4. 双光子吸收(TPA)实验和 JPL 实验

TPA 实验是 Riis 等人[41,42]于 1988 和 1989 年完成的，实验中监测了原子束中的原子经由双光子吸收(two-photon absorption，TPA)而激发的原子发射的光波频率随地球转动的变化.

JPL(Jet Propulsion Laboratory)实验是 Krisher 等人[5]在 1990 年完成的. 实验监测了光信号在美国宇航局喷气推进实验室深空网络的两个氢原子钟之间传播的时间间隔随地球转动的变化.

Will[4]在 1992 年使用 M-S 变换分析了这两个实验，给出了其中的参数组合的上限，并重新解释了这类上限的物理含义. **下面引用该文的分析和讨论(公式标号同原文).**

考虑 TPA 实验的理想化模型. 设实验室以速度 $\boldsymbol{v}$ 相对于优越参考系 F 运动. 激光信号从谐振腔的一端连续发射并在另一端反射. 激光频率是 $\nu_L \equiv 1/t_0$，其中 t_0 是在实验室系 F^* 测得的波峰之间的时间间隔. 直接计算给出，反射波的频率也是 ν_L. 原子运动坐标速度是 $\boldsymbol{u} = u\boldsymbol{n}$，其中 $\boldsymbol{n}$ 是平行于谐振腔轴的单位方向矢量，与发射的激光信号同方向. 原子接收发射和反射激光的相邻波峰……如果我们定义来自向后方向(即与原子相同的方向移动)的光子频率是 ν_+，而来自朝前方向的光子频率是 ν_-，那么实测的量是

$$V = \frac{\nu_- - \nu_+}{\nu_- + \nu_+} \tag{4.2a}$$

$$\nu_L = \sqrt{\nu_+ \nu_-} \tag{4.2b}$$

现在使用低速展开(2.15)和(2.16)并假设$u \approx v$，得到

$$\begin{aligned}(\nu_+\nu_-)^{\frac{1}{2}}\nu_L^{-1} = & 1 - \alpha u^2 - 2\alpha uv\cos\theta + \left(\alpha^2 - \frac{1}{2}\alpha - \alpha_2\right)u^4 \\ & + (4\alpha^2 - 2\alpha\varepsilon - 4\alpha_2)u^3 v\cos\theta(2\alpha\delta - \alpha^2 - 2\alpha_2)u^2v^2 \\ & + [2\alpha(\beta - \delta - \varepsilon) + 4\alpha^2 + \alpha - 4\alpha_2]u^2v^2\cos\theta \\ & + (2\alpha\beta - 4\alpha_2)uv^3\cos\theta + O(6)\end{aligned} \tag{4.5a}$$

$$V = u[1 + \varepsilon uv\cos\theta + (\alpha - \delta)v^2 - (\beta - \delta)v^2\cos^2\theta] + O(4) \tag{4.5b}$$

其中的α、β、δ就是本书第3章罗伯逊或M-S变换中的参数a、b、d级数展开二阶项的系数，而ε是M-S变换的另一个参数.

注意，在(4.5a)中ν_L的部分依赖于任意的同步参数ε. 这种依赖性是显然的，因为坐标速度v不是直接测量的. 不同的是，V则是通过加速原子束中的原子所用电压来测量,这个加速电压是要确保原子共振吸收. 利用方程(4.5b)把u用V表达并代入(4.5a)，还要注意在原子静止系中共振条件是$\nu_+\nu_- = \nu_1\nu_2$，最后得到

$$\begin{aligned}\nu_L = (\nu_+\nu_-)^{\frac{1}{2}}\Big\{ & 1 + \alpha V^2 + 2\alpha Vv\cos\theta + \left(\frac{1}{2}\alpha + \alpha_2 V^4\right) \\ & + 4\alpha_2 V^3 v\cos\theta - (\alpha^2 - 2\alpha_3)V^2v^2 - (\alpha - 4\alpha_2)V^2v^2\cos^2\theta \\ & + 2[\alpha(\alpha + \beta - \delta) - 2\alpha_2]Vv^3\cos\theta + 2\alpha(\beta - \delta)Vv^3\cos^3\theta + O(6)\Big\}\end{aligned} \tag{4.6}$$

使用氖原子束的TPA实验，其每个原子的动能大约是120 keV,相当于原子的速度是光速的3.5×10^{-3}. 监测激光频率和原子束电压(与速度V相关联)来寻找作为地球转动的$\cos\theta$项产生的日变化. 这个日变化的上限是10^{-11}，即给出限制

$$|\alpha + 2\alpha_2 V^2 - [\alpha(\alpha + \beta - \delta) - 2\alpha_2]v^2| < 1.4\times10^{-6} \tag{4.7}$$

但是，因为$V^2 \approx v^2 \approx 10^{-6}$，所以实际的限制是

$$|\alpha| < 1.4\times10^{-6} \tag{4.8}$$

对于JPL实验，Will[4]在1992年考虑了下面的理想化图像.

在运动的参考系F^*，A钟放在原点，T钟缓慢通过B点和C点移动，这两点到原点的距离相等. 在JPL实验中这种移动受地球转动的影响，当移动的时钟通过这两个点的每一个时都接收到来自A钟的光信号，对其自身的相位与收到的信号相位进行比对……

在$v^2 \ll 1$的极限下，比对结果(在C点的相位差)是

$$\frac{\Delta\phi}{\tilde{\phi}}=2\alpha v(\cos\theta-\cos\theta_0)+(\delta-\beta)v^2(\cos^2\theta-\cos^2\theta_0)+O(v^3) \tag{3.14}$$

其中 $\tilde{\phi}\equiv 2\pi\nu L, \cos\theta\equiv\hat{v}\cdot\boldsymbol{n}_C, \cos\theta_0\equiv\hat{v}\cdot\boldsymbol{n}_B$. 在 JPL 实验中，光信号同时传向两个方向，而且在光纤链路的两个端点进行相位比对，得到 $\Delta\phi(\theta)$ 和 $\Delta\phi(\theta+\pi)$. 然后由每个端点的相位差之和和之差，能够在方程(3.14)中的 v 项与 v^2 项分开而且在传播方向反向时不受影响，例如不受光纤温度日变化的影响. 最后得到的限制是[43]

$$|\alpha|<1.8\times10^{-4},\quad |\delta-\beta|<2\times10^{-2} \tag{3.15}$$

其中已经考虑了传输基线在 $\boldsymbol{v}$ 上的投影.

以上引用的是本章参考文献[4]的内容. 其中的方程(4.6)使用测量速度 V 表达是对的. 实际上，并非一定要用 M-S 变换进行计算. 相反，罗伯逊变换会给出同样的结果. 从上面的 TPA 实验和 JPL 实验可以看出，如同其他的单向实验例如穆斯堡尔转子实验，这两个实验结果都与方向性参数 ε 无关，而只与其他的参数 α、β、δ 有关. 问题是，如何解释(4.8)和(3.15)给出的上限. 在本书第 3 章已经说明，必须区分单程光速的各向异性和双程光速的各向异性. 只有使用我们引入的新参数 $\bar{c}_\perp$、$\bar{c}_{//}$、q 才能区分单程和双程光速的各向异性：非零的 q 值表达单程光速各向异性，而 $\bar{c}_\perp\neq\bar{c}_{//}$ 代表双程光速各向异性. 从原始参数与新参数的关系(3.1.9)和(3.2.5a)看出，TPA 和 JPL 实验同其他的单向实验一样都无法确定单程光速的方向性参数. 所以这类实验同回路实验一样，证明的是双程光速的各向同性.

8.1.3　罗默实验

1676 年罗默(Römer)为了确定光速的大小，使用了木星的卫星进入木星背面阴影的时刻和走出阴影的时刻分别在地球上看到的光信号判断光速的量值[43,44].

本书第 3 章的 M-S 变换的作者曼苏里和塞塞尔，在他们 1977 年的文章中错误地把罗默对木星系统的观测说成是测量了 v/c 的一阶效应，也就是说测量了单程光速. 在此，我们使用他们文章中给出的所谓新的 M-S 变换(正如本书第 3 章说的这个变换既平庸又多余)来分析图 8.6 所示罗默类型的实验.

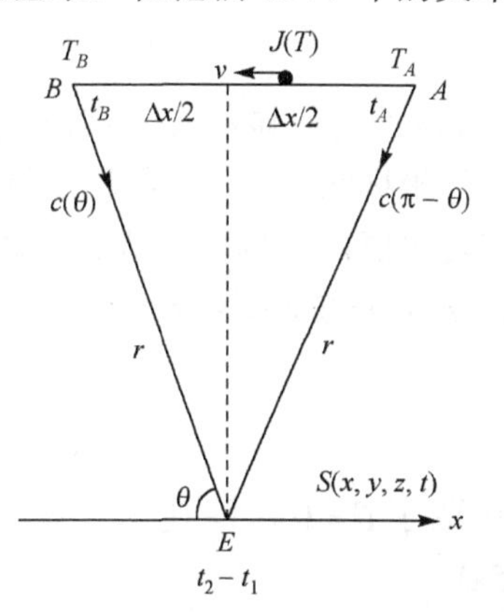

图 8.6　罗默对木星系统的观测示意图

为了简化，我们把木星的卫星看作是一个运动光源 $J(T)$，其静止在爱因斯坦惯性系 Σ. 图 8.6 是在 M-S 惯性系 S 中的位置图，即地面时钟 E(地面观察者)和时钟位置 A 和 B 都静止

在 S 系.

设光源(运动的时钟) $J(T)$ 到达 A 时由当地的时钟记录的是 t_A 时刻,此时发射的光信号以速度 $c(\pi-\theta)$ 沿 $A\to E$ 方向到达 E 的时间 t_1 由到地面时钟 E 给出

$$t_1 = t_A + \frac{r}{c(\pi-\theta)} \tag{8.1.43}$$

接下来,光源于 t_B 时刻(由 B 点的时钟记录的时间)在 B 点发射的光信号以速度 $c(\theta)$ 传播沿 $B\to E$ 方向到达 E 的时间是 t_2

$$t_2 = t_B + \frac{r}{c(\theta)} \tag{8.1.44}$$

则地面同一只时钟 E 收到的两个光信号的时间间隔(固有时间隔) $\Delta\tau = t_2 - t_1$ 是

$$\Delta\tau = t_2 - t_1 = \Delta t_q + \frac{r}{c(\theta)} - \frac{r}{c(\pi-\theta)} \tag{8.1.45}$$

注意, $\Delta t_q = t_B - t_A$ 是 M-S 惯性系 S 中两个异地钟 B 钟和 A 钟的时间差(坐标时间隔).

取光速 $c=1$ 的单位制,在 v 的一阶近似下,任何方向的光速 $\overline{c}_r = c = 1$,且 $q_r = q\cos\theta$ 是方向性参数在光线方向的投影. 所以,第 3 章的光速方程(3.2.11)给出

$$c(\theta) = \frac{1}{1-q\cos\theta} \tag{8.1.46a}$$

$$c(\pi-\theta) = \frac{1}{1-q\cos(\pi-\theta)} = \frac{1}{1+q\cos\theta} \tag{8.1.46b}$$

已经把方向性参数取成沿 x 轴方向,即 $\boldsymbol{q}=(q,0,0)$,所以角度 θ 是光线与 x 轴正方向的夹角(如图 8.6 所示). 将光速的表达式(8.1.46)代入方程(8.1.45)后得到

$$\Delta\tau = \Delta t_q - (2r\cos\theta)q = \Delta t_q + q\Delta x \tag{8.1.47}$$

其中由图 8.6 的几何显示 $\Delta x = -2r\cos\theta$,这说明在 S 系的坐标时间隔 Δt_q 是正值,而相应的空间坐标间隔 Δx 是运动时钟的速度 v 是反方向时走过的距离,所以空间坐标间隔必定是负值,这也可以从罗伯逊变换的一阶近似方程(8.1.51b)证实.

用 $t=r/c$ 去除该式给出

$$\frac{\left|\Delta\tau - \Delta t_q\right|}{t} = 2\left|q\cos\theta\right| = 2(v+\varepsilon) \tag{8.1.48}$$

其中,选取了 $\theta=0$,即使第一条光线与 x 轴正方向平行,并且用到 ε 的定义方程 (3.2.5a)

$$\varepsilon = -(v+q) \tag{8.1.49}$$

其中到v/c的一阶项，$\bar{c}_{//}=c=1$（选取$c=1$的单位制）. 令$\alpha\equiv\varepsilon/2v$，则方程(8.1.48)改写成

$$\frac{\left|\Delta\tau-\Delta t_q\right|}{t}=2(1+2\alpha)v \tag{8.1.50}$$

这个方程与M-S变换的作者曼苏里和塞塞尔的文章[1-3]中的方程(2.2)完全一样. 需要说明，这个结果使用爱德瓦兹变换同样可以得到，因为近似到v/c的一阶项爱德瓦兹变换与M-S变换相同.

1995年本人已经在本章参考文献[45]明确指出，本章参考文献[1-3]的作者曼苏里和塞塞尔错误地把坐标时当成了固有时. 具体地说，方程(8.1.50)中的t是爱因斯坦同时性定义的时间坐标，惯性系的相对速度v由第3章M-S变换方程(3.2.8)可知原本是爱因斯坦惯性系Σ观测的M-S系S的速度，但是在一阶近似下它也是Σ系在S系的运动速度(但是方向相反). 另外$\Delta t_q=t_B-t_A$分别是B点的时钟和A点时钟记录的时间之差，这是M-S惯性系中的时间坐标间隔，是由M-S同时性定义的，必须换成爱因斯坦同时性定义，因为任何实验室的实验都用光信号异地对钟并假定光速是个常数c.

下面的计算也只近似到一阶项. 在S系运动时钟$J(T)$静止在惯性系$\Sigma(X,Y,Z,T)$中，因而将$\Delta X=\Delta Y=\Delta Z$代入第3章的M-S变换方程(3.2.8a,b)，得到

$$\Delta t_q=\Delta T+qv\Delta T \tag{8.1.51a}$$

$$\Delta x=-v\Delta T \tag{8.1.51b}$$

把(8.1.51b)代入(8.1.51a)，有

$$\Delta t_q=\Delta T-q\Delta x \tag{8.1.52}$$

利用(2.3.3a)把M-S(或爱德瓦兹)时间坐标Δt_q换成爱因斯坦时间坐标Δt，得

$$\Delta t_q=\Delta t-q\Delta x \tag{8.1.53}$$

则

$$\Delta t=\Delta T \tag{8.1.54}$$

即到一阶效应运动时钟的固有时与相应的坐标时之间没有时间膨胀(因为时间膨胀是v的二阶相应).

使用方程(8.1.53)，方程(8.1.47)变成

$$q\Delta x=\Delta\tau-\Delta t_q=\Delta\tau-\Delta t+q\Delta x \tag{8.1.55a}$$

或写成

$$\Delta\tau-\Delta t=0 \tag{8.1.55b}$$

利用方程(8.1.54)、(8.1.55b)可以写成

$$\Delta\tau - \Delta T = 0 \tag{8.1.56}$$

其中，$\Delta\tau = t_2 - t_1$ 是地面钟 E 的固有时，$\Delta T = T_B - T_A$ 是运动的时钟 $J(T)$ 的固有时. 两者之间的关系是时间膨胀效应参见本章参考文献[47]. 这表明，方程(8.1.8)右边的一阶项来自左边坐标是 Δt_q 的同时性定义不同于实验室系的爱因斯坦同时性定义，当把其同时性定义换成实验室的，则(8.1.56)不再出现 v/c 的一阶项，也就是不再出现当成光速的方向性参数. 所以，罗默实验观测的不是单程光速，而只是时间膨胀效应，其一阶效应必然是(8.1.56)的结果. 这再一次说明：单程光速是不可能由实验给出，也就是说单程光速的各向同性不可能用实验进行检验.

8.2 运动光源实验

我们将把一切用运动光源检验光速不变原理的实验都收入这一节之内. 按所用运动光源的类型分，有天体光源(双星、恒星、太阳以及河外星系等)、运动介质和γ射线源等；按光路分，有闭合光路与单向光路两种. 为了与实验比较并显示出各种实验的精度，人们通常假设光速 c' 与光源速度 v 有简单关系

$$c' = c \pm kv \tag{8.2.1}$$

其中，c 是相对于观察者静止的光源发射的光信号的光速，c' 则是相对于观察者以速度 $\pm v$ 运动的光源发射的光信号的速度，k 是要由实验确定的参数. 在理论上，$k=0$ 是狭义相对论的情况，$k=1$ 是发射理论(弹道假说)的情况.

运动光源的实验证明，光速与光源运动状态无关. 其中精度最高的是天文学(双星)观测，它给出方程(8.2.1)中的参数 $k<10^{-6}$. 在用实验室的运动光源做的实验中，精度最高的是 Alväger 等人[46]在 1966 年测量飞行 π 介子衰变产生的能量 $\geqslant$6GeV 的 γ 射线速度的实验，实验结果给出 $k<10^{-4}$.

8.2.1 天体光源和实验室宏观光源

1. 天文学证据

1) 双星观测

Comstock[47]于 1910 年，以及 de Sitter[48-51]于 1913 年在对闭合双星轨道的观测中所得到的光速与光源运动无关的证据，是天文证据中最古老和最熟知的. 双星中的每个成员都是以很大的速度绕它们的公共质心运动的，因此可以观察到双星光谱的多普勒频移效应. 这种效应的大小对时间的依赖性，由双星轨道的形状及双星的轨道速度决定. 为了简单起见，假设双星 S_1 和 S_2 在一条绕其共同质心的圆轨道中运

动. 在t_1时刻S_1星在A点，其切向速度的方向指向地球，如果假设此时S_1星发出的光信号的速度是$c+v$，那么，相对于地球上的观察者来说. 这个光信号将在t_1'时刻到达地球

$$t_1' = t_1 + \frac{L}{c+v} \tag{8.2.2}$$

其中L是地球到双星的距离. 设T是S_1星从A点运动到B点(图 8.7)所用的时间，即半周期. 因S_1星在B点的切向速度背离地球，所以(按照发射理论)相对于地球而言，S_1星在B点射向地球的光信号应以$c-v$的速度传播，这个光信号到达地球的时刻是

$$t_1'' = t_1 + T + \frac{L}{c-v} \tag{8.2.3}$$

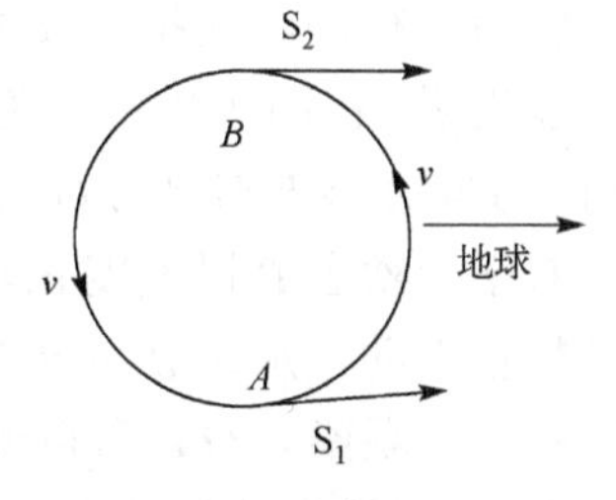

图 8.7　双星观测示意图

由方程(8.2.2)和(8.2.3)可以求得，相对于地球上的观察者来说，S_1星在双星轨道中运动的半周期是

$$T_1' = t_1'' - t_1' = T + \tau \tag{8.2.4}$$

其中

$$\tau = \frac{L}{c-v} - \frac{L}{c+v} = \frac{2vL}{c^2 - v^2} \simeq \frac{2vL}{c^2} \tag{8.2.5}$$

现在考查另一颗星S_2，假定在t_2时刻它在B点(见图 8.7)，其切向速度背离地球，类似于S_1星的情况，在地球上接收到这颗星于B点射向地球的光，到达地球的时刻为

$$t_2' = t_2 + \frac{L}{c-v} \tag{8.2.6}$$

同样，S_2星到达A点的时刻是t_2+T，此时它发的光到达地球的时刻应当是

$$t_2'' = t_2 + T + \frac{L}{c+v} \tag{8.2.7}$$

所以，对地球上的观察者来说，S_2星在双星轨道中运动的半周期是

$$T_2' = t_2'' - t_2' = T - \tau \tag{8.2.8}$$

其中，τ由方程(8.1.51)给出. 方程(8.2.4)和(8.2.8)表明，如果光速与光源的速度是相加的，那么地球上的观察者就会观察到双星中的一个成员的半周期是$T+\tau$，而另一颗星的半周期是$T-\tau$，两颗星的半周期之差2τ正比于L.

1913 年 de Sitter[48-51]首先讨论了上述现象，指出对许多双星(若假定v是双星的轨道速度)来说，τ具有T的量级. 因此，如果光速与光源的速度有关，那么，以圆

轨道运动的双星的多普勒效应对时间的依赖性，就会相当于一个偏心轨道对时间的依赖性，即双星运动规律不服从开普勒定律. 但是，实际观测到的双星轨道的偏心率是很小的. de Sitter 由已知的御夫座β的数据计算出来，方程(8.2.1)中的系数 $k<0.002$. 后来，Zurhellen[52]在 1914 年所做的估计则给出 $k<10^{-6}$.

2)河外星系与恒星的较差光行差

所谓光行差，是指光线的视方向与“真实”方向之间的夹角. 我们利用图 8.8 来加以说明. 在图 8.8 中，角 α 是光行差角，它是光线方向 $A\to B$ 与 $A\to O$ 之间的夹角. 方向 $A\to B$ 与 $A\to O$ 分别是观察者 B 和观察者 O 所看到的光线方向，观察者 O 相对于观察者 B 以速度 v 运动. 如果 A 点是恒星所在的位置，观察者 B 相对于恒星 A 静止不动，那么 $A\to B$ 方向就是恒星的真实方向. 但是，与观察者 B 处于同一位置的另一观察者 O，若以速度 v 相对于 B 运动的话，那么观察者 O 观察到的该恒星的方向(即星光的视方向)就是 $A\to O$ 的方向. 星光的视方向与星光的真实方向之间的夹角 α 称为恒星的光行差角. 例如，地球在运动(绕太阳公转和自转)，地球上的观察者看到的天体的方向并不是它的真实方向，而是地球速度与光速的合成方向，即天体的视方向. 因此，地球上的光行差有两种. 其一是周日光行差，它是由地球自转引起的，其大小随观察者所在的纬度不同而不同，由于自转速度很小，所以这种周日光行差角很小；另一种是周年光行差，它是由地球的公转引起的，其数值在全球各地都一样. 我们知道，由方程(1.6.30)给出的光行差角，在 v/c 的一阶近似下与经典理论的预言相同，即

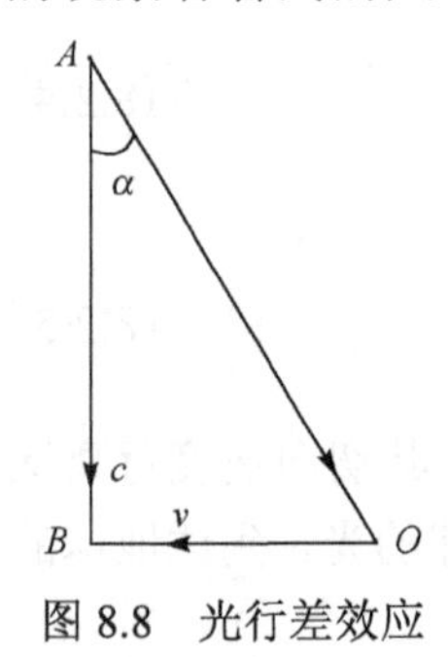

图 8.8　光行差效应

$$\tan\alpha\approx\frac{v}{c} \tag{8.2.9}$$

地球公转速度 $v\approx 29.75\,\mathrm{km/s}$，由式(8.2.9)可求出周年光行差角的最大值

$$\alpha=20.''47 \tag{8.2.10}$$

这个数值叫做光行差常数. 对各种恒星进行观测，所得到的光行差角都与 20.″47 相符合(实际上并不是直接观测角 α，而是观测由速度的改变 Δv 而引起的光行差角的变化量 $\Delta\alpha$，在一年的时间里光行差角 α 的最大改变量是 2α).

可以设想，当天体 A 以很大的视向速度运动时，如果光速与光源速度有关，那么光行差角 $\alpha=\arctan(v/c)$ 中的光速 c 也应与光源速度有关，即光行差角 α 不再等于方程(8.2.10)所给出的常数. 例如，远方的星系可能具有足够大的退行速度，由星系的红移确定的退行速度达 $3\times10^4\,\mathrm{km/s}$. 如果光速是 $c-v$，那么，我们接收到的光速应是 $0.9c$，由方程(8.2.9)给出的相应的光行差角 α 应是 23″，而不是 20.″47[53]. 因此，观察具有很大退行速度的河外星系的光行差与退行速度为零的恒星的光行差常数之间的差别，就可以确定光速与光源速度是否有关. 1932 年 Van Biesbroeck[54]

对远方星系的观察表明，其周年光行差与我们邻近恒星的相同. 1960 年 Heckmann[55]分析了四个河外星系，给出的较差周年光行差是负的结果，他假定河外星系的光谱红移是由它的巨大视向(退行)速度引起的，于是得出结论说，光速与光源速度无关.

2. 干涉仪实验

有人曾用运动光源做了迈克耳孙-莫雷型实验，以便检验光源的运动对光速的可能影响. 这类实验使用的光源有天体光源和实验室宏观光源，干涉仪装置有迈克耳孙干涉仪和劳埃德镜干涉仪. 这些实验也都没有观察到(相对于静光源情况下的)干涉条纹的移动.

例如，1919 年 Majorana[56]用迈克耳孙干涉仪研究了运动水银灯发射的光线，水银灯绕固定点迅速转动，其线速度达 100m/s. 1924 年 Tomaschek[57]用迈克耳孙干涉仪研究过来自恒星、太阳、月亮、木星、大角星和织女星的光线. 实验结果都是否定的，即光源运动速度不影响光速.

此外，1910 年 Tolman[58]使用劳埃德镜干涉仪观察过太阳光线. 劳埃德镜干涉仪是由一个窄缝 S 和一个劳埃德镜 M 组成的，其原理如图 8.9 所示. 光线照射在窄缝 S 上，从窄缝 S 出射的部分光线在接近掠射的情况下被一块劳埃德镜 M 反射后投射到屏幕上. 此外，来自窄缝的另一部分光线则直接投射到屏幕上. 这样，被反射的光线与未被反射的光线在屏幕上相遇而形成干涉条纹. 干涉条纹的分布取决于反射光通过 SAB 的时间 t_{SAB} 与直接传播的光通过 SB 的时间 t_{SB} 之差 $\Delta t = t_{SAB} - t_{SB}$. 如图 8.9 所示，屏幕平面与劳埃德镜 M 的平面互相垂直，窄缝 S 到屏幕和镜面 M 的距离分别是 L 和 x，屏幕上的点 B 到镜面 M 的平面之距离是 y，镜面上的点 A 到屏幕的距离是 $L-l$. 如果射向窄缝 S 的光线是动光源发射的，假定光速是 $c\pm v$，即沿 SB 和 SA 传播的光速是 $c\pm v$，而经劳埃德镜反射后光线沿 AB 传播的速度变成了 c ，那么从图 8.9 的几何图形容易求得

$$t_{SA} = \frac{\sqrt{x^2 + l^2}}{c(1\pm\beta)},\quad t_{AB} = \frac{\sqrt{y^2 + (L-l)^2}}{c},\quad t_{SB} = \frac{\sqrt{(x-y)^2 + L^2}}{c(1\pm\beta)} \tag{8.2.11}$$

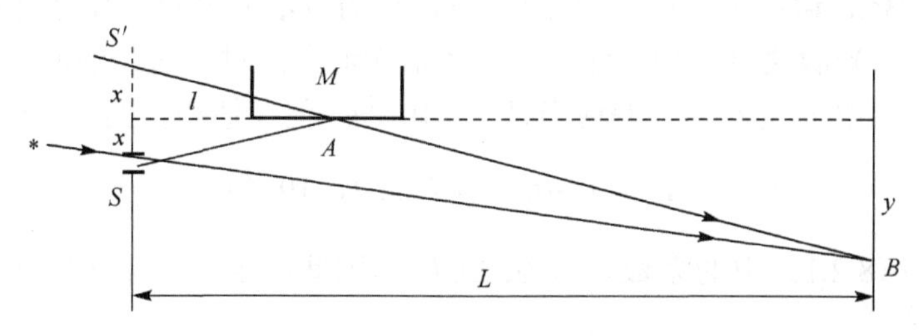

图 8.9　劳埃德镜干涉仪

若令Δt_0是$v=0$(静光源)情况下的时间差，并注意到$l=xL/(x+y)$，则可得

$$\Delta t_{\pm}=t_{SA}+t_{AB}-t_{SB}\approx\pm\frac{L\beta}{c}\left(\frac{y}{x+y}\right)+\Delta t_0 \tag{8.2.12}$$

其中，注意到$\beta=v/c\ll 1$和$x\ll L, y\ll L$，已经略去β^2、$(x/L)^2$、$(y/L)^2$及其以上的小项.

由式(8.2.12)可知，光源速度为$+v$的时间差Δt_+与光源速度为$-v$时的时间差Δt_-之间的差别是

$$\Delta t_+-\Delta t_-=2\frac{L\beta}{c}\left(\frac{y}{x+y}\right)$$

相应的相位差是

$$\Delta=\frac{c}{\lambda}(\Delta t_+-\Delta t_-)=\frac{2\beta L}{\lambda}\left(\frac{y}{x+y}\right) \tag{8.2.13}$$

其中，λ是光线的波长. 方程(8.2.13)给出了光源速度为$+v$时与光源速度为$-v$时的干涉条纹之间的移动量. 1910年Tolman[58]使用太阳边缘作为运动的光源(由于太阳自转，其边缘相对于地球是运动的)做过实验. 他用一个透镜把太阳的两个不同边缘的像会聚在窄缝S上，这两束分别来自太阳的两个边缘上的光线进入干涉仪后，在屏幕上形成了两套条纹. 如果光速与光源速度相加，那么这两套干涉条纹的相对位置之间的距离就应同方程(8.2.13)给出的一样. 但是，Tolman没有观察到两套条纹之间的相对位移，并由此得出结论说，光速与光源运动速度无关. 对这个实验结果的解释所存在的争论问题，是阳光既是经过窄缝S进入干涉仪的，但窄缝的作用并不清楚，如果窄缝的作用如同一个“新”光源，那么从窄缝S进入干涉仪的光线其速度应是c而不应当是$c\pm v$. 此外，光线在掠射的情况下，光速从$c\pm v$变成c也可能有问题[59].

3. 其他实验

1960年 Bonch-Bruevich[60]曾利用相角调制的方法研究过太阳边缘的光线的速度. 如果光速与光源速度相加，那么来自太阳赤道上两对应边缘的两束光线，通过2000m的路程所花费的时间之差应当是75×10^{-12}s. 但是他测得的实验结果是

$$\Delta t = t_2-t_1 = (1.4\pm5.1)\times10^{-12}\text{s}$$

这相当于方程(8.2.13)中的系数$k=0.02\pm0.07$. 因此，这个结果表明光速与太阳边缘的运动无关.

8.2.2　运动介质实验

人们也曾研究过光线在运动镜面上反射后及通过运动的透明介质后光速是否发生变化的问题，但都没有观察到光源(运动的镜面及运动的透明介质)的运动效应.

1. 运动的反射镜实验

1913 年迈克耳孙[61]的运动反射镜实验的装置如图 8.10 所示. 两个平面镜 C 和 D 被安装在一个转子的直径两端，转子带动两面镜子运动. 当转子转到图 8.10 所示的位置时，从半透明镜 A 分离的两束光线有一束经 $ABCEDA$ 传播，另一束经 $ADECBA$ 传播，它们在重新会合后形成干涉条纹. 当转子偏离图 8.10 所示的位置时，两束光线就不能再形成上述的回路. 迈克耳孙假定光线经平面镜 C 和 D 反射后速度变成了 $c\pm v$，当光线在镜 E 上反射时将保持这种速度不变. 与路径 DEC 相比，迈克耳孙略去了光程 CBA 和 DA，最后推得条纹移动量是

$$\varDelta=\frac{8\beta L}{\lambda}\left(1-\frac{k}{2}\right) \tag{8.2.14}$$

其中，$\beta=v/c$，v 是运动平面镜的速度，$L=\overline{OE}\approx\overline{DEC}/2$，$\lambda=6000\,\text{Å}$，实验结果与 $k=0$ 相符($k=0$ 时的条纹移动是运动反射镜的多普勒效应).

1918 年 Majorana[62,63]使用迈克耳孙干涉仪研究过运动反射镜效应. 该实验将水银灯光($\lambda=546\,\text{Å}$)投射到一面运动的镜子上(该镜子装在直径为 38cm 的轮子的边缘上，轮子高速旋转，在平面反射镜中光源的像的速度相当于 450m/s)，反射后进入干涉仪. 仪器的精度可以测到波长百分之几的移动. 由于运动镜的多普勒效应，狭义相对论预言的条纹移动(在视场中的无穷远处)是 0.71，观察到的移动量在 0.7 到 0.8 之间，即运动反射镜不影响光速.

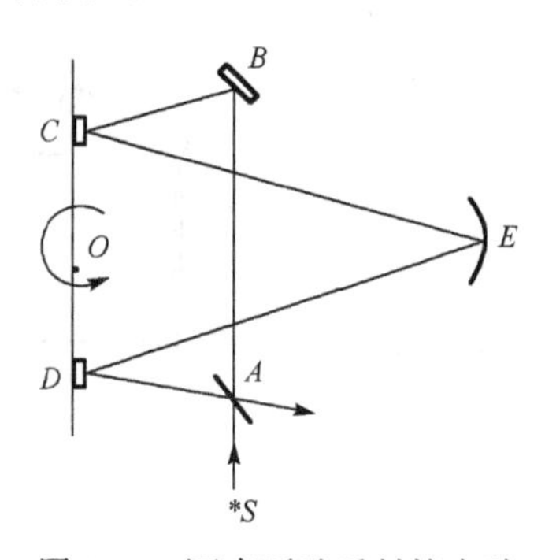

图 8.10　迈克耳孙反射镜实验

上面两个实验都是在通常大气压下做的. 1965 年 Beckmann 和 Mandics[64]使用劳埃德镜干涉仪，在高真空(10^{-6} Torr)情况下研究过运动镜的反射光的速度(劳埃德干涉仪如图 8.9 所示). 实验中，光线被运动的平面镜 M 反射到干涉仪中. 镜子 M 装在一个转子直径上，镜面与转动杆成 15° 角，以便使转动镜面的切向速度方向与反射光线的方向一致. Beckmann 和 Mandics 对图 8.11(a) 和 (b) 所示的两种装置都做了观测. 在装置图 8.11(a) 中，反射光线经过窄缝 S 进入干涉仪. 为了消除窄缝的作用相当于一个次光源，而将光速退化为 c 这样一种疑问，在图 8.11(b) 所示的装置中去掉了干涉仪前的窄缝，激光通过真空室的窗口 W 进入室内，经反射镜 SM 反射后射到

一个窄缝S上，然后由凸透镜CL在空间形成S的像，穿过S像而运动的平面镜M把光线反射到劳埃德镜A上，在真空室外由相机摄下干涉条纹. 当镜M的切向速度为$+v$时，照相底片的一半被曝光，当镜M的切向速度为$-v$时，照相底片的另一半被曝光. 这样，在一张底片上摄下了两套干涉条纹. 如果光速与光源速度相加，那么这两套条纹之间的相对位移应同方程(8.2.13)给出的那样. 图 8.11(a)和(b)的装置在空气和高真空(10^{-6} Torr)两种条件下都做了观测，但都没有观察到条纹的相对位移. 所用光源是氦氖激光，波长$\lambda=6328$ Å；镜面M的速度$v\approx1.52\times10^{-7}c$, $x/y\sim10^{-4}$(可以忽略不计)；L等于2m和4m，据估计，实验装置可观察到 0.1 个条纹移动. 因此，实验的零结果相当于方程(8.2.1)中的$k\leqslant0.05$.

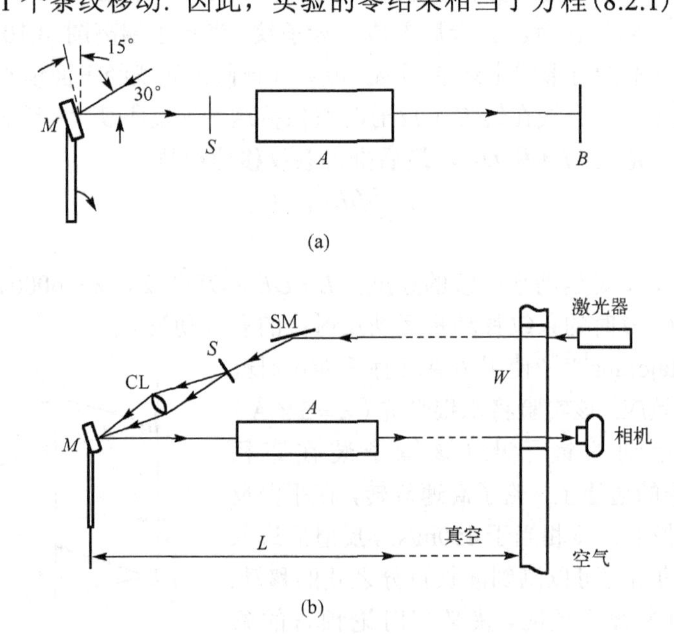

图 8.11　Beckmann-Mandics 实验

2. 运动的透明介质片

1962 年 Kantor[65]完成了运动玻璃片的实验，其装置简图如图 8.12 所示. 如果把运动的玻璃片看成是一个次光源，它吸收光后又重新辐射，若光速与光源速度有关，那么，玻璃片运动时的干涉条纹相对于它静止不动时的条纹将发生位移.

在 Kantor 的实验中，如图 8.12 所示，光源S发出的光束经分光镜A分成透射光束和反射光束. 这两束光在干涉仪中分别以顺时针($ABCDEA$)方向和逆时针($AEDCBA$)方向传播，然后又在分光镜A上重新会合后进入望远镜T. 干涉仪的两

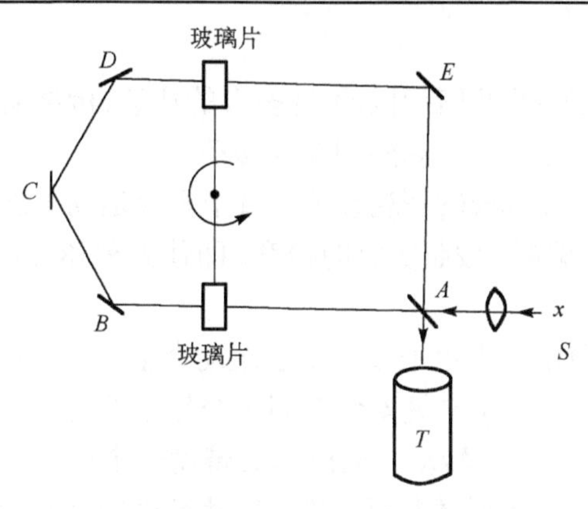

图 8.12　Kantor 的实验

个臂长都是L. 在两个臂中各有一块很薄的玻璃片(其厚度$l=0.127\text{mm}$)，这两块玻璃片分别安装在一个转子直径的两端. 当转子转动到图 8.12 所示的位置时(此时玻璃片的平面与光程垂直)，氙光源发出的一束极短(15μs)闪光进入干涉仪，因此在望远镜内可观察到干涉条纹. 两玻璃片的高度大约占干涉仪光路高度的4/10. 因此，光束的下一部分(约占 4/10)将通过玻璃片，而上一部分(约占 6/10)则在玻璃片的外面传播. 这样，视场内的干涉图像就分成了两部分，一部分干涉条纹是由通过玻璃片的那部分光束形成的，另一部分条纹则是由未通过玻璃片的那部分光束形成的. 由于玻璃片很薄，因此当它在光路中静止不动时，通过它的那部分光束与不通过它的另一部分光束之间的光程差引起的这两部分干涉条纹之间的位移可以忽略不计. 假定在玻璃片内部光速是$\frac{c}{n}\pm fv$，而光束离开玻璃片之后的速度是$c\pm kv$，而且该光束被静止的平面镜反射后速度变成c. 由这些假定可以求出，以相反方向传播的两束光的光程差是

$$\varDelta=c\frac{\Delta t}{\lambda}=\frac{2k\beta(L-l)}{\lambda}+\frac{4\beta nl}{\lambda}-\frac{4\beta n^2l(1-f)}{\lambda} \tag{8.2.15}$$

其中，$\beta=v/c$, v是玻璃片在光束方向上的运动速度. 本实验的条件是$\beta\approx1.56\times10^{-7}$，$n\approx1.5$(玻璃折射率)，$l=1.27\times10^{-2}\ \text{cm}$(玻璃片厚度)，$L\approx118\ \text{cm}$(干涉仪臂长). 按照狭义相对论，$k=0,\ f=1-n^{-2}-\lambda n^{-2}\text{d}n/\text{d}\lambda$ [劳布(Laub)拖曳系数，参见 5.4 电磁波的反射和折射]. 对于玻璃$\text{d}n/\text{d}\lambda\sim10^{-5}$，因此若$\lambda=5000\ \text{Å}$，则方程(8.2.15)所预言的两套干涉条纹的位移$\varDelta\sim10^{-4}$可以忽略不计，就是说按照狭义相对论的预言，这个实验将观察不到两套条纹之间的相对位移. 如果$k\neq0$，注意到$L\gg l$，方程(8.2.15)可近似写成

$$\varDelta\approx2k\beta L/\lambda \tag{8.2.16}$$

$k=1$时，对于$\lambda=5000\ \text{Å}$，最大的位移量$\varDelta\approx0.74$. Kantor 报道说，他观察到的条纹

移动是$\Delta \approx 0.5$.

在 Kantor 的结果公布[65]以后引起了许多人的注意,围绕着这个问题不少人又重新做了类似的实验，但是都没有观察到条纹移动.

1963年 James 和 Sternberg[66]观察了垂直于光束运动的玻璃板对光束方向的影响,但没有看到光线的偏离,按照实验的精度,即使方程(8.2.1)中的系数$k \neq 0$的话,也要小于 0.025.

1963 年 Rotz[67]使用三光束干涉仪做了运动介质实验. 实验中的三条光束是分别由三个窄缝形成的，这三个窄缝安装在同一个轮子的边缘上，中间的一个窄缝用玻璃片盖住. 轮子可以均匀地转动，同时它又带动一个快门装置，使快门在玻璃片的运动方向与光束方向一致时才打开. 整个装置被密封在真空室内. 如果运动的玻璃片影响光速，并假定光在玻璃片中的速度是$\dfrac{c}{n}+fv$，光离开玻璃片时的速度是$c+kv$，那么，类似于方程(8.2.15)的情况，可求得中心光束与两边光束之间的相移是

$$\Delta\varphi = \frac{\beta}{\lambda}\{k(l-L)+l[n^2(1-f)-n]\} \tag{8.2.17}$$

其中$\beta = v/c$, v是玻璃片速度，n是玻璃的折射指数，l是玻璃片厚度，L是从光束进入玻璃片时算起到进入下一个光学元件时为止的距离，λ是光的波长. 实验中，$\beta \approx 2\times 10^{-7}$，$n=1.5$，$l=1.5\,\mathrm{mm}$，$L=0.57\mathrm{m}$和 1.48m. 将这些数据代入方程(8.2.17)，可期望$\Delta\varphi = k\lambda/6$和$k\lambda/2$(分别对应于长度$L$的两种数值). 如果$k$取 0.1 到 1.0 之间，则实验装置很容易观察到条纹移动. 实验的零结果意味着$k<0.1$.

1964 年 Babcock 和 Bergman[68]使用了与 Kantor 使用的装置(图 8.12)相类似的仪器重做了这一实验. 他们的装置做了三点改变：①干涉仪中的光路加长了；②使用了可逆马达，因而转子可以在两个方向上转动；③把干涉仪放到了真空室中. 由于这三个方面的改进，实验精度比 Kantor 的高四倍，可以观察到约 0.02 个条纹移动. 实验中由于玻璃窗的厚度很小($l=0.34$ cm)，狭义相对论的拖曳效应Δ只有 0.0036，将观察不出来. 此外，方程(8.2.16)给出的是玻璃片以$+v$运动时的干涉条纹与它静止情况下的干涉条纹的相对位移量. 在此情况下，玻璃片以$+v$运动时与以$-v$运动时，相应的条纹移动量应当是方程(8.2.16)的 2 倍，即

$$\Delta \approx 4k\beta L/\lambda \tag{8.2.18}$$

在本实验中，$\beta=1.25\times 10^{-7}$, $L=276\mathrm{cm}$，$\lambda=4.74\times 10^{-5}\mathrm{cm}$，观察到的条纹移动小于 0.02. 因此，方程(8.2.18)给出$k \leqslant 0.01$.

后来，1964 年 Beckmann 和 Mandics[69]也使用与 Kantor 使用的装置类似的干涉仪重做了这类实验，结果仍然与 Kantor 的不同，也没有观察到条纹移动，所得结果给出$k \leqslant 0.1$.

此外，1965 年 Waddoups 等人[70]则利用图 8.13 所示的干涉仪做了运动云母窗的实验，也没有观察到条纹移动. 据估计，实验精度是 1/20 个条纹，相应的 $k \leqslant 0.14$.

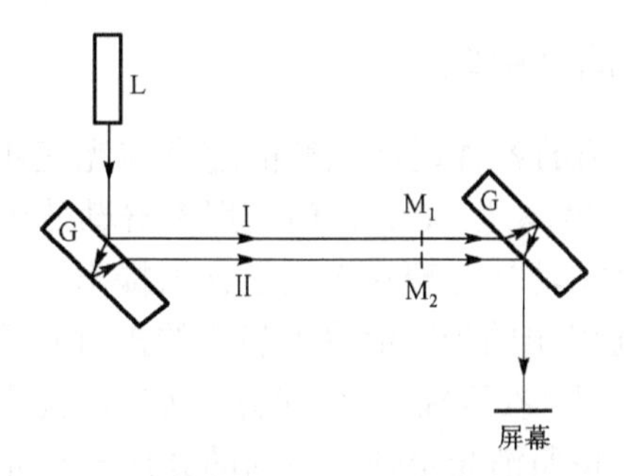

图 8.13　Waddoups 实验用的干涉仪示意图

气体激光(L)的光束由玻璃板 G 分成两束，一束(II)通过云母窗子(M_2)，它装在一个转动的工作台上，另一束(I)通过静止的云母窗(M_1)，这两束光被另一块玻璃板会合起来产生干涉

还有，1966 年 Zahejsky 和 Kolesnikov[71]使用图 8.14 所示的干涉仪进行了观测. 实验的灵敏度可观察到 0.1 个条纹移动. 实验是在空气中做的，没有观察到条纹移动. 但是当干涉仪中有热空气流时，干涉条纹变得不稳定了. 因此，作者评论说，空气中的湍流并不影响干涉图像，Kantor 实验中的条纹移动可能是干涉仪中空气温度的梯度造成的.

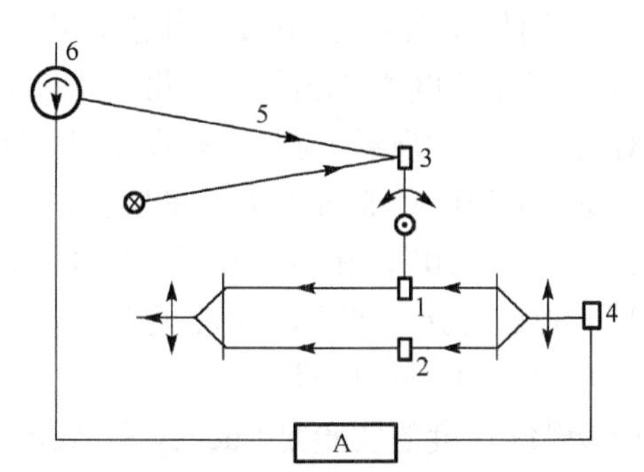

图 8.14　Zahejsky 和 Kolesnikov 的实验

氦放电管(4)产生的短的白色闪光经准直后分成两条平行光束进入干涉仪，一束光通过动的玻璃窗口(1)，该窗安装在转子的一个臂上，另一束光则通过另一个静止的玻璃窗口(2). 转子的另一端装有一面反射镜(3)，当动窗口(1)与光束方向垂直时(即图中所示的位置)这面反射镜(3)反射的辅助光线(5)射到光电池(6)上，使光电池给出信号，通过放大器和频闪观测器(A)触发放电管(4). 这就保证了在动窗口(1)运动到图中所示的位置时才有光线进入干涉仪(保证了光脉冲传播方向与窗口(1)垂直)

在以上所介绍的运动介质实验中，精度最高的是 1964 年的 Babcock-Bergman[68]实验，这个实验给出的方程(8.2.1)中的系数 $k \leqslant 0.01$. 除了 1962 年 Kantor[65]的实验外，其他所有的实验都没有观察到条纹的移动. 如果把运动的介质看成是次光源的话，这就是说，在实验精度内运动的玻璃片或云母窗对光速没有影响(1972 年 Kantor[72]争论说，他 1962 年的结果可靠，而后来的几个实验之所以没有观察到干涉条纹的移动，是因

为他们没有把干涉仪装置适当地调节到探测条纹移动的最佳条件，或者在实验过程中没有始终保持这种条件).

8.2.3 高速微观粒子的γ射线

8.2.1 节和 8.2.2 节介绍的各种运动光源的速度与光速相比都是很小的. 虽然用红移估计的河外星系的速度高达～$0.1c$，但是用多普勒效应解释星系的红移还存在着争论. 另外，有人还曾用消光定理对天文学证据提出过质疑[73]. 色散理论的消光定理意味着，当运动光源发出的光辐射进入静止的折射介质时，会被该介质逐渐吸收，并被介质重新辐射的光(次级辐射)所代替. 这样，就将丧失掉与光源运动速度有关的一切可能的效应. 按照消光定理，不同的介质其消光长度不同，例如可见光在空气中的消光长度～10^{-2}cm, 在星际介质中⩽2 光年. 当光传播的长度远大于消光长度时，就会发生上述现象，即光被介质吸收并由次级辐射所代替. 双星到地球的距离是几十光年到上千光年，远大于消光长度. 因此，在地球上观察到的星光可能是星际介质的次级辐射. 这样，消光定理使天文学证据以及其他一些实验结果变得不清楚了.

发射γ射线的运动原子核和基本拉子的速度接近于光速. 因此，测量γ射线的速度对于光速与光源运动状态的无关性，可以在更高的速度范围提供证据. 此外，γ射线频率高，消光长度长，例如 4MeV 的γ射线，其消光长度(在空气中)～320cm; 6GeV 的γ射线，在空气中的消光长度达 5km[46]. 因此，研究高能γ射线的速度与光源运动的无关性能够消除对消光定理的质疑. 这类实验在20世纪60年代已经由许多学者完成了，其中精度最高的是 1966 年 Alväger 等人[46]的实验，得到的双程光速与通常采用的双程光速的数值符合，精度～10^{-4}，相当于方程(8.2.1)中的 $k=(0\pm1.3)\times10^{-4}$，即在 10^{-4} 的精度以内证明了光速与光源的运动速度无关. 下面先介绍各种γ射线的实验情况和结果，然后再对实验结果进行解释.

最早测量运动光源的γ射线速度的实验是 Luckey 和 Weil[74]在 1952 年完成的. 能量为 170MeV 的γ射线是由 310MeV 的电子打在一个薄靶中发生的韧致辐射. 测得γ射线的速度是 $2.97\times10^{10}\ (1\pm1\%)$ cm/s. 然而，这个实验不太清楚的是，γ射线源的速度是否就是电子的速度. 自由电子是不能辐射γ光子的. 此外，γ射线的能量表明电子辐射损失的能量很大，这意味着电子与靶原子核的耦合很强. 因此，源的速度应当取为电子与靶原子核的质心速度. 但是，这个质心速度小于实验中的相对误差. 所以，如果质心速度是γ射线源的速度，那么，将这个实验的结果用来作为光速与光源运动无关的证据是不可靠的[73].

1963 年 Sadeh[75]对正负电子湮灭而产生的γ光子进行了符合观测，其原理如图 8.15 所示. Cu^{64} 放射的正电子打在介质靶上，在介质靶内飞行的正电子与负电子湮灭而放出两个γ光子. 在湮灭中，正负电子的质心速度接近于 $c/2$ (这是用狭义相对论估计的数值). 在正负电子的质心系中，由于动量守恒，两γ光子是在成180°的相反方向上发射的.

但在实验室系中，两γ光子发射的角度小于180°. 实验装置在夹角$\theta+\theta'=155°$（$\theta=20°$，$\theta'=135°$）的两个方向上用NaI(T1)晶体和光电倍增管探测γ光子. 两个晶体到介质靶的距离都是6cm. 使用时间-振幅转换器把两γ光子分别到两探测器的时间之差变成脉冲高度. 多道分析器的定标是用静止湮灭情况下的两γ光子做的. 在定标中，两探测器放在成180°角的相对位置上，而且两探测器到靶(γ辐射源)的距离取了各种不同的数值. 因此，当用这样定标后的装置分析飞行湮灭的两γ光子的飞行时间差的时候，如果γ射线的速度与光源速度无关，那么测量峰和定标峰就应出现在同样的位置上. 实验结果表明，γ射线的速度在10%以内是个常数.

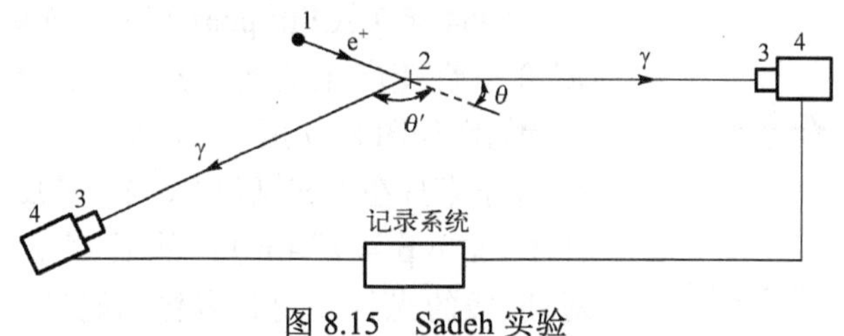

图8.15　Sadeh实验

1—Cu^{64}源；2—介质靶；3—NaI(T1)晶体；4—56-AVP光电倍增管

1963年和1964年Alväger等人[76]利用飞行时间技术测量了来自运动光源(C^{12*})的γ射线的速度与来自静止光源(O^{16*})的γ射线的速度之差. 这个实验的特点就是不涉及不同地点的同时性问题，直接检验了单向光速与光源速度的无关性. 实验中，C^{12*}是用能量为14MeV的α粒子束的一部分轰击C^{12}靶，经过核反应$C^{12}(\alpha,\alpha')C^{12*}$而产生的，而$O^{16*}$则是用另一部分α粒子轰击$O^{16}$靶，经核反应$O^{16}(\alpha,\alpha')O^{16*}$产生的. 激发原子核$C^{12*}$，在4.43MeV能级的半衰期是$6.5\times10^{-14}$ s，因此在它停下来以前就发射了γ射线，对多普勒效应的测量也证明了这一点. 按照狭义相对论做计算，C^{12*}的朝前速度是$(1.8\pm0.2)\times10^{-2}c$. 另外，$O^{16*}$在6.13MeV能级的半衰期是$1.2\times10^{-11}$ s，所以是在它停止以后发射γ射线的. 对多普勒效应的测量也证明了这一点. 实验简图如图8.16所示. 靶I和靶II分别放有C^{12}和O^{16}，两靶相隔30cm，而且可以很容易地互换两靶的位置. γ光子探测器分别放在离最后一个靶的距离为0.8m和5m的两个地方测量. 测量方向与α粒子束的方向之间的夹角为10°. 在发射γ光子的时间内，“运动光源”C^{12*}原子核的平均朝前速度v与“静止光源”O^{16*}原子核的平均朝前速度v_0之差 $v-v_0=(1.5\pm0.1)\times10^{-2}c$，光子飞行路程差(即探测器前后所在的两个位置之间的距离)是4.2m. 如果光源的速度与γ光子速度相加的话，那么$(\Delta p)_{CO}$要比ΔP_{OO}大$1.5\times10^{-2}\times14=0.21$毫微秒①，

① 1毫微秒=10^{-9}s.

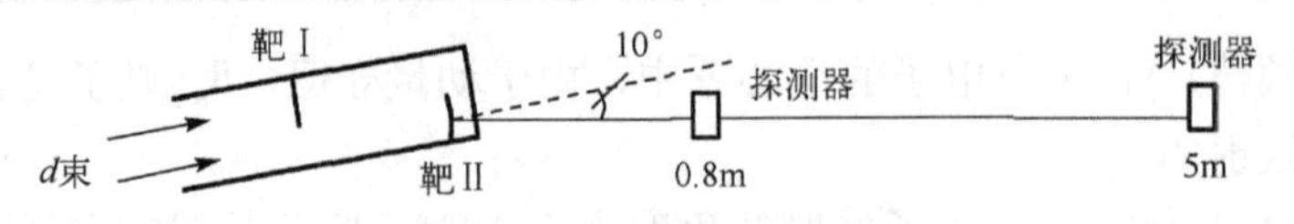

图 8.16 Alväger 等人实验简图

其中 $(\Delta p)_{CO}$ 是当靶 I 放有 C^{12}、靶 II 放有 O^{16} 时两γ光子峰之间的间距(即来自 C^{12*} 和 O^{16*} 的两γ光子到达探测器的时间差)，$(\Delta p)_{OO}$ 则是靶 I 和把 II 都放有 O^{16} 时两γ光子峰的间距. 当互换两个靶的位置时，探测的 $(\Delta p)_{OC}$ 将比 $(\Delta p)_{OO}$ 小 0.21 毫微秒. 因此，$\Delta\Delta p=(\Delta p)_{CO}-(\Delta p)_{OC}$ 的数值，在探测器放在 5m 处测得的比放在 0.8m 处测得的要大 0.42μs. 但是，本实验在 5m 处测得的 $\Delta\Delta p$ 与在 0.8m 处测得的 $\Delta\Delta p$ 之间的差值是 (0.036 ± 0.048) 毫微秒，相当于方程(8.2.1)中的 $k=(0.1\pm0.1)$.

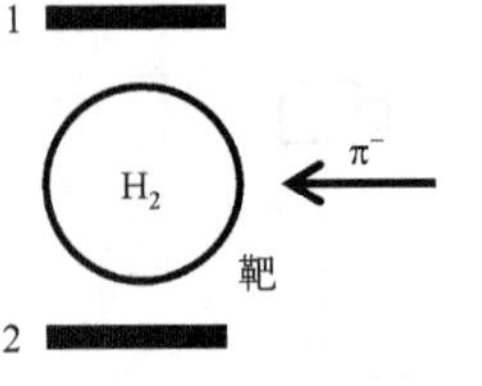

图 8.17 Fillippas-Fox 实验

1964 年 T.A.Fillippas 和 J.G. Fox[77]观测了飞行的 π^0 介子衰变产生的两个γ光子(68MeV)的相对速度. 装置简图如图 8.17 所示，其原理同 Sadeh 的实验类似. π^- 介子束打在液态氢靶中，与质子反应产生中性的 π^0 介子($\pi^-+p\to\pi^0+n$)，然后 π^0 衰变成两个γ光子. 对γ射线的光行差角和多普勒能量移动的测量(如果用狭义相对论解释的话)，表明 π^0 介子的速度为 0.20c. 在氢靶对称的两边放有两个探测器(图 8.17 中的 1 和 2). 在不同的探测距离上测量了 π^0 衰变的两个γ光子分别到达两个探测器的时间差(先在计数器 1 和 2 到氢靶中心的距离为 17.78cm 的情况下做了 4.5h 的计数，后来又在 119.38cm 的情况下做了 99h 的计数). 这种时间差是用时间-脉冲高度转换器测量的，因而相应于两种距离测得两个峰，与这两个峰相应的光子飞行距离是 101.6cm. 实验有趣的是这两个峰的差别. 测量结果表明，两个峰的宽度没有重要的差别，而且两峰的宽度都与探测器定标宽度相同. 实验精度表明，在 8%以内光速与光源运动无关. 相应的参数 $k\leqslant0.4$ (90%置信度).

最后，我们介绍 Alväger 等人[46]在 1964 年和 1966 年的实验. 他们定量地测量了能量⩾6GeV 的由 π^0 介子衰变产生的γ光子的速度. 这样高能量的光线，在空气中的消光长度达 5km，因此，这个实验的结果可以消除消光定理的质疑. 实验装置如图 8.18(a)所示. π^0 介子是质子同步加速器内的 Be 靶($\phi=1$mm，长 20mm)被动量为19.2GeV/c 的质子束轰击而产生的. 在与质子的圆轨道成6°角的方向上观测来自 π^0 介子的γ射线. 在同步加速器中加速的质子束脉冲半宽度很窄，只有几个毫微秒，各脉冲之间相隔 $1/\nu\sim10^5$ 毫微秒(其中 ν 是加速电场的射电频率). 这些质子束脉冲轰击 Be 靶产生的 π^0 介子寿命极短($\sim10^{-16}$ 秒)，因此 π^0 介子衰变的γ射线束将与射电频率的结构相同. 时间的测量就是基于这种设想进行的. 在图 8.18(a)中的 A 点放置γ射线探测器，该探测器给出与γ射线脉冲相同的脉冲信号(即图 8.18(b)中“A 点的起动脉冲”)，它与取自射电频率的脉冲(见图 8.18(b)中的“制动脉冲)有一个位移τ_A. 当把γ射线探测器移到B点时(电缆线长度保持不变)，它给出的γ射线脉冲的电信号——图 8.18(b)中的“B点的起动脉冲”——相对于A点的脉冲又可能有一个移动$\Delta\tau$. 实验中，时间的测量是由时间-脉冲高度转换器完成的，仪器的起动脉冲取自A点(或B点)的γ射线探测器的输出，制动脉冲则是从质子同步加速器的射电频率引出来的. 实验测量的是τ_A和τ_B. 点A和点B之间的距离$L\approx c/\nu$(即如果γ射线传播的速度是c，那么L就是前后两个γ射线脉冲拉开的距离). 因此，相应的γ射线飞行时间则是$\Delta\tau+1/\nu$，待测的γ射线速度c'由下式给出：

$$c'=L\bigg/\left(\Delta\tau+\frac{1}{\nu}\right) \tag{8.2.19}$$

在本实验中，$\nu=(9.53220\pm0.0005)\text{MHz}$，$L=(31.4503\pm0.0005)\text{m}$. 多次测量得到的平均移动是$\Delta\bar{\tau}=(0.000\pm0.013)$毫微秒. 将这些数据代入式(8.2.19)，并考虑到由于γ射线束位置的不准确性而带来的误差，实验得到能量≥6GeV 的γ射线的速度是

$$c'=(2.9979\pm0.0004)\times10^{10}\text{cm/s} \tag{8.2.20}$$

后面将看到，这个实验测得的光速c'仍然是平均双程光速.

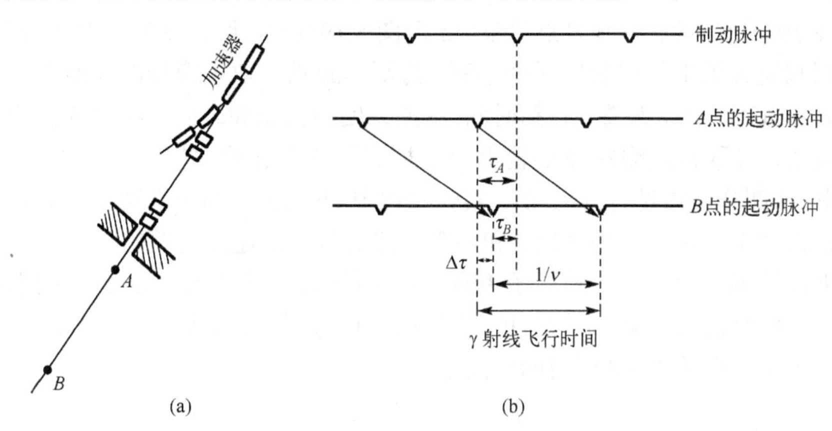

图 8.18　(a)实验装置；(b)时间测量原理

方程(8.2.20)给出的数值与通常采用的光速值相符合(精度为10^{-4}). 要由方程(8.2.20)的实验值算出方程(8.2.1)中的系数k的大小，必须知道π^0介子的速度. 但是，同前面几个实验中的情况一样，这个速度并不能直接测量，而只能靠狭义相对论进行估计. 按照狭义相对论，要产生 6GeV 的γ射线，π^0介子的速度必须等于或至少等于 0.99975c. 另外，假定π^0介子与荷电π介子具有相同的速度，用已往测得的能量≥6GeV 的荷电π介子的速度，在高于 1%的精度内与光速相等这一结果，得出结论说，本实验中的π^0介子速度在 1%的精度内与光速相等. 由这一结果与方程(8.2.20)的数值可以得到方程(8.2.1)中的系数$k=(0\pm1.3)\times10^{-4}$. 这个实验是在

11h 的时间内进行的，在实验室中测量方向是固定的，因而在测量时间内观测方向是对空间扫描的. 所以，实验结果在实验精度以内与空间方向无关.

上面，我们已经介绍了使用运动的γ射线源检验光速与光源速度无关性的各种实验. 下面将用回路光速不变性，即方程(2.1.4)来分析这些实验结果.

Sadeh 1963 年的实验[75]与 1964 年的 Fillippas-Fox 实验[77]相类似，电磁信号的路径(γ射线路径与探测装置电路)形成闭合回路. 探测装置是由静止光源定标的，即运动光源的两个γ光子是否同时到达两探测器是与静止光源的情况做比较的. Alväger 等人在 1963 年和 1964 年的实验测量的是两个γ光子(一个由运动光源 C^{12*} 发射，另一个由静止光源 O^{16*}发射)走过同样的距离所用的时间之差，检验这个时间差是否与距离有关. 实验中光路(γ射线路径)不是闭合的.前两个实验都证明了方程(8.1.1)中的平均光速 c 及方向性参数 q 与光源运动速度的无关性. 后一个实验表明单向光速与光源运动状态无关.

最后，Alväger 等人在 1964 和 1966 年的实验所测得的γ射线速度值实际上仍然是平均回路光速值. 事实上，按照回路光速不变原理，这个实验在原理上可以简化为图 8.19 所示的情况. 在图 8.19 中，D 是γ射线探测器，该探测器先放在 A 点记录γ光子[图 8.19(a)]，然后移到 B 点记录γ光子[图 8.19(b)]，而且在将 D 从点 A 移到点 B 时，探测装置的电缆线长度保持不变. 为简单起见，取电缆线的长度等于 AB 之间的距离 L. TP 是分析装置，包括时间-脉冲高度转换器和时间分析器等. 它的起动信号(起动脉冲)取自探测器 D 的输出，制动信号(制动脉冲)取自质子同步加速器的射电频率(这部分电路没有画出来). 实验过程中 TP 的位置固定不动. 假设在单向光速的表达式(8.1.1)中，平均速度 c 和参数 q 都是与光源速度无关的常数. 下面用这个公式来计算测量值 c'. 令 π^0 介子束衰变产生的γ射线脉冲到达 A 点的时刻是 t_A，位于 A 点的探测器 D 接收到该脉冲后产生的电信号(作为起动脉冲)，在长为 L 的电缆线中传播到分析装置 TP 所用的时间是

$$t_{AB} = \frac{L}{u'} = \frac{L}{u} - \frac{L}{c}q \tag{8.2.21}$$

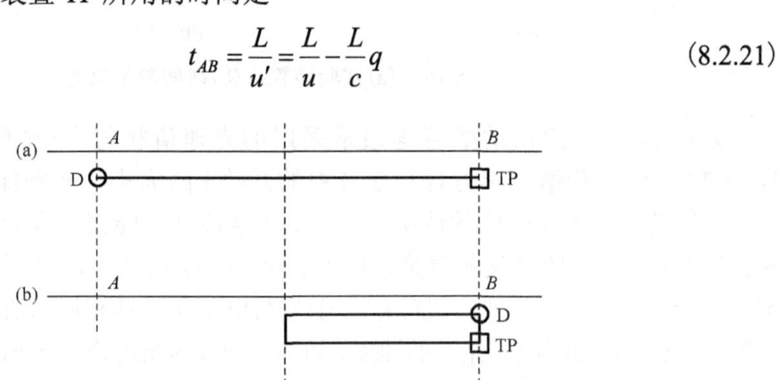

图 8.19　解释 Alväger 等人在 1964 年和 1966 年的实验示意图

其中，u' 是方程(8.1.1)给出的光信号在介质(即电缆线)中的速度，所以，这个起动脉冲到达 TP 的时刻 t'_A 应是

$$t'_A = t_A + t_{AB} = t_A + \frac{L}{u} - \frac{L}{c}q \tag{8.2.22}$$

另外，当 D 位于 B 点时，γ射线脉冲到达 D 的时刻是

$$t_B = t_A + \frac{L}{c'} = t_A + \frac{L}{c} - \frac{L}{c}q \tag{8.2.23}$$

其中用到真空中的光速表达式(2.1.4). 需要强调的是，即使 D 在 B 点时记录到的不是它在 A 点时记录到的那个γ射线脉冲，但时刻 t_B 也只差 N/ν（N 是正整数，ν 是脉冲的重复频率)，这并不影响计算结果. 此外，到达 B 点的γ射线脉冲在 D 中激励的电信号(作为起动脉冲)传播到 TP 的时间则是

$$\begin{aligned} t'_B &= t_B + \frac{L}{2}\frac{1-qu/c}{u} + \frac{L}{2}\frac{1+qu/c}{u} = t_B + \frac{L}{u} \\ &= t_A + \frac{L}{u} - \frac{L}{c}q + \frac{L}{c} = t'_A + \frac{L}{c} \end{aligned} \tag{8.2.24}$$

注意到 $L = c/\nu$，则上式可写成

$$t'_B = t'_A + \frac{1}{\nu} \tag{8.2.25}$$

方程(8.2.25)表明，同一束γ射线在 A 点和 B 点激励的两个起动脉冲，到达 TP 的时间只相差一个脉冲周期 $1/\nu$. 考虑到分析装置 TP 测量的是起动脉冲到达的时间与随后到达的制动脉冲的时间之差，即图 8.18(b)中的 τ_A 与 τ_B. 因此，相差 N/ν（N 个周期)的时间间隔到达 TP 的起动脉冲将给出同样的测量结果，即方程(8.2.25)表明 $\tau_A = \tau_B$，所以有

$$\Delta\tau = \tau_A - \tau_B = 0$$

这就是说，这个实验测量的γ射线速度 c' 是

$$c' = \frac{L}{\Delta\tau + 1/\nu} = \frac{c}{\nu}\nu = c$$

即实验给出的是平均回路光速的数值.

以上的分析表明，运动光源的实验结果显示，单向光速与光源运动状态无关.

8.3　小　结

8.1 节和 8.2 节介绍的光速不变性实验和运动光源实验证明了回路(双程)光速不变原理的正确性. 作为小结，我们把光速不变性实验在表 8.1 中列出，其中所列“以

太漂移”速度的上限一栏，只作为我们了解同类实验的相对精度时的参考. 表 8.2 是对狭义相对论的检验理论(罗伯逊变换)中的参数的实验(迈克耳孙-莫雷型实验和肯尼迪-桑代克型实验)检验(与表 4.3 同). 有关光速与光源速度无关的实验在表 8.3 中给出. 需要附带说明的是，表 8.3 中所列的光源速度值都是与狭义相对论有关的，有许多是直接从狭义相对论效应推算出来的. 在光源速度远比光速小的情况下并不出现什么问题. 但在光源速度接近光速的情况下，用相对论估计的速度值，对于检验光速不变原理这一目的来说是不恰当的. 然而，对于光速与光源运动状态无关性这一问题来说，光源速度的具体数值如何并不重要，表 8.3 中所列的接近光速运动的光源速度值，只是表明光源处于高速运动这一事实. 另外，单程光速与频率的无关性实验可以通过观测天体同时发射的不同波段的光信号到达地球的时间差进行检验，例如 1999 年 Schaefer[78] 由来自伽马爆 GRB 930229 的能量为 30keV 和 200keV 的光子到达的时间给出光速变化的上限是 $\delta c/c<6.3\times10^{-21}$；其他的研究给出的上限较低，例如，1987 年 Clear 等人[79]由蟹云脉冲星(Crab pulsar)的能量为 50～500MeV 的光信号给出 $\delta c/c<2.5\times10^{-14}$，等等.

表 8.1　光速不变性实验

研究者	方法	“以太漂移”上限/(km/s)
Michelson(1881)	干涉仪	21.2
Michelson 和 Morley(1887)	干涉仪	4.7
Kennedy(1926)	不等臂长干涉仪	2.1
Illingworth(1927)	不等臂长干涉仪	2.3
Joos(1930)	干涉仪	1.5
Essen(1955)	微波共振腔	2.5
Jaseja 等(1964)	两激光器	0.95
Silvertooth(1972)	干涉仪 (其中放有倍频晶体)	(零效应)
Trimmer 等(1973)	三角形干涉仪 (其中一个臂中放有玻璃棒)	(零效应)
Cedarholm 等(1958)	两梅塞差频	0.03
Champeney(1961，1963)	转动圆盘上的穆斯堡尔效应	0.0016
Cialdea(1972)	两莱塞差频	0.0039

表 8.2　罗伯逊惯性系中的双程光速各向异性的实验检验

文献	$P_{\rm MM}=1/2-\beta+\delta$	$P_{\rm KT}=\beta-\alpha-1$	实验方法
Tobar,et al. Phys.Rev.D, 2010, 81: 022003.		$-4.8(3.7)\times10^{-8}$	肯尼迪-桑代克型实验
Stanwix, et al. Phys.Rev.D, 2006, 74 : 081101.	$9.4(8.1)\times10^{-11}$		迈克耳孙-莫雷型实验

续表

文献	$P_{MM}=1/2-\beta+\delta$	$P_{KT}=\beta-\alpha-1$	实验方法
Stanwix，et al. Phys. Rev. Lett., 2005, 95, 040404.	$-0.9(2.0)\times10^{-10}$		迈克耳孙-莫雷型实验
Herrmann，et al. Phys. Rev. Lett., 2005, 95: 150401.	$-(-2.1\pm1.9)\times10^{-10}$		转动的光学谐振器与不动的光学谐振器比对共振频率
Antonini et al. Phys. Rev. A, 2005, 71: 050101.	$-(+0.5\pm3\pm0.7)\times10^{-10}$		迈克耳孙-莫雷型实验
Wolf, et al. Gen.Rel. and Grav., 2004, 36(10): 2351.	$(1.2\pm2.2)\times10^{-9}$	$(1.6\pm3.0)\times10^{-7}$	迈克耳孙-莫雷型实验 + 肯尼迪-桑代克型实验

注：表 8.2 中所列实验的更具体的情况可以参考 4.2.2 罗伯逊变换的实验检验，参数 P_{MM}、P_{KT} 的定义由方程(4.2.1)给出.

表 8.3 光速与光源运动无关性实验

研究者	方法	光源速度（以 c 为单位）	结果
de Sitter(1913) Zurhellen(1914)	双星观测		$k<10^{-6}$
Heckmann(1960)	河外星系的较差光行差	$\sim10^{-4}$	零结果
Tolman(1910)	劳埃德镜干涉仪(以太阳边缘作为光源)	$\sim10^{-5}$	零结果
Majorana(1919) Tomaschek(1924)	迈克耳孙干涉仪(以水银灯、恒星、太阳或月亮等作光源)	$\sim10^{-7}$ $\sim10^{-4}$	零结果
Bonch-Bruevich(1960)	相角调制	$\sim10^{-5}$	$k=0.02\pm0.07$
Beckmann 和 Mandics(1965)	劳埃德镜干涉仪(运动反射镜作光源)	1.52×10^{-7}	$k\leqslant0.05$
Kantor(1962)	干涉仪(其中有运动的玻璃片)	1.56×10^{-7}	$k=0.67$
James 和 Sternberg(1963)	观察垂直通过运动玻璃板的光线产生的偏离		$k\leqslant0.025$
Rotz(1963)	三光束干涉仪	2×10^{-7}	$k\leqslant0.1$
Babcock 和 Bergman(1964)	干涉仪(其中有运动的玻璃片)	1.25×10^{-7}	$k\leqslant0.01$
Beckmann 和 Madics(1964)	干涉仪(其中有运动的玻璃片)		$k\leqslant0.1$
Waddoups 等(1965)	干涉仪(其中有运动的云母片)		$k\leqslant0.14$
Sadeh(1963)	飞行时间(符合观测正负电子湮灭产生的两γ光子)	0.5	$k\leqslant0.3$
Alväger 等(1963，1964)	飞行时间(比较 C^{12*}和 O^{16*}的γ辐射速度)	0.03	$k\leqslant0.1$
Fillippas 和 Fox(1964)	飞行时间(符合观测飞行π^0 介子衰变的两γ光子)	0.2	$k\leqslant0.4$
Alväger 等(1964，1966)	飞行时间(测量飞行π^0 介子衰变的γ光子的速度)	0.99975	$k\leqslant10^{-4}$

注：表 8.3 中的 k 的定义是 $c'=c\pm kv$.

参 考 文 献

[1] Mansouri R, Sexl R U. A test theory of special relativity: I. simultaneity and clock synchronization. General relativity and gravitation, 1977, 8: 497-513.

[2] Mansouri R, Sexl R U. A test theory of special relativity: II. first order tests. General relativity and gravitation, 1977, 8: 515-524.

[3] Mansouri R, Sexl R U. A test theory of special relativity: III. second-order tests. General relativity and gravitation, 1977, 8: 809-814.

[4] Will C M. Clock synchronization and isotropy of the one way speed of light. Physical review D, 1992, 45: 403.

[5] Krisher T P, et al. Test of the isotropy of the one way speed of light using hydrogen maser frequency standards. Physical review D, 1990, 42: 731-734.

[6] Larmor J. Aether and matter. A Development of the Dynamical Relations of the Aether to Material Systems on the Basis of the Atomic Constitution of Matter, Including a Discussion of the Influence of the Earth's Motion on Optical Phenomena, Being an Adams Prize Essay in the University of Cambridge. Cambridge: University Press, 1900: 167.

[7] Ruderfer M. First-order terrestrial ether drift using the Mössbauer radiation. Physical review letters, 1961, 7: 361.

[8] Tyapkin A A. On the impossibility of the first-order relativity test. Lettere al nuovo cimento, 1973, 7: 760.

[9] Møller C. New experimental tests of the special principle of relativity [and discussion]. Proceedings of the royal society of London A, 1962, 270: 306.

[10] Michelson A A. The relative motion of the earth and the luminiferous ether. American journal of science, 1881, 22: 120.

[11] Michelson A A, Morley E W. On the relative motion of the earth and the luminiferous ether. American journal of science, 1887, 34: 333.

[12] Michelson A A, Morley E W. On the relative motion of the earth and the luminiferous ether. Philosophical magazine series, 1887, 24: 449.

[13] Lorentz H A. The relative motion of the earth and the ether. Zittingsverlag Akad. V. Wet, 1892, 1: 74-79.

[14] Lodge O. Aberration problems—a discussion concerning the motion of the ether near the earth, and concerning the connexion between ether and gross matter; with some new experiments. Philosophical transactions of the royal society A, 1893, 184, 727.

[15] Antonini P, et al. Test of constancy of speed of light with rotating cryogenic optical resonators.

Physical review A, 2005, 71: 050101.

[16] Kennedy R J. A refinement of the Michelson-Morley experiment. National library of medicline, 1926, 12: 621.

[17] Illingworth K K. A repetition of the Michelson-Morley experiment using Kennedy's refinement. Physical review, 1927, 30: 692.

[18] Joos G. Die jenaer wiederholung des michelsonversuchs. Annalen der physik, 1930, 399: 385.

[19] Miller D C. The ether-drift experiment and the determination of the absolute motion of the earth. Reviews of modern physics, 1933, 5: 203.

[20] Shankland R S, et al. New analysis of the interferometer observations of dayton C. mille. Reviews of modern physics, 1955, 27: 167.

[21] Shamir J, Fox R. A new experimental test of special relativity. Nuovo. cimento B, 1969, 62: 258.

[22] Essen L. A new aether-drift experiment. Nature, 1955,175: 793.

[23] Jaseja T S, et al. Test of special relativity or of the isotropy of space by use of infrared masers. Physical review, 1964, 133: 1221.

[24] Müller H, et al. Modern Michelson-Morley experiment using cryogenic optical resonators. Physical review letters, 2003, 91: 020401.

[25] Wolf P, et al. Whispering gallery resonators and tests of Lorentz invariance. General relativity and gravitation, 2004, 36: 2352-2372.

[26] Stanwix P L, et al. Improved test of Lorentz invariance in electrodynamics using rotating cryogenic sapphire oscillators. Physical review D, 2006, 74: 081101.

[27] Eisele C, Nevsky Y A, Schiller S. Laboratory test of the isotropy of light propagation at the 10-17 level. Physical review letters, 2009, 103: 090401.

[28] Silvertooth E W. Isotropy of C. Journal of the optical society of America, 1972, 62: 1330.

[29] Trimmer W S N, et al. Experimental search for anisotropy in the speed of light. Physical review D, 1974, 8: 3321.

[30] Brillet A, Hall J L. Improved laser test of the isotropy of space. Physical review letters, 1979, 42: 549.

[31] Robertson H P. Postulate versus observation in the special theory of relativity. Reviews of modern physics, 1949, 21: 378.

[32] Zhang Y Z. Special relativity and its experimental foundations. Singapore: World Scientific Publishing Co. Pte. Ltd., 1998.

[33] Kennedy R J, Thorndike E M. Experimental establishment of the relativity of time. Physical review, 1932, 42: 400.

[34] Hils D, Hall J L. Improved Kennedy-Thorndike experiment to test special relativity. Physical review letters, 1990, 64: 1697.

[35] Tobar M E, et al. Testing local Lorentz and position invariance and variation of fundamental constants by searching the derivative of the comparison frequency between a cryogenic sapphire oscillator and hydrogen maser. Physical review D, 2010, 81:022003.

[36] Ruderfer M. First-order terrestrial ether drift experiment using the Mössbauer radiation. Physical review letters, 1960, 5: 191.

[37] Cedarholm J P, Bland G F, Havens B L, et al. New experimental test of special relativity. Physical review letters, 1958, 1: 342.

[38] Champeney D C, Isaak G R, Khan A M. An 'aether drift' experiment based on the Mössbauer effect. Physics letters, 1963, 7: 241.

[39] Champeney D C, Moon P B. Absence of Doppler shift for gamma ray source and detector on same circular orbit. Proceeding of the physical society, 1961, 77: 350.

[40] Cialdea R. A new test of the second postulate of special relativity sensitive to first-order effects. Lettere al nuovo cimento, 1972, 4: 821.

[41] Riis E, et al. Test of the isotropy of the speed of light using fast-beam laser spectroscopy. Physical review letters, 1988, 60: 81.

[42] Riis E, et al. Reply. Physical review letters, 1989, 62: 842.

[43] Römer O. Démonstration touchant le mouvement de la lumière trouvé. Le Journal des Sçavans, 1676: 233-236.（A demonstration concerning the motion of light. Philosophical transactions of the royal society, 1677, 12: 893-94.）

[44] Karlov L. Does Römer's method yield a unidirectional speed of light?. Australian journal of physics, 1970, 23: 243.

[45] Zhang Y Z. Test throries of special relativity. General relativity and gravition. 1995, 27: 475-493.

[46] Alväger T, Farley F J M, Kjellman J, et al. Test of the second postulate of special relativity in the7GeV region. Physics letters, 1964, 12: 260; The velocity of high-energy gamma rays. Arkiv för fysik, 1966, 31: 145-157.

[47] Comstock D F. A neglected type of relativity. Physical review, 1910, 30: 267.

[48] De Sitter W. A proof of the constancy of the velocity of light. Koninklijke akademie van wetenschappen te amsterdam, 1913, 15: 1297-1298.

[49] De Sitter W. On the constancy of the velocity of light. Koninklijke Akademie van wetenschappen te amsterdam, 1913, 16: 395-396.

[50] De Sitter W. Ein astronomischer beweis für die konstanz der lichgeshwindigkeit. Physikalische zeitschrift, 1913, 14: 429.

[51] De Sitter W. Über die genauigkeit, innerhalb welcher die Unabhängigkeit der lichtgeschwindigkeit von der bewegung der quelle behauptet werden kann. Physikalische zeitschrift, 1913, 14: 1267.

[52] Zurhellen W. Zur Frage der astronomischen kriterien für die konstanz der lichtgeschwindigkei. Astronomische nachrichten, 1914, 198: 1.

[53] Dingle H. A Proposed astronomical test of the "Ballistic" theory of light emission. Monthly notices of the royal astronomical society, 1959, 119: 67.

[54] Van Biesbroeck G. Stellar aberration and red shift. The astrophysical journal, 1932, 75: 64.

[55] Heckmann O. The aberration of extragalactic nebulae. Annales d'astrophysique, 1960, 23: 410.

[56] Majorana Q. Experimental demnstration of the constaney of velocity of the light emitted by a moving source. The philosophical magazine, 1919, 37: 145.

[57] Tomaschek R. Über das verhalten des lichtes außerirdischer lichtquellen. Annalen der physik. 1924, 378: 105.

[58] Tolman R C. The second postulate of relativity. Physical review,1910, 31: 26-40.

[59] Kantor W. Lloyd mirror interferometer experiments on the speed of light from a moving source. Il nuovo cimento B, 1972, 9: 69.

[60] Bonch-Bruevich A M. A direct experimental confirmation of the second postulate of the special theory of relativity (in connection with dingle's note). Optics and spectroscopy, 1960, 9: 73.

[61] Michelson A A. Effect of reflection from a moving mirror on the velocity of light. The astrophysical journal, 1913, 37: 190.

[62] Majorana Q. Demonstration experimentable de la cnstance de ritesse de la lumiere refleclar par un miroir on mouvement. Comptes rendus hebdomadaires des séances de l'Académie des sciences, 1917, 165: 424.

[63] Majorana Q. Demonstration experimentale de la constance de vitesse de la lumiere emise par une source. mobile. Comptes rendus hebdomadaires des séances de l'Académie des sciences, 1918, 167: 71.

[64] Beckmann P, Mandics P. Test of the constancy of the velocity of electromagnetic radiation in high vacuum. Journal of research of the national institute of standards and technology, section D: radio science, 1965, 69D: 623-628.

[65] Kantor W. Direct first-order experiment on the propagation of light from a moving source. Journal of the optical society of america, 1962, 52: 978.

[66] James J F, Sternberg R S. Change in velocity of light emitted by a moving source. Nature, 1963, 197: 1192.

[67] Rotz F B. New test of the velocity of light postulate. Physics letters, 1963, 7: 252.

[68] Babcock G C, Bergman T G. Determination of the constancy of the speed of light. Journal of the optical society of America, 1964, 54: 147.

[69] Beckmann P, Mandics P. Experiment on constancy of velocity of electromagnetic radiation. Journal of research of the national institute of standards and technology, section D: radio science,

1964, 68D: 1265-1268.

[70] Waddoups R O, Edwards W F, Merrill J J. Experimental investigation of the second postulate of special relativity. Journal of the optical society of America, 1965, 55: 142.

[71] Zahejsky J, Kolesnikov V. Optical experiments to verify the second postulate of the special theory of relativity. Nature, 1966, 212: 1227.

[72] Kantor W. Closed-path interferometric experiments on the speed of light from moving sources. Il nuovo cimento B, 1972, 11: 93.

[73] Fox J G. Experimental evidence for the second postulate of special relativity. American journal of physics, 1962, 30: 297-300.

[74] Luckey D, Weil J W. The velocity of 170-Mev gamma-rays. Physical review, 1952, 85: 1060.

[75] Sadeh D. Experimental evidence for the constancy of the velocity of gamma rays, using annihilation in flight. Physical review letters, 1963, 10: 271.

[76] Alväger T, Nilsson A, Kjellman J. A direct terrestrial test of the second postulate of special relativity. Nature, 1963, 197:1191; On the independence of the velocity of light of the motion of the light source. Arkiv för fysik, 1964, 26: 209.

[77] Fillippas T A, Fox J G. Velocity of gamma rays from a moving source. Physical review, 1964, 135: 1071.

[78] Schaefer B E. Severe limits on variations of the speed of light with frequency. Physical review letters, 1999, 82: 4964-4966.

[79] Clear J, et al. A detailed analysis of the high energy gamma-ray emission from the Crab pulsar and nebula. Astronomy & astrophysics, 1987, 174: 85-94.

第 9 章　时间膨胀效应实验

在第 1 章的 1.6.4～1.6.7 节中介绍了狭义相对论的洛伦兹变换预言的时间膨胀效应，这种相对论效应体现于两类实验现象：①运动的时钟比静止的时钟走得慢；②v/c的二阶多普勒频移效应.

在 1.6.4 节中，由洛伦兹变换推导出了时间膨胀的方程式. 这个方程式与拉莫尔(Larmor)在 1900 年的《以太与物质》(*Aether and Matter*)一书中最先给出的在静止以太中运动的时钟变慢在数学形式上相同，但是物理概念有本质的区别. 拉莫尔的时间膨胀概念基于静止以太论，时钟相对于以太的运动具有绝对运动的含义. 而洛伦兹变换相应的惯性系都是平权的，没有哪一个比其他的更加优越，所以“时钟变慢”似乎具有“完全”相对的含义，由此在理论上出现了所谓的“时间膨胀佯谬”或“孪生子佯谬”. 所以我们在 1.6.5 节对这个问题给出了解释.

在 1.6.6 节和 1.6.7 节给出了时间膨胀的多普勒频移干涉，推导过程明确地显示出二阶多普勒频移完全来自时间膨胀效应，特别是横向多普勒频移完全是狭义相对论的预言而在非相对论的经典物理中没有这种预言.

所以，检验时间膨胀效应实验分为运动的时钟变慢实验(例如航行原子钟实验、运动介子寿命的增长实验)和二阶多普勒频移实验. 介绍和分析这些实验是本章的内容.

9.1　运动的时钟变慢效应

假设两个不同地点(A点和B点)分别放有A钟和B钟. 另有一只时钟O以不变速度v从A点运动到B点. 当O钟与A钟相遇时，O钟和A钟各自显示的时刻分别是τ_A和t_A，然后O钟与B钟相遇时，各自的时间分别是τ_B和t_B. 所以，O钟的两个时间间隔是固有时间隔$\mathrm{d}\tau=\tau_2-\tau_1$，也是直接的观测量；同时$A$钟和$B$钟的时间间隔$\mathrm{d}t=t_B-t_A$是不同地点的两只时钟的时间差(坐标时间隔)，不是直接的观测量，而是依赖于同时性定义. 洛伦兹变换预言的时间膨胀效应就是由方程(1.6.12)给出的O钟(的固有时间隔$\mathrm{d}\tau$)比两只异地的A钟和B钟(的坐标时间隔$\mathrm{d}t$)走慢了

$$\mathrm{d}\tau'=\mathrm{d}t\sqrt{1-\frac{v^2}{c^2}} \tag{9.1.1}$$

这是一只时钟(固有时)与异地的两只时钟(坐标时)之间的比对(固有时与坐标时比对). 如果是两只时钟之间的比对(即固有时与固有时比对)，结果一样：是运动的时钟走慢了.

理论上的讨论参见 1.6.5 节. 下面介绍实验对时间膨胀效应的验证.

9.1.1 罗默类型实验解释

罗默类型实验的简图如图 9.1 所示. 在爱德瓦兹系 S 中，A 钟和 B 钟分别放在 A 点和 B 点，E 点放有 E 钟. 运动的 O 钟以不变速度 v 从 A 点运动到 B 点，它与 A、B 钟相遇时记录的时间分别是 τ_1'、τ_2'；相应的 A、B 钟显示的时间分别是 t_A、t_B. 在 O 钟与 A、B 钟相遇时发出的光信号到达 E 点的时间分别是 τ_1、τ_2. 其中运动时钟 O 的固有时间隔是 $\Delta\tau'=\tau_2'-\tau_1'$. 相应的静止时钟 A、B 的时间差是 $\Delta t=t_B-t_A$. 两个光信号到达 E 的固有时间隔是 $\Delta\tau=\tau_2-\tau_1$.

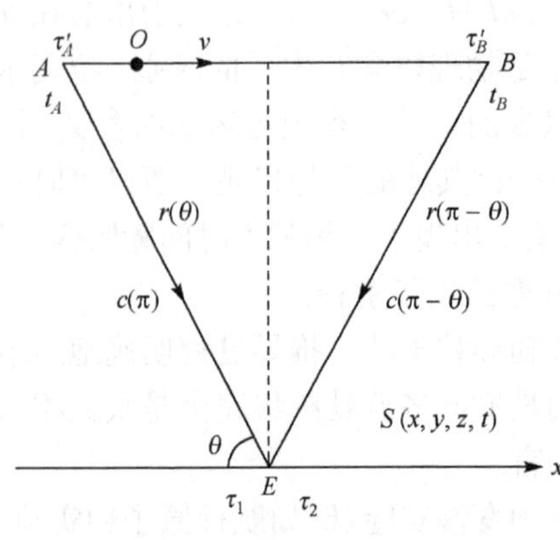

图 9.1　罗默类型实验

我们将使用爱德瓦兹变换推导上面这三个时间间隔之间的关系. 我们在 8.1.3 节讨论了罗默实验[1,2]的一阶效应，现在讨论三个时间间隔之间的严格关系.

运动钟 O 的固有时 $\Delta\tau'$ 与相应的坐标时 Δt 之间的关系由爱德瓦兹时间膨胀公式(2.5.11a)给出

$$\Delta\tau'=\Delta t\sqrt{\left(1+q\frac{v}{c}\right)^2-\frac{v^2}{c^2}} \tag{9.1.2}$$

其中为了简化，略去了下角标 q.

下面推导坐标时间间隔 Δt 与固有时间隔 $\Delta\tau$ 之间的关系. 图 9.1 的几何关系表明

$$r\equiv r(\theta)=r(\pi-\theta),\quad \Delta x\equiv\overline{AB}=2r\cos\theta \tag{9.1.3}$$

以及

$$v=\frac{\Delta x}{\Delta t} \tag{9.1.4}$$

光信号到达 E 点的时间是

$$\tau_2=t_B+\frac{r}{c(\pi-\theta)}$$

$$\tau_1 = t_A + \frac{r}{c(\theta)} \tag{9.1.5}$$

则有

$$\Delta\tau = \tau_2 - \tau_1 = \Delta t + \frac{r}{c(\pi-\theta)} - \frac{r}{c(\theta)} \tag{9.1.6}$$

其中，光速的表达式由(2.1.3a)给出

$$c(\theta) = \frac{c}{1 - q\cos\theta} \tag{9.1.7a}$$

$$c(\pi-\theta) = \frac{c}{1 + q\cos\theta} \tag{9.1.7b}$$

将(9.1.7)代入(9.1.6)，得到

$$\Delta\tau = \Delta t + (2r\cos\theta)\frac{q}{c} = \Delta t\left(1 + \frac{\Delta x}{\Delta t}\frac{q}{c}\right) = \Delta t\left(1 + q\frac{v}{c}\right) \tag{9.1.8a}$$

或改写为

$$\Delta t = \Delta\tau\left(1 + q\frac{v}{c}\right)^{-1} \tag{9.1.8b}$$

其中，用到(9.1.3)和(9.1.4)的定义.

最后，由(9.1.8b)和(9.1.2)消掉坐标时间隔Δt后得到

$$\Delta\tau' = \Delta\tau\frac{\sqrt{[1+q(v/c)]^2 - v^2/c^2}}{1+q(v/c)} \tag{9.1.9}$$

把该式右边展开成(v/c)的幂级数可以看到，分子和分母中q的一阶项消掉了，作为表达单程光速各向异性的一阶项不存在，即(9.1.9)近似到一阶项给出$\Delta\tau' = \Delta\tau$，这与 8.1.3 节讨论的结果一样：近似到一阶效应，运动钟的时间间隔$\Delta\tau'$等于地面E钟的时间间隔$\Delta\tau$，即这类实验无法检验单程光速的各向异性(如果存在的话).

实际上，(9.1.9)中的速度v是爱德瓦兹速度，即在(9.1.4)的定义中坐标时间隔Δt是由爱德瓦兹同时性定义的，即由单程光速(9.1.7)定义的. 但是正如在第 2 章反复强调的，至今的任何实验室实验都使用的是单程光速各向同性的假设，即都是使用爱因斯坦同时性定义，所以要是把爱德瓦兹变换与实验数据比对必须把爱德瓦兹速度换成爱因斯坦速度，即把(9.1.9)中的速度按照方程(2.3.5)做替换

$$v \to \frac{v}{1 - qv/c} \tag{9.1.10}$$

把(9.1.9)中的爱德瓦兹速度做(9.1.10)的代换后就退化成与方程(9.1.1)类似的狭义相对论的时间膨胀效应

$$\Delta\tau' = \Delta\tau\sqrt{1-\frac{v^2}{c^2}} \tag{9.1.11}$$

方程(9.1.1)与(9.1.11)的不同在于:前者是运动钟的固有时比异地静止钟的坐标时走慢了，而后者是运动钟(的固有时)比静止的单个钟(的固有时)走慢了.

以上的结果表明，如图 9.1 所示的罗默类型实验检验的只是时间膨胀效应，与单程光速各向异性的检验无关.

9.1.2 环球航行的原子钟实验

运动时钟与静止时钟的比对实验是对时间膨胀效应的一种直接的检验. 原子钟的迅速发展为这种实验提供了可能性. 1970 年，Hafele[3-5]设计了一个检验时间膨胀效应的环球航行原子钟实验(即两只在地面校准的原子钟，一只留在地面，另一只放到飞机上绕地球航行，飞机飞行一周后降落到地面，然后将这两只原子钟的读数进行比对)，并通过分析原子钟的精度及飞机飞行的速度，阐明进行这种实验的可行性. 在实际实验中，飞机是在地球的引力场中于不同高度绕地球飞行的，因此，原子钟速率的变化不仅受狭义相对论的运动学效应(时间膨胀的二阶多普勒频移)的影响，也将受到引力场的(引力红移效应的)影响，在理论上处理这一问题必将涉及到广义相对论.

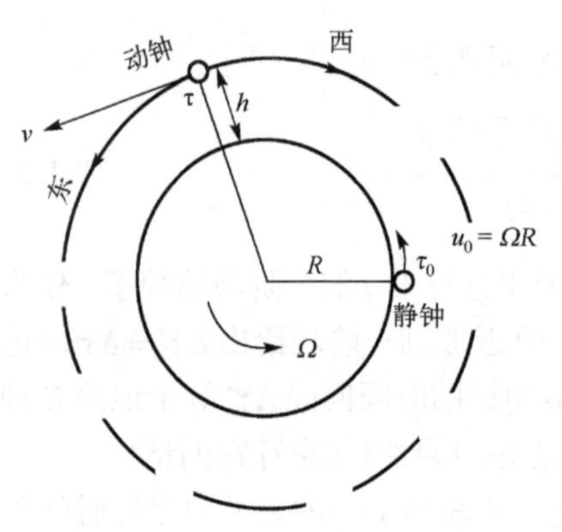

图 9.2　环球航行原子钟实验简图

Hafele 假定地球是在一个非转动参考系 Σ 中以等角速度 Ω 旋转(自转)，如图 9.2 所示. 原子钟 τ 在距地面为 h 的空中以速度 v 相对于地球表面向东(或向西)航行；地面上静止的原子钟是 τ_0. 地球在非转动参考系 Σ 中以角速度 Ω 旋转.

在非转动参考系 Σ 中有引力场存在，这个引力场与地球引力场相同. 下面我们就将在这个参考系中计算环球航行原子钟飞行一周后的读数与地面上原子钟的读数之差. 狭义相对论的时间膨胀效应是

$$\mathrm{d}\tau = \mathrm{d}t\sqrt{1-v^2/c^2} \tag{9.1.12}$$

其中，$\mathrm{d}\tau$ 是在 Σ 系中以速度 v 移动的原子钟的时间间隔(固有时间隔)，$\mathrm{d}t$ 是静止在 Σ 系中的两只原子钟的相应读数之差(坐标时间隔).

考虑一只静止在地球赤道上的原子钟(τ_0)，它在 Σ 系中运动的速度 u_0 就是转动

地球赤道上的切向速度，即 $u_0 = \Omega R$（R 是地球赤道的半径，Ω 是地球自转的角速度，见图 9.2.）因此，这只原子钟的固有时间隔 $\mathrm{d}\tau_0$ 与坐标时间隔 $\mathrm{d}t$ 之间的关系可由方程(9.1.12)给出

$$\mathrm{d}\tau_0 = \mathrm{d}t\sqrt{1-\frac{\Omega^2 R^2}{c^2}} \approx \left(1-\frac{\Omega^2 R^2}{2c^2}\right)\mathrm{d}t \tag{9.1.13}$$

其中，由于 $\Omega R \ll c$，所以略去了高于 $(\Omega R / c)^2$ 的小项.

再考虑在地球赤道平面内、高度为 h 的空中（$h \ll R$）以速度 v 相对于地面向东运动的另一只原子钟，它在 Σ 系中的速度 u 由狭义相对论的速度相加定理(考虑到地球是向东转的)给出

$$u = \left[v + \Omega R\left(1+\frac{h}{R}\right)\right] \bigg/ \left(1-\frac{v\Omega R}{c^2}\right) \approx v + \Omega R \tag{9.1.14}$$

其中，由于 $\dfrac{v}{c} \ll 1, \dfrac{\Omega R}{c} \ll 1, \dfrac{h}{R} \ll 1$，所以略去了它们的二阶以上的小项. 这只飞行原子钟的固有时间隔 $\mathrm{d}\tau$ 与坐标时间隔 $\mathrm{d}t$ 之间的关系由方程(9.1.1)给出

$$\mathrm{d}\tau = \sqrt{1-\frac{u^2}{c^2}}\mathrm{d}t \approx \left(1-\frac{v^2}{2c^2}-\frac{\Omega^2 R^2}{2c^2}-\frac{\Omega R v}{c^2}\right)\mathrm{d}t \tag{9.1.15}$$

将方程(9.1.13)和(9.1.15)中的坐标时间隔 $\mathrm{d}t$ 消去，就得到在地球赤道平面内距地面为 h 的空中、以速度 v 向东绕地球飞行的原子钟的固有时间隔 $\mathrm{d}\tau$，与静止在地球赤道上的原子钟的固有时间隔 $\mathrm{d}\tau_0$ 之间的关系

$$\mathrm{d}\tau \approx \left[1-\frac{1}{2c^2}(v^2 + 2\Omega R v)\right]\mathrm{d}\tau_0 \tag{9.1.16}$$

这是狭义相对论的时间膨胀效应所预言的运动学效应.

另外，这两只原子钟都处在地球的引力场中，因此必须考虑“引力红移”的贡献. 在广义相对论中，对于弱引力场最低次近似的情况，两只钟的速率之差正比于它们所在地点的引力势之差. 因此，距地面高度为 h 的原子钟与地面原子钟速率之差应是

$$\begin{aligned}\mathrm{d}\tau - \mathrm{d}\tau_0 &= \left[\frac{GM}{c^2 R}-\frac{GM}{c^2(R+h)}\right]\mathrm{d}\tau_0 \\ &\approx \left(\frac{GM}{c^2 R}\right)\frac{h}{R}\mathrm{d}\tau_0 = \frac{gh}{c^2}\mathrm{d}\tau_0\end{aligned} \tag{9.1.17}$$

其中 $g = \dfrac{GM}{c^2 R}$ 是地球表面的引力加速度. 由于 $h \ll R$，方程(9.1.17)中略去了高于 $\dfrac{h}{R}$

的小项. 方程(9.1.17)是引力场的引力红移效应.

由方程(9.1.16)和(9.1.17)给出的总效应是

$$d\tau \approx \left[1+\frac{gh}{c^2}-\frac{1}{2c^2}(v^2+2\Omega Rv)\right]d\tau_0 \tag{9.1.18}$$

如果原子钟不在地球赤道平面内，而且原子钟的飞行速度v偏离向东的方向，那么方程(9.1.18)应当修改成

$$d\tau \approx \left[1+\frac{gh}{c^2}-\frac{1}{2c^2}(v^2+2\Omega Rv\cos\theta\cos\varphi)\right]d\tau_0 \tag{9.1.19}$$

其中$\cos\varphi$是纬度余弦(在赤道平面内$\varphi=0°$)，$v\cos\theta$是速度v在向东方向上的分量. 在实际实验中，飞行原子钟的速度v及高度h都随时间而变化. 因此，当原子钟绕地球航行一周后回到地面而与地面原子钟比较它们的读数时，两只原子钟的读数之差应由方程(9.1.19)的积分给出

$$\Delta\tau=\int(d\tau-d\tau_0)=\int\left[\frac{gh}{c^2}-\frac{1}{2c^2}(v^2+2\Omega Rv\cos\varphi\cos\theta)\right]d\tau_0 \tag{9.1.20}$$

式中，右边第一项是引力的贡献，它总是正的，即地面上的原子钟比空中的原子钟走得慢；第二项和第三项是运动学效应，其中第三项的正负特性与飞行速度和方向有关，对于向东飞行的原子钟这一项是负的，向西飞行时这一项是正的.

1971 年，Hafele 和 Keating 完成了这种实验[6,7]. 他们将四只铯原子钟放到飞机上，飞机在赤道平面附近高速向东及向西绕地球航行一周后回到地面，然后将飞机上的四只铯原子钟与一直静止在地面上的铯原子钟的读数进行比较，发现向东飞行时四只原子钟的读数比地球上的原子钟读数平均慢了59×10^{-9} s；而向西飞行时四只铯原子钟的读数比地球上的铯原子钟的读数平均快了273×10^{-9} s. 在实验误差之内这些结果与方程(9.1.20)的预言值相符(见表 9.1 所示，狭义相对论效应和广义相对论效应不能分开).

表 9.1 环球航行原子钟实验结果与相对论预言的比较

			$\Delta\tau$(飞行原子钟读数减去地面钟读数，以 10^{-9}s 为单位)	
			向东航行	向西航行
实验结果	四只原子钟编号	120	−57	+277
		361	−74	+284
		408	−55	+266
		447	−51	+266
	平均值		−59±10	+273±7

续表

		Δτ(飞行原子钟读数减去地面钟读数，以 10^{-9}s 为单位)	
		向东航行	向西航行
方程(9.1.20)给出的预言值	引力效应	144±14	179±18
	运动学效应	−184±18	96±10
	总的净效应	−40±23	275±21

最后，我们简单分析一下这个实验. 如果我们取高度 $h=0$，即飞机擦地面飞行，那么在非转动的 Σ 系中的观察者看来，飞机上的钟与地面上的钟走的是同一条圆形轨道(假定两只钟都在地球赤道平面内). 在飞机相对于地面向东飞行时，在 Σ 系看来飞机上的钟总是比地面上的钟速度快，方程(9.1.20)给出 $\Delta\tau<0$，即向东飞行的钟总是比地面钟走得慢. 在飞机向西飞行时，$\Delta\tau$ 的符号要视飞机飞行速度 v 的大小而定：若 $v<2\Omega R$，即在非转动系 Σ 中的观察者看来，地面钟的速度比飞行钟的速度大，方程(9.1.20)给出 $\Delta\tau>0$，地面钟比飞机上的钟走得慢；若 $v=2\Omega R$，此时地面上的钟与飞机上的钟在同一条圆轨道内以大小相等的速度向相反的方向运动，由方程(9.1.20)给出 $\Delta\tau=0$，即两只钟的速率相同；若 $v>2\Omega R$，即地面钟的速度比飞机速度小，方程(9.1.20)给出 $\Delta\tau<0$，地面钟比飞机上的钟走得快. 综上所述我们可以看到，运动钟的速率快慢并不是确定的. 在惯性系中做圆周运动的钟比静止不动的钟走慢了，而且切向速度越大的钟走得越慢. 但是，当两只钟在同一圆周轨道内以大小相等的速度反向飞行时，虽然这两只钟相互之间有相对运动存在，但这两只钟重新会合时它们的读数仍然是相同的. 与本章参考文献[8]的观点不同，上述不对称的现象与转动圆盘的横向多普勒频移实验的结果是相同的(见 9.2.4 节中的 2). 这表明，狭义相对论的时间膨胀效应只有在惯性系中使用才能给出正确的预言.

9.1.3　飞行介子的寿命增长

狭义相对论时间膨胀的另一个例子是运动中的放射性粒子其平均衰变寿命将比静止时的平均寿命(固有寿命)增大 γ 倍，$\gamma=(1-v^2/c^2)^{-1}$ 是洛伦兹变换中的膨胀因子.

设初始时刻($t=0$)静止在实验室中的放射性粒子的数目是 N_0，在 t 时刻剩下的未衰变的粒子数目是 N，根据放射性指数衰变定律有

$$N=N_0\mathrm{e}^{-t/\tau_0} \tag{9.1.21}$$

其中，参数 τ_0 是静止粒子的平均衰变寿命(或称为固有寿命)，即当 $t=\tau_0$ 时未衰变的粒子数目 N 为原始数目 N_0 的 $1/\mathrm{e}$ 倍.

如果放射性粒子相对于实验室以速度 v 运动，那么，按照狭义相对论的时间膨

胀效应，方程(9.1.21)的时间t应换成t/γ. 因此，对于运动的粒子，衰变规律仍然可以写成与方程(9.1.21)相类似的形式

$$N = N_0 \mathrm{e}^{-t/\gamma\tau_0} = N_0 \mathrm{e}^{-t/\tau} \tag{9.1.22a}$$

其中

$$\tau = \gamma\tau_0 \tag{9.1.22b}$$

τ称为以速度v运动的放射性粒子的平均衰变寿命，它比固有寿命τ_0增大了γ倍，这是时间膨胀效应的直接结果.

方程(9.1.22)也可以写成

$$N = N_0 \mathrm{e}^{-vt/v\tau} = N_0 \mathrm{e}^{-x/\lambda} \tag{9.1.23a}$$

$$\lambda = v\tau = v\tau_0 / \sqrt{1-v^2/c^2} = p\tau_0 / M_0 \tag{9.1.23b}$$

其中，$x=vt$是粒子在时刻t到达的距离，λ称为粒子的平均自由程，即当$x=\lambda$时，$N/N_0=\mathrm{e}^{-1}$，M_0是粒子的静质量，p是动量.

用实验来验证方程(9.1.22)或(9.1.23)可以采用两种方式. 一是测量放射性粒子通过一个给定的路程x后发生衰变的数目. 在实验中常常不去直接观测粒子的衰变数目，而是在两个不同地点探测未衰变粒子的数目. 另一种方法是测量粒子衰变速率与粒子速度(或粒子动量)的关系. 用这两种方法都可以确定飞行粒子所遵循的衰变规律，即可以确定飞行粒子的平均寿命τ. 然后将其同方程(9.1.22b)的计算值进行比较，其中计算τ时方程，方程(9.1.22b)的γ值，是用飞行粒子的动量(或能量)通过狭义相对论的能量、动量表达式($p=\gamma M_0 v$或$E=\gamma M_0 c^2$)计算出来的(即理论预言值). τ_0则是使飞行粒子在靶(用固态或液态物质做的)停止下来之后，而测得的静止粒子的固有寿命.

第一个这类实验是Rossi和Hall在1941年观测宇宙线的μ子的衰变速率与动量的关系，实验结果与方程(9.1.23b)的理论预言相符[9]. 之后，人们对宇宙线和加速器产生的介子进行过类似测量.

1. 宇宙线中的μ子

μ子首先是在宇宙线中发现的. 使飞行的μ子停在吸收体内，然后测量μ子的衰变过程$\mu \to \mathrm{e} + \nu_\mu + \bar{\nu}_\mathrm{e}$放出的电子($\nu_\mu$是中微子，$\bar{\nu}_\mathrm{e}$是反中微子)，得到的静止μ子的固有寿命是$\tau_0 = 2.2\times10^{-6}$ s.

宇宙线中的μ子，一般是在高空大气层(约10～20km的高空)中，是由初级宇宙射线与原子核相互作用产生的π介子衰变($\pi \to \mu + \nu_\mu$)而来的. 这些μ子有很大一部分能够到达海平面，这就是说，μ子的平均自由程至少也要几十km. 但是，如果这些飞行μ子的平均寿命仍视为$\tau_0 = 2.2\times10^{-6}$ s，那么即使这些μ子以光速c运

动，它们在衰变以前走过的平均路程也只有 $c\tau_0 = 660\,\text{m}$. 所以，这与大部分 μ 子能到达海平面这一事实是矛盾的. 要解决这种矛盾，要么认为运动 μ 子的衰变寿命比固有寿命增长了 γ 倍，要么猜想 μ 子是以超光速 γv 运动的. 基本粒子的各种实验还没有确定有超过光速的粒子存在，例如，1955 年 Chamberlain 等人[10]测量了动量为1.19GeV/c 的 π 介子和反质子走过 40 英尺的距离所用的时间. 他们测得 π 介子飞行时间是 $38\times10^{-9}\,\text{s}$，而反质子的飞行时间是 $51\times10^{-9}\,\text{s}$. 如果使用狭义相对论给出的动量公式 $p = m_0 v/\sqrt{1-v^2/c^2} = 1.19\text{GeV/c}$ 算出速度 v，那么相应的飞行时间 (40 英尺/v) 与实验测得的相符合. 因此，人们一般认为高空 μ 子的速度小于光速，而平均寿命则比固有寿命增长了 γ 倍. 当然，对于宇宙线 μ 子能够到达海平面，也可以等价地用长度收缩效应来解释，即在约 20km 的高空产生的 μ 子，对于与 μ 子一起运动的观察者来说，其寿命就是固有寿命，但是到海平面的距离则比 20km 缩短了 γ 倍.

2. 测量宇宙线 μ 子寿命

1941 年，Rossi 和 Hall 首次观测了宇宙线中的 μ 子的衰变速率随 μ 子动量的变化，他们的结果与方程(9.1.23b)的理论预言一致. 1963 年，Frisch 和 Smith[11]也测了宇宙线中 μ 子的衰变寿命，他们分别在高空和海平面测量了 μ 子的数目(两者之差就是 μ 子在飞行中衰变的数目). 同时还测了停下来的 μ 子的固有寿命 $\tau_0 = (2.21\pm 0.003)\times10^{-6}\,\text{s}$. 最后实验得到 $\gamma_{\text{实验}} = \tau/\tau_0 = 8.8\pm0.8$. 另外，用测得的 μ 子的平均能量，由狭义相对论的能量公式 $E = \gamma m_\mu c^2$ 算得 $\gamma_{\text{理论}} = 8.4\pm2.0$. 可见，在实验误差以内理论预言与实验测量值相符.

3. 测量加速器产生的介子的寿命

随着加速器的产生和发展，在高能物理领域，人们不断揭示着微观世界的秘密. 用大加速器产生的极高能量的光子、电子或质子轰击原子核靶，发现了许多种类型的介子，它们以接近光速的速度运动着，从而为人们测量衰变寿命的时间膨胀效应提供了有力的手段. 例如，加速器提供的 π 介子，其质量约为电子质量的 273 倍，即 140MeV，它通常衰变成 μ 子和中微子 ν_μ. μ 子的质量是电子质量的 208 倍(即 106MeV)，它又衰变成一个电子和正反中微子 $(\nu_\mu, \bar{\nu}_e)$，即 $\pi \to \mu + \nu_\mu\,(\mu \to e + \nu_\mu + \bar{\nu}_e)$. 所以，可以利用加速器产生的这些介子，测量它们在飞行中的衰变规律，看其是否与方程(9.1.22a)一致，这也将为检验时间膨胀效应方程(9.1.22b)提供实验证据.

使飞行的 π 介子在其衰变之前停止在核靶中，然后测量它们的衰变规律，得到的静止 π 介子的平均寿命(固有寿命) $(\tau_0)_\pi = 2.60\times10^{-8}\,\text{s}$. 同样，使飞行的 μ 子在其衰变以前停止在核靶中，测得的 μ 子的固有寿命是 $(\tau_0)_\mu = 2.20\times10^{-6}\,\text{s}$.

1951 年 Lederman 等人[12]测量了加速器产生的飞行 π^- 介子衰变 $\pi^- \to \mu^- + \nu^0$，得到平均自由程 $\lambda = (9.93 \pm 1.10)\,\text{m}$，这相当于飞行 π^- 介子的衰变寿命是 $\tau = (4.55 \pm 0.52) \times 10^{-8}\,\text{s}$. 在 π^- 介子静止系中，利用方程(9.1.22b)，由测得的飞行 π^- 介子寿命 τ 得到 $\tau_0 = (2.92 \pm 0.32) \times 10^{-8}\,\text{s}$. 这与直接测量静止 π 介子得到的固有寿命 $\tau_0 = 2.60 \times 10^{-8}\,\text{s}$，在 ~10% 精度上是一致的.

1952 年 Durbin 等人[13]报道了另一个测量飞行 $\pi^\pm$ 介子寿命的实验，衰变规律服从方程(9.1.23)，其中平均自由程 $\lambda = (8.5 \pm 0.6)\,\text{m}$，相应于 $\tau = (3.8 \pm 0.3) \times 10^{-8}\,\text{s}$. 由此可以得到 $\gamma_{\text{实验值}} = \tau / \tau_0 = 1.5$. 另外，实验中 $\pi^\pm$ 介子的速度 $v \approx 0.75c$，相应的膨胀因子 $\gamma_{\text{预言}} = 1/\sqrt{1 - v^2/c^2} \approx 1.5$，即与实验测量值一致[14].

1969 年 Greenberg 等人[15]利用加速器的质子束打在铍靶上产生的荷电 $\pi^\pm$ 介子，在其飞行的直线路程上的几个不同位置测 $\pi^\pm$ 的数目，得到 $\pi^\pm$ 寿命的实验值 $(\tau - \tau_0)$ 与狭义相对论的预言值 $(\gamma - 1)\tau_0$ 在 0.4%的精度内相符合，即在 0.4%的精度内实验证明了方程(9.1.22)的正确性.

1971 年 Ayres 等人[16]也测量了飞行 $\pi^\pm$ 介子的寿命. $\pi^\pm$ 介子的速度是 $0.92c$，相应的时间膨胀因子 $\gamma = 2.44$. 通过测量飞行 $\pi^\pm$ 介子的衰变和飞行时间，得到 $\pi^\pm$ 介子的固有寿命 $\tau_0 = 26.02 \pm 0.04$ 毫微秒. 这个值与静止 $\pi^\pm$ 介子寿命的实验值在 0.4%以内相符合.

关于飞行 μ 子的寿命，欧洲核子研究中心(CERN)的实验小组在 1966～1972 年进行过多次测量. 他们观测的是在存储环中沿圆形轨道飞行的 μ 子束，结果都与狭义相对论预言符合. 例如，1968 年 Farley 等人[17,18]给出的实验值如下：μ^- 子的速度是 $\beta = 0.996$，与此相应的膨胀因子是 $\gamma \approx 12$，测得的飞行 μ^- 子的平均寿命是 $\tau = (26.15 \pm 0.03) \times 10^{-6}\,\text{s}$，实验精度达到 0.1%. 但是，狭义相对论的预言值是 $\tau = \gamma\tau_0 = 26.72 \times 10^{-6}\,\text{s}$. 由此看到，实验值与理论值有约 2% 的偏差，这种偏差被认为是由于存储环中 μ 子的损失造成的. 后来，Bailey 等人在 1972 年[19]宣布，对同样的 μ 子进行测量的结果，在 1.1% 的精度内与狭义相对论的预言值相符合. 1977 年，Bailey 等人测量了 $\gamma = 29.33$ 的 $\mu^\pm$ 子，精度提高了一个量级[20].

此外，也有一些测量飞行 $K^\pm$ 介子寿命的实验. 例如，1959 年 Burrowes 等人[21]测量了 1GeV 的 $K^\pm$ 介子的寿命，所得结果在 5% 的精度内与狭义相对论预言值相符.

9.2 二阶多普勒频移效应

1842 年多普勒首先指出，光源的运动有可能影响光谱线的位置. 1868 年哈金斯(Huggins)在远离地球的星体所发射的光谱线中首先观察到了谱线的多普勒移动现象. 之后，利用地球上的运动光源所做的实验也证实了这一现象. 例如，1895 年加利齐(Galizi)和贝尔波斯基(Belepolsky)观测了光在运动平面镜上的反射频移现象；1906 年斯塔克(Stark)测量了快速运动氢原子束(氢的极隧射线)发射的光谱线的移动. 这些实验的结果都与经典理论或狭义相对论预言的一阶多普勒移动相符合.

在第 1 章我们已经介绍过，狭义相对论预言的多普勒频移效应由方程(1.6.46)给出，即

$$\nu' = \nu \frac{1-\beta\cos\theta}{\sqrt{1-\beta^2}} \tag{9.2.1}$$

其中，ν' 和 ν 分别是 Σ' 系和 Σ 系中的观察者测得的频率，$\beta \equiv v/c$，v 是 Σ' 系相对于 Σ 系的速度，角 θ 是 Σ 系中的观察者测得的光线方向与速度 v 的方向之间的夹角. 1.6.7 节中的推导可以明确地看到，在(9.2.1)中，一阶项是经典理论(非相对论理论)的多普勒频移效应，二阶项来自狭义相对论时间膨胀的多普勒频移效应. 特别是 $\theta = 90°$ (横向)的时候，一阶项为零，只剩下二阶项. 就是说，二阶多普勒频移(特别是横向频移)的实验检验的是狭义相对论的时间膨胀预言.

9.2.1 星载原子钟实验

1. GP-A 实验

1979 年和 1980 年 Vessot 等人[23,24]报道了引力探测器 Gravity Probe-A (GP-A)的实验结果(1976 年 GP-A 的引力红移实验)，声称验证了光信号的相对论红移的预言，精度是 7×10^{-5}. 该实验是美国国家宇航局(NASA)和史密松天体物理台联合进行的，使用四级火箭几近垂直地把航天器发射到高空(图 9.3(a)中的 A 点)，航天器与火箭分离后自由上升到 10000km 的高度(图 9.3(a)中的 B 点)然后自由落体直到落入大西洋(图 9.3(a)中的 C 点). 航天器上携带氢原子微波钟，在航天器从 A 点升到 B 点再落到 C 点这一段自由运动期间进行实验，通过上行和下行双向链路测量星载氢钟与地面站同类氢原子钟微波信号的频率差. 相对论预言是[22]

$$\frac{\nu_{\rm s}-\nu_{\rm e}}{\nu_{\rm e}} = \frac{\varphi_{\rm s}-\varphi_{\rm e}}{c^2} - \frac{(\boldsymbol{u}_{\rm e}^2-\boldsymbol{u}_{\rm s}^2)^2}{2c^2} - \frac{\boldsymbol{r}_{\rm se}\cdot\boldsymbol{a}_{\rm e}}{c^2} \tag{9.2.2}$$

式中，右边第一项是引力红移，第二项是狭义相对论时间膨胀的二阶多普勒频移，这两项如同 9.1.2 环球航行的原子钟实验中的狭义相对论加广义相对论预言(9.1.18)；第三项是残余的一阶多普勒移动——来自于航天器与地面站之间的电磁信号传递时间 $|\boldsymbol{r}_{\rm se}/c|$ 之内地面站的加速度 $\boldsymbol{a}_{\rm e}$，其中 $\boldsymbol{r}_{\rm se}$ 是航天器到地面站的矢量(图 9.3(c)).

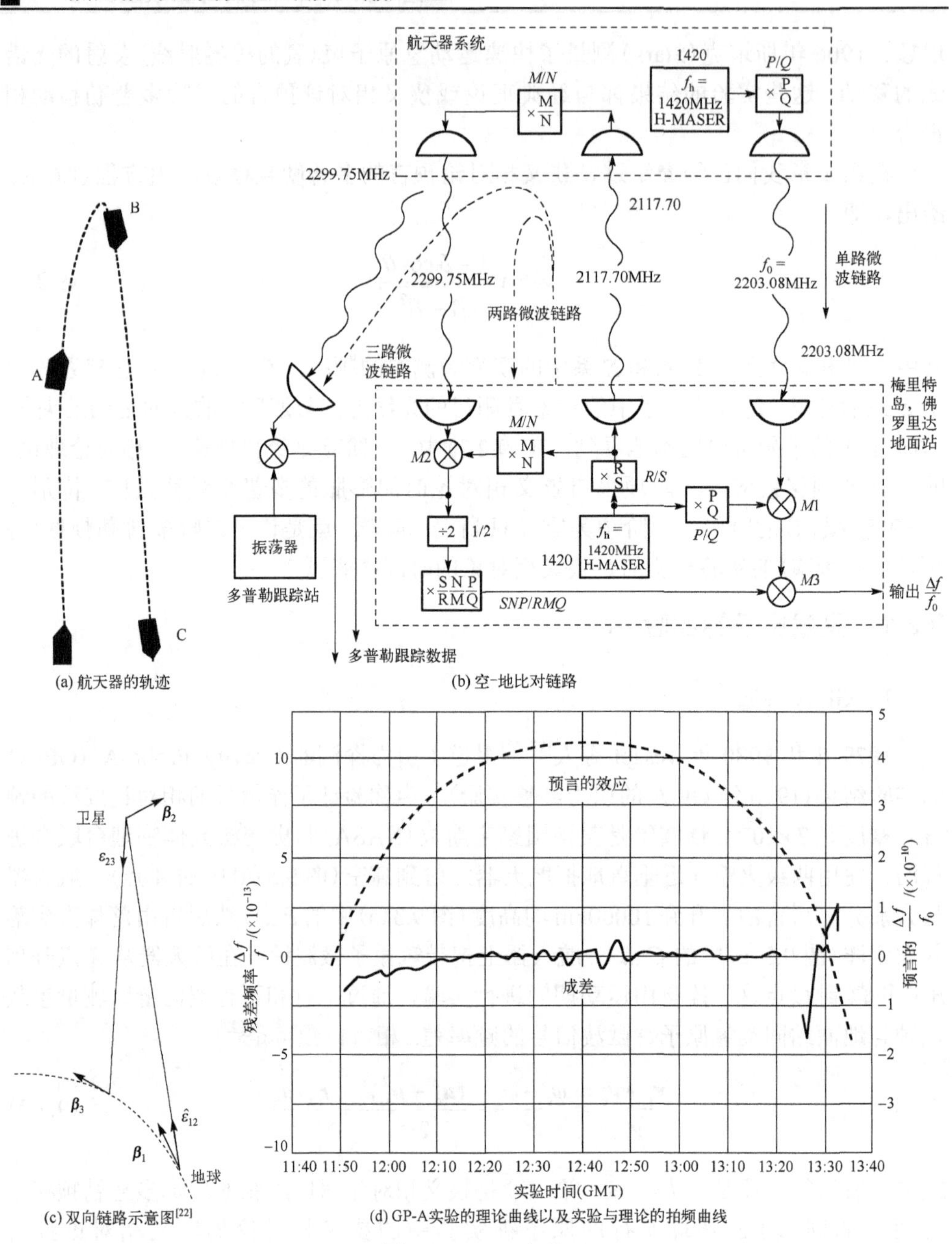

(a) 航天器的轨迹

(b) 空-地比对链路

(c) 双向链路示意图[22]

(d) GP-A实验的理论曲线以及实验与理论的拍频曲线

图 9.3　GP-A 实验

实验开始于最后一级火箭分离之后的 11:46GMT(格林威治时间). 航天器上升期间慢下来，因而二阶多普勒移动和拍频变小. 在 11:49GMT，引力红移和二阶多普勒移动相等符号相反，此时是零拍频及位相相反. 12:40GMT 到达最高点，红移大约是 0.9Hz. 在下降的时间 13:31GMT 再次出现零拍频，随后拍频增大直到 13:36GMT 航天器落入大西洋.

GP-A 实验测量的不准确度由下列方程给出[25]：

$$\frac{\nu_{\mathrm{s}}-\nu_{\mathrm{e}}}{\nu_{\mathrm{e}}}=[1+(2.5\pm 70)\times 10^{-6}]\times\left[\frac{\varphi_{\mathrm{s}}-\varphi_{\mathrm{e}}}{c^2}-\frac{(\boldsymbol{V}_{\mathrm{e}}-\boldsymbol{V}_{\mathrm{s}})^2}{2c^2}-\frac{\boldsymbol{r}_{\mathrm{se}}\cdot\boldsymbol{a}_{\mathrm{e}}}{c^2}\right] \tag{9.2.3}$$

即在 70×10^{-6} 的精度上与广义相对论的引力红移与狭义相对论的二阶多普勒频移的总效应预言相符合(理论与实验的拍频曲线见图 9.3(d)).

2. 伽利略卫星实验

2019 年 Delva 等人[25]分析了伽利略卫星(Galileo satellite)引力红移实验的数据，该实验受欧州航天局(ESA)资助在法国巴黎天文台完成. 实验观测了星载氢钟与地面氢钟差频的周期性变化. 通过对大椭圆轨道卫星的 1008 天数据的分析，得到对引力红移的偏离是 $(0.19\pm 2.48)\times 10^{-5}$ (1σ 置信度)，比以往最精确的 GP-A 实验结果，即方程(9.2.3)的精度提高了 5.6 倍. 为了检验他们的分析方法的可靠性，他们还分析了两颗近圆轨道伽利略卫星的 899 天的数据，获得对引力红移预言的偏离是 $(0.29\pm 2.00)\times 10^{-2}$ (也是 1σ 置信度).

9.2.2 氢的极隧射线实验

在氢的极隧射线管中，电极放电产生的氢离子(H_2^+ 和 H_3^+)被强电场加速、准直，形成快速运动的氢离子束(氢的极隧射线). 这种快速运动的氢离子束被作为运动的光源，将它们发射的光谱线频率与静止氢的光谱线频率进行比较，可以得到谱线的多普勒移动. 1906 年，斯塔克等人最早使用氢的极隧射线测量了氢光谱的多普勒移动，证明了狭义相对论和经典理论所预言的一阶多普勒频移的正确性. 在他们的实验中，二阶效应太小不足以观测到. 要测量二阶多普勒移动，必须重新设计实验. 以往的设计都是在极隧射线的垂直方向上进行的，即测量横向多普勒频移. 前面已经指出，做横向测量十分困难，测量方向稍微偏离垂直方向就会引入 β 的一阶效应而使实验难于观测二阶效应. 后来，改进了实验测量技术，一方面把氢原子的速度限制在更加小的范围内，光谱线变得更加敏锐；另一方面，不是在垂直方向上而是在氢束的前后两个相反方向上观测，其中一个方向上放有一块平面反射镜，把光线反射到另一个方向上一同来观测(见图 9.4)[26].

为了看到这种设置的优越性，将多普勒频移方程(1.6.28)展开成 $\beta=v/c$ 级数并略去 β^3 及其以上的小项后给出

$$\omega=\omega_0+\omega_0(\beta\cos\theta+\beta^2\cos^2\theta)-\omega_0\frac{1}{2}\beta^2 \tag{9.2.4}$$

其中，第二项和第三项分别称为纵向频移和横向频移. 纵向频移的导数在$\theta=90°$时最大，所以$\theta=91°$的纵向频移具有横向频移的量级，而且有限的立体角会使90°的频移造成很大的展宽. 在0°和180°附近测量可以规避这个困难，因为在这样的角度纵向频移随角度的变化缓慢. 当然，在这种角度也测量了纵向频移，用以确定v/c的数值. 1938年艾夫斯(Ives)和史迪威(Stilwell)使用图9.4所示的装置.

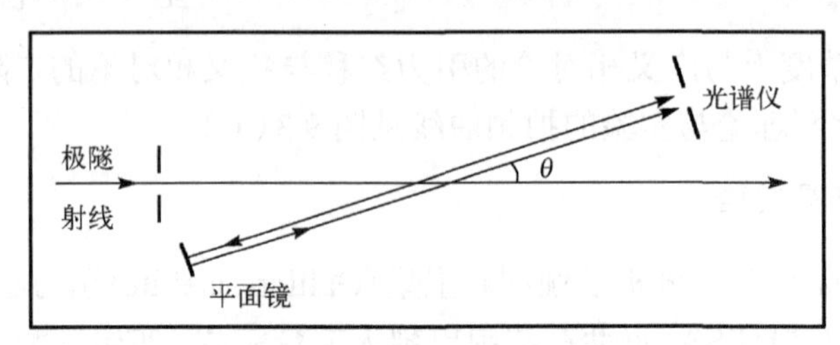

图9.4　艾夫斯-史迪威极隧射线实验示意图

现在，利用狭义相对论来计算图9.4中的两条光线的多普勒移动. 设极隧射线向前发射的直接进入光谱仪的光线其波长是λ，它比静止氢的光谱线的波长λ_0要小一些(蓝移). 而向相反方向(向后)发射的光线的波长用记号λ_r表示，它比λ_0要大一些(红移)，这束光线经静止在实验室中的平面镜反射180°后再进入光谱仪，由反射定律知道，反射光的波长仍然是λ_r. 所以，可由光谱仪拍摄下的谱线照片来确定λ_0、λ、λ_r. 在图9.4中，对波长为λ的光线的观测角是θ，对λ_r光线的观测角是$180°+\theta$. 对于这两种情况，多普勒频移方程(1.6.28)给出(将角频率换成波长)

$$\lambda=\lambda_0\frac{(1-\beta\cos\theta)}{\sqrt{1-\beta^2}} \tag{9.2.5a}$$

$$\lambda_r=\lambda_0\frac{(1+\beta\cos\theta)}{\sqrt{1-\beta^2}} \tag{9.2.5b}$$

由此定义$\lambda_\pm$如下：

$$\lambda_+=\frac{1}{2}(\lambda_r+\lambda)=\lambda_0\frac{1}{\sqrt{1-\beta^2}} \tag{9.2.6a}$$

$$\lambda_-=\frac{1}{2}(\lambda_r-\lambda)=\lambda_0\beta\cos\theta\frac{1}{\sqrt{1-\beta^2}} \tag{9.2.6b}$$

方程(9.2.6a)表明，λ_+与λ_0的关系如同横向多普勒效应，在二阶近似下成为

$$\lambda_+-\lambda_0\approx\lambda_0\frac{v^2}{2c^2} \tag{9.2.7}$$

方程(9.2.7)就是用来与极隧射线实验结果进行比较的基本关系式，它的左边包含λ_0、λ、λ_r. 这三个量可以用光谱仪直接测量出来. 方程(9.2.7)的右边可以用两种方法计算出来(作为理论预言值). 一种方法是光学方法，用光学量来计算，即可由方程(9.2.6b)得到

$$\lambda_0 \frac{v^2}{2c^2} \approx \frac{(\lambda_r - \lambda)^2}{8\lambda_0 \cos^2\theta} \tag{9.2.8}$$

另一种方法是电学方法. 为此我们假定加速氢离子的电压是V，氢离子所带电荷为e，因此氢离子在电场加速中获得动能$K = eV$. 此外，动能公式在最低次近似下$K \approx M_0 v^2/2$，其中M_0是被加速粒子的静质量，v是加速过程完成后粒子达到的速度. 所以有

$$eV = \frac{1}{2} M_0 v^2 \tag{9.2.9}$$

或者写成

$$\lambda_0 \frac{v^2}{2c^2} \approx \lambda_0 \frac{eV}{M_0 c^2} \tag{9.2.10}$$

在实验中，方程(9.2.7)左边是实验测量值，右边的大小由方程(9.2.8)或(9.2.10)计算出来(作为理论预言值). 使用方程(9.2.10)与实验测量比较还包含着对电学公式(9.2.9)的承认.

1938 年，艾夫斯和史迪威用图 9.4 所示的原理首先测量了氢的极隧射线光谱线的二阶移动[26]. 实验结果与方程(9.2.7)～(9.2.10)相符. 他们做这个实验的目的并不是要检验狭义相对论，因为利用收缩以太说也同样可得到方程(9.2.6)～(9.2.10). 艾夫斯曾反复强调，他不采用光速不变原理，而采用收缩以太理论. 他指出，为了解释肯尼迪-桑代克实验(参见 8.1.1 节)，必须假设在以太中运动的钟将变慢$(\sqrt{1-\beta^2})^{n-1}$倍，其中参数n不能从以往的实验确定下来，他建议做极隧射线实验来确定n的数值[27]. 艾夫斯-史迪威实验结果表明$n=0$，即证明了拉莫尔-洛伦兹假设：在以太中运动的时钟变慢γ倍. 但是，后来人们普遍将艾夫斯-史迪威实验看作是验证狭义相对论时间膨胀所预言的二阶多普勒频移的第一个高精度实验. 现在我们将这个实验的结果引述如下.

1938 年在艾夫斯-史迪威实验中[26]，观测角$\theta = 7°$ (见图 9.4)，实验测量了氢的 4861Å 蓝绿色H_β光谱线.

他们在预备性实验中检验了方程(9.2.9)与方程(9.2.6b)之间的一致性. 结果在表 9.2 中列出，其中，第四列“$\lambda_0 \frac{v}{c}$的计算值”里的v是用方程(9.2.9)算得的；第

五列“$\frac{\lambda_-}{\cos 7°}$观侧值”中的$\lambda_-$由方程(9.2.6b)定义，它由观测的$\lambda_r$、$\lambda$的值给出. 从表 9.2 可以看到，计算值与观测值相符.

表 9.2 方程(9.2.6b)与(9.2.9)的比较

底片号数	电压/V	被观测的粒子	$\lambda_0 \frac{v}{c}$ 的计算值/Å	平均观测的$\Delta\lambda$值 ($\lambda_-/\cos 7°$)
169	6788	H_3	10.62	10.35
160	7780	H_2	14.04	14.02
163	9180	H_2	15.30	15.40
170	10574	H_2	16.31	16.49
165	11566	H_3	13.88	14.07
172	13560	H_2	18.50	18.67
172	13560	H_3	15.05	15.14
177	18350	H_2	21.55	21.37

他们的实验的最后结果由图 9.5 和表 9.3 给出. 在图 9.5 中给出了三种不同加速电压情况下的多普勒移动谱线，其中心谱线是静止氢原子发射的H_β谱线，在中心谱线两侧各有两条发生了多普勒移动的光谱线，它们分别是快速运动的H_2和H_3(或者二倍和三倍氢原子集团)发射的光谱线. 表 9.3 给出了数值结果，其中第四列“由电压算得的$\lambda_0\left(\frac{1}{2}\frac{v^2}{c^2}\right)$”是指用方程(9.2.10)算出的数值；第五列“$\frac{1}{2}\left(\lambda_0\frac{v^2}{c^2}\right)$”是用方程(9.2.8)算出的值；第六栏“$\Delta\lambda$”就是方程(9.2.7)的左边，即$\Delta\lambda \equiv \lambda_+ - \lambda_0$. 由表 9.3 可以看出，实验结果与方程(9.2.7)～(9.2.10)相符合.

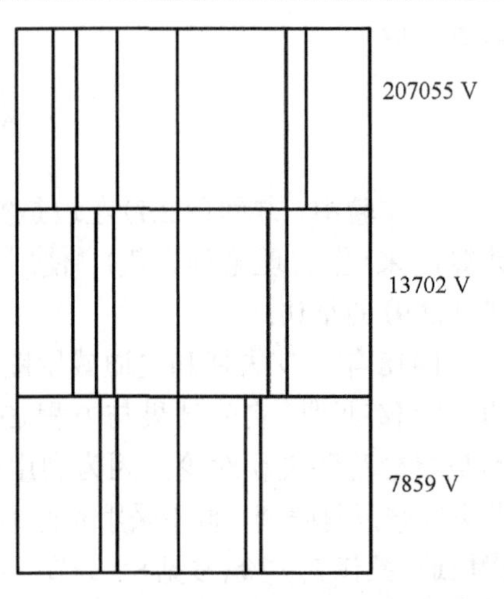

图 9.5 用三种不同的电压摄制的光谱线

表 9.3 实验结果与理论预言的比较

底片号数	电压/V	观测的粒子	由电压算得的 $\lambda_0\left(\frac{1}{2}\frac{v^2}{c^2}\right)$/Å	由观测的$\Delta\lambda$ 算得的 $\lambda_0\left(\frac{1}{2}\frac{v^2}{c^2}\right)$/Å	观测的$\Delta\lambda$ 值/Å
169	6788	H_3	0.0116	0.0109	0.011
160	7780	H_2	0.0203	0.0202	0.0185

续表

底片号数	电压/V	观测的粒子	由电压算得的 $\lambda_0\left(\frac{1}{2}\frac{v^2}{c^2}\right)$/Å	由观测的$\Delta\lambda$ 算得的 $\lambda_0\left(\frac{1}{2}\frac{v^2}{c^2}\right)$/Å	观测的$\Delta\lambda$ 值 /Å
163	9187	H_2	0.0238	0.0243	0.0225
170	10574	H_2	0.0275	0.0280	0.027
165	11566	H_3	0.0198	0.0203	0.0205
172	13560	H_2	0.0352	0.0360	0.0345
172	13560	H_3	0.0233	0.0237	0.0215
177	18350	H_2	0.0478	0.0469	0.047

1941 年艾夫斯和史迪威重复了他们以前(1938 年)的实验[28]，其结果仍然给出了相同的结论.

1939 年，Otting 重做过这类实验，他测量了氢极隧射线的 H_α 的光谱线的二阶多普勒移动[29]. 后来，1971 年 Kantor[30]分析了 Otting 的数值计算，认为在他的实验中并没有测量静止氢原子的 H_α 谱线的波长 λ_0，而用的是 1914 年 Curtis 给出的测量值 $\lambda_0 = 6562.793$ Å，若改用后来的测量值代入，则测量值($\lambda_+ - \lambda_0$)与方程(9.2.10)右边的计算值差别较大.

1962 年，Mandelberg 和 Witten[31]又重新测量了氢极隧射线 H_α 谱线的二阶多普勒频移. 但是，他们也没有测量 λ_0，而是像 Otting 那样使用了以前的值 $\lambda_0 = 6562.793$ Å，这样处理的实验结果与理论预言符合，即证明了方程(9.2.7)和(9.2.8)的一致性.

1979 年 Hasselkamp、Mondry 和 Scharmann 报道了他们的类艾夫斯-史迪威实验的结果[32]. 他们测量了由具有速度 $(2.53 \sim 9.28) \times 10^8$cm/s 的快速运动的氢原子发射的 H_α 谱线的二阶多普勒移动. 但是其中有一个显著变化：这是第一次观测移动光源的横向多普勒二阶频移(参见图 9.6)，而上面介绍的实验都是纵向观测.

在图 9.6 所示的实验装置中，氢束发射的电磁辐射被汇聚到单色光镜入口，然后由光栅分散，之后由具有单光子计数模式的光电倍增管探测. 二阶多普勒移动的系数的观测值是 0.52 ± 0.03，其与 1/2 的理论值符合很好.

9.2.3 原子核俘获反应中的γ 射线发射

上面介绍的极隧射线实验，实际测量的是可见光的纵向(朝前和向后)的多普勒频移. 用测得的一阶移动确定(计算)光源的速度，然后再与直接测量的二阶移动值进行比较.

1973 年 Olin 等人[33]观测了原子核俘获反应发射的 10.09 ± 0.41keV γ 射线的二阶多普勒移动. 他们的方法类似于艾夫斯-史迪威实验，即在 0°和 180°测量纵向和横向多普勒移动. 在这个实验中，γ射线源是原子核俘获反应($O^{16}+He^{4}\rightarrow Ne^{20*}$)的产物$Ne^{20}$. 该俘获反应产生的$Ne^{20}$反冲原子束既准直又具有极其锐利的速度分布. 实验中用了两种具有反冲速度的Ne^{20*}：一种是用能量为27.7MeV的O^{16}离子束轰击He^{4}靶产生的反冲Ne^{20*}，其速度是$0.0487c$；另一种是用6.93MeV的He^{4}离子束轰击O^{16}靶而产生的Ne^{20*}，其反冲速度是$0.012c$，测量这两种Ne^{20*}在飞行中朝前(0°)和向后(180°)发射的γ光子的能量.

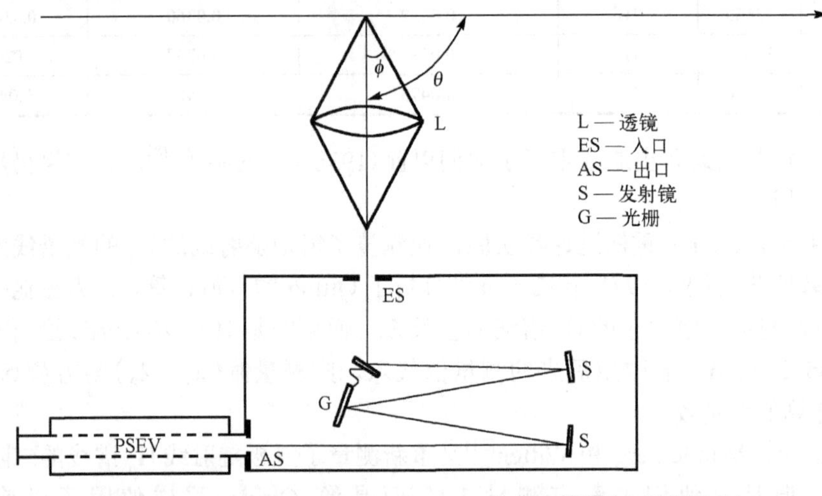

图 9.6　Hasselkamp-Mondry-Scharmann 实验简图(θ是观测角)

为了与实验数据比对，利用光子的能量-频率关系$E=\hbar\omega$把多普勒频移公式(1.6.46)中的角频率换成能量后变为

$$E(\theta)=\frac{E_0\sqrt{1-\beta^2}}{1-\beta\cos\theta} \tag{9.2.11}$$

其中，来自时间膨胀的收缩因子$\sqrt{1-\beta^2}$将由实验检验. 为此，把它用β的任意函数$F(\beta)$取代，则(9.2.11)变成

$$E(\theta)=\frac{E_0F(\beta)}{1-\beta\cos\theta} \tag{9.2.12}$$

其中，E_0是静止的Ne^{20*}所发射的γ射线能量，θ是反冲速度β与γ射线传播方向之间的夹角，$F=1$是经典物理的结果.

方程(9.2.12)给出

$$\beta\langle\cos\theta\rangle=[\bar{E}(0°)-\bar{E}(180°)]/[\bar{E}(0°)+\bar{E}(180°)] \tag{9.2.13}$$

其中，$\bar{E}$是探测器测得的γ射线的平均能量，$\cos\theta$在探测的立体角内取平均.

$\langle\cos\theta\rangle$ 是 0.9963 ± 0.0010，实验中测量的是 $\bar{E}(0^\circ)$ 和 $\bar{E}(180^\circ)$. 狭义相对论的检验可以通过对下面的比率来进行：

$$R\equiv\frac{F(\beta)^{(\mathrm{O}^{16}束)}}{F(\beta)^{(\mathrm{He}^{4}束)}} \tag{9.2.14}$$

本实验对这个比率的观测值是

$$R_{\mathrm{obs.}}=\frac{\left(\dfrac{1}{\bar{E}(0^\circ)}+\dfrac{1}{\bar{E}(180^\circ)}\right)^{\mathrm{He}^4束}}{\left(\dfrac{1}{\bar{E}(0^\circ)}+\dfrac{1}{\bar{E}(180^\circ)}\right)^{\mathrm{O}^{16}束}}=1-0.001093\pm0.000038 \tag{9.2.15}$$

狭义相对论的预言值是

$$R_{\mathrm{theory}}\equiv\frac{F(\beta_1)^{(\mathrm{O}^{16})}}{F(\beta_2)^{(\mathrm{He}^{4})}}=\sqrt{\frac{1-\beta_1^2}{1-\beta_2^2}}=1-0.001114 \tag{9.2.16}$$

其中 β 由(9.2.13)确定：$\beta_1=0.0487,\beta_2=0.012$. 结果表明狭义相对论预言值与实验观测值相符.

为了用观测量更直接表达他们的实验结果，Olin 等人使用非一般的方式分析了他们的实验. 他们不是直接测量而是用方程(9.2.12)计算了能量 E_0. 对于反冲速度 $\beta=0.049$，物理量 $E_0F(\beta)$ 由下式计算：

$$E_0F(\beta)=2[E(0^\circ)^{-1}+E(180^\circ)^{-1}]$$

然后，对 $\beta=0.0487$ 的 γ 射线的相对论频移观测值 $E_0[1-F(\beta)]=10.09\pm0.41\mathrm{keV}$ 与狭义相对论的预言值 $F(\beta)=(1-\beta^2)^{1/2}=10.26\mathrm{keV}$ 比对. 在时间膨胀测量中，通常的相对论修正用 $\gamma-1$ 来表达，其中 $\gamma=1/F(\beta)$. 本实验的结果相对于 $\beta=0.0487$ 可以表达为

$$\gamma-1=0.001165\pm0.000040$$

9.2.4　基于穆斯堡尔效应的多普勒频移实验

穆斯堡尔效应有时也称为原子核无反冲 γ 射线发射和吸收，或称为 γ 射线零声子发射和吸收，或说是原子核的 γ 射线共振荧光. 这种现象是穆斯堡尔[34,35]于 1958 年首先在实验中观察到的.

1957 年，穆斯堡尔在用 Ir^{191} 发射的能量为129eV 的 γ 射线研究原子核共振散射的过程中，为了确定实验背景，他使实验系统冷却，以期减小 γ 谱线的多普勒展宽和消除发射谱线与吸收谱线之间的重叠. 但是，事与愿违，共振荧光反而有相当大

的增强. 按照拉姆(Lamb)1939年的理论，产生这种现象的原因在于，固体中发射光子时的反冲动量并不总是造成晶格振动状态的改变. 在这样的γ跃迁中，固体作为整体接收了反冲动量. 由于反冲能量损失极小，发射(或吸收)γ光子的能量基本上等于原子核的激发能. 所以，粗略地说，原子核无反冲发射的γ光子可以被处于基态的同类原子核所吸收(共振吸收). 实验证明(例 Ir^{191} 和 Fe^{57})在γ射线的发射和吸收中，无反冲的部分(穆斯堡尔发射和吸收)占到百分之几或更多一些. 这种γ谱线的宽度等于由原子核激发态的平均寿命决定的自然宽度. 在图9.7所示的实验中，由于发射谱线与吸收谱线之间有着重要的重叠. 因此光源发出的无反冲γ射线中的绝大部分将被处于基态的同类原子核的吸收体所吸收. 但是，如果图9.7中的光源与吸收体之间存在相对运动的话，发射谱线与吸收谱线之间将出现多普勒移动，使吸收体对γ射线的共振吸收受到影响. 倘若多普勒移动足够大(例如移动一个自然宽度)，以至于发射谱线与吸收谱线之间不再有重要的重叠，γ射线就将基本上不被吸收体吸收而穿过吸收体，因而吸收体后面的探测器记录到的γ光子数目将增多. 由于发射和吸收谱线的宽度很小(等于自然宽度)，所以这种测量对谱线移动的灵敏性很高. 例如，铁 Fe^{57} 的能量(E)为14.4keV，无反冲γ发射的宽度(Γ)是 $4.19\times10^{-9}\,\text{eV}$. 这个宽度 Γ 与能量 E 之比 $\dfrac{\Gamma}{E}=\dfrac{4.19\times10^{-9}}{14.4\times10^{3}}\approx10^{-13}$. 这就意味着，用实验测量γ光子的能量(或频率)，其精度可以达到 10^{-13}，即能够测出γ射线能量的 $1/10^{13}$ 的改变量. 而对于 Zn^{67}，Γ/E 可高达 10^{-15} (这是目前所知的最窄的谱线). 因此，穆斯堡尔效应的发现为探测极小的多普勒移动提供了又一种有力的手段. 1960年以来，人们利用这种手段研究了温度(热振动)对穆斯堡尔效应的影响，并在转动圆盘(转子)上测量了横向二阶多普勒移动，所得结果与狭义相对论预言相符. 下面我们对这些实验分别予以介绍.

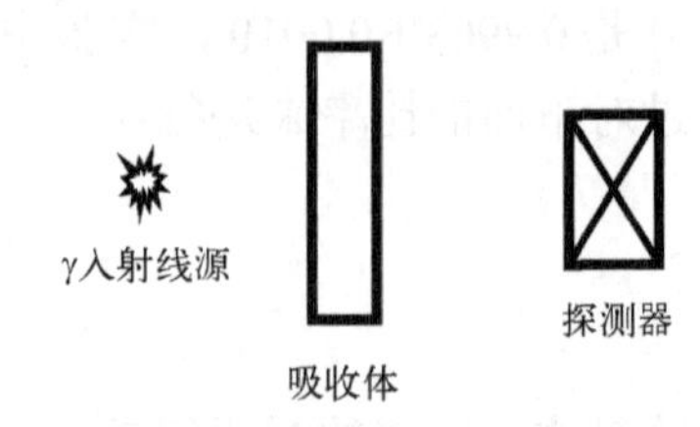

图9.7 穆斯堡尔效应实验示意图

对于 Co^{57} 源(Co^{57} 通过电子俘获而变成 Fe^{57} 的激发态，然后放射γ射线)，用铁 Fe^{57} 做吸收体

1. 穆斯堡尔效应对温度的依赖性

上面介绍穆斯堡尔效应的基本特性时，并没有涉及固体中原子核的随机热运动可能带来的影响. 我们知道，在固体晶格中，原子核以极高频率振动(热振动)，这些振动的原子核发射(或吸收)的γ光子的频率将产生多普勒移动. 以铁 Fe^{57} 为例，其14.4keV能级的平均寿命 $\tau\sim1.4\times10^{-7}\text{s}$，晶格中原子核振动的频率～$10^{13}$ 周/s. 因此，在 Fe^{57} 的14.4keV能级的半衰期内原子核能够振动很多次. 因此，振动原子核的速度对时间的平均值是零，但速度平方的时间平均值是有限的量，它已

可给出二阶多普勒移动．由方程(9.2.6a)知道，$\nu_s \approx \nu_0\left(1-\frac{v_s^2}{2c^2}\right)$，其中$\nu_0$是静止原子核发射的γ射线的频率，$v_s$是晶格中原子核热振动的均方根速度，对于$Fe^{57}$来说，在室温下$v_s \sim 10^{-6}c$；$\nu_s$则是振动原子核发射的γ射线的平均频率．因此，二阶移动的大小是

$$\Delta\nu_s = \nu_s - \nu_0 \approx -\frac{v_s^2}{2c^2} \tag{9.2.17}$$

已经知道，热振动的均方根速度v_s与发射体的温度T_s有关．在高温极限下(或晶体温度远大于其德拜温度)，晶格中原子核的平均动能可以由理想气体的情况得到

$$\text{动能} = \frac{3}{2}kT_s \approx \frac{1}{2}M_0 v_s^2$$

即

$$v_s^2 = 3kT_s / M_0 \tag{9.2.18}$$

其中，k是玻尔兹曼常量，M_0是原子核的静质量．由方程(9.2.17)和(9.2.18)可以得到

$$\Delta\nu_s \approx -\frac{3}{2}kT_s / M_0c^2 \tag{9.2.19a}$$

同样，对于吸收体的情况也有类似的结果

$$\Delta\nu_a \approx -\frac{3}{2}kT_a / M_0c^2 \tag{9.2.19b}$$

所以，如果图 9.7 中的发射体(光源)与吸收体处于不同的温度($T_s \neq T_a$)，则发射谱线与吸收谱线之间的频率移动应是

$$\frac{\Delta\nu}{\nu_0} = \frac{\Delta\nu_s - \Delta\nu_a}{\nu_0} \approx -\left(\frac{3}{2}k / M_0c^2\right)\Delta T \tag{9.2.20}$$

其中，$\Delta T = T_s - T_a$．对于铁Fe^{57}，有

$$\Delta\nu / \nu_0 = -\left(\frac{3}{2}k / M_0c^2\right)\Delta T = -2.44\times10^{-15}\Delta T \tag{9.2.21}$$

方程(9.2.21)表明，图 9.7 中的发射体与吸收体处在不同的温度时，发射谱与吸收谱之间就将产生多普勒移动，从而影响正常的穆斯堡尔效应．为了消除这种影响，以得到正常的共振吸收，可以使发射体或吸收体运动．例如，在$T_s > T_a$时$\Delta\nu_s < \Delta\nu_a$，这时让吸收体在远离光源的方向上有一个小的速度，就可以弥补温度差对穆斯堡尔

效应的影响. 反之，若$T_s < T_a$，则$\Delta\nu_s > \Delta\nu_a$，此时，要重新获得共振吸收，就必须让吸收体向着发射体的方向有一个小的速度.

1960 年，Josephson 曾预言了方程(9.2.20)的温度效应的存在[36]. 与此同时，Pound 和 Rebka[37]报道了这种效应的实验结果. 在他们的实验中，用的是Fe^{57}的14.4keV 的γ射线. 铁的温度是室温(300K)，铁的德拜温度是 467K，因此方程(9.2.21)的条件不能被满足. 他们使用了比热数据得到的铁在 300K 的比热值，约是方程(3.2.21)的 0.9 倍，因此，在室温下理论预言应修改成

$$\frac{\Delta\nu}{\nu_0} = -2.21\times10^{-15}\Delta T \tag{9.2.22}$$

他们的实验给出的值是

$$\left(\frac{\Delta\nu}{\nu_0}\right)_{\text{实验}} = (-2.09\pm0.24)\times10^{-15}\Delta T \tag{9.2.23}$$

即在实验误差之内，实验结果与理论预言相符.

1961 年，Pound 等人[38]做了静压(包括温度效应)对穆斯堡尔效应的影响的实验. 在室温下，穆斯堡尔效应对温度的依赖性，在约 3%的精度内与方程(9.2.21)很好地符合. 因此，通常把这类实验看做是对狭义相对论时间膨胀效应的又一个验证，也被认为是时钟佯谬的解答，例如，1960 年 Sherwin[39]则把固体中振动的原子核看做是“钟佯谬”问题中的时钟，认为这种实验解答了钟佯谬的问题.

2. *横向二阶多普勒移动*

前面已经提到，穆斯堡尔效应有极高的灵敏度，可以用来观测运动速度较低的光源(或吸收体)的二阶多普勒频移. 20 世纪 60 年代初，许多人曾将γ射线源和共振吸收体放在高速转动圆盘上的不同位置(线速度～10^{-6})，观察了二阶多普勒移动对共振吸收的影响. 实验中，γ射线的方向与发射体或吸收体的速度方向垂直，所以这类实验被称为横向多普勒移动实验. 这类实验的原理同刚刚介绍的温度效应的原理类似. 当图 9.8 中的圆盘转动时，吸收体或发射体将具有一定的切向速度，吸收体与发射体之间就可能存在多普勒移动，使得吸收体对发射体所发射的γ射线的共振吸收减少，吸收体后面的γ射线计数器的计数就要增加. 如果知道静止发射体(或吸收休)的谱线形状，那么，通过测量计数器的计数变化就可以确定多普勒频移的大小. 图 9.8 所示的实验条件与原子钟航行实验(除引力效应外)的情况类似. 类似地，我们可以在非转动系(即实验室系)中利用狭义相对论的时间膨胀效应处理这个问题. 我们假定实验室系是个惯性系，加速度不影响钟的速率. 圆盘在实验室系中以角速度Ω绕其中心轴旋转，发射体的线速度是ΩR_s，吸收体的线速度是

ΩR_a，狭义相对论中的多普勒移动由方程(1.6.46)给出

$$\nu_s = \nu(1 - v_s \cos\theta / c) / \sqrt{1 - v_s^2 / c^2} \tag{9.2.24a}$$

$$\nu_a = \nu(1 - v_a \cos\theta / c) / \sqrt{1 - v_a^2 / c^2} \tag{9.2.24b}$$

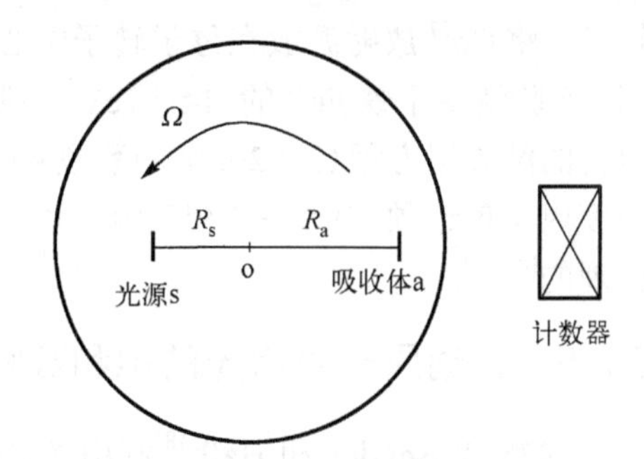

图 9.8 转动圆盘的穆斯堡尔效应实验
γ 射线源（光源 s）到转轴（o）的径向距离是 R_s，吸收体 a 到 o 的距离是 R_a，圆盘绕其中心以角速度 Ω 旋转

其中，ν 是在实验室系测得的 γ 射线频率，ν_s、ν_a 分别是相对于发射体和吸收体静止的观察者测得的 γ 射线频率，角 θ 是 γ 射线在实验室系中的传播方向与速度 $v_s = \Omega R_s$ 或者 $v_a = \Omega R_a$ 之间的夹角. 对于图 9.8 的情况 $\theta = 90°$, $\cos\theta = 0$，由方程(9.2.24)消去 ν，即可得到发射体与吸收体之间的横向多普勒移动公式

$$\frac{\nu_a - \nu_s}{\nu_s} = \sqrt{\frac{1 - v_s^2 / c^2}{1 - v_a^2 / c^2}} - 1 \approx \frac{1}{2c^2}(v_a^2 - v_s^2) = \frac{\Omega^2}{2c^2}(R_a^2 - R_s^2) \tag{9.2.25}$$

在文献中，常常在方程(9.2.25)的右边加上一个附加系数 k 来和实验结果比较，即

$$\frac{\nu_a - \nu_s}{\nu_s} = k\frac{\Omega^2}{2c^2}(R_a^2 - R_s^2) \tag{9.2.26}$$

其中，$k = 1$ 的情况是狭义相对论预言的结果.

1960 年，Hay 等人[40]首先完成了这类实验. 他们将 γ 射线源 Co^{57}（它俘获电子后变成 Fe^{57} 的激发态，然后放出 γ 光子）放在圆盘(转子)的中心，即图 9.9 中的 $R_s = 0$ 处，吸收体 Fe^{57} 放在转子边缘上（$R_a \sim 6.2\text{cm}$），转子转速约 500 周/s(吸收体 Fe^{57} 的线速度约为 $7 \times 10^{-7} c$）. 实验结果在 2%的精度内与方程(9.2.25)的预言一致.

1961 年，Champeney 和 Moon[41]也做了类似的实验，他们把 γ 射线源 Co^{57} 与吸收体 Fe^{57} 放到圆盘相对应的边缘上，即 $R_a = R_s$，光源与吸收体的线速度约为 $8 \times 10^{-8} c \sim 5 \times 10^{-7} c$，按照方程(9.2.25)的预言，将没有多普勒频移存在. 实验结果与方程(9.2.25)的预言符合.

1963 年 Champeney 等人[42]经过改进重做了 Champeney-Moon 实验，结果与时间膨胀预言相符. 该实验给出的以太漂移上限是 0.0016km/s.

1963 和 1965 年在 Champeney、Isaak 和 Khan[43,44]重复的实验中，穆斯堡尔源和吸收体分别放在高速转动圆盘的中心和边缘.

1963 年 Kündig[45]改进了实验技术，提高了这一测量的精度. 他利用一个超离心

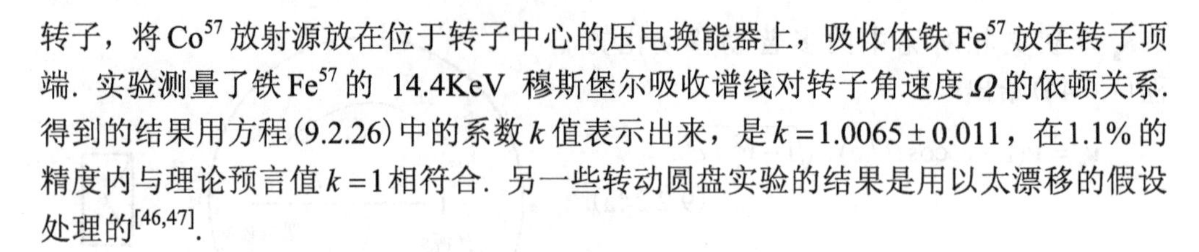

转子，将Co^{57}放射源放在位于转子中心的压电换能器上，吸收体铁Fe^{57}放在转子顶端. 实验测量了铁Fe^{57}的 14.4KeV 穆斯堡尔吸收谱线对转子角速度Ω的依赖关系. 得到的结果用方程(9.2.26)中的系数k值表示出来，是$k = 1.0065 \pm 0.011$，在1.1%的精度内与理论预言值$k = 1$相符合. 另一些转动圆盘实验的结果是用以太漂移的假设处理的[46,47].

9.2.5 运动原子对激光的饱和吸收效应

1975 年 Snyder 和 Hall[48]利用激光的饱和吸收技术[49]测量了运动氖原子吸收光谱的横向多普勒移动. 实验中，由电压加速的氖离子(Ne^+)在钠(Na)蒸气中通过电荷交换变成亚稳态的氖原子(其速度约为$10^{-3}c$). 这束氖原子垂直穿过形成驻波的激光束，氖原子吸收激光而激发到高能态($2p_2$). 实验中，通过探测处于激发态的氖在$2p_2 \to 1s_2$跃迁中放出的荧光，来观察饱和吸收凹陷. 由于饱和吸收谱线的宽度很窄，因此可以很精确地测定出共振吸收的频率. 实验在八种不同的加速电压条件下(八种不同速度的氖原子束)测量了横向多普勒移动. 实验给出的时间膨胀因子γ的数值与相对论预言值符合，精度~0.5%.

之后的二阶多普勒漂移实验是 Kaivola 等人[50]在 1985 年利用双光子吸收做的. 在双光子光谱仪中，不存在一阶多普勒频移，只有二阶频移. 他们观测了快速运动的氖原子束与静止氖原子的双光子跃迁频率差；使用了两个连续染料激光器分别稳定运动原子束和静止原子. 实验的结果与狭义相对论的二阶多普勒频移预言极为吻合，其精度是4×10^{-5}.

9.3 罗伯逊时间膨胀的检验

在第 4 章介绍了不同于洛伦兹变换的三种坐标变换：爱德瓦兹变换、罗伯逊变换、M-S 变换. 它们被称为“狭义相对论的检验理论”. 洛伦兹变换保持单程光速和双程光速都是各向同性的；爱德瓦兹变换只保持双程光速各向同性，而单程光速各向异性；罗伯逊变换不保持双程光速各向同性而任何给定方向上的往返单程光速相等；M-S 变换既不保持双程光速各向同性也不保持任何给定方向上的往返单程光速相等.

作为狭义相对论的“检验”理论，其中的参数必须可以用实验测量. 不能用实验测量的参数则不能对狭义相对论进行检验. 爱德瓦兹变换比洛伦兹变换多一个参数即单程光速的可变性参数(方向性参数q)这个参数不能被实验测量，即单程光速的各向同性不能被实验检验，因为所有实验中的同时性(即校准异地的时钟)都是用光信号进行的. 使用光信号对钟需要先知道单程光速的数值，而要测出单程光速的数值又要先用光信号对钟，这就形成了逻辑循环. 所以说，迄今为止，只能使用光信号对钟的时代，单程光速不可能用实验确定. 即方向性参数 q 不能用实验确定. 所以说，爱德瓦兹变换不能是狭义相对论的“检验”理论.

完全类似的是 M-S 变换，它比罗伯逊变换也是只多出一个方向性参数 q，这个参数一样不能由实验检验. 所以，M-S 变换也不是狭义相对论的检验理论.

罗伯逊变换与洛伦兹变换的不同在于它不保持双程光速不变，而双程光速的数值可以由实验测定，因为测定双程光速只需要同一地点的一只时钟而不存在异地对钟的问题. 所以，在不同于洛伦兹变换的三种变换中，只有罗伯逊变换是狭义相对论的“检验”理论，检验的是双程光速是否各向同性.

但是，文献中却把 M-S 变换与罗伯逊捆绑在了一起称为“Robertson-Mansouri-Sexl”检验理论. 而实验中检验的参数完全是罗伯逊变换中的参数，而 M-S 变换多出来的那个参数不能由实验确定. 我们这里正如本节标题那样只使用“罗伯逊”的名称.

对于罗伯逊时间膨胀的实验检验，在第 4 章已经做了介绍，这里只做简单概括.

第 3 章详细讨论了罗伯逊变换，由变换方程(3.1.3)给出(略去了 y、z 的变换式)：

$$\begin{cases}\Delta t = a\dfrac{1}{1-v^2/c^2}\left(\Delta T - \dfrac{v}{c^2}\Delta X\right)\\ \Delta x = b(\Delta X - v\Delta T)\end{cases} \tag{9.3.1}$$

其中，小写字母 x、t 是罗伯逊惯性系中的坐标，大写字母 X、T 是爱因斯坦惯性系的坐标，速度 v 是在爱因斯坦系中测得的罗伯逊系沿 $X(x)$ 轴正方向的运动速度；系数 a、b 是罗伯逊系中的检验参数，其是 v^2 的函数，它们的级数展开(精确到 v^2/c^2 项)由方程(3.1.7)给出

$$\begin{aligned} a &= 1+\left(\alpha-\frac{1}{2}\right)\frac{v^2}{c^2} \\ b &= 1+\left(\beta+\frac{1}{2}\right)\frac{v^2}{c^2} \end{aligned} \tag{9.3.2}$$

在与实验比对时，系数 a、b 由参数 α、β 取代：$\alpha=\beta=0$，狭义相对论成立，反之 $\alpha\neq 0$ 或/和 $\beta\neq 0$，则洛伦兹对称性不成立.

时间膨胀效应：设时钟静止在罗伯逊惯性系，即 $\Delta x=0$ 代入(9.3.1)的第二式后得到 $\Delta X = v\Delta T$ (这就是罗伯逊惯性系在爱因斯坦惯性系中的运动方程)，把这个方程代入(9.3.1)的第一式就得到在爱因斯坦惯性系中的时间膨胀公式

$$\Delta\tau = a\Delta T \tag{9.3.3}$$

其中 $\Delta\tau \equiv \Delta t$ 是静止在罗伯逊惯性系中的时钟记录的时间间隔(是固有时间隔)，ΔT

是爱因斯坦惯性系中的坐标时间隔. 利用(9.3.2)，(9.3.3)可写成

$$\Delta\tau=\Delta T\left[1+\left(\alpha-\frac{1}{2}\right)\frac{v^2}{c^2}\right] \tag{9.3.4}$$

$\alpha=0$，方程(9.3.4)就是精确到v^2/c^2项的狭义相对论的时间膨胀公式.

如果时钟静止在爱因斯坦惯性系，即$\Delta X=0$，则方程(9.3.1)给出

$$\Delta\tau=a^{-1}\left(1-\frac{v^2}{c^2}\right)\Delta t \tag{9.3.5}$$

代入a的展开式(9.3.2)后成为

$$\Delta\tau=\left[1-\left(\alpha+\frac{1}{2}\right)\frac{v^2}{c^2}\right]\Delta t \tag{9.3.6}$$

类似，非零的α值将破坏洛伦兹对称性. 所以可以用时间膨胀实验检验α的数值，也就是检验洛伦兹对称性.

20 世纪 90 年代之后，时间膨胀效应的二阶多普勒频移实验的学者们都是把宇宙微波背景当成优越参考系，在其中光速各向同性，这样的参考系是爱因斯坦惯性系，其时空坐标就是罗伯逊变换(9.3.1)中的大写字母(X、Y、Z、T)，而小写字母(x、y、z、t)是罗伯逊惯性系，在其中双程光速各向异性(参见 3.1 双程光速可变的坐标变换——罗伯逊变换). 实验检验的就是(9.3.6)中的参数α，例如(参见 4.2.2 罗伯逊变换的实验检验)，2007 年，Reinhardt 等人[51]使用存储环中准备的速度为光速的 6.4%和3.0%的$^7Li^+$离子进行了艾夫斯-史迪威类型的实验，给出参数α的上限是$|\alpha|\leqslant 8.4\times10^{-8}$.

2014 年，Botermann 等人[52]使用速度为光速的33.8%的$^7Li^+$离子进行的类似于本章参考文献[45]的实验，给出更低的约束$|\alpha|\leqslant 2\times10^{-8}$.

2017 年，Delva 等人[53]利用 4 只锶(Sr)原子光钟，其中 2 只放在法国巴黎，一只放在德国的不伦瑞克，另一只放在英国的特丁顿. 这些时钟通过两个光纤链路连接. 实验结果给出更低的上限$|\alpha|\leqslant 1.1\times10^{-8}$.

早先的时间膨胀实验，例如，1997 年 Wolf 和 Petit[54]利用 GPS 星载原子钟与地面原子钟比对给出$|\alpha|\leqslant 10^{-6}$.

9.4 小　　结

至此,我们已经概括地介绍了各类有关检验时间膨胀效应的实验(我们把这些结果均列入表 9.4 之中)，其中最精确的实验是 Greenberg 等人于 1969 年、Ayres 等人于 1971 年对飞行$\pi^{\pm}$介子平均寿命的测量(精度达 0.4%)，以及 Snyder 和 Hall 于 1975

年做的飞行原子束对激光的饱和吸收实验(精度~0.5%). 在结束这一章以前，让我们分析一下从这些实验的结果所能引出的几个推论.

表 9.4　时间膨胀实验

研究者	方法	"时钟"速度	结果
Hafele 和 Keating (1971)	飞机携带铯原子钟绕地球航行(钟变慢效应)	飞行速度 $\leqslant 10^{-6}c$	在～10%的精度内与相对论公式(9.1.20)符合
Ives 和 Stilwell (1938)	观测快速氢原子束(极隧射线)的 H_β 谱线(二阶多普勒效应)	氢原子的速度 $\leqslant 0.004c$	这些实验的结果约在 2%～3%的精度内与相对论预言的二阶多普勒效应相符合，但是误差大到 10%～15%
Ives 和 Stilwell (1941)	同上	氢原子的速度 $\leqslant 0.006c$	
Otting (1939)	观测氢极隧射线的 H_α 谱线(二阶多普勒移动)	氢原子的速度 ~$0.003c$	
Mandelberg 和 Witten (1962)	同上	氢原子的速度 $\leqslant 0.009c$	$\left(\frac{1}{2}\lambda_0\beta^2\right)_{测量}=0.238\pm0.006$ $\left(\frac{1}{2}\lambda_0\beta^2\right)_{预言}=0.238\pm0.0004$ 其中取 $\lambda_0=6562.793Å$
Olin 等 (1973)	观察运动原子核发射的 γ 射线的能量	原子核速度 $\beta_1=0.012c$ 和 $\beta_2=0.0487c$	在 3.5%的精度内实验值与相对论预言值符合
Snyder 和 Hall (1975)	运动原子对激光的饱和吸收(横向多普勒效应)	原子的速度 ~$10^{-3}c$	测量结果在～0.5%的精度内与相对论横向多普勒效应的预言符合
Pound 和 Rebka (1960)	观测温度对穆斯堡尔效应的影响阶多普勒效应)	原子核振动的均方根速度 ~$10^{-6}c$	在～10%的精度内与相对论预言值符合
Pound 等 (1961)	同上	原子核振动的均方根速度 ~$10^{-6}c$	在～3%的精度内与相对论预言值符合
Hay 等 (1960)	转动圆盘上的穆斯堡尔效应(横向多普勒移动)	吸收体线速度 ~$7\times10^{-7}c$	在约 2%的精度内与相对论预言值符合
Künding (1963)	同上	吸收体线速度 $10^{-7}c$～$10^{-6}c$	在约 1.1%的精度内与相对论预言值符合
Champeney 等 (1963)	同上	吸收体线速度 $10^{-7}c$～$10^{-6}c$	$K_{实验}=1.03\pm0.03=+1.04\pm0.15$ $K_{相对论}=1$
Champeney 等 (1965)	同上(Co^{57} 和 Fe^{57} 分别放在圆盘中心和边缘，或反过来)	Co^{57} 和 Fe^{57} 的线速度~$10^{-6}c$	在 2%的精度以内观测值与相对论多普勒效应预言符合
Champeney 等 (1961)	转动圆盘上的穆斯堡尔效应(Co^{57} 和 Fe^{57} 分别放在圆盘直径的两端)	Co^{57} 和 Fe^{57} 的线速度 $8\times10^{-8}c$～$5\times10^{-7}c$	测量结果与理论预言($\Delta\nu=0$，无多普勒移动)符合
Rossi 和 Hall (1941)	测量宇宙线 μ 子的衰变速率与动量的关系	μ 子速度在 $0.97c$ 附近	实验结果与方程(9.1.22)符合

续表

研究者	方法	“时钟”速度	结果
Frisch 和 Smith (1963)	在高空和地面测量宇宙线 μ 子数目	μ 子平均速度 ~0.994c	$\gamma_{理论}=\frac{E\mu}{m_\mu c^2}=8.4\pm2.0$ $\gamma_{实验}=\frac{\tau}{\tau_0}=8.8\pm0.8$
CERN 实验小组 (1972)	测量存储环中 μ 子的衰变	μ 子速度 ~0.998c($\gamma\approx12$)	实验值(τ)与相对论时间膨预言值($\gamma\tau_0$)在 1.1%精度内相符合
Lederman 等(1951)	测量飞行 π^- 介子的衰变寿命	π^- 介子速度 ~0.73c($\gamma\approx1.5$)	在～10%精度内与相对论预言符合
Durbin 等(1952)	在沿 $\pi^\pm$ 飞行路程的不同位置测量 $\pi^\pm$ 衰变	π 介子速度 ~0.75c($\gamma\approx1.5$)	在～10%以内与相对论时间膨胀预言符合
Greenberg 等(1969)	在沿 $\pi^\pm$ 介子的直线飞行路程的七个不同位置上测量 $\pi^\pm$ 的数目	$\pi^\pm$ 介子速度 ~0.91c($\gamma\approx2.4$)	实验测虽的 $\tau-\tau_0$ 值与相对论预言的 $(\gamma-1)\tau_0$ 值在 0.4%的精度内相符
Ayres 等(1971)	观测飞行 $\pi^\pm$ 介子衰变和测量飞行时间	$\pi^\pm$ 介子速度 ~0.92c ($\gamma=2.44$)	测量值 (τ/γ) 与静止 π 介子寿命观测值(τ_0)在 0.4%精度内符合

我们可以从本章末尾的几个表(表 9.4 和表 9.5)中看到，几乎所有的实验在误差范围内均与狭义相对论的时间膨胀效应相符合. 实验中运动“时钟”的速度范围很大，从低速运动($\beta\approx10^{-7}$)到接近光速的极高速运动($\beta=0.998$). “时钟”的运动轨道有直线、圆周和振动等不同的类型. 实验所涉及的相互作用包括电磁作用和弱作用(此外还涉及引力作用). 因此，我们可以从诸实验的结果得到结论：对于任意两个惯性系来说，方程(9.1.1)是对它们之间的时间进程关系的一种极好的“模写”. 此外，还可以看到，在原子钟的环球航行实验、穆斯堡尔效应实验及圆轨道运行的μ子寿命实验中，运动的“时钟”都经历着加速过程，对这些实验的正确解释都必须在非加速参考系(惯性系)中才能得到. 所以可以引出另一推论. 首先，实验表明，非加速系(指惯性系)与加速系有着本质的差别，狭义相对论的时间膨胀效应只有在非加速系(指惯性系)中使用才能给出正确的结论，在理论上和实践上都不会出现所谓“时钟佯谬”的问题. 其次，在存在加速过程的诸实验中，时钟所经受的加速度的范围很大，对于环球航行原子钟，其(向心)加速度$\sim10^{-3}g$(其中$g=980\text{cm/s}^2$是地面的重力加速度)，在转动圆盘的实验中，光源(或吸收体)的向心加速度$\sim10^5g$，在穆斯堡尔效应的温度依赖性实验中，晶格中原子核振动的加速度以及作圆周运行的μ子的向心加速度都高达$10^{16}g$以上. 所以，从这些经历着各种加速过程的“时钟”的时间膨胀实验的结果与方程(9.1.1)的预言相符合这一事实，我们可以引出如下的推论：从非加速系(惯性系)的观点看，加速度不影响“时钟”的速率.

此外，也需说明，上述所有经历着向心加速过程的实验，都可以用广义相对论(等效原理)解释，即把以速度 $u=\Omega R$ 作圆周运动的时钟等价地看作是处于引力势 $\phi=-\frac{1}{2}\Omega^2R^2$ 之中，它比处于 $\phi=0$ 的时钟的速率要慢 $1/\sqrt{1+2\phi/c^2}$ 倍(引力红移)[35].

表 9.5 罗伯逊时间膨胀的实验检验

文献	方程(9.3.6)定义的时间膨胀检验参数 α	实验方法
Delva, et al. Phys. Rev. Lett., 2017, 118: 221102.	$\|\alpha\|\leqslant 1.1\times10^{-8}$	四只相距数千千米的光钟网络，观测频率差的日变化检验时间膨胀的狭义相对论的预言
Botermann, et al. Phys. Rev. Lett., 2014, 113:120405.	$\|\alpha\|\leqslant 2\times10^{-8}$	艾夫斯-史迪威类型的实验：观测高速运动的 Li^+ 离子光谱的二阶多普勒频移(时间膨胀)
Reinhardt, et al. Nature Phys., 2007, 3: 861.	$\|\alpha\|\leqslant 8.4\times10^{-8}$	艾夫斯-史迪威类型的实验：观测不同速度的 Li^+ 原子光钟的二阶多普勒频移(时间膨胀)
Wolf, et al. Phys. Rev. A, 1997, 56: 4405.	$\|\alpha\|\leqslant 10^{-6}$	观测 25 颗 GPS 卫星上的铯和铷原子钟与地面上的氢原子微波钟之间的二阶多普勒移动

参 考 文 献

[1] Römer O. Démonstration touchant le mouvement de la lumière trouvé. Le Journal des Sçavans, 1676: 233-236. [A demonstration concerning the motion of light. Philosophical transactions of the royal society, 1677, 12: 893-894.]

[2] Karlov L. Does Römer's method yield a unidirectional speed of light. Australian journal of physics, 1970, 23: 243.

[3] Hafele J C. Relativistic behaviour of moving terrestrial clocks . Nature, 1970, 227: 270.

[4] Hafele J C. Reply to schlegel. Nature physical science, 1971, 229: 238.

[5] Hafele J C. Relativistic Time for terrestrial circumnavigations. American journal of physics, 1972, 40: 81.

[6] Hafele J C, Keating R E. Around-the-world atomic clocks: predicted relativistic time gains. Science, 1972, 177: 166.

[7] Hafele J C, Keating R E. Around-the-world atomic clocks: observed relativistic time gains. Science, 1972, 177: 168.

[8] Cornille P. The twin paradox and the Hafele and Keating experiment. Physics letters A, 1988, 131: 156.

[9] Rossi B, Hall D B. Variation of the rate of decay of mesotrons with momentum. Physical review, 1941, 59: 1941.

[10] Chamberlain O, et al. Observation of anti-protons. Physical review, 1995, 100: 947.

[11] Frisch D H, Smith J H. Measurement of the relativistic time dilation using μ-mesons. American

journal of physics, 1963, 5: 342.

[12] Lederman D M, et al. On the lifetime of the negative Pi-meson. Physical review, 1951, 83: 685.

[13] Durbin R P, et al. The lifetimes of the π+ and π− mesons. Physical review, 1952, 88 :179.

[14] Jackson J D. Classical electrodynamics. New York: Wiley, 1962.

[15] Greenberg A J, et al. Charged pion lifetime and a limit on a fundamental length. Physical review letters, 1969, 23: 1267.

[16] Ayres D, et al. Measurements of the lifetimes of positive and negative pions. Physical review D, 1971, 3: 1051.

[17] Farley F J M, et al. The anomalous magnetic moment of the negative muon. Il nuovo cimento A, 1966, 45: 281.

[18] Bailey J, et al. Precision measurement of the anomalous magnetic moment of the muon. Physics letters B, 1968, 28: 287.

[19] Bailey J, et al. Precise measurement of the anomalous magnetic moment of the muon. Il nuovo cimento A, 1972, 9: 369.

[20] Bailey J, et al. Measurements of relativistic time dilatation for positive and negative muons in a circular orbit. Nature, 1977, 268: 301.

[21] Burrowes H C, et al. K-meson-nucleon total cross sections from 0.6 to 2.0 Bev. Physical review letters, 1959, 2: 117.

[22] Kleppner D, Vessot R F C, Ramsey N F. An orbiting clock experiment to determine the gravitational red shift. Astrophysics and space science, 1970, 6: 13-32.

[23] Vessot R F C, Levine M W. A test of the equivalence principle using a space-borne clock. General relativity and gravitation, 1979, 10: 181.

[24] Vessot R F C, et al. Test of relativistic gravitation with a space-borne hydrogen maser. Physical review letters, 1980, 45: 2081-2084.

[25] Delva P, et al. A new test of gravitational redshift using Galileo satellites: the great experiment. Comptes rendus physique, 2019, 20: 176-182.

[26] Ives H E, Stilwell G R. An experimental study of the rate of a moving atomic clock. Journal of the optical society of America, 1938, 28: 215.

[27] Ives H E. The Doppler effect considered in relation to the Michelson-Morley experiment . Journal of the optical society of America, 1937, 27: 389.

[28] Ives H E, Stilwell G R. An experimental study of the rate of a moving atomic clock II. Journal of the optical society of America, 1941, 31: 369.

[29] Otting G. Der quadratische Dopplereffekt . Physikalische zeitschrift, 1939, 40: 681-687.

[30] Kantor W. Inconclusive Doppler effect experiments. Spectroscopy letters, 1971, 4: 61.

[31] Mandelberg H I, Witten L. Experimental verification of the relativistic Doppler effect. Journal of

the optical society of America, 1962, 52: 529.

[32] Hasselkamp D, Mondry E, Scharmann A. Direct observation of the transversal Doppler-shift . Zeitschrift für Physik a hadrons and nuclei, 1979, 289: 151.

[33] Olin A, Alexander T K, Hausser O, et al. Measurement of the relativistic Doppler effect using 8.6-MeV capture gamma rays. Physical review D, 1973, 8: 1633.

[34] Mössbauer R L. Kernresonanzfluoreszenz von gammastrahlung in Ir191 . Zeitschrift für physik A hadrons and nuclei, 1958, 151: 142.

[35] Bhide V G. Mössbauer effect and its applications. New York: Tata McGraw-Hill, 1973.

[36] Josephson B D. Temperature-dependent shift of γ rays emitted by a solid . Physical review letters, 1960, 4: 341.

[37] Pound R V, Rebka G A. Variation with temperature of the energy of recoil-free gamma rays from solids . Physical review letters, 1960, 4: 274.

[38] Pound R V, Benedek G B, Drever R. Effect of hydrostatic compression on the energy of the 14.4-keV gamma ray from Fe57 in Iron . Physical review letters, 1961, 7: 405.

[39] Sherwin C W. Some recent experimental tests of the “clock paradox”. Physical review, 1960, 120: 17.

[40] Hay H J, Schiffer J P, Cranshaw T E, et al. Measurement of the red shift in an accelerated system using the Mössbauer effect in Fe57 . Physical review letters, 1960, 4: 165.

[41] Champeney D C, Moon P B. Absence of Doppler shift for gamma ray source and detector on same circular orbit . Proceedings of the physical society, 1961, 77: 350.

[42] Champeney D C, Isaak G R, Khan A M. An ‘aether drift’ experiment based on the Mössbauer effect. Physics letters, 1963, 7: 241.

[43] Champeney D C, Isaak G R, Khan A M. Measurement of relativistic time dilatation using the Mössbauer effect. Nature, 1963, 198: 1186.

[44] Champeney D C, Isaak G R, Khan A M. A time dilatation experiment based on the Mössbauer effect. Proceeding of the physical society, 1965, 85: 583.

[45] Kündig W. Measurement of the transverse Doppler effect in an accelerated system . Physical review, 1963, 129: 2371.

[46] Muirhead H. The special theory of relativity. London: Mcetilillau, 1973.

[47] Turnerand K C, Hill H A. New experimental limit on velocity-dependent interactions of clocks and distant matter . Physical review, 1964, 134: B252.

[48] Snyder J J, Hall J L. Laser spectroscopy. Proceedings of the second international conference, Megeve, France, 1975, 43: 6-17.

[49] Feld M S,　Letokhov V S. Laser spectroscopy. Scientific American, 1973, 229: 69.

[50] Kaivola M, Poulsen O, Riis E, et al. Uncertainty, entropy and the statistical mechanics of

microscopic systems . Physical review letters. 1985, 54: 255.

[51] Reinhardt S, et al. Test of relativistic time dilation with fast optical atomic clocks at different velocities. Nature physics, 2007, 3: 861-864.

[52] Botermann B, et al. Test of time dilation using stored Li+ ions as clocks at relativistic speed. Physical review letters, 2014, 113: 120405.

[53] Delva P, et al. Test of special relativity using a fiber network of optical clock. Physical review letters, 2017, 118: 221102.

[54] Wolf P, Petit G. Satellite test of special relativity using the global positioning system. Physical review A, 1997, 56: 4405.

第 10 章 缓慢运动物体的电磁感应实验

在第 5 章介绍了运动介质电磁理论的基本内容，包括介质中的电磁场方程、电磁场的相对论变换和组成关系、电磁波在运动介质中的传播、电磁波的反射和折射等. 下面介绍检验运动介质电磁理论的相关实验，包括单极感应现象、罗兰(Rowland)实验(1876 年)、伦琴(Röntgen)实验(1888 年)、艾臣瓦尔德(Eichenwald)实验(1903 年)及威尔逊-威尔逊(Wilson-Wilson)实验(1913 年)等.

10.1 单极感应

对于一个磁体(极化矢量 $\boldsymbol{P}'=0$，磁化矢量 $\boldsymbol{M}'\neq 0$)在实验室系的运动，由方程(5.2.8)的一阶近似给出

$$\boldsymbol{P}=\frac{\boldsymbol{v}}{c}\times\boldsymbol{M}' \tag{10.1.1}$$

这表明，它在实验室系出现了电极化矢量 $\boldsymbol{P}$. 这就是运动磁体的电感应现象. 当一个轴对称的磁体以等角速度转动起来之后，在与该磁体滑动接触的静止导线回路内(导线与磁体滑动接触的两点不处在同一个磁赤道平面内)就有一个稳定的电流流过. 这种效应在工程技术上被广泛地用来制造单极感应发电机，简称单极电机. 这种单极电机如图 10.1 所示，A 和 D 是磁化可导电圆柱形物体(永久磁体)的两个磁极，磁体绕对称轴 AD 以等角速度转动；AVB 是静止在实验室中的导线，它的一端与磁体的一个磁极 A 滑动接触，另一端与磁体的赤道平面滑动接触(B 点). 实验表明，在回路 $AVBCA$ 中有一个稳定电流流过.

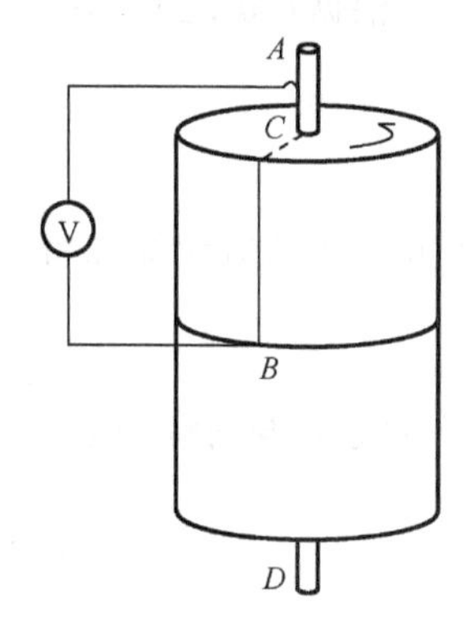

图 10.1 单极电机简图

由于技术上都是采用这种装置，因此通常把这种运动磁体的电效应称为“单极感应”(这是韦伯(Weber)起的名字，显然这种名称并不确切). 怎样解释单极感应现象，曾有过激烈的争论(例如，参见本章参考文献[1,2]). 对于图 10.1 所示的装置，我们看到，在转动磁体的周围空间内，磁场仍是静场，即空间任意点处的磁场强度不随时间变化. 在此情况下，对磁力线是否随磁体一起运动的问题存在着截然相反的看法. 法拉第认为，磁体转动时它周围的磁力线并不随之运动，即磁力线静止在实验

室内，这样回路 *AVBCA* 中的磁体部分 *BCA* 就是在磁场中运动的导体，它切割磁力线产生电动势造成回路 *AVBCA* 中的稳定电流. 但是，法拉第的实验并不能严格证明这种观点的正确性. 韦伯的观点却完全相反，他认为磁力线随转动的磁体一起运动，运动的磁力线切割静止在实验室中的导线 *AVB* 而产生了一个电动势(EMF)，这个电动势使回路 *AVBCA* 中出现一个稳定电流. 但这种观点受到很多人的批评[3,4]. 贝克(Becker)认为，磁力线随磁体一起运动的观点不能同任何合理的场论相协调[4]. 然而，并没有决定性的实验在这两种观点之间做出判断[1].

洛伦兹电子论无法解释单极感应现象. 爱因斯坦在 1905 年的第一篇文章中，曾用两惯性系之间电磁场量的变换关系解释了单极感应现象.

按照麦克斯韦-闵可夫斯基电磁理论，电磁场的变换关系[方程(5.2.1)的逆变换]在 v/c 的一阶近似下是

$$\boldsymbol{E} = \boldsymbol{E}' - \frac{1}{c}\boldsymbol{v} \times \boldsymbol{B}' = -\frac{1}{c}\boldsymbol{v} \times \boldsymbol{B}' \tag{10.1.2a}$$

$$\boldsymbol{B} = \boldsymbol{B}' + \frac{1}{c}\boldsymbol{v} \times \boldsymbol{E}' = \boldsymbol{B}' \tag{10.1.2b}$$

其中，$\boldsymbol{E}'$ 和 $\boldsymbol{B}'$，是磁体静止系中的场量($\boldsymbol{E}'=0$). 当然，严格说来方程(10.1.2)只适用于惯性系. 但是在角速度不大的情况下，转动对电磁效应的影响可以忽略不计，方程(10.1.2)可以近似地用于缓慢转动的情况[3].

根据(10.1.2)，在实验室静止的导体 *AVB* 中存在着电场 $\boldsymbol{E}$，有

$$\boldsymbol{E} = -\frac{1}{c}\boldsymbol{v} \times \boldsymbol{B}' = -\frac{1}{c}\boldsymbol{v} \times \boldsymbol{B} \tag{10.1.3}$$

因此，由欧姆定律知有电流产生

$$\boldsymbol{J} = \sigma \boldsymbol{E} \tag{10.1.4}$$

则导线 *AVB* 两端的电动势则为

$$\varepsilon = -\int_{AVB} \frac{1}{c}(\boldsymbol{v} \times \boldsymbol{B}) \cdot \mathrm{d}\boldsymbol{l} = \frac{1}{c}\int_{AVB} \boldsymbol{B} \times (\boldsymbol{r} \times \boldsymbol{\Omega}) \cdot \mathrm{d}\boldsymbol{l} \tag{10.1.5}$$

其中，$\boldsymbol{\Omega}$ 是磁体转动的角速度. 这个电动势造成了回路 *AVBA* 中的稳定电流.

由于经典电动力学不能解释单极感应现象，因此有些学者[4,5]认为，单极感应现象是对爱因斯坦同时性因子的直接证明. 但是，这样的结论并非必要，因为从第 2 章所介绍的双程(回路)光速不变的狭义相对论的观点看，这种实验同其他实验一样不能确定同时性定义的参数 q.

10.2 运动电介质的磁效应[2,4,6,7]

在麦克斯韦电磁理论建立(1865 年)以前，法拉第在 1838 年曾指出，一个带电物体运动时，在空间引起的磁效应将与一个电流的磁效应等价，后来麦克斯韦又重复了这一观点. 为此罗兰在 1876 年完成了一个证明运动带电体的这种磁效应实验. 在他的实验装置中带电体是一个包了一层金箔的硬橡胶圆盘. 这个圆盘可以在两块固定的玻璃平板之间绕其轴转动，每块玻璃平板都有一个表面镀上了一层金，这层镀金表面在实验中接地. 实验时给包了金箔的硬橡胶圆盘充了电，使之带有一定的电性. 在靠近圆盘的边上放有一个磁针，当带电的圆盘转动时，磁针发生了偏转，表明有一个磁场出现，它如同一个电流产生的磁场. 这种由带电体的运动而形成的电流通常称为“对流电流”. 罗兰用的带电体是导体，所以将带电导体运动形成的电流叫做罗兰对流电流(对流电流的名称是为了区别于静止导体中的自由电荷在电场作用下形成的传导电流而起的). 后来，罗兰和 Hutchinson 在 1889 年、Ponder 在 1901 年和 1903 年、艾臣瓦尔德在 1901 年、Adans 在 1901 年、Pender 和 Crémien 在 1903 年等人都在改进的条件下重复过这种实验[2]. 实验表明，运动的带电导体(罗兰德对流电流)与通常的传导电流等价.

继罗兰实验之后，伦琴在 1888 年做了另一种实验：他使一个不带电的电介质在一个静电场中沿垂直于电力线的方向运动，他发现，在这个运动电介质的周围出现了一个磁场，这表明电介质表面有一个面电流存在. 这种由极化电介质的运动而形成的电流称为电介质对流电流(伦琴对流电流).

后来，艾臣瓦尔德在 1903 年证明伦琴电流的大小为

$$\boldsymbol{J}=\frac{v}{4\pi}|\boldsymbol{P}|=\frac{\varepsilon-1}{4\pi}v|\boldsymbol{E}| \tag{10.2.1}$$

其中，$\boldsymbol{P}$ 是电介质的极化矢量，$\boldsymbol{E}$ 是电场强度. 此外，他还做了另一种实验：使电容器平板连同电容器之间的电介质一起运动(在实验中是转动)，这时出现的电流就是罗兰电流和伦琴电流的叠加. 艾臣瓦尔德曾证明，这两种对流电流叠加的磁效应与电介质的材料无关(即与介电常量无关).

以上介绍了运动带电物体(非磁化物体，$\mu=0$)的三种类型的磁感应实验，这三种实验装置可以用图 10.2 来说明. 图 10.2(a)中，橡胶圆柱体厚度是 d，在它的上表面和下表面各附有一个金属圆环，其宽度是 b，两金属环各有一个小缺口，与两金属环滑动接触的电刷接到电压为 V 的电源上. ①两金属环(平板电容器)转动、橡胶柱体不动(罗兰实验)；②橡胶柱体转动、金属环不动(伦琴实验)；③橡胶柱体和金属环一起转动(艾臣瓦尔德实验). 在图 10.2(b)中，带电体运动(转动)时的电流效

应的测量是用磁针偏转得到的. 在带电体不动时，用图中的装置，调节其中的电流 I 使之产生的磁针偏转与实验中给出的偏转大小相同，这时的电流 I 即是实验中的等效电流.

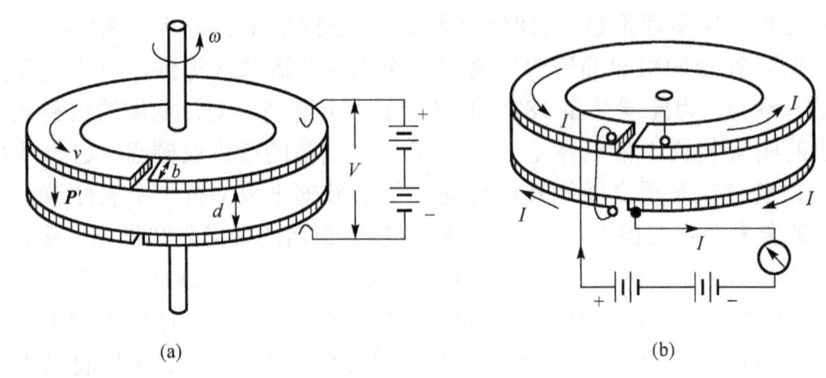

图 10.2　实验装置图

现在，我们仍然用运动介质电动力学来解释上述实验结果. 像解释单极感应那样，仍旧忽略转动的影响. 图 10.2 中硬橡胶圆盘的极化矢量 $\boldsymbol{P}'=\dfrac{\varepsilon-1}{4\pi}\boldsymbol{E}$，$\boldsymbol{E}$ 是两个金属圆环电容器之间的电场强度，它是由外加电源(V)产生的. 在圆盘转动时，按照方程(5.2.8)，在实验室系就出现磁化强度

$$\boldsymbol{M}=-\frac{1}{c}\boldsymbol{v}\times\boldsymbol{P}'=-\frac{1}{c}\frac{\varepsilon-1}{4\pi}\boldsymbol{v}\times\boldsymbol{E}$$

其中 $\boldsymbol{v}=\boldsymbol{\Omega}\times\boldsymbol{r}$ 是转动圆盘任意点($\boldsymbol{r}$)处的切向速度. 矢量 $\boldsymbol{M}$ 沿半径 $\boldsymbol{r}$ 的方向，而且它的数值只与 r 有关. 因而 $\boldsymbol{M}$ 的旋度等于零，在圆盘内部没有体电流存在. 这就是说，在圆盘内部有磁化矢量 $\boldsymbol{M}$，在圆盘外部没有磁化矢量存在，即在橡胶圆盘表面磁化矢量产生了突变，与这一突变相联系的是一个面电流的存在，其大小是 $c|\boldsymbol{M}|$，即

$$J=\frac{\varepsilon-1}{4\pi}vE \tag{10.2.2}$$

同实验测得的结果[方程(10.2.1)]是相同的.

在艾臣瓦尔德实验中，电容器平板也一起转动，电容器上的面电荷密度是 $\dfrac{D}{4\pi}=\dfrac{\varepsilon}{4\pi}E$. 所以，当它以速度 v 运动时，面电流密度就是 $\dfrac{v}{4\pi}D=\dfrac{\varepsilon}{4\pi}vE$，因此总电流密度是

$$J=\frac{\varepsilon}{4\pi}vE-\frac{\varepsilon-1}{4\pi}vE=\frac{1}{4\pi}vE \tag{10.2.3}$$

方程(10.2.3)表明，当电容器同其中的电介质圆盘一起转动时，总的磁效应与介质的性质(介电常量)无关，这也就是艾臣瓦尔德实验所证明的结论.

10.3　威尔逊-威尔逊实验

我们在前两节已介绍过运动永久磁体的电效应和运动的非磁化电介质的磁效应，本节我们再来介绍运动电磁介质的电磁感应现象.

1908 年爱因斯坦和劳布(Laub)为了检验麦克斯韦-闵可夫斯基电磁理论的正确性，提出了一个运动电磁介质的电磁感应实验. 1913 年，威尔逊(M. Wilson)和威尔逊(H. A. Wilson)以一种稍微不同的方式完成了这类实验[8]. 为了说明这种实验的原理，考虑图 10.3 所示的装置.

现在利用麦克斯韦-闵可夫斯基电动力学来研究图 10.3 中的磁场 $\boldsymbol{H}$ 改变方向时将出现什么现象. 在图 10.3 中，有一无限大的平板电容器，其中充满电磁介质(ε,μ)，整个电容器沿正 x 轴以速度 v 运动. 有一冲击式电流计与电容器的两平板滑动接触. 整个空间有均匀磁场 $\boldsymbol{H}$ 指向 y 轴正方向，当磁场方向反向时，电流计测到有电流出现.

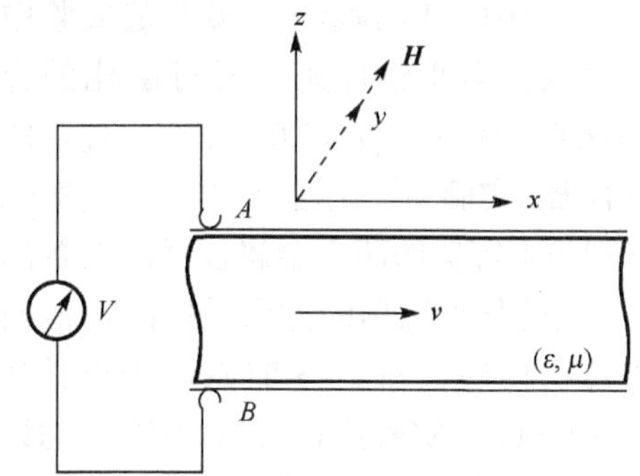

图 10.3　威尔逊-威尔逊实验示意图.

在实验室系中，方程(5.1.3)给出 $\nabla\times\boldsymbol{E}=-\dfrac{\partial\boldsymbol{B}}{\partial t}$，对于图 10.3 所示情况，磁场是静场，$\dfrac{\partial\boldsymbol{B}}{\partial t}=0$，因此 $\nabla\times\boldsymbol{E}=0$. 这表明，在实验室系中沿任意闭合回路(例如 $AVBA$ 回路)的线积分为零

$$\oint\boldsymbol{E}\cdot\mathrm{d}\boldsymbol{l}=\iint(\nabla\times\boldsymbol{E})\cdot\mathrm{d}\sigma=0$$

由于在电容器外部没有电场，即 $\boldsymbol{E}_{外}=0$，因此上面的积分可写成

$$\int_{AVBA}\boldsymbol{E}_{外}\cdot\mathrm{d}\boldsymbol{l}+\int_{BA}\boldsymbol{E}_{内}\cdot\mathrm{d}\boldsymbol{l}=\int_{BA}\boldsymbol{E}_{内}\cdot\mathrm{d}\boldsymbol{l}=0$$

这就是说，在介质内部没有沿 z 方向的电场存在，即 $(\boldsymbol{E}_{内})_z=0$. 利用运动介质电动力学的组成关系方程(5.2.4)，其一阶近似是

$$\boldsymbol{D}=\varepsilon\boldsymbol{E}+(\varepsilon\mu-1)\frac{1}{c}\boldsymbol{v}\times\boldsymbol{H}$$

由此得到

$$D_z=(\varepsilon\mu-1)\frac{1}{c}vH_y \tag{10.3.1}$$

由于在电容器外面没有电荷存在，且$\boldsymbol{D}_{外}=0$，因而由$\boldsymbol{D}$的边界条件可知，电容器平板上的面电荷密度为

$$\sigma=-\frac{(D_{外})_z}{4\pi}=-\frac{(\varepsilon\mu-1)}{4\pi}\frac{v}{c}H \tag{10.3.2}$$

方程(10.3.2)表明，在磁场中运动的电介质将给电容器充电，而且当改变磁场的方向时(即$\boldsymbol{H}\to-\boldsymbol{H}$)充电的方向也将反向，这样图 10.3 中的电路$AVB$中将出现冲击电流(这个冲击电流由冲击式电流计$V$来测出)，其大小正比于$\varepsilon\mu-1$.

在 1913 年的威尔逊-威尔逊实验中，介质用的是石蜡做的空心圆柱体，在石蜡内放入许多小钢球来获得可磁化的介质. 这样一个空心柱体介质的介电常量是$\varepsilon=6.0$，磁导率$\mu=3.0$. 在空心柱体的内外两侧各有一个金属外壳，形成一个柱形电容器. 实验中，让这个柱形电容器绕其对称轴旋转，外加磁场的方向与转轴平行，分别与电容器的两个金属板滑动接触的两个电刷串联上一个静止在实验室中的电流计. 当使外加磁场的方向反向时，他们由电流计上观察到有电流出现. 由于实验中的转动较慢，图 10.3 的原理仍可使用. 对于这个实验条件，理论上给出的因子$\varepsilon\mu-1=17$，实验测得的这个因子的数值的平均值是 24. 虽然与理论符合得不好，但是做这种实验是比较困难的. 在相对论之前，经典电动力学无法处理这个问题(如果不加附加假设的话)，若把运动的影响作为因电荷的迁移而产生等同的电流来处理，则它与μ无关，相应的因子是$\varepsilon-1=5$，这与实验结果是明显矛盾的.

10.4 菲涅耳拖曳效应

拖曳效应实验研究的是光在运动介质中的传播问题. 历史上，最早描写运动介质中光速的理论是 1818 年的菲涅耳[9]以太拖曳理论. 菲涅耳把以太中的光速与弹性媒质中的声速做类比，他假设介质中的光速与弹性以太密度的平方根成反比，并由此得到光在运动介质中的传播速度是

$$\boldsymbol{u}=\boldsymbol{u}'+f\boldsymbol{v} \tag{10.4.1a}$$

$$f=1-\frac{1}{n^2} \tag{10.4.1b}$$

其中，f称为菲涅耳拖曳系数，n是介质的折射指数，$\boldsymbol{u}'$是静止介质中的光速，$\boldsymbol{v}$是

介质在以太中的运动速度. 方程(10.4.1)表明，介质在以太中以速度 $\boldsymbol{v}$ 运动时，将沿运动方向带走以太，带走的系数是 f . 也就是说，以太被介质带走的速度(即“以太风”速度)是 $f\boldsymbol{v}$ ，或者说光被介质沿运动方向拖曳的速度是 $f\boldsymbol{v}$. 因此，按照牛顿速度相加定理，光在运动介质中传播的速度 $\boldsymbol{u}$ 等于静止介质中的速度 $\boldsymbol{u}'$ 与“以太风”的速度 $f\boldsymbol{v}$ 的矢量和.

为了检验菲涅耳以太拖曳理论，菲佐(Fizeau)在 1851 年完成了第一个运动介质中的光速实验[10]，证明了方程(10.4.1)的正确性. 在狭义相对论出现以后，人们把这个实验看作是爱因斯坦速度相加定理的第一个验证. 之后，陆续又有人进行过这类实验. 按照光传播方向与介质运动方向之间的关系，可以将“拖曳”实验分成三种类型：第一类是纵向“拖曳”实验(如菲佐实验与塞曼实验)[11-17]，光传播方向与介质运动方向共线；第二类是横向“拖曳”实验(如 Jones 1971 和 1975 年的实验)[18-20]，光传播方向与介质运动方向垂直；第三类实验介于前两类之间，光传播方向与介质运动方向成任意角度(如环路莱塞实验中的固体介质与液体介质的情况等[21,22]). 在以上这三类实验中都存在有色散情况和无色散情况. 对于无色散的实验结果，虽然应用菲涅耳以太拖曳理论可以给予满意的解释，但对于有色散的情况，拖曳理论将出现困难：由于色散介质的折射指数 n 是光频率的函数，因而以太被拖曳的速度 $(1-1/n^2)\boldsymbol{v}$ 不仅与介质的速度有关，而且与光的频率有关. 因此，相应于每一种颜色的光就必须假设有一种独立的以太存在. 这样，就需要假设有无数种不同的以太存在. 应用狭义相对论分析“拖曳”实验可以从两种观点进行. 粗略地考虑，可以把光子看作是一种经典粒子，这样就可以利用爱因斯坦速度相加公式对实验进行解释. 但是，光作为一种电磁波，应用经典场论(运动介质电动力学)的方法分析实验是更自然的. 下面我们将利用后一种方法来解释实验结果.

10.4.1　菲佐实验和塞曼实验

考虑图 10.4 所示的装置，在一台干涉仪的两个臂中放入一根总长度为 $2l$ 的管道，透明介质(液体或气体)以速度 v 在管道中流动. 两束光线以相反方向在干涉仪中传播，由第 5 章知道，光的相速度(或干涉条纹的分布)与介质运动的速度有关. 下面计算介质的运动速度改变时相应的干涉条纹移动量.

在图 10.4 所示的情况下，光线方向与介质速度方向共线(即平行或反平行)，方程(5.3.10)中的角 $\theta=0$ ，由此可知光的相速度与群速度大小相等方向相同. 在此情况下，方程(5.3.8)给出光的相速度是

$$u_{\pm}=\frac{c}{n(\nu)}\pm f_1 v \tag{10.4.2a}$$

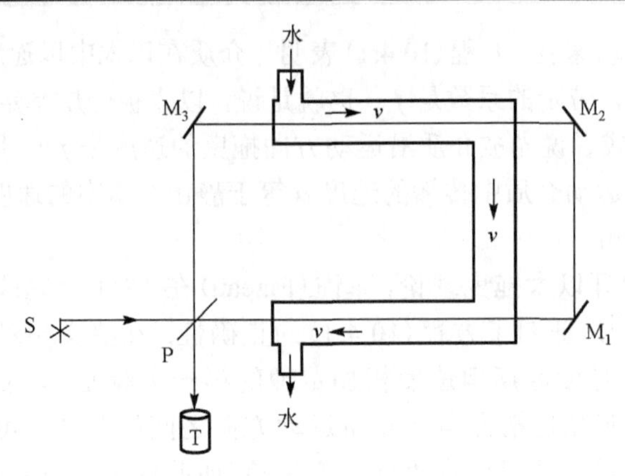

图 10.4　纵向拖曳实验

$$f_1 = 1 - \frac{1}{n^2} + \frac{\nu}{n}\frac{\mathrm{d}n}{\mathrm{d}\nu} \tag{10.4.2b}$$

其中，u_+ 代表在运动介质内沿介质运动方向传播的光速，u_- 则代表相反方向的光速. ν 是实验室系中的观察者测得的运动介质中的光频率. 由于介质是在静止的管道中流动，管道两端有一部分介质也是静止的，在稳定流动的情况下，静止介质与流动介质之间的交界面的位置是固定不动的. 这种情况与图 5.1 中 $v_z = 0$ 的情况类似. 因此，方程(5.4.6b)给出 $\nu = \nu_0$，即在实验室系流动介质中的光频，等于静止介质中的光频，而静止介质中的光频又与真空频率 ν_0 相等. 因此，方程(10.4.2a)中的 ν 也就是 ν_0，系数 f_1 称为洛伦兹拖曳系数，它比菲涅耳拖曳系数多出的一项是色散项. 这个系数是洛伦兹在 1895 年用电子论最先推出的.

利用方程(5.4.10a)可以写出干涉仪中两束相反方向传播的光的相对时间差

$$\Delta t = \frac{2l}{u_-} - \frac{2l}{u_+}$$

相应的相角差(也就是相对于介质静止时的条纹移动量)是

$$\delta = \frac{c}{\lambda_0}\Delta t = \frac{c}{\lambda_0}2l\left(\frac{1}{u_-} - \frac{1}{u_+}\right) \approx 4n^2 l f_1 \frac{v}{\lambda_0 c} \tag{10.4.3a}$$

如果将介质运动的方向反向，即 $\boldsymbol{v} \to -\boldsymbol{v}$，那么，相应的条纹移动量就是方程(10.4.3a)的两倍，即

$$\varDelta = 2\delta = 8n^2 l f_1 \frac{v}{\lambda_0 c} \tag{10.4.3b}$$

这就是对图 10.4 所示的装置给出的理论预言.

1851 年，为了检验菲涅耳拖曳理论，菲佐使用图 10.4 所示的装置完成了流动水的实验[10]. 水管总长度约为 1.5m，水流速度估计是 7m/s，光源是白光，当使水流动方向反向时，观察到干涉图像中央的光带发生的位移$\varDelta$等于两条干涉条纹间距的 0.46 倍. 由于误差较大，这个实验观察不到色散项. 在不考虑色散的情况下，方程(10.4.3b)中的洛伦兹系数 f_1 退化成菲涅耳系数 $f=1-\dfrac{1}{n^2}$. 在实验条件下，方程(10.4.3b)的预言是 $\varDelta=0.404$. 考虑到较大的测量误差，这个实验的结果与理论的预言还是一致的.

35 年以后，迈克耳孙和莫雷用类似的装置重做了流动水实验[23]. 光束仍然是白光，水管总长 10m，水流速度是 1m/s，观察到的条纹移动 $\varDelta_{观测}=0.1840$ ，与公式 $\varDelta_{观测}=8n^2lf_{观测}\dfrac{v}{\lambda_0 c}$ 相比较（$\lambda_0=5700\,\text{Å}$），并考虑到可能的实验误差. 相应的拖曳系数 $f_{观测}=0.434\pm0.02$. 对于钠 Dl 谱线的波长，水的折射率 $n=1.33$ ，因此理论预言的菲涅耳拖曳系数 $f_{理论}=1-\dfrac{1}{n^2}=0.437$ ，而洛伦兹系数 $f_{1理论}=1-\dfrac{1}{n^2}-\dfrac{\nu_0}{n}\dfrac{\mathrm{d}n}{\mathrm{d}\nu_0}=$ 0.451. 可以看到，在误差范围内该实验的测量结果与理论预言值 $f_{理论}$ 和 $f_{1理论}$ 都符合，即实验误差太大不足以区分 f 和 f_1.

此外，1964 年 Macek 等人在环路莱塞的实验中又使用干燥空气流进行了这种测量[24]，结果也与方程(10.4.3b)很好地符合(见图 10.9(c)).

上面介绍的前两个实验曾被看成是菲涅耳拖曳理论的证据，而且通常把这种拖曳现象称为菲佐效应. 在相对论出现以后，这些测量又被看成是爱因斯坦速度相加定理的证据. 但是，由于实验中使用的是白光，波长 λ_0 的确定很困难，实验误差又可能很大，所以迈克耳孙曾指出，使用白光不能获得严格的定量结果. 因此，要想得到更为可靠的证据和观察“拖曳”效应中的色散项，使用单色光做更精密的实验测量是必要的.

1914 年到 1922 年，塞曼用流动的水和运动的透明固体棒完成了一组类似的实验测量，观察到了拖曳效应中的色散项($\sim \mathrm{d}n/\mathrm{d}\nu_0$). 下面我们分别介绍这两类实验[13-17].

在塞曼的流动水的实验中[13,14]，水管的总长度 $2l=604.0\text{cm}$ ，水流速度 $v=$ 553.6cm/s ，使用了黄色、绿色和紫色等几种不同频率的单色光做了观测. 其测量结果及理论预言值均列于表 10.1，其中 Δf_1 是使用方程(10.4.3b)和(10.4.2b)得到的计算值，Δf 是在丢掉色散项之后的计算值，$\varDelta_{观测}$ 是实验测到的条纹移动量. 可以用表 10.1 给出的数值得到相应的拖曳系数，结果列于表 10.2 中. 其中，$f=1-1/n^2$ 是菲涅耳拖曳系数的计算值，$f_1=1-\dfrac{1}{n^2}-\dfrac{\nu_0}{n}\dfrac{\mathrm{d}n}{\mathrm{d}\nu_0}$ 是洛伦兹系数的计算值，$f_{1(观测)}=\dfrac{\lambda_0 c}{8l n^2 v}\varDelta_{观测}$ 是用条纹移动的测量值推算出的拖曳系数值.

表 10.1　塞曼流动水实验条纹移动结果

λ_0/Å	Δf	Δf_1	$\varDelta_{观测}$
4500	0.786	0.852	0.826±0.007
4580	0.771	0.808	0.808±0.005
5461	0.637	0.660	0.656±0.005
6870	0.500	0.513	0.511±0.007

表 10.2　塞曼流动水实验拖曳系数结果

λ_0/Å	f	f_1	$f_{1(观测)}$
4500	0.443	0.464	0.465
4580	0.442	0.463	0.463
5461	0.439	0.454	0.451
6870	0.435	0.447	0.445

从表 10.1 和表 10.2 可以看出，实验的精度(1%～2%)足以观察出色散效应，测量结果明显地支持了方程(10.4.3)的预言(洛伦兹拖曳效应).

下面，我们再来介绍运动固体棒实验. 塞曼用往返快速移动的石英棒和火石玻璃棒代替图 10.4 中的水管，观察了干涉条纹的移动. 这种情况与流动水的情况不同，它观察的是劳布拖曳系数. 下面我们先用第 5 章中的有关结果计算在固体棒运动方向反向时干涉条纹的移动量. 在此情况下，方程(5.4.10)中的 $v_x=0, v_z=v$，$\cos\gamma=1(\gamma=0°)$. 因此，运动固体棒中的光速是

$$u_{\pm}=\frac{c}{n}\pm f_2 v \tag{10.4.4a}$$

$$f_2=1-\frac{1}{n^2}+\frac{\nu_0}{n^2}\frac{\mathrm{d}n}{\mathrm{d}\nu_0} \tag{10.4.4b}$$

其中，$n=n(\nu_0)$ 是真空中波长函数，"±"号的意义与方程(10.4.2a)中的相同. f_2 称为劳布系数，是劳布在 1908 年首先用相对论多普勒效应推得的. 设干涉仪的臂长为 L，运动的固体棒长为 l. 光在干涉仪中的路径分为三段：第一段长为 L_1，是在空气中的路径；第三段长为 L_3，也是在空气中的路径；第二段 L_2 则是在介质中的路径. 所以，$L_1+L_2+L_3=L$. 现在考虑传播方向与棒的运动方向相同的那束光(在棒中的相速度是 u_+)在干涉仪中走完路程 L 所用的时间是 t_+. 显然 $t_+=t_1+t_2+t_3$，其中 $t_1=$

L_1/c，$t_2 = L_2/u_+$，$t_3 = L_3/c$．我们知道 L_2 是光在棒中走过的路程，由于棒以速度 v 运动，因此这段路程要比棒的长度大，而大出的部分正是棒在 t_2 时间内走过的距离 vt_2．所以 $L_2 = l + vt_2$．注意，我们始终只考虑 v/c 的一阶近似．于是有

$$t_2 = \frac{L_2}{u_+} = \frac{l + vt_2}{u_+} \approx \frac{l}{u_+} + n\frac{v}{c}t_2$$

则给出

$$t_2 = \frac{l}{u_+\left(1 - n\frac{v}{c}\right)}$$

将方程(10.4.4a)代入此式得到

$$t_2 = \frac{nl}{c}\left[1 + n\frac{v}{c}(1 - f_2)\right]$$

由此可以得到

$$t_3 = \frac{L_3}{c} = \frac{L - L_1 - L_2}{c} = \frac{L}{c} - \frac{L_1}{c} - \frac{vt_2}{c} - \frac{l}{c}$$
$$= \frac{L - l}{c} - \frac{L_1}{c} - \frac{nl}{c}\frac{v}{c}$$

因此，总的时间是

$$t_+ = t_1 + t_2 + t_3 = \frac{L - l}{c} + \frac{nl}{c}\left[1 - \frac{v}{c} + \frac{nv}{c}(1 - f_2)\right] \tag{10.4.5a}$$

另外，反方向传播的光束所用的时间 t_- 可以由方程(10.4.5a)中的 $v \to -v$ 而得到

$$t_- = \frac{L - l}{c} + \frac{nl}{c}\left[1 + \frac{v}{c} - \frac{nv}{c}(1 - f_2)\right] \tag{10.4.5b}$$

因此，两束光的相角差是

$$\delta = \frac{c}{\lambda_0}(t_- - t_+) = \frac{2lv}{c\lambda_0}[n + n^2(f_2 - 1)]$$

若使棒的运动速度反向，即 $v \to -v$，那么相应的干涉条纹移动量 $\varDelta$ 就是两倍的 δ，即

$$\varDelta = 2\delta = \frac{4lv}{c\lambda_0}[n + n^2(f_2 - 1)] \tag{10.4.5c}$$

将劳布系数 f_2 的表达式(10.4.4b)代入上式后得

$$\varDelta=\frac{4vl}{c\lambda_0}\left[n-1+\nu_0\frac{\mathrm{d}n}{\mathrm{d}\nu_0}\right] \tag{10.4.5d}$$

这就是用来同塞曼的运动固体棒实验结果进行比较的理论公式.

1920 年塞曼和 Snethlage[16]用的是石英棒，棒的端面与晶体的光轴垂直，而光束沿光轴方向传播. 棒的总长度是 100cm 和 140cm 两种，棒的运动速度～1000cm/s. 入射光束分别是波长为 4750Å、5380Å 和 6510Å 三种不同颜色的光. 实验测量结果与理论公式(10.4.5d)的预言值列于表 10.3 中. 在～10% 的误差范围内实验与劳布拖曳效应符合. 表 10.3 中的 $\varDelta_{理论}$ 是用公式(10.4.5d)计算得到的.

表 10.3　塞曼的运动石英棒实验结果

λ_0/Å	$\varDelta_{观测}$	$\varDelta_{理论}$
4750	0.156±0.007 0.156±0.008	0.166
5380	0.148±0.006 0.148±0.012	0.143
6510	0.125±0.007 0.123±0.014	0.115

此外，1922 年塞曼等人[17]又使用运动的火石玻璃棒做了观测，棒长 120cm，速度 1000cm/s. 83 次的测量得到的平均条纹移动是 0.242 ± 0.004. 但是，他们又使用了白光，他们确定有效波长 4750Å，由方程(10.4.5d)计算的理论值是 0.242.

10.4.2　横向“拖曳”实验

1971 年，Jones 完成了横向拖曳实验，入射光线的方向与转动的玻璃圆盘垂直[18,19]. 1975 年他又完成了更精确的测量，观察到了牵引系数的色散项[20]，其实验原理如图 10.5 所示. 由光源 S 发射的光线经聚光透镜 L_1 会聚，通过格栅 G_1、透明介质板(圆盘) D 和透镜 L_2 在反射镜 M_1 和 M_2 的中间位置成像(光源 S 的像). 然后这束光线沿着相反的并行路线通过透镜 L_3 (与 L_2 类似)和介质板(圆盘) D 到达透镜 L_4 (与 L_1 类似). 格栅 G_1 位于(在 L_1 和 L_2 之间) L_2 的主焦平面内，与 G_1 完全相同的另一格栅 G_2 放在 L_3 和 L_4 之间. 在 G_2 的平面内将形成放大倍数为 1 的 G_1 的像. 当圆盘静止不动时，使 G_2 与 G_1 的像完全重合. 经过 G_2 的光线由光电池 x_1 和 x_2 观测. 当介质圆盘转动时，垂直通过圆盘的光束将平行移动一段距离 δ，由几何光学可知，G_1 在 G_2 位置上的像所移动的距离是 2δ，因此观察 G_1 的像的位置变化就可以确定 δ. 在实验中实际观测的是光电池接收到的光强度；当 G_1 的像移动位置时，G_2 就不再与 G_1 的像完全重合，因而通过光栅 G_1 的光束就有一部分被 G_2 挡住，从而使光电池给出的电信号变小.

现在，我们利用运动介质电动力学来确定光线的平行位移量 δ [图 10.5(b)]. 在运动的圆盘内，光线的方向就是群速度 $\boldsymbol{W}$ 的方向. 在现在的实验条件下，入射角 $\theta_i=0$. 由方程(5.4.12)知道，折射角 $\theta=0$，即波矢 $\boldsymbol{k}$ 的方向仍与介质速度 $\boldsymbol{v}$ 的方向垂直. 将实验条件 $v_z=0, v_x=v=|\boldsymbol{\Omega}\times\boldsymbol{r}|$ (这是转动圆盘上光线入射点处的切向速度，

$\boldsymbol{\Omega}$ 是圆盘的角速度)，及折射角 $\theta=0$ 代入方程(5.3.10)，得到运动介质内部光线的方向为

$$\tan\theta = nf_1\beta \tag{10.4.6a}$$

$$f_1 = 1-\frac{1}{n^2}+\frac{\nu_0}{n}\frac{\mathrm{d}n}{\mathrm{d}\nu_0} \tag{10.4.6b}$$

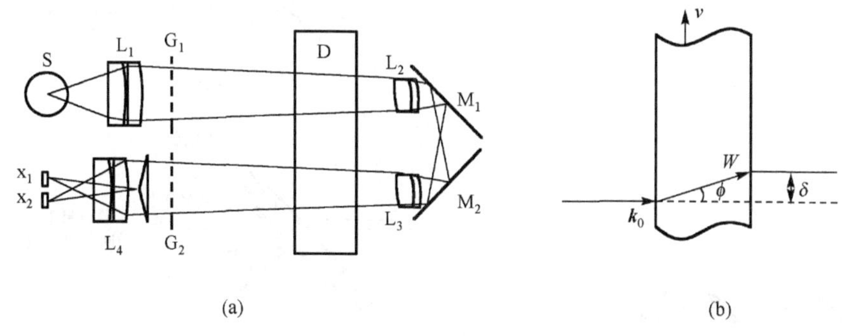

图 10.5　Jones 横向拖曳实验简图

其中，在 β 的一阶近似下可用 $n(\nu_0)$ 代替 $n(\nu)$. 因此，这时光线的横向移动量 δ 是[23]

$$\delta = nl\beta\left(1-\frac{1}{n^2}+\frac{\nu_0}{n}\frac{\mathrm{d}n}{\mathrm{d}\nu_0}\right) \tag{10.4.7}$$

其中，l 是圆盘的厚度. 以上，我们仍然忽略了转动对介质特性的影响，而把位移量只看作与切向速度有关. 对于图 10.5 所示的装置，光束的总移动量是方程(10.4.7)给出的两倍，即 2δ.

在 Jones 1971 年的实验中[18,19]，玻璃圆盘的厚度是 $l=2.465\text{cm}$，折射率 $n=1.524$，光点到转轴的距离是 13.75cm，圆盘转速从 +1501.9r/min 变到 −1501.9r/min. 观察到的移动量是 $6.175\text{nm}\pm0.016\text{nm}$ (标准偏差). 由方程(10.4.7)得，在无色散的情况下算出的相应的移动量是 6.174nm ($1\text{nm}=10^{-9}\text{m}$)，这与观察结果相符合.

后来，1975 年 Jones[20]又用色散效应较大的玻璃做了更精确的实验，观察到了方程(10.4.7)中的色散项，测量结果与(10.4.7)式的预言相符.

10.4.3　环路莱塞实验

实验装置由图 10.6 和图 10.7 给出. 在环路莱塞实验的装置中，光路是一个闭合回路(在光路的三条边上都放有 He-Ne 气体激光管，第四条边的空腔里放入运动介质池). 当光程等于激光波长的整数倍时，光波形成共振(驻波). 如果顺时针方向传播的光程等于逆时针方向传播的光程，那么这两列波的共振频率相同(模式简并). 如果两列波的光程不同，则共振频率也将不同(即模式分裂). 从环

路莱塞共振腔中的一块半透射的平面镜导出这两种模式的激光，并送到探测仪器中测量它们的差频. 实验中，在环路莱塞共振腔中放入运动的透明介质. 由于介质的运动，使传播方向相反的两列波的光程产生了差别. 让我们用运动介质电动力学来计算这两列光波的光程差. 为此，我们参考原理图 10.8.

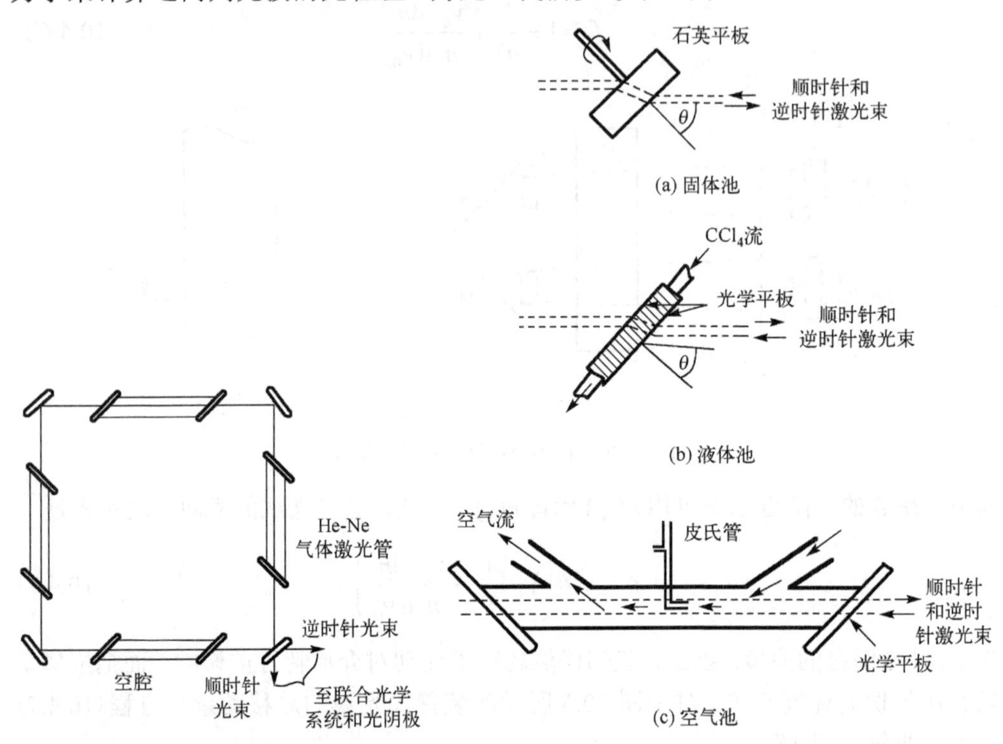

图 10.6　环路莱塞装置简图

图 10.7　放入环路莱塞共振腔中的介质池

在图 10.8 中，介质外面是真空($n_0=1$)，平板介质(n)以速度v沿x方向移动. 环路共振腔中的总光程以$\Delta=\Delta_1+\Delta_3$表示. 光波的总几何路程是$AOCBA$，在运动介质中的几何路程是$l''=\overline{OC}$. 其余的路程(真空中的路程)是$\overline{AO}+\overline{CBA}=L-\overline{OG}=L-l''\cos(\theta_i-\phi)$，在真空中的光程$\Delta_i$就是光的几何路程

$$\Delta_1=L-l''\cos(\theta_i-\phi) \tag{10.4.8a}$$

现在求运动介质中的光程Δ_3. 我们知道，在此实验条件下，$v_z=0$，由方程(5.4.6b)得到$\omega=\omega_0$，即运动介质中的光频ω与入射光的频率ω_0相等. 所谓光程，在频率不变的情况下，就是说光在真空中沿长度为Δ_3的路程上所包含的波数$\frac{1}{2\pi}k_0\Delta_3$，等于它在介质中沿长度为$l''$的路程上所包含的波数

$$\frac{1}{2\pi}\boldsymbol{k}\cdot\boldsymbol{l}''=\frac{1}{2\pi}kl''\cos(\phi-\theta)$$

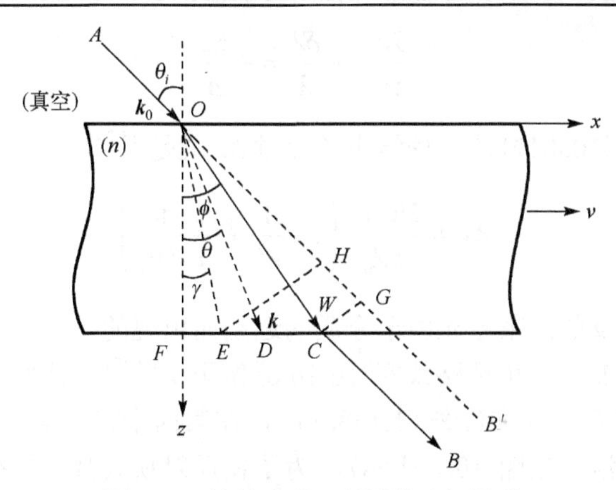

图 10.8 计算光程Δ所用的几何图形

环路莱塞空腔 $AB'A$ 的几何周长 L，波矢 $\boldsymbol{k}_0$ 在真空中入射到平板介质（n）上，其入射角为 θ_i，介质平板以速度 v 沿 x 轴方向运动. 光线在介质中的路程是 $l''=\overline{OC}$（即群速度 W 的方向），它的折射角是 ϕ；波矢 $\boldsymbol{k}$ 沿 $\overline{OD}$ 的方向，其折射角是 θ. 在介质平板不动时，介质中光线的路程是 $l=\overline{OE}$，其折射角是 γ. $l'=\overline{OF}$ 是运动介质平板的厚度.

即

$$\Delta_3=\frac{k}{k_0}l''\cos(\phi-\theta) \tag{10.4.8b}$$

将实验条件 $v_x=v, v_z=0$ 代入方程(5.4.10)、(5.3.10)和(5.4.12)，则有

$$\frac{k}{k_0}=\frac{c}{u}=n(1\mp f_1 vn\sin\gamma) \tag{10.4.9}$$

$$\tan\phi=\frac{\sin\theta\pm nf_1 v}{\cos\theta} \tag{10.4.10}$$

$$\sin\theta=(1\pm nf_1 v\sin\gamma)\sin\gamma \tag{10.4.11}$$

其中，f_1 是洛伦兹系数，由方程(5.4.10b)给出；$n\equiv n(\nu_0)$，ν_0 是激光的真空频率；角 γ 是介质静止时的折射角. 将方程(10.4.9)～(10.4.11)代入方程(10.4.8)，最后得到传播方向相反的两束激光的总光程 $\Delta_\pm$ 是

$$\Delta_\pm=(\Delta_1+\Delta_3)_\pm=\Delta_0\mp l\,n^2 f_1\frac{v_m}{c} \tag{10.4.12}$$

其中，Δ_0 是介质静止时的总光程(由于环路莱塞腔的几何周长 L 远大于光在静止介质中的路程 $l=l'/\cos\gamma$，因而 $\Delta_0\approx L$)；$v_m=v\sin\gamma$ 是介质的运动速度 $\boldsymbol{v}$ 在路程 $l=\overline{OE}$ 上的投影.

由共振条件 $\Delta=N\lambda$ (N 是正整数)知，光程Δ 的改变引起的模式分裂是

$$\frac{\delta\nu}{\nu}=-\frac{\delta\lambda}{\lambda}=-\frac{\delta\Delta}{\Delta} \tag{10.4.13}$$

因此，相应于方程(10.4.12)的光程给出的差频$\delta\nu$就是[23,24]

$$\delta\nu\approx\frac{2lv_m n^2}{L\lambda_0}\left(1-\frac{1}{n^2}+\frac{\nu_0}{n}\frac{\mathrm{d}n}{\mathrm{d}\nu_0}\right) \tag{10.4.14}$$

这就是传播方向相反的两束激光由于介质的运动而出现的差频.

1964年，Macek等人用环路莱塞(图10.6)做了实验[21]，他们使环路莱塞的三个臂中的He-Ne激光管工作在红外(1.153μm)，在第四个臂中插入运动介质池(固体池、液体池或气体池，见图10.7所示)，为了使反射损失减至最小，入射角取布儒斯特角，介质流动的方向与激光传播方向共线. 对于气体情况，同菲佐流动水的情况一样，因此频率分裂仍由方程(10.4.14)给出，其中v_m是气流的速度，l是气流的长度. 他们的实验结果与方程(10.4.14)的无色散情况($\mathrm{d}n/\mathrm{d}\nu_0=0$)符合得很好[见图10.9(c)]. 固体池是转动的石英晶体板，实验测得的差频与方程(10.4.14)的无色散情况符合得也很好[图10.9(a)]. 对于流动液体池，实验结果与方程(10.4.14)的无色散情况符合得不好[图10.9(b)]，他们认为，这主要是由于使用了过分简化的测量液体流速步骤的结果.

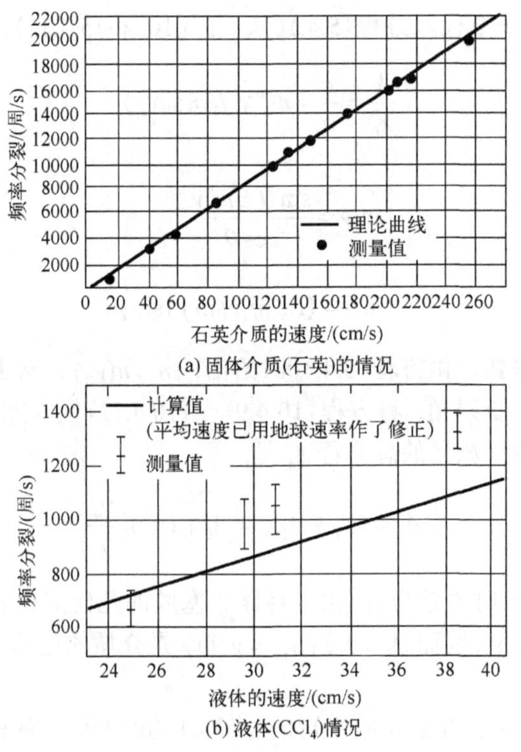

(a) 固体介质(石英)的情况

(b) 液体(CCl_4)情况

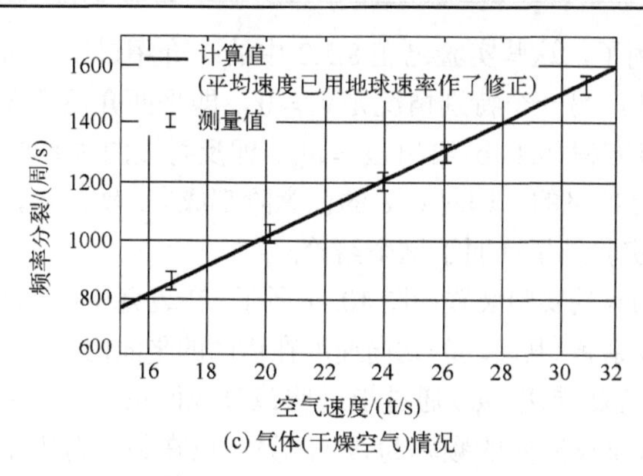

(c) 气体(干燥空气)情况

图 10.9 环路莱塞实验结果(菲涅耳拖曳频率模式分裂曲线)

1972 年，Bilger 和 Zavadny[22]使用图 10.10 所示的三角形环路莱塞装置重复了转动固体的拖曳实验，激光波长是0.6328μm，转动固体是熔融硅土圆盘，其表面与激光束成布儒斯特角. 观测到的差频与方程(10.4.14)的预言相符合，相应的洛伦兹拖曳系数的数值是

$$f_{1(\text{实验})}=0.541\pm 0.003,\quad f_{1(\text{理论})}=1-\frac{1}{n^2}+\frac{v_0}{n}\frac{\mathrm{d}n}{\mathrm{d}v_0}=0.5423$$

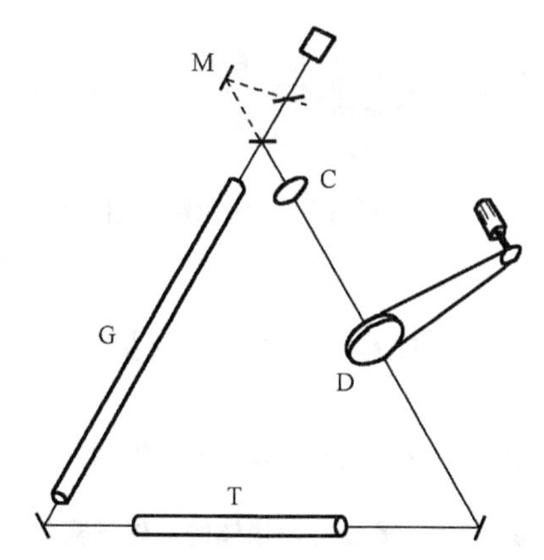

图 10.10 具有 He-Ne 激光管(T)的三角形环路莱塞简图

D—拖曳圆盘；C—补偿板；G—开放的玻璃管，用来减少不必要的空气流动产生的拖曳效应

10.5 光在平面镜上的反射实验

方程(5.4.8b)告诉我们，平面介质上的反射光波的频率 ω_r 是否产生多普勒移动，只与平面镜的速度 v_z 有关(v_z 是平面镜运动的速度 $\boldsymbol{v}$ 在 z 轴上的分量，z 轴与平面镜的法向方向平行)，而与速度分量 v_x 无关. $v_z\neq 0$ 时的反射频率的多普勒移动效应在反

射实验中已经观察到了，这些实验已在 8.2.2 中的 1 介绍过了，它们的结果都与相对论的预言符合. 此外，另一个特别情况是 $v_z = 0$，即平面介质表面的运动速度 $\boldsymbol{v}$ 位于介质交界面内. 此时方程(5.4.8b)给出 $\omega_{\mathrm{r}} = \omega_0$，即反射波的频率与入射波的频率相同. 实际上，这个结论是严格的，即对 v/c 的任意阶都成立. 实际上，1974 年，Jennison 和 Davies[25]的初步实验结果证明了这个结论.

Jennison 和 Davies 的实验装置如图 10.11 所示. 在迈克耳孙干涉仪的一个臂中放有一面可转动的平面反射镜(其转动的切向速度在镜面的平面内，$v_z = 0,\ v_x = 5 \sim 20\mathrm{m/s}$)，由激光器发射的激光束(频率 ω_0)通过半透明镜分成两束，一束垂直投射到转动的平面镜上再反射回来(设反射光的频率为 ω_{r})，另一束在另一臂中由平面镜反射回来，这两束激光重新会合后由光电系统接收，观察它们之间可能的差频($\omega_{\mathrm{r}} - \omega_0$). 实验没有观测到差频，这同方程(5.4.8b)在 $v_z = 0$ 时的预言 $\omega_{\mathrm{r}} = \omega_0$ 符合，实验精度 $\sim 10^{-16}$.

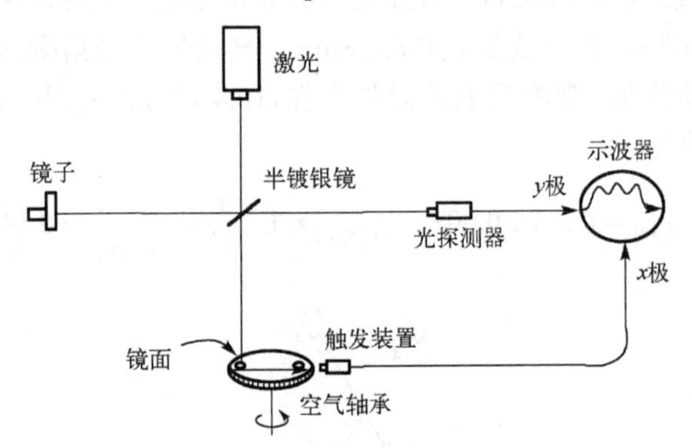

图 10.11 横向运动平面镜反射实验

10.6 小 结

最后，我们将各种电磁学实验汇集在表 10.4 之中.

表 10.4 缓慢运动物体的电磁学实验

类型		实验者	方法	结果
电磁感应实验	单极感应	Faraday (1831)最早研究过	磁体绕对称轴转动	在与磁体的一极和赤道滑动接触的导线中有电流出现，1905 年爱因斯坦用狭义相对论解释了这种现象
	运动电磁介质的电磁感应现象	M.Wilson 和 H.A.Wilson (1913)	平板电容器及其内部的电磁介质($\varepsilon = 6,\ \mu = 3$)在垂直于均匀磁场的方向上运动，同时有一条串联有冲击式电流计的导线与两平板滑动接触	当改变磁场的方向时，冲击电流计指示有电流出现，狭义相对论预言这个电流的大小正比于 $\varepsilon\mu - 1 = 17$，实验测得的相应系数是 24

续表

类型		实验者	方法	结果
光在运动介质中的传播(菲涅耳牵引)实验	纵向牵引(光线方向与透明介质的运动方向共线)效应	Fizeau(1851)	在干涉仪中的臂上放有水管，水在水管中流动. 入射光是白光	当水流速度反向时，观察到干涉条纹的移动量是 0.46，相对论(菲涅耳系数)预言 0.404
		Michelson 和 Morley(1886)	同上	$J_{观测}=0.434\pm0.02$ $J_{理论}=1-\frac{1}{n^2}=0.437$
		Zeeman(1914)	入射光是单色光，其余同上	条纹移动量与洛伦兹牵引效应符合，精度~1%，见表 10.1 和 10.2
		Zeeman 等(1920)	单色光入射，干涉仪的臂中放有运动的固体(石英)棒	条纹移动量与劳布牵引效应符合，精度~10%，见表 10.3
	横向牵引(光线方向与介质运动方向垂直)效应	Jones(1971，1975)	观察垂直通过转动的透明介质板后发生的横向位移	观察到的移动量是 6.175nm±0.016nm (标准偏差)，菲涅耳牵引效应预言是 6.174nm；进一步的实验测量则与洛伦兹效应符合
	任意方向的牵引效应(光线与运动介质速度方向成布列斯特角)	Macek 等(1964)	在环路莱塞的一个臂中放入转动的固体和流动的液体. 观察模式分裂(差频)	运动固体的情况与菲涅耳牵引效应很好符合[见图 10.9(a)]；流动液体的情况符合得不好[见图 10.9(b)]，原因是速度测得不准
		Bilger 和 Zavadny(1972)	在环路莱塞中放入转动的固体圆盘，观察差频	$f_{1(实验)}=0.541\pm0.003$ $f_{1(理论)}=1-\frac{1}{n^2}+\frac{v_0}{n}\frac{\mathrm{d}n}{\mathrm{d}v_0}=0.5423$ 在~0.6%以内与洛伦兹牵引效应预言符合
光在横向运动平面镜上的反射		Jennison 和 Davies(1974)	激光在转动平面镜上反射，观察频率的改变	没有观察到频率改变，精度 10^{-16}，与相对论预言符合

参 考 文 献

[1] Djurić J. Spinning magnetic fields. Journal of applied physics, 1975, 46: 679.

[2] Whittaker E. A history of the theories of aether and electricity. New York: Nelson, Vol. I, 1951 and Vol. II, 1953.

[3] 伊·耶·塔姆. 电学原理：下册. 钱尚武, 赵祖森,译. 北京：人民教育出版社, 1960：第八章.

[4] Becker R. Electromagnetic fields and interactions: Vol. I: electromagnetic theory and relativity. New York: Blaisdell, 1964: 71, 86-88.

[5] Panofsky W K H, Phillips M. Classical electricity and magnegtism. Reading: Addison-Wesley, 1955.

[6] Pauli W. Theory of relativity. London: Pergamon Press, 1958.

[7] Sommerfeld A. Electrodynamics. New York: Academic Press, 1952.

[8] Wilson M, Wilson H A. On the electric effect of rotating a magnetic insulator in a magnetic field. Proceedings of the royal society A, 1913: 89: 99.

[9] Fresnel A J. Sur l'influence du mouvement terrestre dans quelques phenomenes d'optique. Annales de chimie et de physique, 1818, 9: 57.

[10] Fizeau H. Sur les hypothèses relatives à l'éther lumineux, et sur une expérience qui parait démontrer que le mouvement des corps change la vitesse avec laquelle la lumière se propage dans leur intérieur. Comptes rendus hebdomadaires des séances de l'Académie des sciences, 1851, 33: 349-355.

[11] Fizeau H. Sur Les hypothèses relatives à l'éther lumineux, et sur une expérience qui parait démontrer que le mouvement des corps change la vitesse avec laquelle la lumière se propage dans leur intérieur. Annales de chimie et de physique, 1859, 57: 385-404.

[12] Michelson A A, Morley F W. Influence of motion of the medium on the velocity of light. American journal of science, 1886, 31: 377.

[13] Zeeman P. Fresnel's coefficient for light of different colours (first part). Royal Netherlands academy of art and sciences, proceedings, 1914, 17: 445.

[14] Zeeman P. Fresnel's coefficient for light of different colours (second part) . Royal netherlands academy of art and sciences, proceedings, 1915, 18: 398.

[15] Zeeman P. The propagation of light in moving transparent solid substances: I. Apparatus for the observation of the Fizeau-effect in solid substances. Royal netherlands academy of art and sciences, proceedings, 1920, 22: 462.

[16] Zeeman P, Snethlage A. The propagation of light in moving, transparent, solid substances: II. measurements on the Fizeau-effect in quartz. Royal netherlands academy of art and sciences, proceedings, 1920, 22: 512.

[17] Zeeman P, Snethlage A. The propagation of light in moving, transparent, solid substances: III. measurements on the Fizeau-effect in flint glass. Royal netherlands academy of art and sciences, proceedings, 1922, 23: 1402.

[18] Jones R V. Aberration of light in a moving medium . Journal of physics A, 1971, 4: L1.

[19] Jones R V. "Fresnel aether drag" in a transversely moving medium. Proceedings of the royal society A, 1972, 328: 337.

[20] Jones R V. "Aether drag" in a transversely moving medium. Proceedings of the royal society A, 1975, 345: 351.

[21] Macek W M, et al. Measurement of Fresnel drag with the ring laser. Journal of applied physics,

1964, 35: 2556.

[22] Bilger H R, Zavadny A T. Fresnel drag in a ring laser: measurement of the dispersive term. Physical review A, 1972, 5: 591.

[23] 张元仲. 运动介质电动力学和(包含色散项的)牵引效应. 物理学报，1977, 26: 455.

[24] 张元仲. 运动介质电动力学和 Fresnel 牵引实验. 物理学报，1975, 24: 180.

[25] Jennison R C, Davies P A. Reflection from a transversely moving mirror. Nature, 1974, 248: 660-661.

第 11 章 相对论力学实验

在第 1 章已经给出了质速关系和质能关系等相对论力学的基本方程式，这是相对论力学实验检验的几个基本关系式. 迄今为止，人们已经在荷电粒子的电磁偏转、加速器的运转、氢原子的精细结构以及原子核反应等几个方面进行了大量的实验研究，所得结果同这些相对论力学的基本关系式是相符合.

11.1 质量对速度的依赖关系

运动电子的质量随速度增加而增大的现象，早在狭义相对论以前就为人们所知. 例如，1901 年 Kaufmann[1]在确定镭发出的β射线(快速运动的电子束)之荷质比e/m的实验中，首次观察到了电子的荷质比与速度有关的现象. 他假设电子的电荷e不随速度改变，而电子的质量就要随速度的增加而增大. 为了从理论上解释这一现象，在以太和电子的各种不同模型的基础上曾导出过许多表达式. 1903 年亚伯拉罕[2]把电子看作是一种以速度u运动的完全刚性的球形粒子，并由此导出了质量与速度的关系式

$$m=\frac{3}{4}\frac{m_0}{(u/c)^2}\left[\frac{1+(u/c)^2}{2(u/c)}\ln\frac{1+(u/c)}{1-(u/c)}-1\right] \tag{11.1.1}$$

1904 年洛伦兹[3]认为电子的质量起源于电磁，并假定电子运动时其大小沿速度方向发生收缩(菲茨杰拉德-洛伦兹收缩). 他由此导出的电子质量随速度变化的关系为

$$m=\frac{m_0}{\sqrt{1-u^2/c^2}} \tag{11.1.2}$$

在狭义相对论中，不必对电子的形状或电荷的分布做特别的假设，也不必对质量的性质做某种假定，就可以得到与洛伦兹质量公式(11.1.2)在数学形式上相同的关系式(1.6.76). 所以，这个质量关系式在狭义相对论中对任何有质量物体都适用.

早期的一些实验用电磁偏转的方法测量电子荷质比e/m对电子运动速度的依赖关系. 在电荷不变性的假定下得到了电子质量对速度的依赖关系. 由于实验精度不高，大多数实验结果只是表明电子质量随速度增加而增大，而不足以辨别亚伯拉罕质量公式(11.1.1)与洛伦兹-爱因斯坦质量公式(11.1.2)哪一个正确.

1940 年，Rogers 等人[4]的实验以 1%的精度证明了电子质量对速度的依赖关系

服从洛伦兹质量公式(11.1.2)，而不服从 Abraham 质量公式(11.1.1). 随后所做的这类实验也都与方程(11.1.2)符合. 另外，加速器的设计和运转则为质量对速度的依赖关系(11.1.2)提供了更为丰富的例证.

索末菲(Sommerfeld)曾证明，如果电子的动量和能量取相对论形式，就可以解释原子谱线的精细结构分裂. 因而，观测精细结构分裂，可以为质量随速度变化定律的形式提供又一种证据. 进一步分析表明[5]，精细结构分裂的测量结果(在 0.05%的精度内)证明了质量公式(11.1.2)的正确性.

另一类检验质量公式(11.1.2)的实验是粒子的弹性碰撞. 1932 年 Champion[6]用实验证明，电子经过弹性碰撞后，两电子之间的散射角小于 90°. 而按照牛顿力学，两电子散射方向要互相垂直. 实验结果与能量动量守恒定理及质量公式(11.1.2)是相符的.

此外，还有检验电子质量公式的其他实验，其中精度最高的是 1963 年 Meyer 等人(1963)[7]的实验，他们用相对论性电子与非相对论性质子相比较的方法，测量了高速电子($v \sim 0.99c$)的质量，在～0.04%的实验精度之内与相对论公式(11.1.2)相符. 这个实验精度与精细结构的精度相仿，是最精确的测量之一.

上面所谈的各种实验都是用电子做的. 有关质子的质量对速度依赖关系的实验，例如 1953 年 Grove 和 Fox 的实验[8]，以 0.1%的精度证明了质子的质量与速度的关系服从相对论质量公式(11.1.2).

11.1.1　荷电粒子的磁偏转

让我们考虑一个静质量为 m_0 所带电荷为 e 的粒子在静磁场中的运动. 设只有均匀的静磁场存在，荷电粒子在静磁场 $\boldsymbol{B}$ 中所受的力(洛伦兹力) $\boldsymbol{F}$ 是

$$\boldsymbol{F}=\frac{e}{c}\boldsymbol{u}\times\boldsymbol{B}=\frac{e}{c}\boldsymbol{u}_{\perp}\times\boldsymbol{B} \tag{11.1.3}$$

其中，$\boldsymbol{u}_{\perp}$ 是荷电粒子的速度 $\boldsymbol{u}$ 在垂直于磁场 $\boldsymbol{B}$ 方向上的投影. 方程(11.1.3)表明，力 $\boldsymbol{F}$ 与速度 $\boldsymbol{u}$ 垂直，因而有 $\boldsymbol{F}\cdot\boldsymbol{u}=0$. 这样，对荷电粒子在磁场中运动的情况，方程(1.6.79)简化为

$$m\frac{\mathrm{d}\boldsymbol{u}}{\mathrm{d}t}=\boldsymbol{F}=\frac{e}{c}\boldsymbol{u}_{\perp}\times\boldsymbol{B} \tag{11.1.4}$$

与牛顿力学中的形式一样. 方程(11.1.4)中的 m 是相对论质量，由方程(1.6.76)给出，它与粒子的速度 u 有关. 在现在的特殊情况下，由于 $\boldsymbol{F}\cdot\boldsymbol{u}=0$，因而方程(1.6.80)给出 $\mathrm{d}K/\mathrm{d}t=0$. 这就是说，粒子的能量 $E=mc^2$ 是不随时间而改变的常量. 所以，质量 m 及速度 u 也都是不随时间改变的常量.

按照方程(11.1.4)，力 $\boldsymbol{F}$ 垂直于 $\boldsymbol{B}$，因此粒子的加速度在 $\boldsymbol{B}$ 方向上的分量等于

零；也就是说，沿 $\boldsymbol{B}$ 方向上的速度分量 $\boldsymbol{u}_{/\!/}$ 不随时间改变. 前面已指出，速度 u 是常量，因此速度分量 $\boldsymbol{u}_{\perp}$ 的大小也是个常量. 至此我们看到，荷电粒子在磁场 $\boldsymbol{B}$ 中运动的轨道是围绕 $\boldsymbol{B}$ 方向的螺旋线，它在垂直于 $\boldsymbol{B}$ 的平面内的投影是个圆. 设这个圆的半径为 ρ，那么由方程(11.1.4)知道

$$\frac{mu_{\perp}^{2}}{\rho}=\frac{e}{c}u_{\perp}B \tag{11.1.5}$$

或者

$$p_{\perp}=mu_{\perp}=\frac{e}{c}B\rho \tag{11.1.6}$$

其中，$B=|\boldsymbol{B}|$. 如果粒子的速度 $\boldsymbol{u}$ 垂直于磁场 $\boldsymbol{B}$ 的方向，那么方程(11.1.5)就可以简单地改写成

$$p=mu=\frac{e}{c}B\rho \tag{11.1.7}$$

在方程(11.1.7)的右边，B 和 p 都是直接测量量. 因此，测量荷电粒子在已知磁场 $\boldsymbol{B}$ 中运动的曲率半径 ρ，就能够按照方程(11.1.7)得到粒子的动量 p（β 谱仪就是基于这种原理制成的）. 由于 $p=mu$，所以，要想进一步知道质量，就必须了解粒子的速度 u（或粒子的动能）. 在以往的实验中，曾采用过各种方法测量粒子的速度(或动能). 例如，采用静电偏转法可以确定 mu^2；利用半导体探测器可以测定粒子的动能；通过观测荷电粒子在磁场中的回旋频率可以得到粒子的速度等. 下面我们将逐一予以介绍.

11.1.2 静电磁偏转法

当荷电粒子的运动方向与静电场的方向垂直时，在静电场的作用下将产生偏转，测量此偏转即可确定粒子的 mu^2. 为此，我们考虑荷电粒子在均匀不变电场 $\boldsymbol{E}$ 中的运动. 粒子在该电场中受到的力 $\boldsymbol{F}=e\boldsymbol{E}$ 是个不变力. 初速度平行于力 $\boldsymbol{F}$ 的粒子将做直线运动，我们将此直线取为 x 轴. 在这种情况下，方程(1.6.78)变为

$$\frac{\mathrm{d}}{\mathrm{d}t}\left(\frac{u}{\sqrt{1-u^{2}/c^{2}}}\right)=g \tag{11.1.8}$$

其中

$$g\equiv\frac{F}{m_{0}}=\frac{eE}{m_{0}} \tag{11.1.9}$$

假定 $t=0$ 时，粒子速度是零，对方程(11.1.8)积分得到

$$\frac{u}{\sqrt{1-u^2/c^2}}=gt \tag{11.1.10}$$

或

$$u=\frac{\mathrm{d}x}{\mathrm{d}t}=\frac{gt}{\sqrt{1+(gt/c)^2}} \tag{11.1.11}$$

如果$t=0$时刻，$x=0$，对方程(11.1.11)积分，则得

$$x=\frac{c^2}{g}\left\{\left[1+\left(\frac{gt}{c}\right)^2\right]^{1/2}-1\right\} \tag{11.1.12}$$

或写成

$$\left(x+\frac{c^2}{g}\right)^2-c^2t^2=\frac{c^4}{g^2} \tag{11.1.13}$$

对于$(gt)^2\ll c^2$，可以略去高于$(gt/c)^2$的小项，这时方程(11.1.12)给出牛顿形式的运动规律

$$x=\frac{1}{2}gt^2$$

如果荷电粒子以初速度$\boldsymbol{u}$垂直通过均匀不变的电场$\boldsymbol{E}$，那么，因其受到垂直于速度$\boldsymbol{u}$的力的作用，它就要偏离原来的运动轨道. 只要这种偏离很小，在最低次近似下该粒子对原轨道的偏离ΔX就是

$$\Delta X=\frac{1}{2}gt^2=\frac{1}{2}\frac{eE}{m}\frac{l^2}{u^2} \tag{11.1.14}$$

其中$t=l/u$(即粒子走过距离为l的一段路程所用的时间)，$g=eE/m$，m是粒子的相对论质量. 方程(11.1.14)中的量ΔX、E、l都可直接测量.

以上我们看到，方程(11.1.7)表明，测量荷电粒子在已知磁场中的偏转(在电荷不变性的假定下)可以确定粒子的动量(mu)；而方程(11.1.14)则告诉我们，观测荷电粒子在已知电场中的偏转(在电荷不变性的假设下)可以确立粒子的mu^2. 因此，同时测量荷电粒子在已知电场和磁场中的偏转(在电荷不变性的假设下)就能够获得粒子的质量m随其速度u的变化规律.

1901 年 Kaufmann[1]最早使用电磁偏转法观测到了β射线(快速运动的电子束)的荷质比e/m与其速度有关的现象(结果在图 11.2 中给出).

1909 年 Bucherer[9-11]利用类似的方法重新测量了β射线的荷质比. 其实验装置的简图如图 11.1 所示. 在他的实验中，电子的速度是通过电磁力平衡的方法确定的. 从镭源发射的β射线通过一个大平板电容器的两平板之间的空隙，该电容器的线度

比两平板之间的空隙大得多. 在电容器的两平板上加有一定的电势差，因而在电容器中存在电场 $\boldsymbol{E}$ (沿 $-y$ 轴方向)，同时加一均匀外加磁场 $\boldsymbol{B}$ ，使其方向沿 $-z$ 轴. 因此，在电容器中沿 $+x$ 轴运动的电子(电荷是 $-e$)，将同时受到一个沿 $+y$ 轴方向的电力 eE 和一个沿 $-y$ 轴方向的磁力 $\frac{e}{c}uB$. 如果这两个力的大小不等，那么，这个电子就要在不为零的合力的作用下偏离 x 方向，并将因碰到电容器的平板而不能跑出电容器. 所以在沿 x 轴正方向运动的电子束中，只有那些所受电力和磁力相等(即电力和磁力抵消)的电子才能跑出电容器. 它们必须满足的力的平衡条件为

$$\frac{e}{c}uB = eE$$

或者

$$u = \frac{eE}{B} \tag{11.1.15}$$

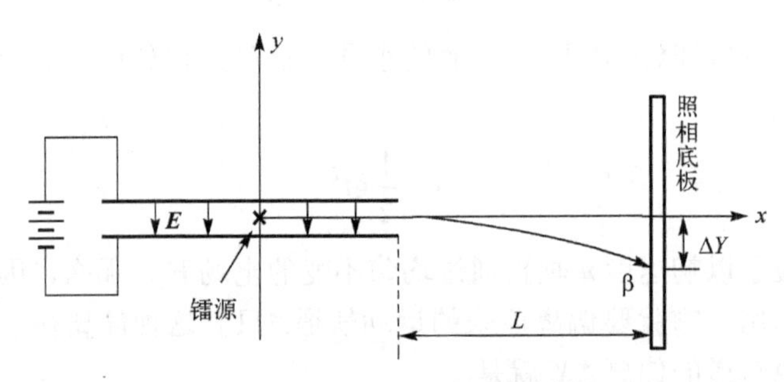

图 11.1 Bucherer 实验原理简图

电场 $\boldsymbol{E}$ 沿 $-y$ 轴，磁场 $\boldsymbol{B}$ 沿 $-z$ 轴(即与图面垂直向里，图中未画出来)

方程(11.1.15)告诉我们，只有速度等于 eE/B 的那些电子才能跑出电容器，电容器的作用就如同一个速度选择器. 在电容器外面，只有磁场 $\boldsymbol{B}$ (方向沿 $-z$ 轴)存在，沿 x 轴运动的电子将做圆周运动，该圆的半径 ρ 由方程(11.1.7)给出. 将方程(11.1.15)代入方程(11.1.7)，则得到

$$\rho = \left(\frac{c^2}{e}\right)\frac{mE}{B^2} \tag{11.1.16}$$

在电容器外面，将照相底片放在离电容器边缘的距离为 L 的地方(底片平行于 y - z 平面)，用以记录电子的位置，从而测知电子对 x 轴的偏转 ΔY . 由图 11.1 所示的平面几何图形知道，ρ、L 和 ΔY 之间有如下关系：

$$\Delta Y(2\rho - \Delta Y) = L^2$$

或

$$\rho=\frac{L^2+\Delta Y^2}{2\Delta Y}\approx\frac{1}{2}\frac{L^2}{\Delta Y} \tag{11.1.17}$$

将方程(11.1.17)代入(11.1.16)，即得到

$$\frac{e}{m}=\left(\frac{2\Delta Y}{L^2+\Delta Y^2}\right)\frac{c^2E}{B^2}\approx\frac{2c^2E\Delta Y}{L^2B^2} \tag{11.1.18}$$

方程(11.1.18)表明，测量 E、B、L 和 ΔY 就能够确定电子的荷质比 e/m. 1909 年 Bucherer 用这种方法测量的结果如图 11.2 所示.

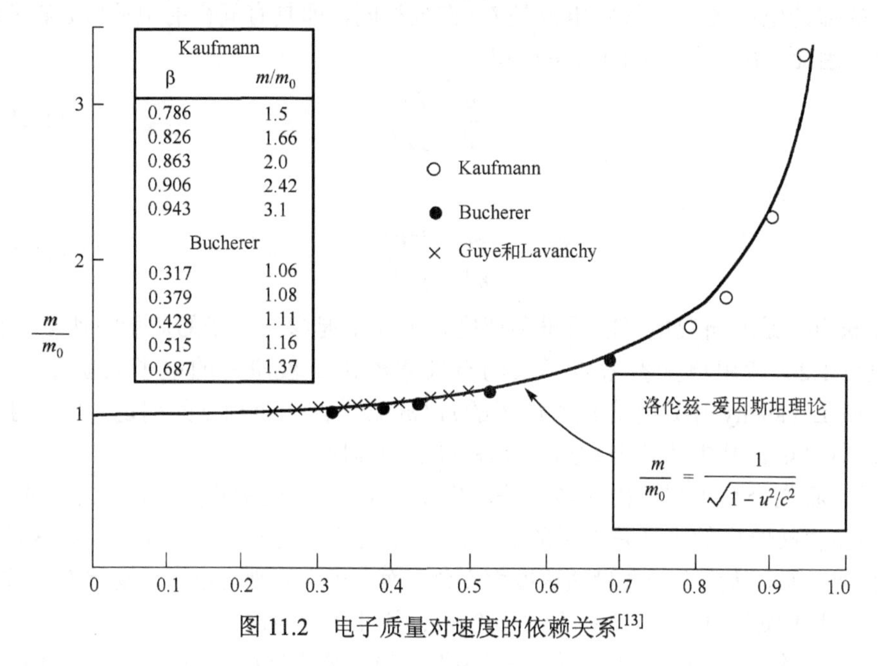

图 11.2 电子质量对速度的依赖关系[13]

1914 年 Neumann[12]重复了 Bucherer 实验.

1910 年 Hupka[14]首先利用人工加速的电子束(阴极射线)测量了电子质量与速度的关系. 他用通有电流的线圈使电子束偏转，线圈中没有铁芯，因而磁场强度正比于线圈电流. 电子的速度由加速电子的电压给出. 实验中，改变线圈的电流，使不同加速电压下的电子束在磁场中都具有相同的偏转. 通过已知的加速电压和线圈电流的大小，并借助于它们同电子动量及能量的关系式，就可以确定质量与速度的关系. 但是，由于实验精度不高，这个实验不能在方程(11.1.1)和方程(11.1.2)之间做出判断.

1915 年 Guye 和 Lavanchy[15]测量了用静电加速器加速的电子束在电场 E 和磁场 B 中的偏转. 实验中，电场由偏转板的电压产生，因此 E 正比于电压 V；磁场 B 由

空心线圈产生，B 正比于线圈电流 I. 由方程(11.1.14)、(11.1.7)和(11.1.17)知道，电子在电场和磁场中的偏转 ΔX 和 ΔY 分别是

$$\Delta X = A_1 \frac{V}{mu^2} \tag{11.1.19a}$$

$$\Delta Y = A_2 \frac{I}{mu} \tag{11.1.19b}$$

其中，比例常数 A_1 和 A_2 与实验装置的几何形状有关. 他们使所研究的高速电子的轨迹(相应的偏转电压为 V，线圈电流为 I)与已知的参考电子(低速电子)的运动轨迹(相应的偏转电压是 V'，线圈电流是 I')完全相同，即具有同样的电偏转 ΔX 和磁偏转 ΔY. 因此，由方程(11.1.19)可以得到

$$\frac{u}{u'} = \frac{I'V}{IV'} \tag{11.1.20a}$$

和

$$\frac{m}{m'} = \frac{I^2 V'}{I'^2 V} \tag{11.1.20b}$$

其中，m 和 u 是所研究电子的质量和速度，m' 和 u' 是参考电子的质量与速度. 于是，方程(11.1.20)就用已知参考电子束的有关量给出了被研究的电子的质量与速度. Guye 和 Lavanchy 用这种方法对电子的 m/m' 做了两千个独立的测定，电子速度从 $0.26c$ 到 $0.48c$，其中的几个数据已在图 11.2 中标出.

以上我们介绍了用电磁偏转方法对电子的质量-速度关系所做的几个实验测量. 这些实验直接给出的应当是电子的荷质比 e/m 与电子运动速度的关系. 对这种结果的解释通常是，认为电子质量随速度而变化，而电子电荷则与电子运动状态无关——电荷不变性假定①. 1901～1906 年 Kaufmann 的几个实验由于精度不高，不足以判断 Abraham 质量公式(11.1.1)和洛伦兹-爱因斯坦质量公式(11.1.2)哪一个正确. Bucherer 1909 年的实验和 Guye-Lavanchy1915 年的实验曾被很多人认为是以很高的精度证实了洛伦兹-爱因斯坦质量公式的正确性. 1938 年，Zahn 和 Spees 对 Bucherer 于 1915 年和 Neumann 于 1914 年的实验做了详细的分析，指出这种实验的分辨率与所要测量

① 1925～1926 年 Bush[16]曾对荷质比与速度的关系做过非相对论的解释. 他提出了电子电荷随速度而改变的假说，并认为当电荷之间的相对速度等于光速时，它们之间的作用力将变为零. 但是，他并没有引证实验事实来支持这种假说. 通常，人们假定电荷与速度无关. 这个假定已得到许多实验的支持. 从 1925 年以来，人们用几种不同的实验技术测量了许多原子和分子的电荷，以极高的精度证明这些原子和分子是电中性的. 例如，1973 年 Dylla 和 King[17]测量了 SF_6 气体的电性，结果给出，每个 SF_6 分子所带电荷的上限是 $|e| \ll 2\times10^{-19} e$ (其中 e 是电子电荷). 从这种实验事实可以引出如下结论：原子核的电荷与电子的电荷严格地抵消，由于原子内部的电子在不断运动，因此必然推论出，原子总电荷与电子在原子中的运动状态无关.

的效应具有相同的量级[18,19]. 1957 年在 Faragó 和 Jánossy[20]的评论中，对以往各种电子的电磁偏转实验的精度提出了怀疑，认为除了 Rogers 等人[4]于 1940 年的实验外，其他实验都不足以区分方程(11.1.1)和(11.1.2).

在 Rogers[4]的实验中，将镭发射的三种不同速度的β粒子垂直通过均匀磁场，它们的轨道是由方程(11.1.7)给出的半径为 ρ 的圆，测量 $B\rho$，即可得到 mu/e. 另外，如果β粒子在一个径向电场 E 中运动，即电子受到一个向心力 $F=eE$ 的作用，它们将沿半径为 R 的圆运动，而且

$$F = eE = m\frac{u^2}{R}$$

即

$$ER = \frac{mu^2}{e} \tag{11.1.21}$$

所以，测量 ER，就给出 mu^2/e. 因此，由方程(11.1.7)和(11.1.21)得，把 m/e 和速度 u 用测量量 B、ρ、E 和 R 等表达成为

$$\frac{m}{e} = \frac{(B\rho/c)^2}{ER} \tag{11.1.22a}$$

$$u = \frac{cER}{B\rho} \tag{11.1.22b}$$

实验所用的三种β粒子的速度分别是 $0.63c$、$0.69c$ 和 $0.75c$，测得的 m/e 精确到 1.0%. 实验结果表明，电子质量与速度的关系同洛伦兹质量公式(11.1.2)符合得很好，而实验值与用 Abraham 公式(11.1.1)计算所得的数值之差要比最大实验误差约大十倍(见图 11.3). 就是说，实验的不准确性比方程(11.1.1)和(11.1.2)之间的差值的十分之一还要小. 这个实验的结果与理论预言的比较列于表 11.1 和图 11.3 中.

表 11.1　Rogers 等人实验值与理论值

三种电子的速度 ($\beta=u/c$)	m/m_0 (观测值)	m/m_0 由方程(11.1.2)算得	m/m_0 由方程(11.1.1)算得
0.6337	1.298	1.293	1.220
0.6961	1.404	1.393	1.290
0.7496	1.507	1.511	1.369

11.1.3　回旋加速器的运转

回旋加速器是由两个中空的金属半圆柱体(D 形盒)组成，它们被置于磁场 B 内，磁场与 D 形盒平面垂直(图 11.4).

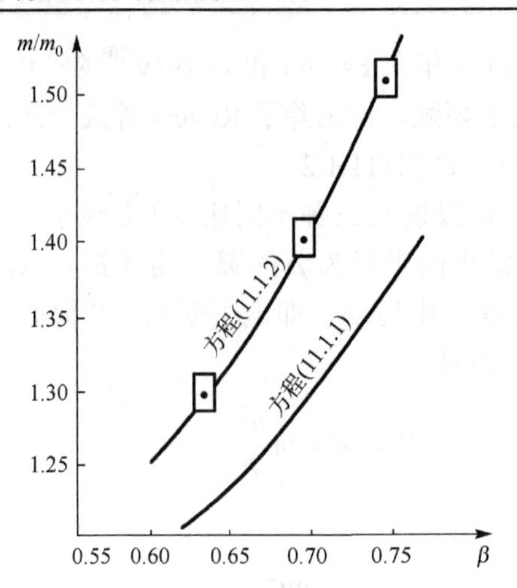

图 11.3　Rogers 等人的实验结果与理论值的比较
(图中的方格代表最大实验误差)

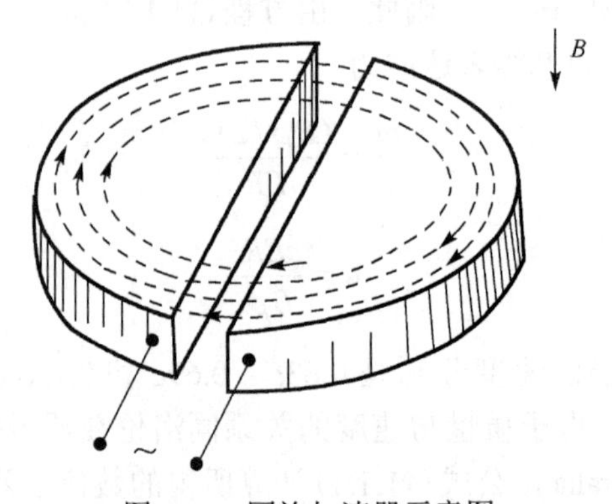

图 11.4　回旋加速器示意图

方程(11.1.7)表明，以速度 u 垂直于磁场 B 运动的荷电粒子将沿半径为 ρ 的圆运动. 这个粒子在圆轨道上运动的回旋角速度为

$$\omega = \frac{u}{\rho} \tag{11.1.23a}$$

将方程(11.1.23a)代入(11.1.7)得到

$$\omega = \left(\frac{e}{m}\right)\frac{B}{c} \tag{11.1.23b}$$

在回旋加速器中，在 D 形盒上加上交变电压，当荷电粒子进入两个 D 形盒之间的空隙时被其中的电场加速. 由方程(11.1.23b)可以看出，如果(e/m)是与速度无关的量，那么，为使粒子每次进入两个 D 形盒之间的空隙时都被加速，就必须使外加交变电场的角速度 ω_0 等于粒子在磁场中的回旋角速度 ω. 在非相对论的速度范围

内，这个同步(共振)条件可以被满足. 但当粒子运动的速度接近光速时，就出现了困难：粒子每穿过空隙一次就被加速一次，速度就增大一次，质量也相应地增大一次，因而它的回旋角速度也就相应地变小一次，同步条件将不再被满足. 如果空隙内的电场不具有最大值，粒子在空隙内的加速作用就要变小. 这种滞后作用逐步积累的结果，使粒子所能达到的最高速度受到限制. 最初设计的加速器就证实了这一结论. 因此，要设计高能加速器，必须考虑到荷电粒子的质量随速度变化这一事实，使加速电压的频率随时间的进展而变小. 1945 年，有人提出了调制加速电压频率的新方法，才克服了制造高能同步回旋加速器的这一障碍. 所以，高能同步回旋加速器的运转为方程(11.1.2)提供了有力的证据.

此外，由方程(11.1.23b)可知，直接测量回旋加速器中的角速度 ω 和磁场 B，就可以得到粒子的质量. 1953 年 Grove 和 Fox[8]做了质子的实验. 他们测量了同步回旋加速器中能量为 385MeV 的质子(速度 $u\sim 0.7c$)的角速度和磁场 B，然后用方程(11.1.23b)计算出 $(e/m)_1=\omega c/B$，同时又利用质子在加速器中运动的轨道半径 ρ 的数值，用方程(11.1.23a)和(11.1.2)计算出相对论预言值

$$\left(\frac{e}{m}\right)_2=\frac{e}{m_0}\left(1-\frac{u^2}{c^2}\right)^{1/2}=\frac{e}{m_0}\left(1-\frac{\omega^2\rho^2}{c^2}\right)^{1/2}$$

由 64 次的测量值给出

$$\frac{(e/m)_1-(e/m)_2}{(e/m)_2}=-0.0006\pm 0.001$$

实验测量与相对论预言符合，精度为 0.1%.

11.1.4 其他实验

前面已经介绍过利用磁偏转确定荷电粒子的动量，用电偏转或回旋频率等方法确定荷电粒子的能量或速度这样一类实验. 现在我们再介绍几个用其他方法做的实验.

1958 年 Zrelov 等人[21]测量了能量为 660MeV 的质子的质量与速度的关系. 质子的速度是根据切连科夫辐射角确定的，质子的动量是通过比较质子在磁场中运动的轨迹与载流导线在磁场中的形状来确定的. 实验测定的值 $m_1=p/v$ 与相对论值 $m_2=m_0/\sqrt{1-v^2/c^2}$ 之间的偏差是：$(m_2-m_1)/m_1=0.004(1\pm 0.6)$，精度为 0.2%. 在三个标准偏差之内实验与理论值还是符合的.

1963 年 Meyer 等人[7]用电子和质子相比较的方法(使相对论性电子与非相对论性质子在圆柱形电场中的同一轨道上运动，因而避免了使用静电偏转器作绝对测量时遇到的困难)，对速度在 $0.987c$ 到 $0.990c$ 范围内的电子质量与动量之间的关系做

了实验研究，其中电子的动量仍然是用磁偏转法确定的. 实验的测量结果是以 $Y=(m/m_0)(1+p^2/m_0^2c^2)^{-1/2}$ 的平均数值给出的(精度~0.04%)：$\overline{Y}=1.00037\pm0.00036$，与相对论预言 $Y=1$ 符合.

1972 年 Geller 和 Koliarits[22]，使用β谱仪(磁偏转法)测量了 Tl^{204} 发射的电子的动量，用半导体探测器测量电子的动能. 实验给出了电子动量与动能的关系. 根据方程(1.6.89)和方程(1.6.87)可以得到

$$\frac{p^2}{2K}=m_0+\frac{1}{2c^2}K \tag{11.1.24}$$

因此，利用实验中测量的磁场 B、电子在磁场中运动轨道的曲率半径 ρ 及动能 K，将物理量 $\left(\frac{e}{c}B\rho\right)^2/2K$ 对动能 K 做图即可以获得电子静质量 m_0 和光速 c 的数值. 实验结果给出 $m_0=(8.99\pm0.30)\times10^{-31}\,\mathrm{g}$，$c=(2.99\pm0.11)\times10^8\,\mathrm{m/s}$. 这与通常使用的数值是一致的.

1972 年 Parker[23]也测量了电子动量与动能的关系. 动量也是由β谱仪给出的，电子动能用碘化钠计数器测量. 实验结果同方程(1.6.89)和(1.6.87)给出的动能与动量的关系 $K=p^2c^2+m_0^2c^4-m_0c^2$ 相符合.

上面所介绍的实验(用磁偏转确定荷电粒子的动量，用其他方法确定能量或速度)，都包含着对荷电粒子在电磁场中的运动规律的承认. 因此，这类实验实际上证明的是相对论力学及荷电粒子在电磁场中的运动规律.

11.1.5 测量飞行时间

前几节所介绍的电磁偏转实验对相对论力学的证明，是同承认荷电粒子在电磁场中的运动规律分不开的. 为了避免使用电磁运动方程，从而更为直接地检验电子的相对论质量公式，1964 年 Bertozzi[24]用量热法测量了由电子的绝大部分动能转变成的铅盘热能，并由此来确定电子的动能；另外还测量了电子走过一段给定的路程所用的时间，并由此确定电子的速度. 实验中使用了速度分别为 $0.867c$、$0.910c$ 和 $0.960c$ 的三种电子，结果表明，电子的动能 K 对速度 v 的依赖关系同方程(1.6.85a)给出的

$$\frac{v^2}{c^2}=1-\left[\frac{m_0c^2}{(m_0c^2+K)}\right]^2 \tag{11.1.25a}$$

相符合.

如果电子的动能 K 远大于电子的固有能量 m_0c^2，那么略去高于 $(m_0c^2/K)^2$ 的小项，由方程(11.1.25a)就可以得到光速与电子速度之差

$$\frac{c-v}{c} \approx \frac{m_0^2 c^4}{2K^2} \tag{11.1.25b}$$

1973 年 Brown 等人[25]测量了能量为 11GeV 的电子与可见光走过一段相同路程的时间差 Δt，并由此给出电子与可见光的相对速度是 $\frac{c-v}{c}=\frac{\Delta t}{t}=(-1.3\pm 2.7)\times 10^{-6}$，其中，$t$ 是可见光通过这段路程所用的时间. 该结果表明，在约 10^{-6} 的精度内，能量为 11GeV 的电子速度与光速是相等的. 由相对论公式(11.1.25b)给出的能量为 11GeV 的电子的速度与光速之差应当是 $\frac{c-v}{c}=\frac{m_0 c^2}{2K^2}\approx 10^{-9}$，与实验结果是一致的. 后来，1975 年 Guiragossián 等人[26]又利用同样的方法测量了能量为 15 ~ 20GeV 的电子和能量为 15GeV 的 γ 射线通过相等路程所用的时间差 Δt，并由此给出了相对速度 $(c-v)/c=\Delta t/t$. 结果表明，在约 2×10^{-7} 的实验精度内，电子的速度与 γ 射线的速度相等. 按照狭义相对论公式(11.1.25b)，对于能量为 15GeV 的电子，它的速度与光速之差 $(c-v)/c\sim 5\times 10^{-10}$，即实验结果与狭义相对论的预言也是一致的.

11.1.6 弹性碰撞

在相对论力学中，质量公式(11.1.2)通常是采用 Lewis 和 Tolman 于 1909 年提出的弹性碰撞的假想实验导出的. 这个假想实验表明，在我们分析两个质量相等的小球组成的弹性碰撞系统时，如果假定动量守恒定理对任何惯性系均成立，而且速度的变换规律满足狭义相对论的速度相加定理，那么，质量与速度的关系必须取方程(11.1.2)的形式.

我们知道，速度相加定理可以由动体的电磁学实验(见第 10 章)来检验. 因而，研究高速运动粒子的弹性碰撞问题，可以对守恒定理因而也是对质量公式提供新的实验证据. 这种类型的实验研究是由 Champion 于 1932 年[6]首先完成的. 他研究了快速运动电子束(β 粒子)被静止在云雾室中的电子散射的现象. 由于入射电子束中的电子速度很大，所以在最低次近似下可以略去云室中的电子在原子内的结合能，并把这些电子看作是静止的，它们和入射的快速电子之间的碰撞，则可近似地看成是自由电子之间的弹性碰撞. 这样，就可以应用动量、能量守恒定理和变换关系来分析两电子碰撞后的散射角[27]. 为此，我们假定在云室(静止的实验室系 Σ)中，第一个电子(入射电子)的速度是 $\boldsymbol{u}_1$，动量是 $\boldsymbol{p}_1=m_0\boldsymbol{u}_1\left(1-\frac{u_1^2}{c^2}\right)^{-1/2}$；第二个电子(云室中静止的电子)的速度 $\boldsymbol{u}_2=0$，动量 $\boldsymbol{p}_2=0$. 这两个电子碰撞后动量分别是 $\boldsymbol{p}_1^*$ 和 $\boldsymbol{p}_2^*$. 动量 $\boldsymbol{p}_1^*$ 和 $\boldsymbol{p}_2^*$ 与入射电子的运动方向($\boldsymbol{u}_1$ 的方向)之间的夹角(散射角)分别是 θ 和 ϕ (图 11.5). 为了方便起见，取 Σ 系为笛卡儿系，其 x 轴与 $\boldsymbol{p}_1$ 平行，$\boldsymbol{p}_1^*$ 位于 x - y 平

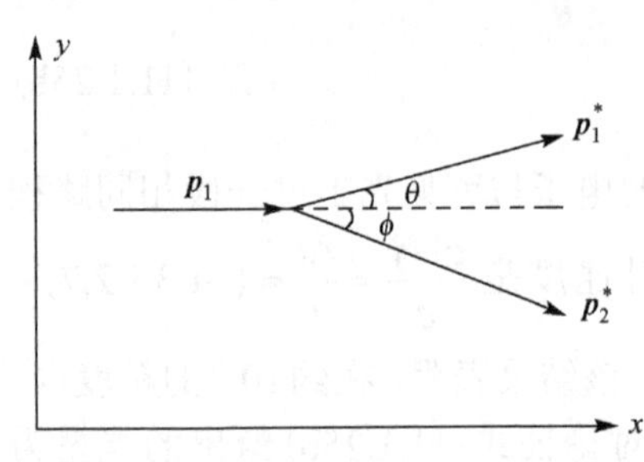

图 11.5　两个自由电子之间的散射

面内. 根据动量守恒定理(碰撞前两电子的总动量没有 z 轴分量，因此碰撞后总动量也没有 z 轴分量)，$\boldsymbol{p}_2^*$ 也必须位于 x-y 平面内. 现在引入两电子系统的质心系(Σ')，Σ' 系相对于 Σ 系沿 x 轴方向以速度 v 运动. 在 Σ' 系中，碰撞前两电子的总动量 $\boldsymbol{p}'=\boldsymbol{p}_1'+\boldsymbol{p}_2'=0$. 由相对论中的动量-能量变换方程(1.6.99)和(1.6.100)知道

$$\frac{p_x - vE/c^2}{\sqrt{1-v^2/c^2}} = p_x' = 0$$

由此得到质心速度 v 的表达式为

$$v = \frac{c^2 p_x}{E} \tag{11.1.26a}$$

其中，两电子碰撞之前的总动量 $\boldsymbol{p}=\boldsymbol{p}_1+\boldsymbol{p}_2=\boldsymbol{p}_1$，而且平行于 x 轴，即

$$p_x = p = \frac{m_0 u_1}{\sqrt{1-u_1^2/c^2}}$$

总能量是

$$E = E_1 + E_2 = \frac{m_0 c^2}{\sqrt{1-u_1^2/c^2}}$$

将 p_x 和 E 的这些表达式代入方程(11.1.26a)得到

$$v = \frac{u_1}{1+\sqrt{1-u_1^2/c^2}} \tag{11.1.26b}$$

在质心系 Σ' 中($\boldsymbol{p}_2'=-\boldsymbol{p}_1'$)，碰撞前两电子必然具有相同的初速度 u'，且方向沿 x 轴. 由于第二个电子碰撞前静止在 Σ 系($\boldsymbol{u}_2=0$)，因此由速度相加定理知道，这个电子在质心系 Σ' 中的速度 u' 等于 v (Σ' 相对于 Σ 的速度)，即 $u'=v$. 所以，在质心系 Σ 中碰撞前两电子的能量相等，即

$$E_1' = E_2' = \frac{m_0 c^2}{\sqrt{1-v^2/c^2}} = \frac{1}{2}E' \tag{11.1.27}$$

由动量、能量守恒定理可以得到碰撞后两电子的动量和能量分别是

$$p_2'^* = -p_1'^*, \quad E_1'^* = E_2'^* = \frac{1}{2}E' = \frac{m_0 c^2}{\sqrt{1 - v^2 / c^2}} \tag{11.1.28a}$$

和

$$p_2'^* = p_1'^* = \sqrt{\frac{(E_1'^*)^2}{c^2} - m_0 c^2} = \frac{m_0 v}{\sqrt{1 - v^2 / c^2}} \tag{11.1.28b}$$

此结果表明，在质心系中，两电子碰撞后仍具有同样的速度v. 我们由方程(11.1.28)又可以得到

$$\frac{v^2 (E_1'^*)^2}{c^4} = (p_1'^*)^2 \tag{11.1.29}$$

对于散射角θ和ϕ，由图 11.5 可知

$$\tan\theta = \frac{p_{1y}^*}{p_{1x}^*}, \quad \tan\phi = \frac{-p_{2y}^*}{p_{2x}^*} \tag{11.1.30}$$

其中，动量$\boldsymbol{p}_1'^*$和$\boldsymbol{p}_2'^*$分别是两电子碰撞后相对于实验室系的动量，它们可以通过动量-能量变换方程(1.6.99)和(1.6.100)，用质心系中的相应动量、能量表达出来. 再利用方程(11.1.28)～(11.1.30)即可得到

$$\begin{aligned} \tan\theta\tan\phi &= \frac{p_{1y}^* (-p_{2y}'^*)(1 - v^2 / c^2)}{(p_{1x}'^* + vE_1'^* / c^2)(p_{2x}'^* + vE_2'^* / c^2)} \\ &= \frac{(p_{1y}'^*)^2 (1 - v^2 / c^2)}{v^2 (E_1'^*)^2 / c^4 - (p_{1x}'^*)^2} = 1 - \frac{v^2}{c^2} \end{aligned} \tag{11.1.31}$$

将方程(11.1.26b)代入(11.1.31)得

$$\tan\theta\tan\phi = \frac{2}{1 + \gamma_1} \tag{11.1.32a}$$

其中

$$\gamma_1 = \frac{1}{\sqrt{1 - u_1^2 / c^2}} \tag{11.1.32b}$$

方程(11.1.32)表明，对于静质量相同的两个电子的弹性碰撞，$\tan\theta$与$\tan\phi$之积只是入射电子速度的函数，而与静质量m_0无关. 在$c \to \infty$的极限情况下，我们可得到牛顿力学中的结果

$$\tan\theta\tan\phi = 1$$

即

$$\tan(\theta+\phi)=\frac{\tan\theta+\tan\phi}{1-\tan\theta\tan\phi}=\infty$$

或者

$$\theta+\phi=\frac{\pi}{2} \tag{11.1.33}$$

方程(11.1.33)表明，在牛顿力学中，两电子弹性碰撞后其运动方向互相垂直. 该结论在速度比光速小得多的情况下近似成立. 当电子速度接近于光速 c 时，方程(11.1.32)给出 $\tan\theta\tan\phi<1$. 这就是说，碰撞后两个电子的运动方向之间的夹角 $(\theta+\phi)$ 小于 90°，1932 年 Champion[6]首先对方程(11.1.32)做了直接的实验检验. 他使β粒子进入云室，并利用β粒子与云室中的静止电子之间的碰撞图片直接确定 θ 和 ϕ. 在很多图片中，$(\theta+\phi)$ 的值都明显地小于 90°. 定量分析表明，实验结果与方程(11.1.32)一致. 这个实验是对守恒定律，因而也是对质量公式(1.6.76)的直接验证[1957 年，Faragó 和 Jánossy[20]对 Champion 实验分析之后认为，实际的实验误差要比实验中所考虑的误差更大，这个实验对检验质量公式并没有提供什么新的证据. 另外，1958 年 Raboy 和 Trail[28]则指出，这个实验不能区分(1.6.76)与(11.1.1)之间的差别].

11.1.7 原子光谱的精细结构

为了解释氢原子光谱线的精细结构，1916 年索末菲曾把相对论的修正应用于玻尔理论的力学模型. 他认为相对论修正是非相对论理论中退化项分裂的原因. 他证明，如果电子的动量和能量表达式取相对论的形式就可以解释精细结构分裂(具体推导可以参阅本章参考文献[29]). 因此，按照这一理论，精细结构分裂同质量公式密切相关. 所以，曾把精细结构分裂实验作为相对论质量公式(1.6.76)的一种证据[17].

1917 年 Glitscher[30]对此曾做过详细的研究. 利用玻尔理论，从质量公式(1.6.76)和(11.1.1)出发将得到不同的精细结构分裂. 在假定原子质量无穷大时，这种分裂是

$$\Delta\nu=2\gamma_1\left(\frac{z}{2}\right)^2 R_\infty\alpha^2 \tag{11.1.34}$$

其中，γ_1 是质量 $m(u)$ 按 $\frac{u}{c}$ 做幂级数展开

$$m=m_0\left(1+\gamma_1\frac{u^2}{c^2}+\gamma_2\frac{u^4}{c^4}+\cdots\right) \tag{11.1.35}$$

中的 $(u/c)^2$ 项的系数. 对于相对论公式(1.6.76)，相应的 $\gamma_1=1/2$；对于 Abraham 公式(11.1.1)，相应的 $\gamma_1=2/5$. 方程(11.1.34)中的 $\alpha=e^2/\hbar c$ 是精细结构常数；R_∞ 是

没有对原子核进行修正的里德伯(Rydberg)常量，即对一个重量为无穷大的原子核所得到的 R 值.

Glitscher 用到已测量的 He^+ 的精细结构分裂 $\Delta\nu$ 及 e、c、$\hbar$ 和 R_∞ 的数值，计算出 α 的数值；另外，将 $\gamma_1 = 1/2$ 或 $\gamma_1 = 2/5$ 代入方程(11.1.34)而得到的 α 值；将这两个 α 值比较发现，只有 $\gamma_1 = 1/2$ 时两种计算才相符合. 之后，Faragó 和 Jánossy 用更精确的测量结果进行了同样的分析，在 0.05% 的精度以内证明了相对论质量公式(1.6.76)的正确性[20].

但是，在把索末菲的这一理论用于其他光谱时却完全失败了. 在量子力学发展起来之后，精细结构可以通过引入电子的自旋而得到满意的解决. 在相对论量子力学中，电子的狄拉克方程包含了电子的自旋效应. 利用狄拉克方程计算氢原子的能级，得到的结果与索末菲理论给出的结果一样. 索末菲理论之所以正确带有一种偶然性，事实上这是由于玻尔理论的误差与不考虑自旋所引起的误差之间恰恰互相抵消的结果.

11.1.8 小结

最后，我们把检验质量公式的几个典型实验结果收集在表 11.2 之中.

表 11.2 质量对速度的依赖关系的实验

研究者	方法	被测粒子	粒子速度	结果
Kaufmann (1901)	电磁偏转	β射线	0.79～0.94c	见图 11.2
Bucherer (1909)	电磁偏转	β射线	0.32～0.69c	见图 11.2
Guye 和 Lavanchy (1915)	电磁偏转	电子	0.26～0.48c	见图 11.2
Rogers (1940)	电磁偏转	β射线	0.63、0.69 和 0.75c	在 1%的精度内与相对论质量公式符合
Champion (1932)	弹性碰撞	电子		散射角小于 90°
Meyer 等 (1963)	与质子相比较及磁偏转	电子	0.987～0.990c	精度 0.04%
Faragó 和 Jánossy (1957)	原子光谱的精细结构	电子		精度 0.05%
Grove 和 Fox (1953)	测量回旋加速器中的磁场和回旋角频率	质子	～0.7c	精度 0.1%
Zrelov 等 (1958)	以切连科夫辐射角确定速度，与载流导线在磁场中的形状相比较来确定动量	质子	～0.8c	精度 0.2%

11.2 质 能 关 系

质能关系可以说是相对论力学中的一个最重要的结论. 一个自由物体具有能量 E 也具有质量 m，能量和质量在数量上的关系是 $E = mc^2$. 一般说来，对质能关系的检验并不是直接进行的，而是通过测量能量(及质量)的转化过程，即通过测量在物理过程中物体的能量的变化ΔE与质量的变化Δm来实现的. 结果表明

$$\Delta E = c^2 \Delta m \tag{11.2.1}$$

在相对论力学中，对任何物理系统，利用$E = mc^2$和能量守恒定理都能够推出质量与能量改变量之间的这一关系. 方程(11.2.1)表明，能量的改变(转化)必然伴随着相应量的质量改变(转化)，或者更一般地说，物体若具有一定的能量E，也就相应地具有一定量的质量m，反之亦然，这就是$E = mc^2$的物理意义. 前面已经指出，质能关系$E = mc^2$或方程(11.2.1)的来源是与动量守恒(或能量守恒)分不开的(若动量守恒定律成立则能量守恒定律必然成立). 因此，对质能关系的实验证明也是对守恒定律的证明.

长期以来，对质能关系$E = mc^2$或$\Delta E = c^2 \Delta m$的解释一直存在着争论. 为了解释各种核反应实验的测量结果，并从中说明我们对质能关系的看法，让我们先粗略地分析一下如下的一般物理过程. 设初态是两个原子核A和B，反应后变成另外两个原子核a和b，即

$$\mathrm{A} + \mathrm{B} \rightarrow \mathrm{a} + \mathrm{b} \tag{11.2.2}$$

后面，我们将用带有下标A、B、a、b的符号表示各原子核的物理量. 例如，E_{A}表示核A的总能量，E_{a}表示核a的总能量等.

根据能量守恒定律，反应前后的总能量应当相等，即

$$E_{\mathrm{A}} + E_{\mathrm{B}} = E_{\mathrm{a}} + E_{\mathrm{b}} \tag{11.2.3}$$

根据总能量$E_i (i = \mathrm{A,B,a,b})$的定义[方程(1.6.87a)]$E_i = K_i + E_{0i}$，方程(11.2.3)可给出能量转化定律

$$\Delta K = \Delta E_0 \tag{11.2.4a}$$

其中

$$\Delta E_0 = E_{0\mathrm{A}} + E_{0\mathrm{B}} - E_{0\mathrm{a}} - E_{0\mathrm{b}} \tag{11.2.4b}$$

$$\Delta K = K_{\mathrm{a}} + K_{\mathrm{b}} - K_{\mathrm{A}} - K_{\mathrm{B}} \tag{11.2.4c}$$

方程(11.2.4)表明，反应后动能的增加量ΔK等于固有能量的减少量ΔE_0(能量从一种形式转化成了另一种形式).

将质能关系$E_i = m_i c^2$代入能量守恒方程(11.2.3)，便得到质量守恒

$$m_{\mathrm{A}} + m_{\mathrm{B}} = m_{\mathrm{a}} + m_{\mathrm{b}} \tag{11.2.5}$$

以上结果表明，在相对论力学中，总质量守恒定律与总能量守恒定律并不是互相平行的两个定律，它们在质能关系的前提下是互为等价的.

由质量公式(1.6.76)可知，物体的惯性已不能只由静质量m_0表征了，一个物体

的惯性将随着它的运动速度的增大而增加. 总质量越大，改变物体的运动状态越困难. 我们还可以引入动质量 m_K 的概念，它被定义为总质量 m 与静质量 m_0 之差，即

$$m_K = m - m_0 \tag{11.2.6}$$

将方程(11.2.6)与动能 K 的方程(1.6.85a)做比较可知，动质量 m_K 与动能 K 之间的关系是

$$K = m_K c^2 \tag{11.2.7}$$

我们将方程(11.2.6)代入质量守恒方程(11.2.5)，便得到质量转化定律

$$\Delta m_K = \Delta m_0 \tag{11.2.8a}$$

其中

$$\Delta m_0 = m_{0\mathrm{A}} + m_{0\mathrm{B}} - m_{0\mathrm{a}} - m_{0\mathrm{b}} \tag{11.2.8b}$$

$$\Delta m_K = m_{K\mathrm{a}} + m_{K\mathrm{b}} - m_{K\mathrm{A}} - m_{K\mathrm{B}} \tag{11.2.8c}$$

这一结果表明，反应后静质量减少的 Δm_0 (所谓“质量亏损”)等于动质量增加的 Δm_K，即质量从一种形式转变成了另一种形式. 由于方程(1.6.88)和(11.2.7)的存在，方程(11.2.8)与(11.2.4c)并不是互相独立的. 因此，我们可以把方程(11.2.8)或(11.2.4)换一种写法. 将关系式 $E_0 = m_0 c^2$ 代入方程(11.2.4b)，则方程(11.2.4a)变成了

$$\Delta K = \Delta m_0 \, c^2 \tag{11.2.9a}$$

其中，ΔK 和 Δm_0 分别由方程(11.2.4c)和(11.2.8b)定义. 类似地，将关系式 $K = m_K c^2$ 代入方程(11.2.4c)，则方程(11.2.4a)成为

$$c^2 \Delta m_K = \Delta E_0 \tag{11.2.9b}$$

至此，我们已经得到了所需要的各种关系式. 下面将看到，实验中测量的是反应前后各原子核的静质量 $m_{0i} (i = \mathrm{A,B,a,b})$，以及它们的动能 $K_i (i = \mathrm{A,B,a,b})$. 由此我们就可以利用方程(11.2.4c)和(11.2.8b)计算出动能的改变量 ΔK 和静质量的改变量 Δm_0. 因此，直接与实验数据做比较的关系式是方程(11.2.9a).

一般情况下，物体静质量的改变 Δm_0 与物体静质量 m_0 相比，简直小得无法观察出来，只有在原子核反应中，这种改变才能明显地表现出来. 因此，原子核反应为质能关系提供了丰富的例证. 在介绍原子核反应实验之前，先谈谈原子核的结合能.

原子核由中子和质子结合而成. 对于稳定的原子核，其静质量要比构成它的质子和中子的静质量之和为小，二者之差称为“质量亏损”. 由 A 个核子(其中有 Z 个质子和 $A-Z$ 个中子)组成的原子核，其质量亏损为

$$\Delta m_0 = Zm_{0(\mathrm{H})} + (A - Z)m_{0(\mathrm{n})} - M_{0(Z,A)}$$

其中，$m_{0(\mathrm{H})} = 1.008142$原子质量单位，是氢原子的静质量；$m_{0(\mathrm{n})} = 1.008982$原子质量单位，是一个自由中子的静质量；$M_{0(Z,A)}$是由$Z$个质子和$A-Z$个中子构成的原子核的静质量. 原子核的质量亏损与原子核的结合能有关. 与质量亏损Δm_0相应的能量ΔE_0就是原子核的结合能，即

$$\Delta E_0(\mathrm{MeV}) = 931[1.008142Z + 1.008982(A - Z) - M_{0(Z,A)}]$$

这里用到了一个原子质量单位等于 931MeV 这一关系. 每个质子或每个中子的平均结合能，可以用质量数A去除结合能ΔE_0而得到. 平均结合能$\Delta E_0 / A$表明，要把原子核中的一个核子分离出来就要做功，平均做功的大小就是$\Delta E_0 / A$. 各种原子核的平均结合能如图 11.6 所示. 从图中可以看到，对于较轻的原子核，其核子的平均结合能有显著的周期性. 原子量大于 20 以上，结合能的变化就比较小了. 原子量为 70 左右的原子核，核子结合能达到最大值，约 8.7MeV，之后则逐渐降至最重原子核的 7.6MeV，核反应过程放出的或吸收的能量，可以用图 11.6 所示的结合能进行预言. 这种预言已为实验所证实.

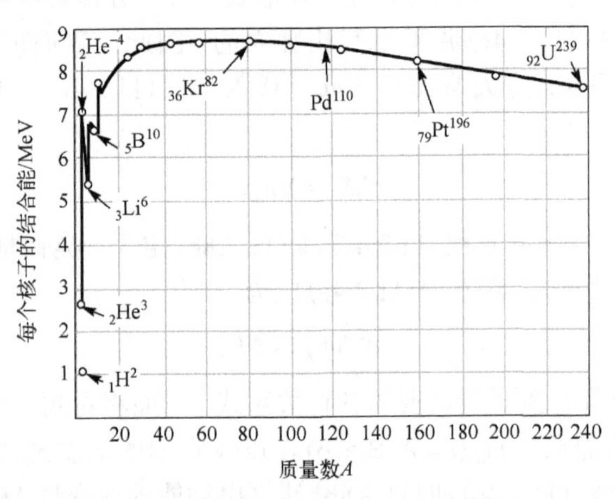

图 11.6　原子核的核子平均结合能

最早检验质能关系的实验是 Cockcroft 和 Walton 于 1932 年[31]完成的. 他们用高能质子轰击锂核，反应产物是两个α粒子(相当于方程(11.1.37)中的 A 和 B 分别是$_1\mathrm{H}^1$和$_3\mathrm{Li}^7$，a 和 b 都是α粒子. 由质谱仪测得，参与该反应的粒子的静质量为

$$m_0({}_3\mathrm{Li}^7) = 7.01818\text{原子质量单位}$$

$$m_0({}_1\mathrm{H}^1) = 1.00813\text{原子质量单位}$$

$$m_0({}_2\mathrm{He}^4) = 4.00389\text{原子质量单位}$$

将这些数值代入方程(11.2.8b)，得到反应前后静质量的改变量$\Delta m_0 = 0.01853$原子质

量单位，相应的固有能量的改变量 $\Delta E_0 = c^2\Delta m_0 = 17.25\text{MeV}$．此能量应该作为两个 α 粒子与入射质子之间的动能差 ΔK 出现. 1932 年 Cockcroft 和 Walton 所用的入射质子的能量是 0.25MeV，反应后根据 α 粒子的射程得到 α 粒子的动能是 8.6MeV．将这些数值代入方程(11.2.4c)，并考虑到锂核(靶)是静止的，即 $K({}_3\text{Li}^7)=0$，即可得到反应后动能的增加量 $\Delta K = (2\times 8.6 - 0.25)\text{MeV} = 16.95\text{MeV}$．

后来，1939 年 Smith[32]更精密地做了这个实验，测得的这个反应所释放的能量是 $\Delta K = 17.28\pm 0.03\text{MeV}$．这个数值与前面计算的固有能量的改变量 $\Delta E_0 = 17.25\text{MeV}$ 符合得很好，即证明了方程(11.2.9)的正确性.

使用其他核反应进行的类似的实验测量已经大量完成了，现将其中的一些结果汇集于下面的表 11.3 之中[29].

表 11.3 检验 $\Delta K = c^2\Delta m_0$ 的几个实验结果

核反应	Δm_0(原子质量单位)	$c^2\Delta m_0$/MeV	ΔK(Q 值)/MeV
${}_3\text{Li}^7 + {}_1\text{H}^1 \to 2{}_2\text{He}^4$	0.01853	17.25	17.28
${}_9\text{F}^{19} + {}_1\text{H}^1 \to {}_8\text{O}^{16} + {}_2\text{He}^4$	0.00876	8.16	8.15
${}_3\text{Li}^6 + {}_1\text{H}^2 \to 2{}_2\text{He}^4$	0.02381	22.17	22.20
${}_5\text{B}^{10} + {}_1\text{H}^2 \to {}_6\text{C}^{11} + {}_0\text{n}^1$	0.00685	6.38	6.38
${}_6\text{C}^{12} + {}_1\text{H}^2 \to {}_6\text{C}^{13} + {}_1\text{H}^1$	0.00297	2.76	2.71
${}_7\text{N}^{14} + {}_2\text{He}^4 \to {}_8\text{O}^{17} + {}_1\text{H}^1$	−0.00124	−1.15	−1.16
${}_{26}\text{Fe}^{56} + {}_1\text{H}^2 \to {}_{26}\text{Fe}^{57} + {}_1\text{H}^1$	0.005813[33]	5.415	5.422

例如，在 Hudson 和 Jocobson 1968 年[33]的实验中，用双聚焦质谱仪测量了 ${}_{26}\text{Fe}^{57}$ 和 ${}_{26}\text{Fe}^{56}$ 的原子质量，得到 $m_0(\text{Fe}^{57}) - m_0(\text{Fe}^{56}) = 1.0004552\pm 18$ 原子质量单位. 对于核反应 $\text{Fe}^{56} + \text{d} \to \text{Fe}^{56} + \text{p} + \Delta K(\text{MeV})$，(其中，$\Delta K$ 表示反应过程释放的能量)可以用上面给出的铁原子质量差及以前的质量表，计算出反应前后的静质量差

$$\Delta m_0 = m_0(\text{d}) - m_0(\text{p}) - m_0(\text{Fe}^{57}) + m_0(\text{Fe}^{56}) = (5812.8\pm 1.8)\times 10^{-6}\text{原子质量单位}$$

相应的固有能量变化量

$$\Delta E_0 = c^2\Delta m_0 = (8.6880\ \pm 0.0027)\times 10^{-13}\,\text{J}$$

这个能量应当作为反应产物的动能而释放出来. 用 1963 年和 1964 年的实验结果，这个核反应的 Q 值是

$$\Delta K = 5.422\pm 0.006\text{MeV} = (8.686\pm 0.010)\times 10^{-13}\,\text{J}$$

在误差之内，它证实关系式 $\Delta K = c^2\Delta m_0$ 是正确的，精度达到 0.12%.

现在，检验质能关系的实验精度最高已达 35ppm[34].

聚变反应(热核反应)和裂变反应是另外两种典型的核反应. 在这两种类型的核

反应中都释放出大量的能量. 氢弹、原子弹和原子能反应堆的制成为质能关系提供了有力的证据.

正负电子对湮灭成光子的过程，是全部静质量都转变成了光子的动质量①、全部固有能量都变成了电磁辐射能的一个典型例子. 实验证明，当正电子慢下来时，它被负电子吸引而形成一个电子偶素(positronium，或译成正电子体). 它与氢原子类似，正负电子在一条绕其质心的轨道上运动. 当正负电子的自旋方向平行时形成三重态，反平行时形成单态. 形成单态的电子偶素约在 10^{-10}s 后正负电子湮灭而放出两个光子：$e^{+}+e^{-}=2h\nu$. 在此过程中动量、能量守恒，因而每个光子的能量应当等于 $m_0c^2=0.511\text{MeV}$. 其中 m_0 是电子静质量，并已为实验所证实. 形成三重态的电子偶素约在1.5×10^{-7}s之后发射三个光子. 在此过程中自旋和角动量可以守恒，实验表明，三光子运动方向共面、动量守恒. 与正负电子对湮灭过程相反的事例就是正负电子对的光生现象，这就是光子在核的电场中生成正负电子对，$\gamma\to e^{+}+e^{-}$. 实验证明，这一过程只有当γ光子的能量$h\nu$大于正负电子的固有能量$2m_0c^2$时才能发生. 在此过程中，能量、动量守恒；光子的部分能量转变成正负电子的固有能量，光子的部分动质量转变成正负电子的静质量.

上面已经介绍了检验质能关系的实验，最后谈一谈对质能关系的理解. 质能关系反映了物质的两种属性(能量和质量)之间在数量上的紧密联系. 在物理过程中能量守恒及其转化定律成立；质量守恒及其转化定律也成立. 这就是说，能量既不能创造也不能消失，它只能从一种形式转化为另一种形式；同样，质量既不能创造也不能消失，它也只能从一种形式转化为另一种形式. 能量的转化量(ΔK 或 ΔE_0)与质量的转化量(Δm_0 或 Δm_K)之间在数量上满足质能关系(11.2.9).

参考文献

[1] Kaufmann W. Die magnetische und elektrische ablenkbarkeit der bequerelstrahlen und die scheinbare masse der elektronen. Gattinger nachrichten, 1901, 2: 143.

[2] Abraham M. Prinzipien der dynamik des elektrons. Annalen der physik, 1902, 315: 105.

[3] Lorentz H A. Electromagnetic phenomena in a system moving with any velocity smaller than that of light. Proceedings of the royal netherlands academy of arts and sciences, 1904, 6: 809.

[4] Rogers M M, McReynolds A W, Rogers F T. A determination of the masses and velocities of

① 光具有粒子性的概念最先是爱因斯坦明确的. 他在普朗克 1900 年量子假说的基础上，提出电磁辐射不仅在发射和吸收时以能量为 $h\nu$ 的微粒形式出现，而且以这种形式在空间以速度 c 传播. 这种微粒称为光量子或光子. 用这种观点，爱因斯坦成功地解释了光电效应. 在狭义相对论中，不可能存在光子的静止系，或不严格地说，光子的静质量是零. 由质能关系知道，光子的动质量是 $h\nu/c^2$，光子的动量是 $h\nu/c$. 康普顿用这种光子理论成功地解释了光在自由电子上的散射现象(康普顿效应).

three radium b beta-particles the relativistic mass of the electron. Physical review, 1940, 57: 379.

[5] Faragó P S, Jánossy L. Review of the experimental evidence for the law of variation of the electron mass with velocity. Il nuovo cimento, 1957, 5: 1411.

[6] Champion F C. On some close collisions of fast β-particles with electrons, photographed by the expansion method . Proceedings of the royal society A, 1932, 136: 630.

[7] Meyer V, et al. Experimentelle Untersuchung der massen-impulstelation des elektrons . Helvetica physica acta, 1963, 36: 981.

[8] Grove D J, Fox J C. e/m for 385-MeV protons (UA7). Physical review, 1953, 90: 378.

[9] Bucherer A H. Die experimentelle bestätigung des relativitätsprinzips. Annalen der physik, 1909, 333: 513.

[10] Bucherer A H. Nachtrag zu meiner arbeit: "bestätigung des relativitätsprinzips". Annalen der physik, 1909, 334: 1063.

[11] Bucherer A H. Antwort auf die kritik des Hrn. E. bestelmeyer bezüglich meiner experimentellen bestätigung des relativitätsprinzips. Annalen der physik, 1909, 335: 974.

[12] Neumann G. Die träge masse schnell bewegter elektronen. Annalen der physik, 1914, 350: 529.

[13] Shankland R S. Atomic and nuclear physics. London: Maemillan, 1960: 34.

[14] Hupka E. Beitrag zur kenntnis der trägen masse bewegter elektronen. Annalen der physik, 1909, 336: 169.

[15] Guye C E, Lavanchy C. Verifieation experimentable de la formule de Lorentz-Einstein par les rayons cathodiques de grande ritesse. Comptes rendus hebdomadaires des séances de l'Académie des sciences, 1915, 161: 52.

[16] Bush V. The force between moving charges. Journal of mathematics and physics, 1926, 5: 129.

[17] Dylla H F, King J G. Neutrality of molecules by a new method. Physical review A, 1973, 7: 1224.

[18] Zahn C V, Spees A H. A critical analysis of the classical experiments on the relativistic variation of electron mass. Physical review, 1938, 53: 511.

[19] Zahn C V, Spees A H. An Improved method for the determination of the specific charge of beta-particles. Physical review, 1938, 53: 357.

[20] Faragó P S, Jánossy L. Review of the experimental evidence for the law of variation of the electron mass with velocity. Il nuovo cimento, 1957, 5: 1411.

[21] Zrelov V P, Tiapkin A A, Farago P S. Measurement of the mass of 660 Mev protons. ZhETF, 1958, 34 : 555.

[22] Geller K N, Koliarits R. Experiment to measure the increase in electron mass with velocity . American journal of physics, 1972, 40: 1125.

[23] Parker S. Relativity in an undergraduate laboratory-measuring the relativistic mass increase. American journal of physics, 1972, 40: 241.

[24] Bertozzi W. Speed and kinetic energy of relativistic electrons. American journal of physics. 1964, 32: 551.

[25] Brown B C, et al. Experimental comparison of the velocities of eV (visible) and GeV electromagnetic radiation. Physical review letters, 1973, 30: 763.

[26] Guiragossián Z G T, Rothbart G B, Yearian M R. Relative Velocity measurements of electrons and gamma rays at 15-GeV. Physical review letters, 1975, 34: 335.

[27] Møller C. The theory of relativity. Oxford: Clareandon Press, 1952.

[28] Raboy S, Trail C C. On the relation between velocity and mass of the electron. Il nuovo cimento, 1958, 10: 797.

[29] G.司蒂文逊, C.W.凯尔密司特. 狭义相对论(物理工作者用). 沈立铭, 译. 上海：上海科学技术出版社，1963.

[30] Glitscher K. Spektroskopischer vergleich zwischen den theorien des starren und des deformierbaren elektrons . Annalen der physik, 1917, 357: 608.

[31] Cockcroft J D, Walton G T S. Experiments with high velocity positive ions. II. The disintegration of elements by high velocity protons . Proceedings of the royal society A, 1932, 137: 223.

[32] Smith M M J. The energies released in the reactions Li7(p,α) He4 and Li6(d,α) He4, and the masses of the light atoms. Physical review, 1939, 56: 548.

[33] Hudson M C, Jocobson W H. Atomic masses of Fe56 and Fe57. Physical review, 1968, 167: 1064.

[34] Wapstra W H, Gove W B. Part III. evaluation of input values; adjustment procedures. Atomic data and nuclear data tables, 1971, 9: 357-455.

第 12 章 光子静质量上限

麦克斯韦电磁场方程中的电动力学常数 c 是电荷的电磁单位与静电单位之比，也是电磁场中扰动传播的速度. 在麦克斯韦电磁理论中，各种频率的电磁波在真空中都是以恒定速度 c 传播的.

按照狭义相对论的第二个基本假设，光在真空中相对于一切惯性系都以恒定速度 c 传播，因此不可能存在光子的静止系，光子的静质量必须是零. 我们知道，量子电动力学的理论预言与实验符合精度极高，例如对精细结构常数 α 的理论预言值可达 12 位有效数字并与实验极好地相符. 这种理论与实验高精度符合的事实，是光子的无静质量概念的有力证据.

然而，这并没能阻止人们去对光子静质量做直接的实验检验. 长期以来，人们就试图利用各种电磁学现象检验麦克斯韦电磁理论的正确性，以及检验光子静质量是否为零. 这些实验也是对光速不变原理的一种检验. 迄今为止，对光子静质量所进行的各种检验都是以重电磁理论（普罗卡方程）为基础的. 即假设洛伦兹不变性成立，放弃相角规范（U(1) 规范）不变性，从而对麦克斯韦方程进行修改，再附加上与光子静质量有关的项，就得到所谓的普罗卡方程（参见第 6 章普罗卡重电磁场）. 在这种情况下，洛伦兹变换中的常数 c 已不再代表通常意义下的光速，而只是一个具有速度量纲的普适常量. 正如在“6.3 真空光速的色散效应”中显示的，这个常数 c 是光子的极限速度. 也就是说，当光的频率（或光子能量）趋于无限大时，其速度即趋于常数 c . 所以，在这种理论中光速不变原理已不再成立. 下面，我们由这些方程出发，预言光子静质量 μ 给出的各种效应，并用实验进行检验. 迄今所做的各种检验还没有观察到光子静质量 μ 的正效应. 因此，实验结果提供的只是 μ 的上限（Goldhaber 和 Nieto 曾对此做了比较详细的评论[1]）.

12.1 真空光速的色散效应

第 6 章介绍的普罗卡电磁理论（重电磁理论）的最直接的结论之一就是，静质量 $\mu \neq 0$ 的重光子在真空中的速度具有色散效应（即真空光速依赖于光子的频率），其色散关系由方程（6.3.2）给出，相应的群速度由方程（6.3.4）定义

$$W = \frac{\mathrm{d}\omega}{\mathrm{d}k} = c\left(1 - \frac{\mu^2 c^2}{\omega^2}\right)^{1/2} \tag{12.1.1}$$

光信号的传播速度在理论上由群速度描写. 方程(12.1.1)表明，不同频率的电磁波在真空中传播的速度不同. 这种传播速度随频率而变化的现象称为色散. 显然，这给人们提供了利用电磁波的真空色散效应确立光子静质量的可能性(测量不同频率的光信号的速度，或者测量不同频率的光走过相同距离所用的时间之差).

12.1.1 光速的测定

考虑角频率为 ω_1 和 ω_2 的二列电磁波，并假设 $\omega_1 \gg \mu c, \omega_2 \gg \mu c$，那么这两列波在真空中的传播速度之差由(12.1.1)得到

$$-\frac{\Delta W}{c} \equiv \frac{W_1 - W_2}{c} \approx \frac{1}{2}\mu^2 c^2\left(\frac{1}{\omega_2^2} - \frac{1}{\omega_1^2}\right) \tag{12.1.2}$$

该方程表明，只要测量不同频率的光信号的速度就能确立光子静质量 μ.

长期以来，人们已经使用各种方法(例如，空腔共振、雷达、无线电干涉仪、光谱线及晶体调制器等)对各种频率的电磁辐射在真空中的传播速度做了越来越精密的测量. 实验所使用的频率很宽. 在 10^8 Hz～10^{15} Hz 的频率范围内(精度为 $10^{-5} \sim 10^{-6}$)测得的真空光速是个常数[2]. 在精度达到 10^{-5} 的实验中，最低的频率是 1.73×10^8 Hz[3]，即在 1.73×10^8 Hz～10^{15} Hz 的频率范围内，在 10^{-5} 的精度内没有观察到光速的色散. 或者说，如果有色散存在，速度的相对变化也应是 $-\frac{\Delta W}{c} \leqslant 10^{-5}$. 所以，由方程(12.1.2)并注意 $\frac{1}{\omega_1} \ll \frac{1}{\omega_2}$，略去 $\frac{1}{\omega_1^2}$ 的小项，代入数值 $\omega_2 = 2\pi\nu$，$\nu = 1.73\times10^8$ Hz，则有[1]

$$\mu \approx \frac{2\pi\nu}{c}\sqrt{2\frac{-\Delta W}{c}} \leqslant 1.6\times10^{-4}\,\text{cm}^{-1} = 5.6\times10^{-42}\,\text{g} \tag{12.1.3}$$

12.1.2 星光到达地球的时间差

除 12.1.1 节所介绍的直接测量光速随频率的变化外，也可以用测量不同频率的光走过相同一段路程所用的时间之差 Δt，来确立光子的静质量 μ. Δt 由方程(6.3.9)给出

$$\Delta t = \frac{L}{W_1} - \frac{L}{W_2} \approx \frac{L}{8\pi^2 c}(\lambda_2^2 - \lambda_1^2)\mu^2 \tag{12.1.4}$$

这表明，Δt 与 L 成正比. 路程 L 越长，效应就越大. 因此，我们可以测量远方星体在同一时刻发射的不同频率的电磁辐射到达地球的时间差，比如，利用双星和脉冲星就可进行这类观测.

但是，需要强调的是，星光的色散效应除了用光子静质量解释外，还可以用电磁场的非线性效应和等离子体色散效应来解释．在远方星体与地球之间的巨大星际空间里存在着极其稀薄的星际介质(等离子体)，这些等离子体引起的色散与 μ 引起的色散完全类似．这是利用星光色散确立光子静质量的主要障碍[4]．下面我们先简略介绍一下电磁波在等离子体中的色散效应．

通常，麦克斯韦电磁波在等离子体中的色散方程是[1]

$$k^2 = \left(\frac{\omega^2}{c^2}\right)\left[1 - \frac{\omega_p^2}{(\omega^2 \pm \omega\omega_B)}\right] \tag{12.1.5a}$$

$$\omega_p^2 = \frac{4\pi n e^2}{m}, \quad \omega_B = \frac{eB}{mc}\cos\alpha \tag{12.1.5b}$$

其中，n 是等离子体中电子的数密度，m 是电子静质量，B 是磁感应强度，α 是 $\boldsymbol{k}$ 与 $\boldsymbol{B}$ 之间的交角．星际空间的磁场 $\boldsymbol{B}$ 很小，ω_B 可以略去．于是方程(12.1.5)给出电磁波在等离子体中的色散效应是

$$W = \frac{\mathrm{d}\omega}{\mathrm{d}|\boldsymbol{k}|} = c\sqrt{1 - \omega_p^2 / \omega^2} \tag{12.1.6}$$

将方程(12.1.6)与普罗卡重电磁场的真空色散方程(12.1.1)比较，可以看出，等离子体的特征频率 ω_p 引起的电磁色散效应与光子静质量 μ 引起的色散效应是一样的．这就是说 ω_p 的效果同 μc 的效果完全一样．因此，如若不能用另外的方法获知星际等离子体的密度，就无法分辨星光的色散究竟是等离子体产生的还是光子静质量的效应．这就使我们在利用星光色散效应确立光子静质量 μ 上受到了限制．

1. 双星观测

de Broglie 1940 年提出了利用双星来确立光子静质量的方法[5]．双星是在一个椭圆轨道中不停地旋转的两颗星体(例如，将它们分别叫做 S_1 星和 S_2 星)．在某一时刻 S_1 星把 S_2 星挡住，使我们看不到 S_2 星．随后 S_2 星从 S_1 星背后显露出来，此刻测量 S_2 星发射的不同频率的光波到达地球的时间之差．德布罗意使用的数据是：$\lambda_2^2 - \lambda_1^2 \approx 0.5\times10^{-8}\,\mathrm{cm}^2$，(例如，红光 $\lambda_2 \sim 8000\,\text{Å}$，蓝光 $\lambda_1 \sim 4000\,\text{Å}$)；双星到地球的距离 $L = 10^3\,\mathrm{l.g.}$；这两种颜色的光到达地球的时间差 $\Delta t \leqslant 10^{-3}\,\mathrm{s}$．如果光子静质量的贡献不能忽略的话，那么，由方程(12.1.4)便得到①

① 德布罗意 1940 年[5]的原始计算结果是 10^{-44}g，差五个量级．1968 年 Kobzarev 和 Okun[6]做了修正．

$$\mu \approx \left[\frac{8\pi^2 c\Delta t}{L(\lambda_2^2-\lambda_1^2)}\right]^{1/2} \leqslant 2.3\times10^{-2}\,\mathrm{cm}^{-1} = 0.8\times10^{-39}\,\mathrm{g} \tag{12.1.7}$$

2. 脉冲星观测

脉冲星的发现①为检验光的色散现象提供了一种新手段. 虽然脉冲星在同一个脉冲里发射的频率相近的两列光波色散很小，但脉冲星到地球的距离很长，两列光波到达地球的时间差大到足以观测. 脉冲星发射的射电波的色散效应通常是以等效平均电子密度 $\bar{n}_e$ 给出的. 对于脉冲星 NP0532，1968 年 Staelin 等人[7]给出 $\bar{n}_e \leqslant 2.8\times 10^{-2}$ 个电子 / cm^3 .

1969 年 Feinberg[8]假定观察到的 NP0532 脉冲星的色散效应主要是光子静质量引起的. 从方程(12.1.1)与方程(12.1.6)的比较可知 $\omega_p / c = 4\pi e^2 \bar{n}_e / mc$ 的等离子体的色散效应与光子静质量引起的色散效应相同，因此有

$$\mu = \frac{4\pi e^2 \bar{n}_e}{mc} \leqslant 3\times10^{-7}\,\mathrm{cm}^{-1} = 10^{-44}\,\mathrm{g} \tag{12.1.8}$$

Feinberg 认为，这种方法是对薛定谔静场方法(见 12.3.1 节)的一种补充.

3. γ射线爆等的观测

1999 年，Schaefer[9]观测γ射线爆(GRB)发射的光信号的速度随光频率的可能变化给出光子静质量的上限：对来自γ射线爆(GRB 980703)的射电波到γ射线波段的光信号到达地球的时间差给出的光子静质量上限是 4.2×10^{-44}g.

近来，有学者利用快速射电爆发或磁星等数据分析了光信号到达地球的时间差，给出了光子静质量上限，例如，2020 年魏俊杰和吴雪峰[10]的分析给出的光子静质量上限是 7×10^{-48} g. 其他的研究参见本章参考文献[11,12].

12.2 对库仑定律的检验

在麦克斯韦电磁理中，两个点电荷 e_1 和 e_2 之间的互作用力与它们之间的距离 r 的平方成反比. 这就是电的反平方定律，即库仑定律

$$F \sim \frac{e_1 e_2}{r^2} \tag{12.2.1}$$

① 脉冲星是一种周期性射电源，它以周期性的脉冲形式辐射能量，第一颗被发现的脉冲星是 CP1919(第一个字母 C 是观测台站第一个字“Cambridge”的字头，第二个字母 P 是“Pulsar”的字头，数字 1919 表示方位赤经 $\alpha = 19^{\mathrm{h}}19^{\mathrm{m}}$)，它是英国剑桥大学在 1967 年 7 月发现的. 后来，其他台站又陆续发现了许多脉冲星. 脉冲星 NP0532 是美国西弗吉尼亚州国家射电天文台在 1968 年 10 月发现的，它位于蟹状星云(Crab Nebula)附近.

在重电磁理论中，由于光子的静质量μ不等于零，因此电荷之间作用力的定律将与库仑定律有所不同. 所以检验库仑定律的正确程度将为确立μ提供另一种手段.

历史上，对方程(12.2.1)的偏离是用q表征的，它的定义是[13]

$$F \sim \frac{e_1 e_2}{r^{2+q}} \tag{12.2.2}$$

方程(12.2.2)表明，q表征了电的相互作用力对反平方定律(12.2.1)的偏离程度.

反平方定律(12.2.1)是库仑在 1785 年用实验证明了的. 在他之前许多年，也曾有人发现过这个定律. 1769 年 Robison 对这个定律做了第一个实验测定，他通过使作用在一个小球上的电力和引力之间的平衡，得到方程(12.2.2)中的$q \sim 0.06$. 1773 年，卡文迪什(Cavendish)为了检验反平方定律和测量q值，又设计了一个具有很高精度的实验[13]，他做了两个同心导体球，里面的一个半径为R_1的球体被固定在一个绝缘架上，外面的半径为R_2的导体球壳是用两个半球壳合并而成的. 两导体球之间用一根金属丝相连，另有一条丝带拴住这根金属丝. 用一个电源给外部球壳充电，由一个静电计测其电势，然后拉那条丝带把金属丝拉断，再拿走外部的导体球壳. 这时用静电计测量内部导体球上的电势. 卡文迪什没有观察到内部导体球上有电荷存在. 根据测量仪器的精度，他得出结论说，内部导体球壳上的电荷必须小于整个装置的总电荷的 1/60(我们知道，如果反平方定律(12.2.1)成立，内部导体球上的电荷应当严格为零)，这相当于方程(12.2.2)中的$q<1/50$.

1873 年，在卡文迪什实验室的麦克斯韦[13]用一种稍为改进了的方法重新做了这个实验. 主要改进之点是，在给外部球壳充电并把金属丝拉断之后不把外部球壳拿走，而把它接地. 然后通过外部球壳上的一个小孔测量内部导体球的电势，得到的$|q|<1/21600$.

在上述实验中，直接测量的是导体球上的电势，所以要得到q值就必须找出q与电势的关系式. 下面我们用麦克斯韦方法[13]来求出这种关系式.

假定两个单位点电荷之间的静电力是这两个点电荷之间的距离s的任意函数$F(s)$. 相应的静电势$U(r)$就是

$$U(r)=\int_r^{\infty} F(s)\mathrm{d}s \tag{12.2.3}$$

如果电荷Q_2均匀分布在一个半径为R_2的导体球壳上，则我们可以用方程(12.2.3)来求出距球壳中心的距离为r的任一给定点p处的电势. 球壳上的面电荷密度$\sigma = Q_2/4\pi R_2^2$，面元$\mathrm{d}A = R_2^2 \sin\theta \mathrm{d}\varphi$(球坐标极点与球壳中心重合)上的总电荷则为$\sigma \mathrm{d}A = \frac{Q_2}{4\pi}\sin\theta \mathrm{d}\theta \mathrm{d}\varphi$，它在$p$点产生的电势由方程(12.2.3)给出，即

$$dV = \frac{Q_2}{4\pi}\sin\theta d\theta d\varphi U(s) \tag{12.2.4}$$

总电荷 Q_2 在给定点 p 处产生的电势就是方程(12.2.4)的积分，积分区域为 $\varphi=0\to 2\pi$，$\theta=0\to\pi$. 方程(12.2.4)中的 s 是点 p 到面元 dA 的距离. 如果球坐标的轴线通过点 p，则有

$$s^2 = r^2 + R_2^2 - 2R_2 r\cos\theta \tag{12.2.5}$$

对方程(12.2.5)两边做微分，得到

$$sds = R_2 r\sin\theta d\theta \tag{12.2.6}$$

将方程(12.2.6)代入方程(12.2.4)，然后做积分，有

$$\begin{aligned} V(r) &= \frac{Q_2}{4\pi R_2 r}\int_0^{2\pi} d\varphi \int_{|r-R_2|}^{r+R_2} sU(s)ds \\ &= \frac{Q_2}{2R_2 r}[f(r+R_2) - f(|r-R_2|)] \end{aligned} \tag{12.2.7}$$

其中

$$f(r) = \int_0^r sU(s)ds \tag{12.2.8}$$

现在考虑上述卡文迪什类型实验：有半径分别为 R_2 和 R_1 的两个同心球壳($R_1 < R_2$)，内、外球壳上的电荷分别是 Q_1 和 Q_2. 利用方程(12.2.7)，我们可以得到内球壳上的电势是

$$V(R_1) = \frac{Q_1}{2R_1^2}f(2R_1) + \frac{Q_2}{2R_1R_2}[f(R_1+R_2) - f(R_2+R_1)] \tag{12.2.9}$$

外部球壳上的电势是

$$V(R_2) = \frac{Q_2}{2R_2^2}f(2R_2) + \frac{Q_1}{2R_1R_2}[f(R_1+R_2) - f(R_2+R_1)] \tag{12.2.10}$$

实验中，给外部球壳充电后电荷将有一部分通过连接内外球壳的金属丝而迁移到内部球壳. 当达到平衡时，有 $V(R_1)=V(R_2)=V_0$，于是我们可以从方程(12.2.9)和(12.2.10)解出

$$Q_1 = 2R_1V_0\frac{R_1 f(2R_2) - R_2[f(R_2+R_1) - f(R_2-R_1)]}{f(2R_1)f(2R_2) - [f(R_2+R_1) - f(R_2-R_1)]^2} \tag{12.2.11}$$

在卡文迪什的实验中，充电后把外部球壳移到远处放电(假定移到无穷远处)，因此内部球壳上的电势，方程(12.2.9)，成为

$$V_1(R_1)=\frac{Q_1}{2R_1^2}f(2R_1) \tag{12.2.12}$$

在麦克斯韦重做的实验中，连接两导体球壳的金属丝被拉断之后外部球壳保持不动. 通过使它接地来放电，即 $V(R_2)=0$，代入方程(12.2.10)，求出 Q_2 后再代入方程(12.2.9). 然后再用方程(12.2.11)把 Q_1 用 V_0 表示出来. 最后可以得到内部球体上的电势

$$V_2(R_1)=V_0\left\{1-\left(\frac{R_2}{R_1}\right)\frac{f(R_2+R_1)-f(R_2-R_1)}{f(2R_2)}\right\} \tag{12.2.13}$$

方程(12.2.12)和(12.2.13)就是在两种实验条件下内部球壳表面上的电势.

如果静电力由方程(12.2.2)给出(其中 $|q|<1$)，即单位电荷之间的力 $F(r)=1/r^{2+q}$. 将 $F(r)$ 的表达式代入方程(12.2.2)，得到 $U(r)=\frac{1}{1+q}r^{-1-q}$. 再将 $U(r)$ 这一表达式代入方程(12.2.8)，即得

$$f(r)=\frac{1}{1-q^2}r^{1-q} \tag{12.2.14}$$

因为 $|q|\ll 1$，因此将 $f(r)$ 按 q 的指数形式展开，忽略 q^2 以上的小项，得到

$$f(r)\approx r(1-q\ln r) \tag{12.2.15}$$

将方程(12.2.15)代入方程(12.2.13)和(12.2.14)，即得到我们所需要的关系式

$$V_1(R_1)\approx-\left(\frac{R_2}{R_2-R_1}\right)qM(R_1,R_2) \tag{12.2.16}$$

$$V_2(R_1)\approx-qM(R_1,R_2) \tag{12.2.17}$$

其中

$$M(R_1,R_2)\equiv\frac{1}{2}V_0\left[\ln\frac{4R_2^2}{R_2^2-R_1^2}-\frac{R_2}{R_1}\ln\frac{R_2+R_1}{R_2-R_1}\right] \tag{12.2.18}$$

上面介绍的卡文迪什实验和麦克斯韦实验都是静态的.

1936 年，Plimpton 和 Lawton[14]改进了上述实验，给外部大球壳加上电压 $V_0=3000\ \mathrm{V}$，这个电压是准稳定的，变化频率是 130 周/min. 这段时间所做的实验都是采用高频交变电压. 在这种实验条件下，利用方程(12.2.7)和方程(12.2.15)可以求出两导体球壳之间的相对电势差

$$\frac{V(R_2)-V(R_1)}{V(R_1)}=-qM(R_1,R_2) \tag{12.2.19}$$

其中

$$M(R_1,R_2)\equiv\frac{1}{2}\left[\frac{R_1}{R_2}\ln\left(\frac{R_2+R_1}{R_2-R_1}\right)-\ln\left(\frac{4R_1^2}{R_2^2-R_1^2}\right)\right] \tag{12.2.20}$$

这是q与电势差之间的关系,为了从实验结果确立光子静质量μ,我们还必须寻求μ与电势差的关系式.

假设我们给外部大球壳加上一个频率为ω的交变电压$V_0\mathrm{e}^{\mathrm{i}\omega t}$($V_0$是电压的振幅),而且球壳内没有电荷存在($\rho=0$),因此重电磁场的波动方程$(\Box-\mu^2)\phi(r,t)=0$的解$\phi(r,t)$可以分离变量成$\phi(r,t)=\varphi(r)\mathrm{e}^{\mathrm{i}\omega t}$,因此,波动方程就变成了定态问题

$$(\nabla^2-k^2)\varphi(r)=0 \tag{12.2.21a}$$

其中

$$k^2=\frac{\omega^2}{c^2}-\mu^2 \tag{12.2.21b}$$

方程(12.2.21)的特解是

$$\varphi(r)=\frac{1}{r}\mathrm{e}^{\pm\mathrm{i}kr} \tag{12.2.22}$$

由此可以得到满足实验条件(且$r\leqslant R_2$)的解

$$\varphi(r)=V_0\frac{R_2}{r}\frac{\mathrm{e}^{\mathrm{i}kr}-\mathrm{e}^{-\mathrm{i}kr}}{\mathrm{e}^{\mathrm{i}kR_2}-\mathrm{e}^{-\mathrm{i}kR_2}} \tag{12.2.23}$$

有了电势$\varphi(r)$就可以利用另一个普罗卡方程

$$\nabla\cdot\boldsymbol{E}=-\mu^2\varphi \tag{12.2.24}$$

来求出大球壳内部的电场强度$\boldsymbol{E}$(也可以利用方程$\nabla\cdot\boldsymbol{A}+\frac{1}{c}\frac{\partial\varphi}{\partial t}=0$求出$\boldsymbol{A}$,再利用公式$\boldsymbol{E}=-\nabla\varphi-\frac{1}{c}\frac{\partial\boldsymbol{A}}{\partial t}$求出$\boldsymbol{E}$,结果一样). 在半径为$r\leqslant R_2$的球体内对方程(12.2.24)积分

$$\iiint\mathrm{d}\tau\nabla\cdot\boldsymbol{E}=-\mu^2\iiint\mathrm{d}\tau\varphi \tag{12.2.25}$$

利用高斯定理,并注意到$\boldsymbol{E}=E(r)\boldsymbol{r}/r$,则有

$$\iiint\mathrm{d}\tau\nabla\cdot\boldsymbol{E}=\oiint\boldsymbol{E}\cdot\mathrm{d}\boldsymbol{\sigma}=4\pi r^2E$$

$$\iiint\mathrm{d}\tau\varphi=-\frac{4\pi}{R^2}\frac{V_0R_2[\mathrm{i}kr(\mathrm{e}^{\mathrm{i}kr}+\mathrm{e}^{-\mathrm{i}kr})-(\mathrm{e}^{\mathrm{i}kr}-\mathrm{e}^{-\mathrm{i}kr})]}{(\mathrm{e}^{\mathrm{i}kR_2}-\mathrm{e}^{-\mathrm{i}kR_2})}$$

因此,得到导体球内的电场

$$\boldsymbol{E}(r,t)=\frac{\boldsymbol{r}}{r}\left(\frac{\mu}{Rr}\right)^2\frac{V_0R_2}{(\mathrm{e}^{\mathrm{i}kR_2}-\mathrm{e}^{-\mathrm{i}kR_2})}[\mathrm{i}kr(\mathrm{e}^{\mathrm{i}kr}+\mathrm{e}^{-\mathrm{i}kr})-(\mathrm{e}^{\mathrm{i}kr}-\mathrm{e}^{-\mathrm{i}kr})]\mathrm{e}^{\mathrm{i}\omega t} \tag{12.2.26}$$

在实验中，$kr<1,\ \dfrac{\omega}{c}>\mu$，可将方程(12.2.26)的右边展开成 kr 和 kR_2 的幂级数，略去 $(kr)^2$ 和 $(kR_2)^2$ 以上的项，可以得到

$$\boldsymbol{E}(r,t)\approx-\frac{\mu^2}{3}(V_0\mathrm{e}^{\mathrm{i}\omega t})\boldsymbol{r} \tag{12.2.27}$$

由此我们看到，$\nabla\times\boldsymbol{E}=0$，因此 $\oint\boldsymbol{E}\cdot\mathrm{d}\boldsymbol{l}=0$. 内部导体球壳与外部导体球壳之间的电势差由积分得到

$$\begin{aligned}V(R_1)-V(R_2)&=\int_{R_1}^{R_2}\mathrm{d}\boldsymbol{l}\cdot\boldsymbol{E}=-\frac{1}{6}(V_0\mathrm{e}^{\mathrm{i}\omega t})\mu^2(R_2^2-R_1^2)\\&=-\frac{1}{6}\mu^2(R_2^2-R_1^2)V(R_2)\end{aligned}$$

相对电压则是

$$\frac{V(R_1)-V(R_2)}{V(R_2)}=-\frac{1}{6}\mu^2(R_2^2-R_1^2) \tag{12.2.28}$$

方程(12.2.28)就是我们所需要的关系式. 它表明相对电压 $\Delta V/V$ 与外加电压的频率 ω 无关，也就是说，交变电压的边界条件问题与静态情况一样[15-17]. 方程(12.2.28)的左边是实验测量量.

在 Plimpton 和 Lawton[14]1936 年的实验中，$R_2\approx75\,\mathrm{cm}$，$R_1\approx60\,\mathrm{cm}$，$V=3000\,\mathrm{V}$，用来测量两导体球壳之间的电势差的检流计没有测到电压，检流计的灵敏度是 $10^{-6}\,\mathrm{V}$，也就是说电压变化 $\Delta V\leqslant10^{-6}\,\mathrm{V}$. 将这些数值代入方程(12.2.19)、(12.2.20)以及(12.2.28)，我们得到

$$q\leqslant2.0\times10^{-9} \tag{12.2.29}$$

$$\mu\leqslant10^{-6}\,\mathrm{cm}^{-1}=3.4\times10^{-44}\,\mathrm{g} \tag{12.2.30}$$

后来，Cochran 和 Franken[18]于 1968 年，Bartlett 等人[15,19]于 1969 年和 1970 年，Williams 等人[16,17]于 1970 年和 1971 年，Crandall[20]于 1983 年，以及 Fulcher[21]于 1986 年陆续做了这类实验，他们提高了实验的灵敏度，有些将实验结果提高了几个量级. 例如，Williams 等人[16,17]检验库仑定律的实验所确立的上限是 $q\leqslant6\times10^{-16}$，$\mu\leqslant4.7\times10^{-10}\,\mathrm{cm}^{-1}=1.6\times10^{-47}\,\mathrm{g}$；Crandall[20]的实验给出 $q\leqslant6\times10^{-17}$，$\mu\leqslant8\times10^{-48}\,\mathrm{g}$. 1985 年 Ryan 等人[22]使用低温(1.36K)的相变效应检验了库仑定律，结果给出 $\mu\leqslant(1.5\pm1.4)\times10^{-42}\,\mathrm{g}$. 各种实验结果如表 12.1 所示.

表 12.1 检验库仑定律的实验结果

作者	实验方法	q	μ/g
Robison(1769)	电力-引力平衡	$<6\times10^{-2}$	$<4\times10^{-40}$
Cavendish(1773)	两个同心导体球壳	$<2\times10^{-2}$	$<1\times10^{-40}$
Coulomb(1785)	扭称	$\leqslant4\times10^{-2}$	$\leqslant10^{-39}$
Maxwell(1873)	两个同心导体球壳	$\leqslant4.6\times10^{-5}$	$\leqslant10^{-41}$
Plimpton 等(1936)	两个同心导体球壳	$\leqslant2.0\times10^{-9}$	$\leqslant3.4\times10^{-44}$
Cochran 等(1968)	同心立方体导体	$\leqslant9.2\times10^{-12}$	$\leqslant3\times10^{-45}$
Bartlett 等(1970)	五个同心壳	$\leqslant1.3\times10^{-13}$	$\leqslant3\times10^{-46}$
Williams 等(1971)	五个同心二十面体	$(2.7\pm3.1)\times10^{-16}$	$\leqslant1.6\times10^{-47}$
Fulcher(1986)	重做 Williams 等人的实验	$(1.0\pm1.2)\times10^{-16}$	$\leqslant1.6\times10^{-47}$
Crandall(1983)	三个同心二十面体	$\leqslant6\times10^{-17}$	$\leqslant8\times10^{-48}$
Ryan 等(1985)	1.36K 低温相变效应	—	$(1.5\pm1.4)\times10^{-42}$

12.3 静磁场方法

12.2 节我们已经介绍了光子静质量对静电力定律的影响，现在我们再来介绍它对静磁场的影响. 1943 年薛定谔(Schrödinger)提出了用静磁场确立光子静质量的方法[23,24]，他用地磁数据给出的光子静质量的上限为 $m_0\leqslant2\times10^{-47}$ g.

地磁场是永久磁场，在麦克斯韦电磁理论中，可以粗略地认为地磁场与磁偶极场相当，但更严格的讨论要用静磁场的球谐函数分析来进行[25]. 1895 年，施密特(Schmidt)分析了地磁力的各个分量，并考虑到可能存在三种类型的地磁场：偶极场、外来场和非势场. 其中，偶极场指向地磁南极(并不与地理南极重合[26])，是磁偶极矩 $\boldsymbol{m}$ 产生的磁场；外来场是一种在地球内部找不到磁源的磁场，它在地球表面是一均匀磁场，方向与地球的磁偶极矩 $\boldsymbol{m}$ 反平行；非势场是恒定电流(地球-空气电流产生的磁场). 1923 年，Bauer 利用 1922 年的地磁观测结果对地磁场做了球谐函数分析，证实地磁场大部分有内部源(例如磁偶极子)，外来场约占 3%，非势场约占 3%. 1924 年，施密特也对 1922 年的地磁数据做了分析，得到的磁偶极场是 31089γ，外来场是 539γ ($1\gamma\equiv10^{-5}\Gamma$，Γ代表高斯，这是 Esehenhagen[25] 1896 年提出的磁场强度单位，后来为国际上普遍采用). 但地球的磁场更接近于一个偏心偶极子(即偶极中心与地心不重合)产生的磁场，他得到偏心偶极子的位置是北纬 6.5°、东经 161.8°，并发现存在“半球电流效应”：在欧洲-非洲半球是一个升起的电流，在美国-太平洋半球则是一个降落的电流. 这种恒定电流要比用大气导电性及宇宙射线算得的电流大得多. 薛定谔提出，用光子静质量效应可解释地磁分析中的外来磁场和非势磁场. 由此他建立了光子静质量上限.

1994 年，Fischbach 等人[27]通过对外来地磁场的卫星观测数据的分析得到光子静质量的上限 $\mu \leqslant 8\times10^{-16}\text{eV}/c^2 = 1\times10^{-48}\text{g} = 4\times10^{-9}\text{cm}^{-1}$.

1997 年，Ryutov[28]通过对太阳风在地球轨道的不同位置产生的磁场进行的研究得到的光子静质量 $\mu \leqslant 1\times10^{-49}\text{g}$.

12.3.1 薛定谔外来场方法

1943 年，薛定谔提出了一种关于引力子、介子和电磁作用的统一场论[29]. 在真空中(静态情况)对不太强的电磁场，并忽略引力作用情况下，该理论给出的方程与上面介绍的重电磁场方程一样. 薛定谔提出[23,24]用光子静质量效应解释地磁数据分析中给出的“外来场”. 为了说明这个方法，我们考虑磁偶极子产生的磁场.

设稳定电流 $\boldsymbol{J}$ 分布在一个小区域 V 内. 相应的磁场是恒定磁场，因此重电磁势 $\boldsymbol{A}$ 的波动方程(6.2.3)变成

$$(\nabla^2 - \mu^2)\boldsymbol{A} = -\frac{4\pi}{c}\boldsymbol{J} \tag{12.3.1}$$

其解为[30]

$$\boldsymbol{A} = \frac{1}{c}\int_V \mathrm{d}\boldsymbol{r}'\, G(\boldsymbol{r}-\boldsymbol{r}')J(\boldsymbol{r}') \tag{12.3.2}$$

其中，格林函数 G 就是汤川型势，即

$$G(\boldsymbol{r}-\boldsymbol{r}') = \frac{1}{|\boldsymbol{r}-\boldsymbol{r}'|}\mathrm{e}^{-\mu|\boldsymbol{r}-\boldsymbol{r}'|} \tag{12.3.3}$$

如电流 $\boldsymbol{J}$ 所在区域 V 的线度比 r 小很多，则可以将格林函数方程(12.3.3)在 $\boldsymbol{r}'=0$ 附近展开成幂级数，并只保留前几项，即

$$G(\boldsymbol{r}-\boldsymbol{r}') = G(r) + x'_K\left(\frac{\partial G}{\partial x'_K}\right)_{x'_K=0} + \cdots = G(r) + \boldsymbol{r}'\cdot(\nabla' G(\boldsymbol{r}-\boldsymbol{r}'))_{\boldsymbol{r}'=0} + \cdots \tag{12.3.4}$$

将方程(12.3.4)代入(12.3.2)，得到

$$\boldsymbol{A} = \boldsymbol{A}^{(0)} + \boldsymbol{A}^{(1)} + \cdots \tag{12.3.5a}$$

$$A^{(0)} = \frac{1}{c}G(r)\int_V \mathrm{d}\boldsymbol{r}'\boldsymbol{J}(\boldsymbol{r}') = 0 \tag{12.3.5b}$$

$$A^{(1)} = \frac{1}{c}\int_V \mathrm{d}\boldsymbol{r}'J(\boldsymbol{r}')[\boldsymbol{r}'\cdot(\nabla' G(\boldsymbol{r}-\boldsymbol{r}'))_{\boldsymbol{r}'=0}] \tag{12.3.5c}$$

即

$$\boldsymbol{A} \approx \boldsymbol{A}^{(1)} = \frac{1}{c}\int_V \mathrm{d}\boldsymbol{r}'\boldsymbol{J}(\boldsymbol{r}')[\boldsymbol{r}'\cdot(\nabla' G(\boldsymbol{r}-\boldsymbol{r}'))_{\boldsymbol{r}'=0}] \tag{12.3.6}$$

这表明，分布于一个小区域内的稳定电流 $\boldsymbol{J}$ 所产生的矢势 $\boldsymbol{A}$ 的多极展开中，最低次是磁偶极势 $\boldsymbol{A}^{(1)}$ 完全类似于通常电动力学中磁多极子的情况[31]. 磁偶极势 $\boldsymbol{A}^{(1)}$ 可以进一步化成

$$\boldsymbol{A}^{(1)}=\nabla\times(\boldsymbol{m}G)=\nabla\times\left(\boldsymbol{m}\frac{\mathrm{e}^{-\mu r}}{r}\right) \tag{12.3.7}$$

其中，磁偶极矩 $\boldsymbol{m}$ 定义为

$$\boldsymbol{m}=\frac{1}{2c}\int_V(\boldsymbol{r}'\times\boldsymbol{J}(\boldsymbol{r}'))\mathrm{d}\boldsymbol{r}' \tag{12.3.8}$$

相应于偶极势 $\boldsymbol{A}^{(1)}$ 的场是磁偶极场 $\boldsymbol{H}^{(1)}$

$$\boldsymbol{H}\approx\nabla\times\boldsymbol{A}^{(1)}=\nabla\times\nabla\times\left(\boldsymbol{m}\frac{\mathrm{e}^{-\mu r}}{r}\right)=\frac{\mathrm{e}^{-\mu r}}{r^3}\left\{\left(1+\mu r+\frac{1}{3}\mu^2r^2\right)\left(\frac{3\boldsymbol{m}\cdot\boldsymbol{rr}}{r^2}-\boldsymbol{m}\right)-\frac{2}{3}\mu^2r^2\boldsymbol{m}\right\} \tag{12.3.9}$$

令 $\boldsymbol{m}=m\boldsymbol{z}/z,\quad m'\equiv\mathrm{e}^{-\mu r}\left(1+\mu r+\frac{1}{3}\mu^2r^2\right)m$，因此方程(12.3.9)写成

$$\boldsymbol{H}^{(1)}=\frac{m'}{r^3}(3\hat{\boldsymbol{z}}\cdot\hat{\boldsymbol{r}}\hat{\boldsymbol{r}}-\hat{\boldsymbol{z}})-\frac{2}{3}\frac{\mathrm{e}^{-\mu r}}{r^3}\mu^2r^2\boldsymbol{m} \tag{12.3.10}$$

其中，$\hat{\boldsymbol{z}}\equiv\boldsymbol{z}/z,\quad \hat{\boldsymbol{r}}\equiv\boldsymbol{r}/r$. 方程(12.3.10)表明，重电磁理论中的偶极磁场分为两部分，一部分与麦克斯韦电磁理论($\mu=0$)中的磁偶极场形式一样，即

$$\boldsymbol{H}_D=\frac{m'}{r^3}(3\hat{\boldsymbol{z}}\cdot\hat{\boldsymbol{r}}\hat{\boldsymbol{r}}-\hat{\boldsymbol{z}}) \tag{12.3.11a}$$

$$m'=\mathrm{e}^{-\mu r}\left(1+\mu r+\frac{1}{3}\mu^2r^2\right)m \tag{12.3.11b}$$

另一部分是通常所没有的，即

$$\boldsymbol{H}_{外}\equiv-\frac{2}{3}\frac{\mathrm{e}^{-\mu r}}{r^3}\mu^2r^2\boldsymbol{m} \tag{12.3.12}$$

这一部分磁场的方向与磁偶极矩 $\boldsymbol{m}$ 的方向相反，在地球的表面($r=R=$常数)是均匀的. 1943 年薛定谔[23]把这一部分解释为地磁分析中的外来磁场部分. 在地球赤道上，即方程(12.3.11a)中的 $\hat{\boldsymbol{z}}\cdot\hat{\boldsymbol{r}}=0$，$\boldsymbol{H}_D$ 和外来磁场 $\boldsymbol{H}_{外}$ 之比为

$$\frac{\boldsymbol{H}_{外}}{\boldsymbol{H}_D}=\frac{2}{3}\frac{\mu^2R^2}{(1+\mu R+\mu^2R^2/3)} \tag{12.3.13}$$

前面已指出，1924 年施密特用 1922 年地磁观测的数据分析得到

$$\frac{\boldsymbol{H}_{外}}{\boldsymbol{H}_D}=\frac{539}{31089} \tag{12.3.14}$$

1943 年薛定谔[23]利用这个数据，由方程(12.3.13)得到

$$\mu R = 0.176$$

其中地球半径 $R = 6378\,\mathrm{km}$. 因此相应的光子静质量是

$$\mu = 2.76\times10^{-10}\,\mathrm{cm}^{-1} = 1.0\times10^{-47}\,\mathrm{g} \tag{12.3.15}$$

后来，1955 年 Bass 和薛定谔[24]对这个上限做了修改，取其两倍作为光子静质量的可靠上限，即

$$\mu \leqslant 2.0\times10^{-47}\,\mathrm{g} \tag{12.3.16}$$

1968 年，Goldhaber 和 Nieto[32]利用 Cain 的分析结果改进了这种上限. 1965 和 1966 年 Cain 曾用卫星测得的地磁场数据与地面观测的地磁数据拟合，得到磁偶极子强度 m 与外来场 $\boldsymbol{H}_{外}$ 的各个分量如下：

$$\begin{aligned} &m = 31044R^3\gamma \\ &\boldsymbol{H}_{外}\cdot\hat{\boldsymbol{m}} = (21\pm5)\gamma \\ &\boldsymbol{H}_{外}\cdot\hat{\boldsymbol{y}} \equiv \frac{\boldsymbol{H}_{外}\cdot(\hat{\boldsymbol{s}}\times\hat{\boldsymbol{m}})}{|\hat{\boldsymbol{s}}\times\hat{\boldsymbol{m}}|} = (14\pm5)\gamma \\ &\boldsymbol{H}_{外}\cdot(\hat{\boldsymbol{y}}\times\hat{\boldsymbol{m}}) = (8\pm5)\gamma \end{aligned} \tag{12.3.17}$$

其中，$\hat{\boldsymbol{s}}$ 是指向地理南极的单位方向矢量，$\hat{\boldsymbol{y}}$ 是与 $\hat{\boldsymbol{m}}$ 垂直的单位方向矢量，R 是地球半径.

为了从这些数据得到光子静质量上限，必须把已知的外部磁源对 $\boldsymbol{H}_{外}$ 的贡献从方程(12.3.17)的数据中扣掉. 在薛定谔发表他的文章时并不知道有什么外部磁源存在. 外部磁源的贡献有如下几种：静质子云状带的贡献约 9γ；地磁尾中的电流贡献约为(15～30) γ；磁层中的热等离子体贡献约 15γ；太阳风对地磁场的压缩对外来场的贡献约 20γ (在赤道上)；星际磁场的贡献约 5γ. 在以上五种贡献中，前三种磁场倾向于减小地球赤道上的静磁场，第四种磁场则与 $\hat{\boldsymbol{m}}$ 反平行，第五种磁场的方向不清楚. 总起来说，外部磁源产生的磁场与 $\hat{\boldsymbol{m}}$ 平行的部分约 $\leqslant 40\gamma$. 在方程(12.3.17)中把这 40γ 从 $\boldsymbol{H}_{外}\cdot\hat{\boldsymbol{m}} = (21\pm5)\gamma$ 里扣除就得到剩余的反平行于 $\hat{\boldsymbol{m}}$ 的外来磁场 $\boldsymbol{H}_{外} \leqslant 20\gamma$. 但是，还必须考虑方程(12.3.17)所列数据的可靠性. Goldhaber 和 Nieto 考虑了下面几种因素. 在方程(12.3.17)中存在有垂直于 $\hat{\boldsymbol{m}}$ 的外来磁场 $\boldsymbol{H}_{外}\cdot\hat{\boldsymbol{y}} = (14\pm5)\gamma$，这一部分难于用已知的物理模型来解释. 如果我们认为这一部分磁场是假的，那么在平行或反平行于 $\hat{\boldsymbol{m}}$ 的磁场中相应的误差就可能有几十个 γ. 另外，在地面观测台测量的数据当中，约有 100γ 的“噪声”存在，其中大部分是由地壳的磁反常性产

生的；在亚洲和南半球的许多地方地磁场的地面观测数据很稀少，这给球谐函数分析带来了误差；卫星只测得地磁场的大小，没有测量方向，而且在对强度为几十个γ的卫星数据所做的拟合中有着(随时间的)缓慢的变化. 由于上述种种因素，它们在$H_{外} \leqslant 20\gamma$的数值上加上100γ的误差，即$H_{外} \leqslant 120\gamma$. 另外，从方程(12.3.17)中的第一行数值得到$H_D = m/R^3 = 31044\gamma$，因此有

$$\frac{H_{外}}{H_D} = \frac{120}{31044} \approx 3.9 \times 10^{-3} \tag{12.3.18}$$

将这个数值代入方程(12.3.13)，求得μ的上限是

$$\mu \leqslant 1.15 \times 10^{-10}\,\mathrm{cm}^{-1} = 4.0 \times 10^{-48}\,\mathrm{g} \tag{12.3.19}$$

相应的康普顿波长$\left(\lambda = \dfrac{2\pi}{\mu}\right) \sim 81R$（$R$是地球半径）.

上述薛定谔的“外来磁场”方法同样适用于其他星体的磁偶极场. 最好的对象就是木星，它的半径大(比地球半径约大十一倍)，磁场强，周围的磁层离得很远. 因此，用卫星测量木星的磁场精度可提高很多(例如提高十倍). 1975年，Davis、Goldhaber和Nieto[33]把上述薛定谔外来场方法用于木星的磁场数据，得到了新的上限. 他们把磁多极场的理论公式与宇宙飞船测得的木星磁场数据进行拟合(利用标准最小二乘法)，发现有几组数据相应于$\mu = 0$(此时理论值与测量值之差的方均根最小)；有一组值表明最可能的μ值是$0.56 \times 10^{-11}\,\mathrm{cm}^{-1}$(此时方均根最小). 他们认为，各组数据分析之间的上述不一致性，必然意味着方均根受到其他某些有规则效应的支配，而且在上述数据中并没有证据表明$\mu \neq 0$，因此谈极小值的精确定位没有什么意义. 在$\mu = 0.98 \times 10^{-11}\,\mathrm{cm}^{-1}$的时候，在各组数据中理论与测量值之差都有明显的增大，他们得到的可靠上限是

$$\mu \leqslant 2 \times 10^{-11}\,\mathrm{cm}^{-1} = 7 \times 10^{-49}\,\mathrm{g} \tag{12.3.20}$$

12.3.2 地磁场随高度的变化

重电磁理论中的磁偶极场[方程(12.3.9)]随半径r的增加而指数地衰减. 因此，我们可以利用在不同高度上的人造地球卫星测量这种指数衰减效应，来确定光子静质量.

将方程(12.3.9)展开成μr的幂级数，略去$(\mu r)^3$以上的小项，得到

$$H^{(1)} \approx H_D \left[1 + \frac{1}{2}(\mu r)^2 \frac{1 - 5\cos^2\theta}{1 + 3\cos^2\theta}\right] \equiv F(\mu, r, \theta) H_D \tag{12.3.21a}$$

其中，

$$F = 1 + \frac{1}{2}(\mu r)^2 \frac{1 - 5\cos^2\theta}{1 + 3\cos^2\theta} \tag{12.3.21b}$$

$$H_D = \frac{m}{r^3}\left|\frac{3\boldsymbol{m}\cdot\boldsymbol{rr}}{r^2} - \boldsymbol{m}\right| = \frac{m}{r^3}(1 + 3\cos^2\theta)^{1/2} \tag{12.3.21c}$$

方程(12.3.21)表明，实验上若能测得地球磁场 $H^{(1)}$ 随高度的变化，就可以用此方程确立 μ. 这种方法的优点在于：有可能把方程(12.3.21)所表达的质量效应同地球周围的真正外部磁源产生的磁场(它接近于与 r 无关的常量)区别开来. 但是，在高度超过 $3R$ 的地方外来干扰变得十分严重，这是使用这一方法的主要障碍.

1963 年，Gintsburg[4]把方程(12.3.21)中的 F 取成

$$F(\mu, r, \theta) = 1 - \mu^2 r^2 \tag{12.3.22}$$

并利用三颗卫星在不同高度上测得的地磁数据，由方程(12.3.21)和(12.3.22)得到光子静质量上限

$$\mu \leqslant 3\times 10^{-48}\,\mathrm{g} \tag{12.3.23}$$

Goldhaber 和 Nieto 认为[32]，在这些卫星数据中同样应当考虑系统误差的存在，按照他们工作中考虑的误差，Gintsburg[4]的这个上限应当变成 $\mu \leqslant (8\sim 10)\times 10^{-48}\,\mathrm{g}$.

12.3.3　偏心偶极子(“垂直电流”效应)

前面已经提到，地磁场更接近于一个偏心磁偶极子产生的磁场. 设这个偏心偶极子的中心偏离地球中心的距离是 $\boldsymbol{b}$. 1924 年施密特得到 $\boldsymbol{b}$ 的方位是北纬 6.5°、东经 161.8°，其大小是 $b = 342\,\mathrm{km}$.

我们知道，一个偏心磁偶极子($b \neq 0$)的矢势 $\boldsymbol{A}$ 的连线是一些绕磁轴的圆圈，这些圆圈和地球表面相交(即不是相切). 因此，沿地面的任何闭合路径对磁场 $\boldsymbol{H}$ 的线积分不是零，而是正比于矢势 $\boldsymbol{A}$ 在以此闭合曲线为边界的任意曲面上的垂直分量 $A_\perp$ ，可以将此积分看成是一个虚假的电流，由 $\nabla\times\boldsymbol{H} = -\mu^2\boldsymbol{A}$ 可知，这个电流的密度是 $i_\perp = \dfrac{\mu^2}{4\pi}A_\perp$.

由方程(12.3.7)知，一个中心偶极势是

$$\begin{aligned} \boldsymbol{A} &= \left[\nabla\left(\frac{\mathrm{e}^{-\mu r}}{r}\right)\right]\times\boldsymbol{m} = -\frac{(1+\mu r)\mathrm{e}^{-\mu r}}{r^2}\hat{\boldsymbol{r}}\times\boldsymbol{m} \\ A_{最大} &= \frac{m(1+\mu r)\mathrm{e}^{-\mu r}}{r^2} \end{aligned} \tag{12.3.24}$$

对于一个偏心距 $b \ll R$ 的偶极子，矢势 $\boldsymbol{A}$ 在地球表面(半径为 R 的球面)的垂直分量的最大值是

$$A_{\perp 最大}=A\sin\theta\approx\frac{(1+\mu R)e^{-\mu R}}{R^2}m\frac{b}{R}$$

相应的最大电流密度是

$$i_{\perp 最大}=\frac{(\mu R)^2}{4\pi}\left[\frac{m(1+\mu R)e^{-\mu R}}{R^3}\right]\frac{b}{R^2}\approx H_D\left(\frac{\mu^2R^2}{4\pi}\right)\frac{b}{R^2} \tag{12.3.25}$$

其中，$\sin\theta\approx\theta\sim b/R=342/6378\approx1/19$，角 θ 是矢势 $\boldsymbol{A}$ 的方向与地球表面的交角. H_D 由方程(12.3.11)给出(略去 μ^2R^2 小项)，它是地球赤道上的磁偶极场. 按施密特的分析，$H_D=31089\gamma$，1943 年薛定谔[23]将由外来磁场方法求得的 $\mu R=0.176$，代入方程(12.3.25)求出相应的垂直电流

$$i_{\perp 最大}\approx6.4\times10^{-3}\ \text{A/km}^2 \tag{12.3.26}$$

而且预言，在欧亚—非洲半球内是一个升起的电流，在美国—太平洋半球内是一个降落的电流，这与前面提到的施密特 1924 年的“半球电流效应”一致. 但方程(12.3.26)的数值要比施密特得到的最大电流值 $50.8\times10^{-3}\ \text{A/km}^2$ 小得多. 如果按照 Bass 和薛定谔[24]1955 年的修正 $\mu R\approx2\times0.176$，则最大电流值要比方程(12.3.26)的值提高四倍，即

$$i_{\perp 最大}\approx26\times10^{-3}\ \text{A/km}^2 \tag{12.3.27}$$

这个值同施密特的结果相差不到两倍. 然而，后来的观测表明这种电流更小，而且在同一个半球内各处电流的方向也出现了波动. 太阳黑子的活动对辐射带中的电流起着重大的作用. 1947 年，Vestine 和 Laposte[34]给出了 1945 年地磁数据的分析结果. 他们认为薛定谔所使用的数据不对. 但是放弃确立光子质量的这种方法的基本原因还是：光子静质量在偏心偶极子中显示出来的效应，比它在外来磁场中显示的效应，在地球表面约小十九倍($R/b\sim19$). 因此，即使我们能够把真实的外部电流同偏心偶极子的垂直电流区分开来，这种方法确立的光子静质量，也不可能达到外来磁场方法确立的更小的上限.

12.4 星际等离子体(磁流体力学)效应

磁流体力学研究的是导电流体在磁场中的运动[35-37]. 磁流体力学的基本方程，是通常的流体力学方程和麦克斯韦电磁场方程在考虑了运动流体和磁场之间的相互作用后经过修改而成的. 若不考虑耗散效应，通常采用冷等离子体模型，即假定等离子体是无碰撞的(无热运动). 这种模型取得了很大的成功，它已经能够成功解释宇宙范围和实验室范围内的许多等离子体现象. 如果考虑耗散效应，就要附加上耗散项. 但是，从冷等离子体得到的许多效应，在热等离子体中也同样存在. 特别是

对于热等离子体中可能出现的小振幅扰动(如磁流体力学波)，冷等离子体模型能够给出一种相当严格的描述.

在各星体之间的广阔宇宙空间中，存在着稀薄的星际介质，而且从宇宙射线的总能量以及星光被星际质点散射的偏振现象，可以说明宇宙空间中还普遍存在着磁场. 由于宇宙介质的尺度巨大，因此一些在实验室内较为次要的效应在宇宙之中就可能占着支配的地位. 因麦克斯韦方程是磁流体力学方程的一部分，所以当考虑到光子可能具有有限静质量的时候，就要由重电磁场方程代替麦克斯韦方程，这样对磁流体力学中的许多现象，例如磁流体力学波、磁场的耗散效应等，就会产生影响. 因而，利用宇宙介质中的这些磁流体力学效应有可能建立光子静质量的更高上限.

12.4.1　磁流体力学波

考虑一种处于均匀静磁场 $\boldsymbol{H}$ 中的冷等离子体，由磁流体力学的基本方程可知[35]，当等离子体运动时，磁力线将随之一起运动. 没有磁力线相对于等离子体的运动存在，就是说磁力线波“冻结”在介质里面了. 当等离子体内出现小振幅扰动时，等离子体内可维持两种类型的(频率低于离子的回旋频率)磁流体力学波传播. 一类是磁声波，其传播方向与 $\boldsymbol{H}$ 垂直，是一种纵波，其相速度为

$$V_{\mathrm{A}}=\sqrt{\frac{H^2}{4\pi\rho}}$$

其中 ρ 是等离子体的质量密度，V_{A} 称为阿尔芬(Alfvén)速度. 如果等离子体不是冷的，即有热运动. 声速 S 与 V_{A} 相比就不能被忽略，那么磁声波的相速度就要修改成 $\sqrt{S^2+V_{\mathrm{A}}^2}$. 因此，冷等离子体中磁声波的色散关系为

$$k^2=\frac{\omega^2}{V_{\mathrm{A}}^2} \tag{12.4.1}$$

另一类磁流体力学波是 Alfvén 波，其磁场振动方向与 $\boldsymbol{H}$ 垂直，传播方向也与磁场振动方向垂直，它是一种横波. 相速度等于 Alfvén 速度 V_{A}，色散关系是

$$k^2\cos^2\theta=\frac{\omega^2}{V_{\mathrm{A}}^2} \tag{12.4.2}$$

其件，θ 是波矢 $\boldsymbol{k}$ 与磁场 $\boldsymbol{H}$ 的夹角.

上面给出的是通常磁流体力学的结果. 如果光子具有不为零的静质量 μ，那么色散关系(12.4.1)式和(12.4.2)式就要修改成[1]

$$k^2=\frac{\omega^2}{(V_{\mathrm{A}}^2-\mu^2)}(\text{磁声波}) \tag{12.4.3}$$

$$k^2\cos^2\theta = \frac{\omega^2}{(V_A^2 - \mu^2)} \text{ (Alfvén 波)} \tag{12.4.4}$$

由方程(12.4.3)和(12.4.4)可以看出，在频率 $\omega = \omega_c \equiv \mu V_A$ 时，波矢 $k = 0$，即这种频率的波不再传播了. 频率 ω_c 称为临界频率. 当 $\omega > \omega_c$ 时，$k^2 > 0$，这种频率的磁流体力学波将在冷等离子体中无衰减地传播出去. 当 $\omega < \omega_c$ 时，$k^2 < 0$，即波矢 k 是虚数，这种波是指数衰减的. 所以，若能确定临界频率 ω_c，就可确立光子静质量 $\mu = \omega_c / V_A$；如我们能观察到接近临界频率的($\omega > \omega_c$)无衰减磁流体力学波，也可以确立 $\mu = \omega / V_A$. 利用磁流体力学波确立光子静质量的这种方法是 Gintsburg[4]于 1963 年提出的.

1965 年，Patel[38]利用这种方法估计了光子静质量上限. 他考虑了地球磁层(这是地球磁场受到来自太阳的等离子体流限制的一个区域，这个区域的直径约 60000km，等离子体密度 $n = 50$ 个离子(或电子)/cm^3，平均磁场 $H_0 = 10^{-3}$G)中传播的磁流体力学波. 1964 年，Patel 和 Cahill 曾利用人造地球卫星测得的磁层中的磁场数据发现有一种 Alfvén 波存在. 其周期是 200s，在距地球中心约 50000km 的地方产生，并沿磁力线传播，在约一分半钟以后传播到地球表面，振幅减少 1/3. Patel 认为，有理由将这个磁流体力学波的频率作为临界频率来计算光子静质量 μ，并由此得到

$$\mu = \frac{\omega}{V_A} = \frac{2\pi}{T}\sqrt{\frac{H_0^2}{4\pi n M}} \approx 10^{-9}\,\text{cm}^{-1}$$

其中 M 是质子的质量. 他把这个数值作为光子静质量上限，即有

$$\mu < 10^{-9}\,\text{cm}^{-1} = 4\times10^{-47}\,\text{g} \tag{12.4.5}$$

该学者指出，由于磁层中的等离子体密度 n 和临界频率 ω 的不准确性，计算 μ 的误差可以比这个结果大 1～2 个数量级. 另外，他还假定上述磁流体力学波的衰减是由光子静质量造成的，而不是由其他耗散机制引起的，这种假定也具有很大的不准确性. 因此，要想从这种磁流体力学波的测量结果确立可靠的光子静质量上限还必须解决这些困难.

1974 年 Hollweg[39]报道，他利用宇宙飞船对星际介质中的 Alfvén 波的最新观测结果，得到了一个可靠的上限 $\mu \leqslant 3.6\times10^{-11}\,\text{cm}^{-1} = 1.3\times10^{-48}\,\text{g}$，以及一个更低、但可靠性小的上限 $\mu < 3.1\times10^{-12}\,\text{cm}^{-1} = 1.1\times10^{-49}\,\text{g}$.

另外，1975 年 Barnes 和 Scargle[40]利用蟹状星云(Crab Nebula)中的磁声波资料建立了光子静质量的另一个上限. 对蟹状星云中心区域的观测表明[41]，该区域的等离子体是由超相对论电子部分和稀薄的低能背景部分组成的，它们在约 10^{18}cm 的尺度内处在一个相对均匀的磁场之中，在脉冲星附近产生的准周期扰动(即磁声波 $\omega \sim 10^{-6}$/s)穿过磁场传播到星云之中，这些磁声波对等离子体的振动压缩引起了同

步光辐射的增加，这就形成了我们观察到的蟹状星云中的“亮条(Wisps)”. 对于这种垂直于背景磁场传播的磁声波，Barnes 和 Scargle 给出了如下的色散关系；

$$\left(\frac{\omega}{kc}\right)^2\left[1+\frac{4\pi}{B^2}(\varepsilon+P_\perp)\right]=1+\frac{2\pi P_\perp}{B^2}(4-\zeta)+\frac{\mu^2}{k^2} \tag{12.4.6}$$

其中，B 是背景磁场强度，$P_\perp$ 是垂直于 $\boldsymbol{B}$ 的总的等离子体压强，ε 是等离子体中物质的总能量密度(包括静质量在内)，ζ 是从 0 到 1 的数值系数. 由方程(12.4.6)可知，临界频率

$$\omega_c=\frac{\mu c}{\sqrt{1+(4\pi/B^2)(\varepsilon+P_\perp)}} \tag{12.4.7}$$

除非 $\omega>\omega_c$，否则磁声波(因 $k^2<0$)将指数地衰减. 他们利用对蟹状星云中亮条的观察结果得到

$$\mu\leqslant 10^{-16}\sim 10^{-15}\,\mathrm{cm}^{-1}=3\times10^{-54}\sim 3\times10^{-53}\,\mathrm{g} \tag{12.4.8}$$

Barnes 和 Scargle 指出，上述各种讨论在理论上都存在一个问题，即各种讨论中都假设宇宙空间中的背景等离子体是无限大的和均匀的. 但是普罗卡电磁场方程表明，或者是在 μ^{-1} 的距离上静磁场有重要的变化，或者是有一个大的背景电流 $\boldsymbol{J}_0\approx\frac{c}{4\pi}\mu^2\boldsymbol{A}\left(J_0\gg\frac{c}{4\pi}|\nabla\times\boldsymbol{B}|\right)$ 存在. 在这两种情况下，对于 $k\leqslant\mu$，上述诸色散关系将全都失效. 因此，在这种意义上说，上面确立的 μ 的各种上限都是值得怀疑的. 他们认为，利用宇宙磁流体力学波推断出来的 μ 的上限只是在量级上正确而并非严格.

12.4.2　星际磁场的耗散效应

磁流体力学告诉我们[35]，导电介质在磁场中运动会产生感应电动势. 如果介质具有完全的导电性(即电阻为零)，感应电动势也就等于零，因而也就没有介质相对于磁力线的运动了，磁力线则同介质一起运动，就像磁力线被永久地“冻结”在介质里面一样. 如果介质具有有限的导电率(即电阻不为零)，磁场就将随时间的推移而衰减，衰减速率由介质的尺度及其导电率决定. 然而，如果光子具有有限静质量，则介质中磁能的衰减形式还要改变. Williams 和 Park 在 1971 年[42]提出了利用这种耗散效应确立光子静质量上限的方法.

他们设想把银河系的一个旋臂拉直而成为一根细长的等离子体纤维(圆柱体)，其内有一磁场存在. 假设圆柱体内的等离子体是由电子、离子和中性原子组成的电中性流体(即电子的数密度 n_e 等于离子的数密度 n_i)，并且没有与圆柱体的对称轴相垂直的磁场分量存在(即磁场 $\boldsymbol{H}$ 平行于柱体的对称轴)，因而电流就沿着与柱体对称轴垂直的方向流动. 而且在银河系旋臂中，等离子体的空间分布在几百万年的时间

内没有重要的变化. 所以，问题的讨论不必涉及流体力学方程，只需考虑作用于电子和离子上的电磁力和碰撞阻尼力(忽略惯性力). 对于电子，它受到的电磁力等于它同离子及原子碰撞的阻尼力，而作用于离子上的电磁力等于离子同原子碰撞的阻尼力. 由这两个力的平衡方程出发，他们在做了一些近似之后得到电场 $\boldsymbol{E}$ 与电流 $\boldsymbol{j}=n_{\mathrm{e}}e(\boldsymbol{v}_{\mathrm{i}}-\boldsymbol{v}_{\mathrm{e}})$ 的关系为

$$
\begin{aligned}
E_x &= (\sigma_{\mathrm{e}}^{-1}-\sigma_{\mathrm{i}}^{-1})j_x + \frac{Hj_y}{n_{\mathrm{e}}ec} \\
E_y &= (\sigma_{\mathrm{e}}^{-1}-\sigma_{\mathrm{i}}^{-1})j_y - \frac{Hj_x}{n_{\mathrm{e}}ec}
\end{aligned}
\tag{12.4.9a}
$$

其中

$$
\sigma_{\mathrm{e}}^{-1} = \frac{m}{n_{\mathrm{e}}e^2}\left(\frac{1}{\tau_{\mathrm{ie}}}+\frac{1}{\tau_{\mathrm{ae}}}\right),\quad \sigma_{\mathrm{i}}^{-1} = \frac{\tau_{\mathrm{ia}}H^2}{n_{\mathrm{e}}M_{\mathrm{i}}c^2} \tag{12.4.9b}
$$

在方程(12.4.9)中，m 和 M_{i} 分别是电子和离子的质量，n_{e} 和 n_{i} 分别代表电子和离子的数密度，e 是电子电荷，τ_{ie} 是离子(i)与电子(e)碰撞的弛豫时间，n_{ae} 是原子(a)与电子(e)碰撞的弛豫时间，等等. 对于银河系HI区域中的冷等离子体，他们给出 $\sigma_{\mathrm{e}}\approx 10^{10}\,\mathrm{s}^{-1}$，$\sigma_{\mathrm{i}}\approx 10^{-3}\,\mathrm{s}^{-1}$. 因此，$\sigma_{\mathrm{e}}$ 的贡献可以忽略. 最后他们利用方程(12.4.9)和普罗卡方程得到银系旋臂中磁能(W)的衰减大约是

$$
W \sim \exp\left[-\frac{2\nu}{l^2}(1+\mu^2 l^2)t\right]
$$

其中，$\nu = \mathrm{c}^2/4\pi\sigma_{\mathrm{i}} \approx 10^{23}\,\mathrm{cm}^2/\mathrm{s}$，$l$ 是旋臂的尺度. 因此，磁能的衰减时间是

$$
\tau \sim \frac{l^2}{2\nu}(1+\mu^2 l^2)^{-1}
$$

在 $\mu=0$ 时就是通常磁流体力学中的结果[35]. 他们根据对宇宙射线通量的分析结果，即在以往 10^6 年的时间内，初级宇宙线通量平均说来大约是个常量. 因而银河系磁场的持续时间 $\tau\sim 10^6$ 年. 他们得到

$$
q < (2.7\pm 3.1)\times 10^{-16}
$$

相应的光子的静质量上限是

$$
\mu < 10^{-18}\,\mathrm{cm}^{-1} = 3.5\times 10^{-56}\,\mathrm{g}
$$

1986 年 Fulcher[21]重新进行了这类实验，得到了改进的 q 值上限

$$
q < (1.0\pm 1.2)\times 10^{-16}
$$

1972 年 Byrne 和 Burman[43]重新讨论了银河系中大范围磁场的耗散问题，并指出在 Williams 和 Park 的讨论中[42]使用了张量电导率这样通常错误的解释，即使用

了与磁场有关的“横向电导率”. Byrne 和 Burman 假定银河系等离子体是由电子、质子和中性原子组成的. 在忽略惯性力及压强梯度变化的情况下，他们给出电子和质子的受力方程分别是

$$-\frac{e}{m_{\mathrm{e}}}\left(\boldsymbol{E}+\frac{1}{c}\boldsymbol{u}_{\mathrm{e}}\times\boldsymbol{H}\right)+\nu_{\mathrm{ei}}(\boldsymbol{u}_{\mathrm{i}}-\boldsymbol{u}_{\mathrm{e}})+\nu_{\mathrm{en}}(\boldsymbol{u}_{\mathrm{n}}-\boldsymbol{u}_{\mathrm{e}})+\boldsymbol{g}=0 \tag{12.4.10}$$

$$\frac{e}{m_{\mathrm{i}}}\left(\boldsymbol{E}+\frac{1}{c}\boldsymbol{u}_{\mathrm{i}}\times\boldsymbol{H}\right)+\nu_{\mathrm{ie}}(\boldsymbol{u}_{\mathrm{e}}-\boldsymbol{u}_{\mathrm{i}})+\nu_{\mathrm{in}}(\boldsymbol{u}_{\mathrm{n}}-\boldsymbol{u}_{\mathrm{i}})+\boldsymbol{g}=0 \tag{12.4.11}$$

其中，下角标 e、i、n 分别代表电子、质子和中性流体(原子)，$\boldsymbol{g}$ 是重力加速度，ν_{ei} 代表电子与质子碰撞的动量弛豫频率，等等. 对于中性等离子体，$\boldsymbol{j}=ne(\boldsymbol{u}_{\mathrm{i}}-\boldsymbol{u}_{\mathrm{e}})$，其中 n 是电子或质子的数密度. 那么，用动量守恒条件 $m_{\mathrm{i}}\nu_{\mathrm{ie}}=m_{\mathrm{e}}\nu_{\mathrm{ei}}$，由方程(12.4.10)和(12.4.11)可以得到

$$\boldsymbol{E}+\frac{1}{c}\boldsymbol{u}_{H}\times\boldsymbol{H}=\sigma^{-1}\boldsymbol{j}+\frac{m_{\mathrm{i}}m_{\mathrm{e}}}{e(m_{\mathrm{i}}+m_{\mathrm{e}})}(\nu_{\mathrm{in}}-\nu_{\mathrm{en}})(\boldsymbol{u}_{\mathrm{e}}-\boldsymbol{u}_{\mathrm{n}}) \tag{12.4.12}$$

其中，导电率 σ 由下式给出：

$$\sigma^{-1}=\frac{m_{\mathrm{e}}}{ne}\left[\nu_{\mathrm{ei}}+\left(\frac{m_{\mathrm{i}}}{m_{\mathrm{i}}+m_{\mathrm{e}}}\right)^{2}\nu_{\mathrm{en}}+\frac{m_{\mathrm{i}}m_{\mathrm{e}}}{m_{\mathrm{i}}+m_{\mathrm{e}}}\nu_{\mathrm{in}}\right] \tag{12.4.13}$$

还有

$$\boldsymbol{u}_{H}=\frac{m_{\mathrm{i}}\boldsymbol{u}_{\mathrm{e}}+m_{\mathrm{e}}\boldsymbol{u}_{\mathrm{i}}}{m_{\mathrm{i}}+m_{\mathrm{e}}},\quad \boldsymbol{u}_{\mathrm{e}}=\frac{m_{\mathrm{i}}\boldsymbol{u}_{\mathrm{i}}+m_{\mathrm{e}}\boldsymbol{u}_{\mathrm{e}}}{m_{\mathrm{i}}+m_{\mathrm{e}}} \tag{12.4.14}$$

方程(12.4.12)右边的最后一项代表电子–质子流体与中性流体之间的摩擦力，由于在星际空间中电子–质子的碰撞频率远大于电子–中性原子及质子–中性原子的碰撞频率，所以这一项可以略去. 这时方程(12.4.12)和(12.4.13)变为

$$\boldsymbol{E}+\frac{1}{c}\boldsymbol{u}_{H}\times\boldsymbol{H}=\sigma^{-1}\boldsymbol{j} \tag{12.4.15}$$

$$\sigma=\left(\frac{m_{\mathrm{e}}}{ne^{2}}\right)^{-1}=\frac{e^{2}}{m_{\mathrm{e}}}\frac{T^{3/2}/5.5}{\ln(220T/n^{1/3})} \tag{12.4.16}$$

将方程(12.4.15)代入法拉第定律，得到

$$\frac{\partial\boldsymbol{H}}{\partial t}=-c\nabla\times\boldsymbol{E}=\nabla\times(\boldsymbol{u}_{H}\times\boldsymbol{H})-c\sigma^{-1}\nabla\times\boldsymbol{j} \tag{12.4.17}$$

利用普罗卡方程(6.2.2a)，方程(12.4.17)可以化成

$$\frac{\partial \boldsymbol{H}}{\partial t}=\nabla\times(\boldsymbol{u}_H\times\boldsymbol{H})-c\sigma^{-1}\left[\frac{c}{4\pi}\nabla\times(\nabla\times\boldsymbol{H})+\frac{c}{4\pi}\mu^2\nabla\times\boldsymbol{H}\right]$$
$$=\nabla\times(\boldsymbol{u}_H\times\boldsymbol{H})+\frac{c}{4\pi}\sigma^{-1}(\nabla^2\boldsymbol{H}-\mu^2\boldsymbol{H}) \tag{12.4.18}$$

其中已经略去了位移电流项$\left(\frac{\partial \boldsymbol{E}}{\partial t}\right)$(在流体力学中，与通常在许多涉及导体的电磁学问题中一样，都把位移电流忽略不计[35])，也忽略了电导率σ的梯度. 由该方程可以看到，当等离子体是完全导电($\sigma\to\infty$)的时候，方程(12.4.18)成为$\partial\boldsymbol{H}/\partial t=\nabla\times(\boldsymbol{u}_H\times\boldsymbol{H})$，这与通常磁流体力学中的形式一样，表示磁场被“冻结”在介质之中[35]. 因此，方程(12.4.18)右边的后两项是耗散项. 如果取L代表磁场$\boldsymbol{H}$发生重要变化的特征长度，那么在量级上$\nabla^2\boldsymbol{H}\sim -L^{-2}\boldsymbol{H}$. 用磁场$\boldsymbol{H}$点乘方程(12.4.18)的两边，并对空间积分，则可得总磁能的耗散效应

$$\frac{\mathrm{d}W}{\mathrm{d}t}=\frac{\mathrm{d}}{\mathrm{d}t}\int H^2\mathrm{d}v$$

他们由此给出

$$W\sim\exp\left[-\frac{c^2}{4\pi\sigma}(L^{-2}+\mu^2)t\right] \tag{12.4.19}$$

因此，磁场总能量W的衰减时间是

$$\tau\sim\frac{4\pi\sigma}{c^2}(L^{-2}+\mu^2)^{-1} \tag{12.4.20}$$

对于$L^2\gg\mu^{-2}$的情况，方程(12.4.20)给出

$$\mu\approx\sqrt{4\pi\sigma/c^2\tau} \tag{12.4.21}$$

从方程(12.4.16)可知，σ对电子数密度n的依赖性不强，而对温度T的依赖性较大. 另外由方程(12.4.21)可知，μ对T依赖性要比它对τ的依赖性大. 因此，研究星际“冷”等离子体中长寿命磁场的耗散效应可以确立μ的更好的上限. 银河系中的HI区域最为合适. 在银河系HI区域内，$T\leqslant 10^2\mathrm{K}$，$n\sim 10^{-3}\sim 10^{-2}\mathrm{cm}^{-3}$，因此$\sigma\leqslant 5\times 10^9\mathrm{s}^{-1}$. 如果能够确定在这个区域内大范围的磁场的持续时间是$\tau\geqslant 10^6$年，则由方程(12.4.21)给出光子静质量上限是$\mu\leqslant 10^{-12}\mathrm{cm}^{-1}=4\times 10^{-50}\mathrm{g}$. 另外，如果存在一个普遍的银河系磁场，则可以认为τ至少等于银河系的转动周期，即2×10^8年. 若进一步假定在此期间内温度T近似不变，那么在$T\sim 10^2\mathrm{K}$的情况下$\mu\leqslant 10^{-13}\mathrm{cm}^{-1}=4\times 10^{-51}\mathrm{g}$. 如果有$T\sim 10^4\mathrm{K}$的介质存在，而冷的HI区域插在其中，则$\mu\leqslant 3\times 10^{-12}\mathrm{cm}^{-1}=10^{-49}\mathrm{g}$.

12.4.3 星际等离子体的不稳定性问题

在等离子体(导电流体)中，像在通常的流体中一样，在某些条件下会出现不稳定性. 例如，当等离子体中电子的漂移速度V超过电子的热速度v_e时，随着导电性的巨大下降，等离子体变成不稳定的，并出现局部抽空的现象；当电子漂移速度超过等离子体中某些类型的波的相速度时，也将出现不稳定性——若V超过 Alfvén 速度V_A，则等离子体发生磁声学过稳定性(过稳定性是由于等离子体发生振动时，回复力以比原来向外的速度更大的速度，使物质回到未受扰动时的状态而引起的不稳定性). 若$V \geqslant (V_A^2 v_i)^{1/3}$，也会出现磁声学过稳定性(其中$V_A$是电子离子流体的 Alfvén 速度，$v_i$是离子的热速度).

如果以V_m代表等离子体得以维持稳定的电子的最大允许漂移速度，那么，等离子体中的最大允许电流$j_m = neV_m$.

1971 年，Goldhaber 和 Nieto 指出[1]，通过估计等离子体中最大允许电流，可以建立光子静质量的上限. 他们利用银河系中的磁场$H \sim 10^{-6}\,\text{Gs}$，$V_m \leqslant 10^5\,\text{cm/s}$，$n \leqslant 1/\text{cm}^3$，$R \approx 10^{21}\,\text{cm}$，得到$\mu \leqslant 10^{-15}\,\text{cm}^{-1} = 3.5\times10^{-53}\,\text{g}$.

后来，1973 年 Byrne 和 Burman[44]利用银河系中的有关知识，估计了星际等离子体维持稳定的最大允许电流，建立了光子静质量上限$\mu \leqslant 3\times10^{-15}\,\text{cm}^{-1} = 10^{-52}\,\text{g}$. 其方法如下：

利用重电磁势$\boldsymbol{A}$的波动方程(6.2.3)，取$|\Box \boldsymbol{A}| \approx AL_1^{-2}$，因此$L_1$就是矢势$\boldsymbol{A}$发生重要变化的一种特征长度. 如果$L_1^2 \gg \mu^{-2}$，那么波动方程(6.2.3)变成

$$\mu^2 \approx \frac{4\pi j}{cA} \leqslant \frac{4\pi j_m}{cA} \tag{12.4.22}$$

由$\boldsymbol{H} = \nabla\times\boldsymbol{A}$，进一步取$A \leqslant HL_2$，即$L_2$是$A$发生重要变化的另一个特征长度. 在磁流体力学的条件下，L_1和L_2通常是准均匀磁场的最小尺度. 他们将上述结果用于银河系 HI 区域，给出：磁场$\sim 3\times10^{-6}\,\text{Gs}$；电子密度$n \leqslant 10^{-2}\,\text{cm}^{-1}$；$L^2 \geqslant 10^{20}\,\text{cm}$，从而得到$A \geqslant 3\times10^{14}\,\text{Gs}\cdot\text{cm}$. 再利用对上述各种不稳定性的讨论，得到电子的最大允许漂移速度$V_m \sim 10^5\,\text{cm/s}$（在冷的 HI 区域）及$V_m \sim 10^6\,\text{cm/s}$（在热区域）. 因此方程(12.4.22)给出

$$\mu \leqslant 3\times10^{-15}\,\text{cm}^{-1}(\text{在热的区域})$$
$$\mu \leqslant 10^{-15}\,\text{cm}^{-1}(\text{在冷的区域})$$

他们还用星际介质中的焦耳热耗散估计了最大允许电流密度值，也得到了类似的结果. 由此，他们得出结论，这种方法确立的光子静质量上限是

$$\mu \leqslant 3\times10^{-15}\,\text{cm}^{-1} = 10^{-52}\,\text{g} \tag{12.4.23}$$

此外，1975 年 Byrne 和 Burman[45]讨论了星系盘的平均质量密度，得到各种静质量上限：$\mu<10^{-51}\mathrm{g}$. 但是，1976 年，Chibisov[46]指出，Byrne 和 Burman 的实验没有考虑可能从根本上改变结论的重要环境问题. 然后他通过对星系中的磁化气体的力学稳定性的分析得到光子静止质量 $\mu\leqslant 3\times10^{-60}\mathrm{g}$.

12.5 宇宙磁矢势效应

麦克斯韦电磁场方程既有洛伦兹对称性又有 U(1) 对称性. U(1) 对称性表明：U(1) 规范势(即电标势 V 和磁矢势 $\boldsymbol{A}$)不是实验的直接测量量(在这种意义上说它们不具有物理意义)，实验观测量是它们的“微分”即电场 $\boldsymbol{E}$ 和磁场 $\boldsymbol{B}$.

附带说明一下，阿哈罗诺夫-玻姆(Aharonov-Bohm)效应(简称 **AB 效应**)[47]似乎是磁矢势 $\boldsymbol{A}$ 的物理效应：一束电子分成两束，在电子的路径上没有磁场($\boldsymbol{B}=0$)，但存在磁矢势($\boldsymbol{A}\neq 0$)，这两束电子重新会合时产生了干涉(表明它们的相对位相因磁矢势的存在而发生了改变). 这种 AB 效应不能用经典电动力学解释，但能够用量子电动力学解释. 所以，实验观测到的不是磁矢势而是磁通量效应.

1984 年阿哈罗诺夫和卡舍尔(Casher)[48]把 AB 效应推广到普罗卡重电磁场(称为 **AC 效应**)，并预言具有磁偶极矩的中性粒子代替电子进行衍射实验会具有与 AB 效应类似的干涉现象. 1989 年 Cimmino 等人[49]的中子干涉仪实验观测了 AC 效应. 1990 年，Fuchs 证明了重光子电动力学中的 AC 效应[50].

普罗卡电磁理论预言了光子静质量 μ 和磁矢势 A 提供的可以用实验测量的能量密度 μ^2A^2 的效应[1]. 由此，1998 年 Lakes[51]提出了探测静质量 μ 的新方法，即使用图 12.1 所示的扭秤装置(正方形的环形电流线圈等)测定光子静质量 μ 与扭称周围环境的磁矢势 $\boldsymbol{A}_{周围环境}$ (起源于宇宙)的乘积 $\mu^2\boldsymbol{A}_{周围环境}$.

作为扭称的悬浮的环形正方体电流线圈的材料是电工钢，重 8.4kg，其上缠绕 1260 匝的金属丝线圈，电流 $I=37\mathrm{mA}$. 该电流在线圈内部产生磁场 $\boldsymbol{B}$ (相应的磁通量是 $\boldsymbol{\Phi}$)，而在外部没有磁场但是会产生磁矢势的磁偶极场 $\boldsymbol{a}_d$，该磁偶极场与扭称线圈周围源自宇宙的磁矢势 $\boldsymbol{A}_{宇宙}\equiv\boldsymbol{A}_{周围环境}$ 的相互作用在扭称上产生一个转矩(或说扭矩) $\boldsymbol{\tau}=\boldsymbol{a}_d\times\boldsymbol{A}_{宇宙}\mu^2$. 在这个扭矩作用下扭称转动一个角度 ϕ_W，这个转动角通过钨丝上的反射镜反射激光束到传感器上进行观测.

这就是说，如果光子静质量 $\mu>0$，那么扭称装置会观测到扭称的转动，并由下式得到实验结果：

$$\mu^2\left|\boldsymbol{A}_{宇宙}\right|=\frac{\tau}{k\left[\frac{1}{4}(W-u)^2 nhI\ln\left(\frac{W}{W-u}\right)\right]}\sin(\theta_A)$$

$$\tau = G\frac{1}{L}\frac{\pi d^4}{32}\frac{\phi}{2} \tag{12.5.1}$$

其中，θ_A 是 $A_{宇宙}$ 与地球自转轴的夹角(参见图 12.1 所示)，随着地球转动，应当观测到方程(12.5.1)的周日变化.

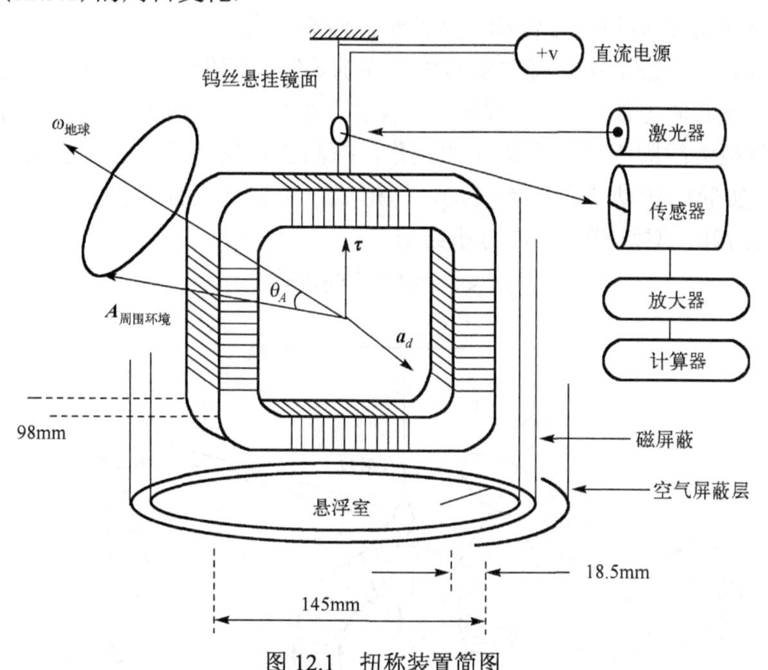

图 12.1 扭称装置简图

厚度为 98mm 的方形电流线圈放在磁屏蔽并隔离空气的悬浮室内，线圈顶部钨丝上的反射镜反射到传感器用于测定扭称的偏转角度

在式(12.5.1)中，G 是钨丝的剪切模量，钨丝的直径是 d，长度是 L；$k=5300$(估计的)是环形线圈磁环的磁导率，W 和 u 分别是磁环的外框和内框的长度，磁环的厚度 $h=98\text{mm}$，线圈的匝数 $n=1260$，线圈中的电流 $I=37\text{ mA}$，$\phi=2\phi_W$ 是反射激光束的角度偏转(其中 ϕ_W 是钨丝上反射镜也就是扭称的偏转角). 反射激光束的角度偏转 $\phi=2\phi_W$ 是实验装置的唯一直接观测量，其他的量都是实验的给定量或估计值.

实验在 18 个月的期间内分段(长到一个月)收集数据，由方程(12.5.1)得到

$$A\mu^2 < 2\times10^{-9}\,\text{Tm/m}^2 \tag{12.5.2}$$

然后，估计了源自星团级别的宇宙磁矢势 $A_{宇宙}\approx10^{12}\,\text{Tm}$，则由(12.5.2)方程给出光子质量上限为 $\mu<2\times10^{-50}\,\text{g}$.

2000 年，罗俊等人[53]评论了 Lakes 的实验方法，其意思是：这种利用地球自转来探测周日变化的实验方法为**“静态实验方法”**. 由于理论分析和实验设计上的缺陷，该静态实验中存在至少两个问题：一是地球上呈 24 小时周期变化的物理现象很

多，比如环境温度、气压等效应，以及人的活动规律等，因此实验中必须将光子静止质量所产生的效应同这些效应区分开来；二是在此类扭秤实验中，宇宙磁场矢势 $\boldsymbol{A}_{宇宙}$ 的方向与地球自转轴之间的夹角 θ_A 为未知参数，如果该角度为零，则即使光子具有非零的静止质量，扭秤也不能检测到非零的转矩，也就是说，Lakes 的实验对于 $\boldsymbol{A}_{宇宙}$ 的方向正好与地球自转轴一致的情况没有意义.

为了有效地克服 Lakes 静态实验中存在的缺陷，罗俊、涂良成等人提出采取调制扭秤的动态实验方法(实验装置简图参见图 12.2[52,53]). 图中，由一根钨丝悬挂起来的圆柱体电流线圈组成一个静止的扭称，探测扭称偏转角度的方法类似于 Lakes 静态实验. 实验中转动平台缓慢转动，即形成一个转动扭称装置. 实验中积累的数据长度超过 72h，对这些数据的分析给出

$$A\mu^2 < 1.1\times10^{-11}\,\mathrm{Tm/m^2} \tag{12.5.3}$$

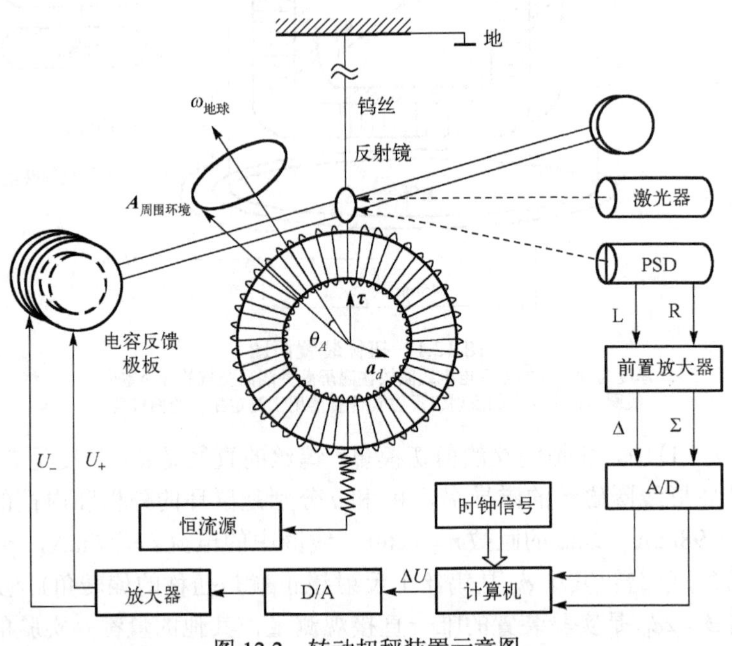

图 12.2 转动扭秤装置示意图

类似 Lakes 的实验，取宇宙磁矢势 $A_{宇宙}\approx10^{12}\,\mathrm{Tm}$，则由方程(12.5.3)给出光子质量上限为①

$$\mu < 0.33\times10^{-13}\,\mathrm{cm^{-1}} = 1.2\times10^{-51}\,\mathrm{g} \tag{12.5.4}$$

此后，涂良成等人[55]于 2005 年针对该实验中的几个主要问题，设计并进行了改进的精密扭秤调制实验，将光子静质量上限提高了一个量级

① 这个实验结果于 2004 年被国际粒子物理数据组(Particle Data Group)[54]收录.

$$\mu \leqslant (0.9 \pm 1.5) \times 10^{-52}\,\text{g} \tag{12.5.5}$$

上面介绍的由宇宙磁矢势效应得到的光子静质量上限的方法中存在的不确定性问题就是估计宇宙磁矢势的问题. 2003 年 Goldhaber 和 Nieto 评论了这个问题[56]; 他们认为，宇宙磁矢势 $\boldsymbol{A}_{宇宙}$ 可能正好在我们的观测区域是零(或者非常小)，这样就观测不到这个磁矢势产生的光子静质量效应. 所以，这种宇宙磁矢势的扭称方法是否确实能给出光子静质量上限还是一个没有解决的问题.

12.6　光线偏折效应

爱因斯坦广义相对论预言，光线在不均匀引力场中(特别是在大质量天体附近)的传播方向因受引力作用而改变. 1919 年拍下的日全食照片显示太阳背后遥远的恒星位置因太阳引力而改变，其改变量与广义相对论的计算值基本相符. 接下来的几十年对多次日全食进行了类似的观测，结果也都与理论相符. 20 世纪 70 年代，对射电波的引力偏折进行了精确测量，结果也都与理论相符. 以上用来计算引力偏折的电磁理论是麦克斯韦电磁理论(光子无静止质量)，太阳引力场引起的光线偏转角是

$$\theta_0 = \frac{4GM}{Rc^2} \tag{12.6.1a}$$

其中，G 是牛顿引力常量，M 是太阳的质量，R 是太阳半径，c 是真空光速.

1973 年，Lowenthal[57]建议使用光线偏折效应确定光子的静质量. 如果光子具有静质量 μ，那么它在外部的太阳引力场中的偏转角 θ 为

$$\theta = \theta_0 (1 + \varDelta) \tag{12.6.1b}$$

其中，$\varDelta$ 是光子静质量 μ 对偏转角的贡献

$$\varDelta = \frac{\mu^2 c^4}{2h^2 \nu^2} \tag{12.6.1c}$$

其中，h 是普朗克常量，ν 是光频率，所以 $h\nu$ 是光子的能量. Lowenthal 把光线偏转角的观测值与方程(12.6.1a)的理论值 θ_0 的差别与光子静质量的贡献 $\varDelta$ 等同起来而给出光子静质量上限的表达式

$$\mu^2 \leqslant \frac{h\nu}{c^2}\sqrt{\frac{2\varDelta}{\theta_0}} \tag{12.6.2}$$

Lowenthal 利用已有的太阳对光信号的偏转数据由方程(12.6.2)得到如下的光子静质量上限是：对于可见光，$\nu = 5 \times 10^{15}\,\text{Hz}$，$\varDelta \approx 0.1''$，得到光子静质量是

$$\mu < 1 \times 10^{-33}\,\text{g} \tag{12.6.3a}$$

对于射电源 3C270 的光线偏转效应，$\nu = 3\times10^9\,\mathrm{Hz}$，$\Delta \approx 0.1''$，则给出光子静质量是

$$\mu < 7\times10^{-40}\,\mathrm{g} \tag{12.6.3b}$$

对于射电频率的洲际基线干涉测量，精度提高到 $0.001''$，相应的光子静质量是

$$\mu < 7\times10^{-41}\,\mathrm{g} \tag{12.6.3c}$$

2004 年，Accioly 和 Paszko[58]分析了重光子在外部引力场中的能量相关的偏转，得到的表达式同(12.6.2)一样. 利用太阳引力场中射电波的引力偏转的最佳测量($\approx 1.4\times10^{-4''}$)和最低射电频率($\approx$ 2GHz)，得到光子静质量上限 $\mu < 10^{-40}\,\mathrm{g}$.

12.7 其他方法

1959 年 Yamaguchi[59]曾指出，如果磁场延伸的距离是 D，那么光子静质量必须是 $\mu \leqslant D^{-1}$. 利用蟹状星云的尺度，他推断出

$$\mu \leqslant 10^{-17}\,\mathrm{cm}^{-1} = 4\times10^{-55}\,\mathrm{g}$$

后来他又用银河系一个旋臂中的磁场尺度得到[1]

$$\mu \leqslant 10^{-21}\,\mathrm{cm}^{-1} = 4\times10^{-59}\,\mathrm{g}$$

1971 年，Franken 和 Ampulshi[60]曾提出，利用测量并联共振(LC)电路的共振频率的方法，可以确立光子静质量(他们把这种方法称为“table-top”方法). 他们假定电路的共振频率 ω' 与光子静质量 μ 的关系为

$$\omega'^2 = \omega_0^2 + \omega_c^2 \tag{12.7.1}$$

其中 ω_0 是用电路的电容、电感和电阻以通常的公式算得的共振频率，ω' 是他们实验中直接测得的共振频率，$\omega_c \equiv \mu c^2/\hbar$. 他们利用这种方法得到

$$\mu < 3\times10^{-12}\,\mathrm{cm}^{-1} = 10^{-49}\,\mathrm{g} \tag{12.7.2}$$

但是，正如许多学者指出的那样[61-63]，如果光子的静质量 μ 是由普罗卡方程(6.2.2)引入的，那么方程(12.7.1)就不正确. 他们曾证明，普罗卡电磁场与通常的电磁场之间的偏差是 μD 的二阶以上的小量(其中，D 是整个实验装置的尺度). 因此，对于一个共振电路，由光子静质量 μ 引起的共振频率的相对变化是

$$\frac{\delta\omega'}{\omega'} = O(\mu^2 D^2) \tag{12.7.3}$$

其中，$\delta\omega' = \omega' - \omega_0$. 方程(12.7.3)表明电路的共振频率 ω' 与 $\mu = 0$ 时的共振频率 ω_0 之

间的差别是 $(\mu D)^2$ 的量级. 而方程(12.7.1)则是 $\left(\frac{\mu D}{\omega'}\right)^2$ 的量级. 按照方程(12.7.3)，$\frac{\delta\omega'}{\omega'}$ 只与 (μD) 有关，而与 ω' 无关. 因此，要想获得更小的上限就必须加大实验系统的尺寸 D. 这样，拿 Franken 和 Ampulshi 的实验来说，按照方程(12.7.3)确立的上限要比他们用方程(12.7.1)确立的上限约大 $c/\omega' D \approx 10^8$ 倍，即，$\mu \leqslant 10^{-41}$ g. 这就是说，如果光子静质量是由普罗卡方程引入的，那么共振电路的频率 ω' 与 ω_0 之间的差别应由方程(12.7.3)描述，而不是由方程(12.7.1)描述. 因此，由于在实验室范围内尺度 D 很小，不可能获得 μ 的较小上限.

除了以上介绍的各种方法以外，还可以考虑其他的效应，如纵光子效应. 我们知道，在 $\mu=0$ 的电磁理论中，电磁波是横波，也就是说光子的极化方向与波矢 $\boldsymbol{k}$ 垂直. 但是，在 $\mu \neq 0$ 的重电磁理论中，可以有光子的静止系存在，因此重光子必定有三个自由度，除了横向极化还有纵向极化自由度. 具有纵向极化的光子叫纵光子. 但是，纵光子在热力学系统中，或在量子系统中的效应是如此之小以至于观测它们即使不是不可能的话也将是极端困难的. 纵光子的效应甚至在天文学范围内也是可以被忽略的[1].

此外，1984 年 de Bernardis 等人[64]通过对宇宙背景偶极各向异性的光谱特性的研究得到光子静质量上限 $\mu \leqslant (2.9 \pm 0.1) \times 10^{-51}$ g.

12.8 小　结

至此，我们已介绍了各种确立光子静质量 μ 的方法. 所有这些方法都是根据普罗卡方程提出的，用以检验在普罗卡重电磁理论中由 μ 带来的效应. 但是迄今为止，所有实验都没有观测到光子静质量效应，而只能根据实验精度给出光子静质量的上限. 表 12.2 为各种方法确立的光子静质量上限.

表 12.2 光子静质量上限

作者	实验方法	光子静质量/g
de Broglie (1940)	双星的色散效应	$\leqslant 0.8 \times 10^{-39}$
Feinberg (1969)	脉冲星的色散效应	$\leqslant 10^{-44}$
Goldhaber 等 (1971)	真空光速的色散效应	$\leqslant 5.6 \times 10^{-42}$
Schaefer (1999)	伽马射线爆的光速观测	$\leqslant 4.2 \times 10^{-44}$
Robison (1769)	库仑定律的检验	$< 4 \times 10^{-40}$
Cavendish (1773)	库仑定律的检验	$< 1 \times 10^{-40}$
Coulomb (1785)	库仑定律的检验	$\leqslant 10^{-39}$

续表

作者	实验方法	光子静质量/g
Maxwell(1873)	库仑定律的检验	$\leqslant 10^{-41}$
Plimpton 等(1936)	库仑定律的检验	$\leqslant 3.4\times 10^{-44}$
Cochran(1968)	库仑定律的检验	$\leqslant 3\times 10^{-45}$
Bartlett 等(1970)	库仑定律的检验	$\leqslant 3\times 10^{-46}$
Williams 等(1971)	库仑定律的检验	$\leqslant 1.6\times 10^{-47}$
Crandall(1983)	库仑定律的检验	$\leqslant 8\times 10^{-48}$
Fulcher(1985)	库仑定律的检验	$\leqslant 1.6\times 10^{-47}$
Ryan 等(1985)	库仑定律的检验	$(1.5\pm 1.4)\times 10^{-42}$
Schrödinger(1943)	外来场方法(地磁)	$\leqslant 2.0\times 10^{-47}$
Goldhaber 等(1968)	外来场方法(地磁)	$\leqslant 4.0\times 10^{-48}$
Fischbach 等(1994)	外来场方法(地磁)	$\leqslant 1\times 10^{-48}$
Davis 等(1975)	外来场方法(木星磁场)	$\leqslant 7\times 10^{-49}$
Gintsburg(1963)	地磁场与高度的关系	$\leqslant (3\times 10^{-48})$*
Patel(1965)	地磁层中的 Alfvén 波	$\leqslant 4\times 10^{-47}$
Hollweg(1974)	星际介质中的 Alfvén 波	$\leqslant 1.3\times 10^{-48}$
Ryutov(1997)	太阳风磁场	$\leqslant 1\times 10^{-49}$
Barnes 等(1975)	蟹状星云中的磁声波	$\leqslant 3\times(10^{-54}\sim 10^{-53})$
Williams 等(1971)	银河系磁场的耗散	$< 3.5\times 10^{-56}$
Byrne 等(1972)	银河系磁场的耗散	$\leqslant 4\times 10^{-50}$
Goldhaber 等(1971)	银河系等离子体不稳定性	$\leqslant 3.5\times 10^{-53}$
Byrne 等(1972)	银河系等离子体不稳定性	$\leqslant 10^{-52}$
Byrne 等(1973)	银河系等离子体不稳定性	$\leqslant 3.5\times 10^{-53}$
Goldhaber(2003)	后发星系团等离子体稳定性	$\leqslant 10^{-52}$
Chibisov(1976)	磁化气体的力学稳定性	$< 3\times 10^{-60}$
Byrne 等(1975)	星系盘的平均质量密度	$< 10^{-51}$
Yamaguchi(1959)	蟹状星云中磁场的范围	$\leqslant 4\times 10^{-55}$
Goldhaber 等(1971)	银河系旋臂磁场的范围	$\leqslant 4\times 10^{-59}$
Lowenthal(1973)	射电源 3C270 的引力偏折	$\leqslant 7\times 10^{-41}$
Accioly 等(2004)	射电波的引力偏折	$< 10^{-40}$
de Bernardis 等(1984)	宇宙背景偶极各向异性的光谱特性	$(2.9\pm 0.1)\times 10^{-51}$
Lakes(1998)	宇宙磁矢势效应	$\leqslant 2\times 10^{-50}$
罗俊 等(2003)	宇宙磁矢势效应	$\leqslant 1.2\times 10^{-51}$

* 1968 年，Goldhaber 和 Nieto 认为[32]，在这些卫星数据中同样应当考虑系统误差的存在，按照他们工作中考虑的误差，Gintsburg[4]的这个上限应当变成 $\mu \leqslant (8\sim 10)\times 10^{-48}$ g .

参 考 文 献

[1] Goldhaber A S, Nieto M M. Terrestrial and extraterrestrial limits on the photon mass. Reviews of modern physics, 1971, 43: 277-296.

[2] Froome K D, Essen L. The velocity of light and radio waves. London: Academic press, 1969.

[3] Florman E F. A measurement of the velocity of propagation of very-high-frequency radio waves at the surface of the Earth. Journal of research of the national bureau of standards, 1955, 54: 335.

[4] Gintsburg M A. Structure of the equations of cosmic electrodynamics. Soviet astronomy, 1964, 7: 536.

[5] de Broglie L. La méchanique ondulatoire du photon, une nouvelle théorie de la lumiére. Paris: Hermann, 1940: 39-40.

[6] Kobzarev Y I, Okun L B. On the photon mass. Uspekhi fizicheskikh nauk, 1968, 95: 131.（Soviet physics uspekhi, 1968, 11: 338.）

[7] Staelin D H, Reiferstein III E C. Pulsating radio sources near the Crab Nebula. Science, 1968, 162: 1481-1483.

[8] Feinberg G. Pulsar test of a variation of the speed of light with frequency. Science, 1969, 166: 879.

[9] Schaefer B E. Severe limits on variations of the speed of light with frequency. Physical review letters, 1999, 82: 4964-4966.

[10] Wei J J, Wu X F. Combined limit on the photon mass with nine localized fast radio bursts. Research in astronomy and astrophysics, 2020, 20: 206.

[11] Bentum M J, et al. Dispersion by pulsars, magnetars, fast radio bursts and massive electromagnetism at very low radio frequencies. Advances in space research, 2017, 59: 736-747.

[12] Bonetti L, et al. Photon mass limits from fast radio bursts. Physics letters B, 2016, 757: 548-552.

[13] Maxwell J C. A Treatise on electricity and magnetism（Oxford U. P.）vol.1, 3rd ed. New York: Dover, 1954.

[14] Plimpton S J, Lawton W E. A very accurate test of Coulomb's law of force between charges. Physical review, 1936, 50: 1066.

[15] Barlett D F, Goldhagen P E, Phillips E A. Experimental test of Coulomb's law. Physical review D, 1970, 2: 483-487.

[16] Williams I E R, Faller J E, Hill H A. An experimental test of Coulomb's law designed to set an upper Limit on photon rest mass. Bulletin of the American physical society, 1970, 15: 586.

[17] Williams I E R, Faller J E, Hill H A. New experimental test of Coulomb's law: a laboratory upper limit on the photon rest mass. Physical review letters, 1971, 26: 721.

[18] Cochran G D, Franken P A. New experimental test f Coulomb's law of force between charges. Bulletin of the American physical society, 1968, 13: 1379.

[19] Bartlett D F, Phillips E A. An experimental test of Coulomb's. Bulletin of the American physical society, 1969, 14: 17-18.

[20] Crandall R E. Photon mass experiment. American journal of physics, 1983, 51: 698-702.

[21] Fulcher L P. Improved result for the accuracy of Coulomb's law: a review of the Williams, Faller, and Hill experiment. Physical review A, 1986, 33:759-761.

[22] Ryan J J, Accetta F, Austin R H. Cryogenic photon mass experiment. Physical review D: 1985, 32: 802-805.

[23] Schrödinger E. The earth's and the sun's permanent magnetic fields in the unitary field theory. Proceedings of the royal Irish academy. Section A: mathematical and physical sciences, 1943, 49: 135-148.

[24] Bass L, Schrödinger E. Must the photon mass be zero? Proceedings of the royal society of London, 1955, A232: 1-6.

[25] Chapman S, Bartels J. Geomagnetism. England: Oxford, 1940.

[26] Finch H F, Leaton B R. The earth's main magnetic field—epoch 1955.0. Geophysical supplements to the monthly notices of the royal astronomical society, 1957, 7: 314-317.

[27] Fischbach E, Kloor H, Langel R A, et al. New geomagnetic limits on the photon mass and on long range forces coexisting with electromagnetism. Physical review letters, 1994, 73: 514-517.

[28] Ryutov D D. The role of finite photon mass in magnetohydrodynamics of space plasmas. Plasma physics and controlled fusion, 1997, 39（5A）: 73-82.

[29] Schrödinger E. The general unitary theory of the physical fields. Proceedings of the royal Irish academy. Section A: mathematical and physical sciences, 1943, 49: 43-58.

[30] Wentzel G. Quantum theory of field（§7）. New York: Interscience Publishers, 1949.

[31] 曹昌祺. 电动力学. 北京: 人民教育出版社, 1961.

[32] Goldhaber A S, Nieto M M. New geomagnetic limit on the mass of the photon. Physical review letters, 1968, 21: 567-569.

[33] Davis L, Goldhaber A S, Nieto M M. Limit on the photon mass deduced from Pioneer-10 observations of Jupiter'magnetic field. Physical review letters, 1975, 35: 1402-1405.

[34] Vestine E H, Laposte L. The Geomagnetic field, its description and analysis. Carnegie institute of Washington, 1947.

[35] T. G. 柯林. 电磁流体力学. 唐戈, 郭均, 译. 北京: 科学出版社, 1960.

[36] Stix T H. The Theory of plasma waves. New York: McGraw-Hill, 1962.

[37] Jackson J D. Classical electrodynamics. New York: Wiley, 1962.

[38] Patel V L. Structure of the equations of motion of cosmic electrodynamics and the photon rest

mass. Physics letters, 1965, 14: 105-106.

[39] Hollweg J V. Improved limit on photon rest mass. Physical review letters, 1974, 32: 961-962.

[40] Barnes A, Scargle J D. Improved upper limit on the photon rest mass. Physical review letters, 1975, 35: 1117-1120.

[41] Scargle J D. Activity in the Crab Nebula. Astrophysical journal, 1969, 156: 401.

[42] Williams E, Park D. Photon mass and the galactic magnetic field. Physical review letters, 1971, 26: 1651-1652.

[43] Byrne J C, Burman R R. A photon rest mass and magnetic fields in the galaxy. Journal of physics A: mathematical, nuclear and general, 1972, 5: L109.

[44] Burman R R, Byrne J C. A photon rest mass and intergalactic magnetic fields. Journal of physics A: mathematical, nuclear and general, 1973, 6: L104.

[45] Byrne J C, Burman R R. Of fundamental electrodynamics and astrophysics. Nature, 1975, 253: 27.

[46] Chibisov G V. Astrophysical upper limits on the photon rest mass. Uspekhi Fizicheskikh nauk, 1976, 119: 551-555.（Soviet physics uspekhi, 1976, 19: 624-626.）

[47] Aharonov Y, Bohm D. Significance of electromagnetic potentials in the quantum theory. Physical review, 1959, 115: 485-491.

[48] Aharonov Y, Casher A. Topological quantum effects for neutral particles. Physical review letters, 1984, 53: 319.

[49] Cimmino A, Opat G I, Klein A G, et al. Observation of the topological Aharonov-Casher phase shift by neutron interferometry. Physical review letters, 1989, 63: 380-383.

[50] Fuchs C. Aharonov-Casher effect in massive photon electrodynamics. Physical review D, 1990, 42: 2940-2942.

[51] Lakes R. Experimental limits on the photon mass and cosmic magnetic vector potential. Physical review letters, 1998, 80: 1826-1829.

[52] Luo J, Shao C G, Liu Z Z, et al. Determination of the limit of photon mass and cosmic magnetic vector with rotating torsion balance. Physics letters A, 2000, 270: 288-292.

[53] Luo J, Tu L C, Hu Z K, et al. New experimental limit on the photon rest mass with a rotating torsion balance. Physical review letters, 2003, 90: 081801.

[54] Eidelman S, et al. Review of particle physics. Particle data group. Physics letters B, 2004, 592:1.

[55] Tu L C, Luo J, Gillies G T. The mass of the photon. Reports on progress in physics, 2005, 68: 77-130.

[56] Goldhaber A S, Nieto M M. Comment on new experimental limit on the photon rest mass with a rotating torsion balance. Physical review letters, 2003, 91:149101.

[57] Lowenthal D D.　Limits on the photon mass. Physical review D, 1973, 8:2349-2352.

[58] Accioly A, Paszko R. Photon mass and gravitational deflection. Physical review D, 2004, 69:107501.

[59] Yamaguchi Y. A composite theory of elementary particles. Progress of theoretical physics supplement, 1959, 11:1-36.

[60] Franken P A, Ampulshi G W. Photon rest mass. Physical review letters, 1971, 26: 115-117.

[61] Goldhaber A S, Nieto M M. How to catch a photon and measure its mass. Physical review letters, 1971, 26: 1390-1392.

[62] Park D, Williams E R. Comments on a proposal for determining the photon mass. Physical review letters, 1971, 26: 1393-1394.

[63] Kroll N M. Theoretical interpretation of a recent experimental investigation of the photon rest mass. Physical review letters, 1971, 26: 1395.

[64] de Bernardis P, Masi S, Melchiorri F, et al. Photon mass and cosmic microwave background anisotropy. The astrophysical journal, 1984, 284: L21-L22.

第 13 章　托马斯进动实验

1.6.15 节已经介绍了托马斯进动的理论推导. 托马斯进动是维格纳转动相对于时间的变化率. 这是一种狭义相对论效应：在三个惯性系之间的相继洛伦兹变换中，第三个惯性系的空间坐标轴相对于第一个惯性系的坐标轴转动一个角度，这就是维格纳转动(伽利略变换没有这种现象). 其更加简洁的几何图像是：第一个惯性系的原点与第三个惯性系的原点之间的连线在第一个惯性系看来和第三个惯性系看来其空间方位不同，它们之间的夹角即是维格纳转动(角)，而维格纳转动对时间的导数就是托马斯进动.

托马斯进动的理论推导和推广直至近年还在不断地被研究. 但是，检验托马斯进动的实验并没有什么新的类型. 所以，本章介绍的实验检验只有两种类型：原子光谱的精细结构实验和轻子的 $g-2$ 因子实验.

13.1　原子光谱的精细结构

1926 年乌伦贝克和古德斯米特为了解释原子光谱线精细结构分裂引入了电子自旋的概念. 他们证明，如果电子的 g 因子等于 2，那么反常塞曼效应就可以获得解释，而且存在多重态分裂(精细结构). 但是，当与精细结构的实验值比对时，却发现实验值只是理论预言值的一半. 如果把电子的 g 因子取为 1 的话，虽然精细结构的预言值与实验值相符，但是反常塞曼效应又不能被解释了. 1927 年托马斯的工作(参见第 1 章的参考文献[39])指出，这种矛盾是由相对论运动学效应带来的. 考虑到托马斯进动效应之后，反常塞曼效应和精细结构分裂就同时被解释了. 对此，下面进行具体解释.

原子内的电子在原子核电场的作用下沿闭合轨道运动. 电子具有磁矩，因而方程(1.6.123)表达的托马斯进动将会对电子在原子内的能量带来影响. 按照乌伦贝克和古德斯米特的假设，电子的磁矩 $\boldsymbol{\mu}$ 与其自旋角动量 $\boldsymbol{s}$ 的关系是

$$\boldsymbol{\mu} = -\frac{ge}{2m_0c}\boldsymbol{s} \tag{13.1.1}$$

其中，系数 g 称为 g 因子(电子的 $g=2$)，$-e$ 是电子的电荷，m_0 是电子的静质量，c 是真空中光速.

设电子在外部电磁场 $\boldsymbol{E}$、$\boldsymbol{B}$ 中以速度 $\boldsymbol{v}$ 运动. 电子自旋角动量在电磁场中的运动方程由下式[1]给出:

$$\frac{\mathrm{d}\boldsymbol{s}}{\mathrm{d}t}=\boldsymbol{\mu}\times\boldsymbol{B}'+\boldsymbol{\omega}_{\mathrm{T}}\times\boldsymbol{s} \tag{13.1.2}$$

其中, $\boldsymbol{B}'$ 是电子静止系中的磁感应强度, $\boldsymbol{\omega}_{\mathrm{T}}$ 是方程(1.6.123)定义的托马斯进动角速度. $\boldsymbol{B}'$ 与 $\boldsymbol{E}$、$\boldsymbol{B}$ 的关系由方程(5.2.1)给出(取到 v/c 的一阶近似)

$$\boldsymbol{B}'\approx\boldsymbol{B}-\frac{1}{c}\boldsymbol{v}\times\boldsymbol{E} \tag{13.1.3}$$

将方程(13.1.1)和(13.1.3)代入(13.1.2), 得到

$$\frac{\mathrm{d}\boldsymbol{s}}{\mathrm{d}t}=\boldsymbol{s}\times\left[\frac{-ge}{2m_0c}\left(\boldsymbol{B}-\frac{1}{c}\boldsymbol{v}\times\boldsymbol{E}\right)-\boldsymbol{\omega}_{\mathrm{T}}\right] \tag{13.1.4}$$

方程(13.1.4)等价于在电磁场中运动的电子具有如下相互作用能量:

$$U=-\boldsymbol{s}\cdot\left[\frac{-ge}{2m_0c}\left(\boldsymbol{B}-\frac{1}{c}\boldsymbol{v}\times\boldsymbol{E}\right)-\boldsymbol{\omega}_{\mathrm{T}}\right] \tag{13.1.5}$$

对于单电子原子, 电子在原子中所受的电力

$$-e\boldsymbol{E}=-\nabla V(r)$$

在一般情况下近似有

$$-e\boldsymbol{E}=-\frac{\boldsymbol{r}}{r}\frac{\mathrm{d}V}{\mathrm{d}t} \tag{13.1.6}$$

其中, $V(r)$ 是平均的球对称势能. 将方程(13.1.6)和托马斯进动方程(1.6.123)代入(13.1.5)后给出

$$U=\frac{ge}{2m_0c}\boldsymbol{s}\cdot\boldsymbol{B}+\frac{g}{2m_0^2c^2}(\boldsymbol{s}\cdot\boldsymbol{L})\frac{1}{r}\frac{\mathrm{d}V}{\mathrm{d}t}-\frac{1}{2c^2}\boldsymbol{s}\cdot(\boldsymbol{v}\times\boldsymbol{a}) \tag{13.1.7}$$

其中, $\boldsymbol{L}=m_0(\boldsymbol{r}\times\boldsymbol{v})$ 是电子的轨道角动量. 电子的加速度 $\boldsymbol{a}$ 是由电磁场的作用产生的, 其中只有库仑力对方程(13.1.6)有贡献. 将

$$\boldsymbol{a}\approx\frac{-e\boldsymbol{E}}{m_0}=-\frac{1}{m_0}\frac{\boldsymbol{r}}{r}\frac{\mathrm{d}V}{\mathrm{d}r}$$

代入(13.1.7)得到

$$U=\frac{ge}{2m_0c}\boldsymbol{s}\cdot\boldsymbol{B}+\frac{g-1}{2m_0^2c^2}(\boldsymbol{s}\cdot\boldsymbol{L})\frac{1}{r}\frac{\mathrm{d}V}{\mathrm{d}t} \tag{13.1.8}$$

由于电子的 $g=2$, 所以方程(13.1.8)右边第二项就是原子中一个电子的自旋-轨道相互作用能量. 方程(13.1.8)正确地解释了塞曼效应和原子光谱线的精细结构分裂.

13.2 电子的 g–2 因子实验

考虑电子在均匀磁场中的运动. 假设电子运动速度 $\boldsymbol{v}$ 的方向与均匀磁场 $\boldsymbol{B}$ 的方向垂直，这样的电子将做圆周运动，运动的频率(即电子轨道运动的回旋频率) ω_c 由方程(11.1.23b)给出

$$\omega_c = \left(\frac{e}{m}\right)\frac{B}{c} = \frac{eB}{\gamma m_0 c} \tag{13.2.1a}$$

其中

$$m = \frac{m_0}{\sqrt{1-\dfrac{v^2}{c^2}}} = \gamma m_0 \tag{13.2.1b}$$

从方程(13.1.4)可以知道电子自旋的进动频率 $\boldsymbol{\omega}_s$ 是

$$\frac{\mathrm{d}\boldsymbol{s}}{\mathrm{d}t} = \boldsymbol{\omega}_s \times \boldsymbol{s}$$

$$\boldsymbol{\omega}_s = \frac{ge}{2m_0 c}\left(\boldsymbol{B} - \frac{1}{c}\boldsymbol{v}\times\boldsymbol{E}\right) + \boldsymbol{\omega}_{\mathrm{T}} = \frac{ge}{2m_0 c}\boldsymbol{B} + \boldsymbol{\omega}_{\mathrm{T}} \tag{13.2.2}$$

其中右边第二个等式用到 $\boldsymbol{E}=0$，即只存在磁场 $\boldsymbol{B}$ 而没有电场. 托马斯进动角频率 $\boldsymbol{\omega}_{\mathrm{T}}$ 由方程(1.6.122)给出

$$\boldsymbol{\omega}_{\mathrm{T}} = (1-\gamma)\frac{\boldsymbol{v}\times\boldsymbol{a}}{v^2} \tag{13.2.3}$$

其中，$\boldsymbol{a}$ 是电子在均匀磁场中作圆周运动的加速度，即

$$\boldsymbol{a} = \frac{-e}{\gamma m_0 c}\boldsymbol{v}\times\boldsymbol{B} \tag{13.2.4}$$

将方程(13.2.4)代入(13.2.3)，并注意到 $\boldsymbol{v}$ 与 $\boldsymbol{B}$ 互相垂直，则得到

$$\boldsymbol{\omega}_{\mathrm{T}} = (1-\gamma)\frac{-e}{\gamma m_0 c}\frac{\boldsymbol{v}\times(\boldsymbol{v}\times\boldsymbol{B})}{v^2} = (1-\gamma)\frac{e}{\gamma m_0 c}\boldsymbol{B} \tag{13.2.5}$$

将方程(13.2.5)代入(13.2.2)，得到电子自旋在均匀磁场中的进动频率为

$$\omega_s = \left(\frac{g-2}{2}\right)\frac{eB}{m_0 c} + \omega_c \tag{13.2.6a}$$

或者写成差频 ω_a

$$\omega_a = \omega_s - \omega_c = \left(\frac{g-2}{2}\right)\frac{eB}{m_0 c} \tag{13.2.6b}$$

其中，ω_c 是方程(13.2.1)给出的电子的轨道回旋角频率. 方程(13.2.6b)就是狭义相对论预言的电子自旋进动频率与电子的轨道频率之差. 实验可以直接测量这个差频 ω_a. 这样，由独立测得的 $\frac{eB}{m_0 c}$ 的数值便可以利用方程(13.2.6b)确定系数因子 $\frac{1}{2}(g-2)$. 13.1 节曾经提到乌伦贝克和古德斯米特关于电子磁矩的假定，即方程(13.1.1)，其中电子的 $g=2$. 但是，精密的实验表明，电子的 g 因子与 2 有微小的差别. 这种差别，即 $g-2$ 因子，相应于电子存在反常磁矩. 利用方程(13.2.6)的计算值与实验测量值进行比对而得到的 $g-2$ 因子的数值极为精确. 实验除了对不同速度的电子测量过 $g-2$ 因子之外，还对 μ 子的 $g-2$ 因子做过测量. 表 13.1 展示了一些实验的测量结果.

表 13.1　轻子 $g-2$ 因子的实验结果

轻子	$\gamma=(1-v^2/c^2)^{-1/2}$	$\frac{1}{2}(g-2)$	本章参考文献
电子(e^-)	$1+10^{-9}$	0.00115965241(20)	[2]
	1.2	0.00115965770(350)	[3]
	2.5×10^4	0.0011622(200)	[4]
μ 子 (μ^-,μ^+)	12	0.00116616(31)	[5]
	29.2	0.001165922(9)	[6]

$g-2$ 因子可以用以狭义相对论和量子力学为基础的量子电动力学进行计算，例如，计算得到的电子的 $\frac{1}{2}(g-2)$ 因子到 α^3 的量级[7-10]是

$$\frac{(g-2)}{2} = 1 + \frac{\alpha}{2\pi} - 0.328479\left(\frac{\alpha}{\pi}\right)^2 + (1.49\pm0.25)\left(\frac{\alpha}{\pi}\right)^3$$

其中，精细结构常数 $\alpha = 1/137.03604(11)$. 该计算值与实验值相符①.

下面用方程(13.2.6)直接与 $g-2$ 的实验值比对而不涉及量子电动力学的计算. 从方程(13.2.6)可知，$\frac{1}{2}(g-2)$ 因子与所测粒子的速度无关. 表 13.1 显示，使用不同速度的电子和不同速度的 μ 子测得的 $\frac{1}{2}(g-2)$ 因子在实验精度内与速度的无关性相

① 2021 年 4 月，费米实验室和布鲁克海文国家实验室的 μ 子 g–2 实验的新测量结果可能与理论值不符，实验在继续进行，需要等待最终公布的结果.

符，这可以看作是对方程(13.2.6)的直接证明，因而也是对托马斯进动的实验检验. 如果想获得相应的实验精度的话，那就需要使用一种不同于狭义相对论的理论或模型的方法来重新计算 $\omega_a = \omega_s - \omega_c$ 的数值. 然后再与实验观测值进行比对，才能获得实验的检验精度. 显然，正像本章参考文献[11]指出的，这种精度与所使用的模型相关. 1978 年 Newman 等人[12]提出了一种唯象模型. 他们假定自由电子的动量 p 和能量 E 的函数关系 $E = E(p)$，电子的静质量是

$$\frac{1}{m_0} = \lim_{p \to 0} \frac{1}{p} \frac{\mathrm{d}E}{\mathrm{d}p} \tag{13.2.7}$$

电子在垂直的均匀磁场中作圆周运动的回旋频率为

$$\omega_c = \frac{eB}{\tilde{\gamma} m_0 c} \tag{13.2.8}$$

其中

$$\tilde{\gamma} = \frac{p}{m_0} \frac{\mathrm{d}p}{\mathrm{d}E} \tag{13.2.9}$$

于是，电子自旋的进动频率 ω_s 就由方程(13.2.6a)变成

$$\begin{cases} \omega_s = \dfrac{geB}{2m_0 c} + (1-\gamma)\omega_c = \omega_c\left(\dfrac{1}{2} g\tilde{\gamma} - \gamma + 1\right) \\ \gamma = \dfrac{1}{\sqrt{1 - v^2 / c^2}}, \quad \dfrac{v}{c} = \dfrac{1}{c} \dfrac{\mathrm{d}E}{\mathrm{d}p} \end{cases} \tag{13.2.10}$$

回旋频率 ω_c 与进动频率 ω_s 之差

$$\omega_D = \omega_s - \omega_c = \left(\frac{g}{2} - \frac{\gamma}{\tilde{\gamma}}\right) \frac{eB}{m_0 c} \tag{13.2.11}$$

他们认为，$(1-\gamma)\omega_c$ 来源于相对论运动学，即托马斯进动，因而其中的 γ 取通常形式. 但是，轨道回旋频率中的 $\tilde{\gamma}$ 是与电子运动力学有关的因子，所以可能不同于通常的 γ. 按照这样的参数化唯象模型，差频 ω_D 与被测电子的速度有关. 他们使用在两种不同速度下测得的电子的 $g-2$ 因子的两个实验值来确定 $\frac{g}{2} - \frac{\gamma}{\tilde{\gamma}}$. 一个实验是 Wesley 和 Rich[3]在 1971 年给出的(参见表 13.1)，在这个实验中，用 $B = 1.2 \times 10^3\,\mathrm{Gs}$ 的磁场俘获动能为 110keV 的电子(电子的速度相应于 $\frac{v}{c} = 0.57, \gamma = 1.2$). 实验直接测量的是差频 ω_D.

将所得结果除以 $\frac{eB}{m_0 c}$ 的测量值就得到

$$\frac{g}{2}-\frac{\gamma}{\tilde{\gamma}}=0.00115965770(350) \tag{13.2.12}$$

另一个实验是 Van Dyck 等人 1977 年发表的[2]，在这个实验中，电子的速度是非相对论的，$\frac{v}{c}=5\times10^{-5}, \gamma-1=10^{-9}$（电子的动能约为$5\times10^{-4}$eV），测得电子的回旋频率与自旋进动频率的相对差频是

$$\frac{\omega_s-\omega_c}{\omega_c}=0.00115965241(20) \tag{13.2.13}$$

将这两个实验结果(13.2.12)和(13.2.13)进行比对后得到

$$1-\frac{\gamma}{\tilde{\gamma}}=(5.3\pm3.5)\times10^{-9}$$

这表明，在5×10^{-9}的精度内实验测量值与狭义相对论（$\gamma=\tilde{\gamma}$）的预言值(包含托马斯进动)相符.

另外，1979 年 Cooper 等人[4]不但使用了上述唯象模型，还假设了$\frac{\gamma}{\tilde{\gamma}}$可以展开成$\gamma-1$的幂级数

$$\frac{\gamma}{\tilde{\gamma}}=1+C_1(\gamma-1)+\cdots$$

他们用两种不同速度下的轻子所相应的实验数据来确定C_1的值

$$C_1=\frac{a^{(2)}-a^{(1)}}{\gamma^{(1)}-\gamma^{(2)}}$$

其中

$$a=\frac{1}{2}\left(g-\frac{\gamma}{\tilde{\gamma}}\right)=\omega_D\left(\frac{eB}{m_0c}\right)^{-1}$$

上角标(1)和(2)相应于两种不同速度的轻子实验，最后结果参见表 13.2，平均精度约为10^{-9}.

表 13.2　轻子 $g-2$ 因子的测量对狭义相对论的检验

方法	$\gamma^{(1)}$	$\gamma^{(2)}$	C_1	本章参考文献
e^-的$g-2$因子	1	1.2	$(-2.6\pm1.8)\times10^{-8}$	[2,3]
	1	2.5×10^4	$(-1.0\pm8.0)\times10^{-10}$	[2,4]
μ^-、μ^+的$g-2$因子	12	29.2	$(1.4\pm1.8)\times10^{-8}$	[5,6]

参 考 文 献

[1] Jackson J D. Classical electrodynamics. New York: John Wiley & Sons, 1962.

[2] Van Dyck R, Schwinberg P, Dehmelt H. Precise measurements of axial, magnetron, cyclotron, and spin cyclotron beat frequencies on an isolated 1-MeV electron（Geonium）. Physical review letters, 1977,38: 310.

[3] Wesley J, Rich A. High-field electron g−2 measurement. Physical review A, 1971, 4: 1341.

[4] Cooper P S, et al. Experimental test of special relativity from a high-γ electron g−2 measurement. Physical review letters, 1979, 42: 1386.

[5] Bailey J, et al. Precise measurement of the anomalous magnetic moment of the muon. Il nuovo cimento A, 1972, 9: 369.

[6] Bailey J, et al. The anomalous magnetic moment of positive and negative muons. Physical letters B, 1972, 68: 191.

[7] Schringer J. On quantum electrodynamics and the magnetic moment of the electron. Physical review, 1948, 73: 416.

[8] Schringer J. Quantum electrodynamics. III: the electromagnetic properties of the electron: radiative corrections to scattering. Physical review, 1949, 76: 790.

[9] Karplus R, Kroll N. Fourth-order corrections in quantum electrodynamics and the magnetic moment of the electron. Physical review, 1950, 77: 536.

[10] Sommerfield C. The magnetic moment of the electron. Annals of physics, 1958, 5: 26.
Petermann A. Fourth order magnetic moment of the electron. Nuclear physics, 1958, 5: 677.
Levine M J. Sixth-order magnetic moment of the electron. Physical review letters, 1971, 26: 1351.

[11] Combley F, et al.（g−2）experiments as a test of special relativity. Physical review letters, 1979, 42: 1383.

[12] Newman D, Ford G W, Rich A, et al. Precision Experimental verification of special relativity. Physical review letters, 1978, 40: 1355.

附录A 爱因斯坦建立狭义相对论的关键一步——同时性定义①

1. 建立狭义相对论的关键一步——定义同时性

1.1 狭义相对论之前已经有许多物理现象与牛顿理论矛盾

1905年之前，已经发现：电磁场方程在伽利略坐标变换下不能保持形式不变(即电磁理论不满足伽利略相对性原理)；真空光速是物体运动的极限速度且具有不变数值；寻找以太的实验都是零结果，以及其他一些实验无法用牛顿理论进行解释，等等；后来物理学家们通过引入各种假设和对牛顿理论修修补补，得到了用以解释新实验结果的各种公式，例如，菲茨杰拉德-洛伦兹收缩假说(1892)、拉莫尔时钟变慢假设(1900)、质量-速度关系式(1904)、电磁理论中的质量-能量关系式、洛伦兹变换，等等. 在这些公式中都含有真空光速，但是它们分别来自不同的假设或不同的理论模型. 只有当爱因斯坦利用单向光速不变定义了同时性并进而在1905年建立起狭义相对论[1]之后才对上述所有问题给出了统一解释.

1.2 爱因斯坦迈出的关键一步：定义同时性

爱因斯坦在1916年发表的《广义相对论基础》[2]一文中说："狭义相对论与经典力学的分歧不在于相对性原理，而只在于真空中光速不变的假设". 庞加莱在1905年之前就已经接近了光速不变原理，例如他在1898年发表的有关"时间测量"的论文中写道："光具有不变的速度，尤其是它的速度在一切方向上都是相同的，这是一个公设，没有这个公设，就无法量度光速. 这个公设从来也不能直接用经验来验证". 庞加莱也讨论过使用光信号进行时钟的同步，但是并没有进一步由此引入惯性系中的时间坐标并进而获得洛伦兹变换.

爱因斯坦在1905年发表的《论动体的电动力学》论文[1]中第一节的标题就是"同时性的定义"：我们在A、B两点各放一只钟来分别定义"A时间"和"B时间"，但还没有定义对于A和B是公共的"时间". 然而，当我们通过定义光从A到B所需要的"时间"等于它从B到A所需"时间"的时候，这后一个时间也就可以定义了.

---

① 本文刊自《物理与工程》2015年第4期，略有修改.

有了这个公共时间(即惯性系的时间坐标)也就有了惯性系的明确定义，爱因斯坦进而利用单向光速不变以及其他显而易见的初始条件推导出了洛伦兹变换.

现在用图A.1具体说明单向光速各向同性的假设与光速的测量以及定义时间坐标的关系.

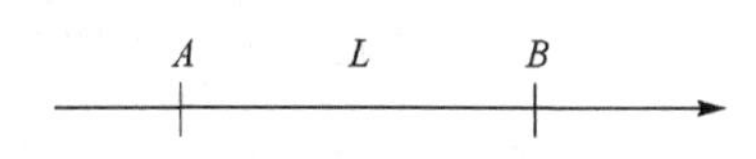

图A.1 单向光速各向同性的假设与光速的测量以及定义时间坐标的关系

在A和B两点各放一只标准时钟分别记录当地时间t_A和t_B(设A和B之间的距离是L). 光信号从A传到B再返回A所用的时间间隔由A钟记录(即A时间)：$t_{ABA}=L/c_{AB}+L/c_{BA}$；如果假定光速各向同性，即$c_{AB}=c_{BA}=c$，则$t_{ABA}=2L/c$，那么这个光信号往返的平均速度就是$c_{ABA}\equiv 2L/t_{ABA}=c$，其中的$A$时间$t_{ABA}$是在$A$点的同一只时钟记录的时间间隔，而与$B$钟是否与$A$钟对准没有关系，就是说双程光速可以直接测量出来，而假定单向光速各向同性实际上并不能直接测量单向光速而只是假设了它等于双程光速的测量值. 有了这个(假定的)单向光速的数值就可以用来定义时间的同时性，即用光信号对准任意地点(例如A、B)的时钟：$t_B=t_A+L/c$，这也就是定义了惯性系的时间坐标(即所谓的公共时间). 惯性系x和x'的时间坐标t和t'的定义体现在推导洛伦兹变换时使用了光信号单向速度不变的方程式：在x系和x'系光信号在任何方向上都以不变速度c传播的方程式分别是$\sqrt{\mathrm{d}x^2+\mathrm{d}y^2+\mathrm{d}z^2}=c\mathrm{d}t$和$\sqrt{\mathrm{d}x'^2+\mathrm{d}y'^2+\mathrm{d}z'^2}=c\mathrm{d}t'$.

正是由于爱因斯坦使用单向光速不变的假设定义了惯性系的时间坐标并且进而得到洛伦兹变换，因此才建立了狭义相对论[1].

2. 爱因斯坦同时性是无穷多种等价的同时性中最简单的一种

原则上说，如果没有不依赖光信号对钟的新方法就不可能测量单向光速；但是双程光速的测量只需要放置在给定地点的与同时性无关的同一只时钟记录时间，因而其数值是可以直接测定的. 假定了光速各向同性后也只是假定了单向光速等于双程光速而不是直接测量单向光速的数值.

2.1 真空中回路光速不变而单向光速可变的表达式[3-6]

至今所完成的真空光速的测量全都是对双程(闭合回路)光速的测量[5, 6]，这些实验结果表明真空中双程(或说回路)光速是个不变的常数c. 在真空中满足双程(回路)光速不变而单程光速可变的表达式是

$$c_e=\frac{c}{1-\boldsymbol{q}\cdot\boldsymbol{e}} \tag{A.1}$$

其中$\boldsymbol{e}$是光信号传播方向的单位矢量，常数矢量$\boldsymbol{q}$表征单向光速的可变性，常数c是双程光速，c_e是光信号沿$\boldsymbol{e}$方向传播的单向速度.

现在验证方程(A.1)满足回路光速不变的要求;光信号沿任意闭合回路的传播时间是

$$t_{回路}=\oint\frac{\mathrm{d}l}{c_e}=\oint\frac{\mathrm{d}l}{c}(1-\boldsymbol{q}\cdot\boldsymbol{e})=\oint\frac{\mathrm{d}l}{c}-\frac{1}{c}\oint(\boldsymbol{q}\cdot\boldsymbol{e})\mathrm{d}l \tag{A.2}$$

右边第二项 $\oint(\boldsymbol{q}\cdot\boldsymbol{e})\mathrm{d}l=\oint\boldsymbol{q}\cdot\mathrm{d}\boldsymbol{l}=\iint(\nabla\times\boldsymbol{q})\cdot\mathrm{d}\sigma=0$，其中 $\mathrm{d}l$ 是光回路上的无穷小间隔，$\boldsymbol{e}$ 是它的方向，所以 $\boldsymbol{e}\mathrm{d}l=\mathrm{d}\boldsymbol{l}$，而倒数第二个等号使用了斯托克斯定理把回路积分变成面积分，由于 $\boldsymbol{q}$ 是常数矢量因而其旋度是零. 所以 $t_{回路}=\oint\frac{\mathrm{d}l}{c}=\frac{L}{c}\Rightarrow$ 回路的平均光速是 $\frac{L}{t_{回路}}=c$.

为了分析问题简单化，我们假设 $\boldsymbol{q}$ 的方向平行于惯性系 x 轴和 x' 轴而且在两个惯性系中相同；这样沿 x 轴和 x' 轴的光速由式(A.1)给出

$$c_{+x}=\frac{c}{1-q},\quad c_{-x}=\frac{c}{1+q},\quad -1\leqslant q\leqslant 1 \tag{A.3}$$

其中 c_{+x} 和 c_{-x} 分别是光信号沿正、负 x 和 x' 轴的真空光速. 方程(A.3)自然满足在 x 和 x' 轴往返双程光速不变的要求

$$c_{ABA}=\frac{2AB}{AB/c_{+x}+BA/c_{-x}}=\frac{2c}{1-q+1+q}=c$$

2.2 惯性系中同时性定义(即时间坐标的定义)及其坐标变换[1,3-6]

现在考虑利用真空中单向速度可变的光速即方程(A.3)定义的同时性与爱因斯坦同时性的差别(下面的讨论对 x' 系完全类似).

假定在 $t_{原点}$ 时刻光信号从(任意惯性系) x 轴原点发出而后到达 x 点，在 x 点放有两只完全相同的标准时钟(参见图 A.2)，其中一只是爱因斯坦时钟 t_0(即使用爱因斯坦同时性定义)，另一只称为爱德瓦兹时钟 t(即使用单向光速可变的方程(A.3)对钟)，因此光信号到达 x 点时爱因斯坦时钟的时间 t_0 和爱德瓦兹时钟的时间 t 应当分别调到

$$t_0=t_{原点}+\frac{x}{c} \tag{A.4}$$

和

$$t=t_{原点}+\frac{x}{c_{+x}} \tag{A.5}$$

因此这两只在同一地点的时钟由于同时性定义不同而给出的时间差是

$$t-t_0=\frac{x}{c_+}-\frac{x}{c}=\frac{x}{c}(1-q)-\frac{x}{c}=-q\frac{x}{c}$$

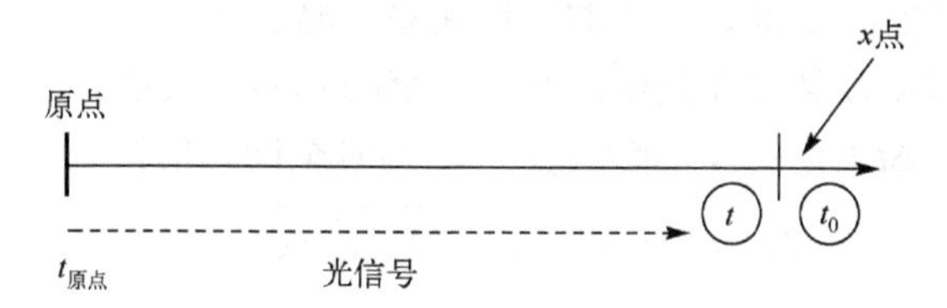

图 A.2 爱因斯坦同时性定义与爱德瓦兹同时性定义的关系

即

$$t=t_0-q\frac{x}{c} \tag{A.6}$$

这就是爱因斯坦惯性系的时间坐标 t_0 与爱德瓦兹惯性系的时间坐标 t 之间的关系. 这里以及下文中使用带有下标“0”的记号代表爱因斯坦的物理量，而不带下标的代表爱德瓦兹物理量.

对于时空间隔，两种同时性定义的差别形式上完全类似

$$\Delta t=\Delta t_0-q\frac{\Delta x}{c} \tag{A.7}$$

使用爱德瓦兹时钟 t 测得的物体速度记为 $v=\Delta x/\Delta t$；使用爱因斯坦时钟 t_0 测得的同一物体的速度记为 $u_0=\Delta x/\Delta t_0$. 利用式(A.7)可以得到使用两种不同时间坐标定义测得的速度之间的关系是

$$u=\frac{x}{t}=\frac{x}{t_0-qx/c}=\frac{x/t_0}{1-qx/t_0c}=\frac{u_0}{1-qu_0/c}$$

即

$$u=\frac{u_0}{1-qu_0/c} \tag{A.8}$$

说明：速度 u 是一般速度在 x 轴的投影，也就是速度的 x 方向的分量. 这个公式对任何速度都一样，例如对于两个惯性系之间的速度通常用记号 v 和 v_0 代替式(A.8)中的 u 和 u_0.

考虑两个爱因斯坦惯性系 x 系和 x'系在开始时刻其相应的 3 个轴互相重合，而且 x' 系相对于 x 系以不变速度 v_0 沿 x 轴运动，这两个爱因斯坦惯性系的坐标变换就是我们熟知的洛伦兹变换

$$x'=(x-v_0t_0)/\sqrt{1-v_0^2/c^2}$$

$$t_0' = \left(t_0 - \frac{v_0}{c^2}x\right) / \sqrt{1 - v_0^2 / c^2} \tag{A.9}$$

我们只写出了空间坐标 x 和 x' 之间的变换关系，略去了另外两个空间坐标的变换 $y' = y$ 和 $z' = z$. 方程(A.9)是线性变换，所以时空间隔的变换形式上一样；设 $\Delta x \equiv x_2 - x_1$，$\Delta x' \equiv x'_2 - x'_1$，$\Delta t \equiv t_2 - t_1$，$\Delta t' \equiv t'_2 - t'_1$，则时空间隔的洛伦兹变换是

$$\begin{aligned} \Delta x' &= (\Delta x - v_0 \Delta t_0) / \sqrt{1 - v_0^2 / c^2} \\ \Delta t_0' &= \left(\Delta t_0 - \frac{v_0}{c^2}\Delta x\right) / \sqrt{1 - v_0^2 / c^2} \end{aligned} \tag{A.10}$$

类似于推导洛伦兹变换的方法，爱德瓦兹惯性系的坐标变换是[3, 5, 6]

$$\begin{aligned} x' &= \frac{x - vt}{\sqrt{(1 + qv/c)^2 - v^2/c^2}} \\ t' &= \frac{(1 + 2qv/c)t - (1 - q^2)\dfrac{v}{c^2}x}{\sqrt{(1 + qv/c)^2 - v^2/c^2}} \end{aligned} \tag{A.11}$$

注意：爱德瓦兹惯性系与爱因斯坦惯性系的差别只在于时间坐标，而空间坐标与同时性定义无关因而没有差别，所以我们使用了同样的空间坐标符号而只对爱因斯坦时间坐标加了下角标“0”以示区别. 同样地，时空间隔的爱德瓦兹变换是

$$\begin{aligned} \Delta x' &= \frac{\Delta x - v\Delta t}{(1 + qv/c)^2 - v^2/c^2} \\ \Delta t' &= \frac{(1 + 2qv/c)\Delta t - (1 - q^2)\dfrac{v}{c^2}\Delta x}{\sqrt{(1 + qv/c)^2 - v^2/c^2}} \end{aligned} \tag{A.12}$$

2.3 速度互易性与同时性定义相关

速度的互易性是指“你看我的速度是 v_0，我看你的速度是 $-v_0$”；速度是由时间坐标间隔定义的，因而与同时性定义有关，也就是说速度的互易性与同时性定义有关.

1) 洛伦兹变换具有速度互易性：在(A.9)中代入 $x' = 0$ 得到 x' 系相对于 x 系的速度 $x/t_0 = v_0$；在(A.9)中代入 $x = 0$ 则得到 x 系相对于 x' 系的速度 $x'/t'_0 = -v_0$，即具有速度互易性.

2) 爱德瓦兹变换(A.11)并没有速度的这种互易性：将 $x' = 0$ 带入(A.11)得到 x' 系相对于 x 系的速度 $x/t = v$；但是将 $x = 0$ 带入(A.11)得到 x 系相对于 x' 系的速度是 $x'/t' = -v/(1+2qv/c)$ 而不是 $-v$，即没有速度互易性. 这个结果也可以直接从同时性定

义推得：由式(A.8)可得到 $v_0 = v/(1+qv/c)$；在 x'系有类似的关系 $v' = v'_0/(1-qv'_0/c)$，将洛伦兹变换的速度互易关系 $v'_0 = -v_0$ 代入这后一个方程后再用前一个方程把 v_0 换成 v 就得到上面的结果 $v' = -v/(1+2qv/c)$.

2.4 洛伦兹变换和爱德瓦兹变换在物理上等价[5,6]

洛伦兹变换(A.9)同爱德瓦兹变换(A.11)的差别只是来自同时性定义不同，因而将关系式(A.6)和式(A.8)(式中的 u 和 u_0 分别换成 v 和 v_0)代入爱德瓦兹变换(A.11)也就是把爱德瓦兹时间坐标 t 换成爱因斯坦时间坐标 t_0，同时把爱德瓦兹速度 v 换成爱因斯坦速度 v_0，那么爱德瓦兹变换(A.11)就变成洛伦兹变换(A.9). 这就是说，爱德瓦兹变换(A.11)在物理实验中等价于洛伦兹变换(A.9)(因为至今一切实验都是使用单向光速不变的假设来对钟的)，这就是说代表单向光速可变的方向性参数 q 不能被实验测到. 为了具体地看到这一点，我们在下面举两个例子：时间膨胀和长度收缩效应.

1) 时间膨胀(运动的时钟变慢)[5,6]

设时钟固定在 x' 系，因而 $\Delta x' = x'_2 - x'_1 = 0$，代入式(A.10)后得到爱因斯坦时间膨胀公式

$$\Delta\tau'_0 = \Delta t_0\sqrt{1 - v_0^2/c^2} \tag{A.13}$$

这里我们使用了“τ”来表示“固有时”，$\Delta\tau'_0$ 是由固定在 x' 系的同一只时钟记录的时间间隔，因而是与同时性定义无关的直接物理测量量；而 Δt_0 则是在 x 系中的两个不同地点的时钟记录的时间之差(称之为坐标时间间隔，与同时性定义相关). 所以时钟变慢是“一只钟”比不同地点的“二只钟”走得慢.

类似地，由式(A.12)得到爱德瓦兹时间膨胀公式

$$\Delta\tau' = \Delta t\sqrt{(1+qv/c)^2 - v^2/c^2} \tag{A.14}$$

将关系式(A.7)和式(A.8)(式中的 u 和 u_0 分别换成 v 和 v_0)代入式(A.14)并注意到固有时间隔与同时性定义无关因而 $\Delta\tau' = \Delta\tau'_0$，则式(A.14)就变成了式(A.13). 下面再用具体的实验数据作为例子加以说明.

假设实验室的实验结果是：运动时钟的速度是真空光速的一半，运动时钟记录的固有时间间隔是 1s，坐标时间间隔是 $(2/\sqrt{3})$s.

先把这 3 个数值当作爱因斯坦物理量，即 $\Delta\tau'_0 = 1$s，$v_0/c = 1/2$，$\Delta t_0 = (2/\sqrt{3})$s. 将这 3 个数值代入爱因斯坦时间膨胀公式(A.13)发现两边都是 1s 即实验与爱因斯坦时间变慢的预言相符.

如果现在把上述 3 个实验数值也直接看成是爱德瓦兹物理量，即 $\Delta\tau' = 1$s，$v/c = 1/2$，$\Delta t = (2/\sqrt{3})$s，代入式(A.14)后得到单向光速的方向性参数 $q = 0$(即单向光速各向同性)；这似乎是说这个实验验证了单向光速的各向同性. 但是，必须注意的是，

至今为止实验室的时间同时性定义都是假定单向光速不变性，即都是使用爱因斯坦同时性. 因而上述 3 个数值(除了固有时间隔)都是爱因斯坦物理量，即 $v_0/c = 1/2$，$\Delta t_0 = (2/\sqrt{3})\text{s}$. 而相应的爱德瓦兹物理量需要通过式(A.7)和式(A.8)求得

$$\Delta t = \frac{2}{\sqrt{3}}(1 - q/2)\text{s} \tag{A.15}$$

$$v = \frac{c/2}{(1 - q/2)} \tag{A.16}$$

把式(A.15)和式(A.16)以及 $\Delta\tau' = 1\text{s}$ 代入爱德瓦兹时间膨胀公式(A.14)后等号两边相同而与方向性参数无关，这就是说这个实验并不能确定 q 的数值；也就是说，q 从-1到$+1$的取值虽然有无穷多种(代表无穷多种同时性)但是在物理上都是等价的，而 $q = 0$(即单向光速各向同性-爱因斯坦同时性定义)是其中最简单的一种.

2) 长度收缩(运动尺子缩短)[6]

假设在 x' 系沿 x' 轴放置的静止杆子的长度是 $L \equiv \Delta x'$；在 x 系的爱因斯坦观测者看到这个杆子以速度 v_0 运动，而爱德瓦兹观测者看到杆子则以速度 v 运动. 在 x 系测量运动杆子的长度必须同时测量杆子的前后两端，否则测得的长度就是杆子的长度加上它运动的路程. 所以，爱因斯坦观测者和爱德瓦兹观测者以各自的同时即 $\Delta t_0 = 0$ 和 $\Delta t = 0$ 分别代入各自的坐标变换(A.10)和(A.12)，得到爱因斯坦长度收缩和爱德瓦兹长度收缩分别是

$$[\Delta x]_{(\Delta t_0 = 0)} = L / \sqrt{1 - v_0^2 / c^2} \tag{A.17}$$

和

$$[\Delta x]_{(\Delta t = 0)} = L\sqrt{(1 + qv/c)^2 - v^2/c^2} \tag{A.18}$$

下面证明[6]如果把爱德瓦兹物理量换成爱因斯坦物理量后，式(A.18)就变成了式(A.17).

由于同时性定义不同，所以 $\Delta t = 0$ 不等同于 $\Delta t_0 = 0$，实际上将 $\Delta t = 0$ 代入两者的关系式(A.7)给出

$$\Delta t_0 = q\frac{[\Delta x]_{\Delta t = 0}}{c} \tag{A.19}$$

这就是说对于爱德瓦兹同时测量杆子的两端在爱因斯坦观测者看来没有同时测量杆子两端，这样如同前面已经说过的不同时测量就意味着测得的距离包含了杆子在 Δt_0 的时间内走过的距离δ

$$\delta = v_0 \Delta t_0 = q\frac{v_0}{c}[\Delta x]_{(\Delta t = 0)} \tag{A.20}$$

所以爱因斯坦长度收缩与爱德瓦兹长度收缩的关系是(也就是说要从爱德瓦兹测得的长度中减去δ才是爱因斯坦测得的长度)

$$[\Delta x]_{(\Delta t_0=0)}=[\Delta x]_{(\Delta t=0)}-\delta=[\Delta x]_{(\Delta t=0)}(1-qv_0/c)$$

即

$$[\Delta x]_{(\Delta t=0)}=[\Delta x]_{(\Delta t_0=0)}(1-qv_0/c)^{-1} \tag{A.21}$$

将式(A.21)及速度的关系式 $v=v_0(1-qv_0/c)^{-1}$ 代入爱德瓦兹长度收缩公式(A.18)后就得到了爱因斯坦长度收缩公式(A.17)；这就是说这两种长度收缩公式在物理上也是等价的，因而类似于时间膨胀的情况，同样也不能用长度收缩的实验测定单向光速的方向性参数，即不能检验单向光速不变的假设.

3．结论

从上面的分析知道：(1)爱因斯坦利用单向光速不变的假设定义同时性即定义了惯性系的时间坐标，并推导出洛伦兹坐标变换进而发现了狭义相对论；庞加莱虽然早已认识到假设单向光速不变性的必要性并用光信号讨论过对钟方法，而且还预见到新力学[①]，但是他没有用同步时钟的方法定义惯性系的时间坐标进而获得洛伦兹变换，因而错过了发现狭义相对论的机会. (2)双程光速可以直接测量并已经被实验证明是个常数；单程光速只能假设而不能直接测量，这是因为迄今为止没有发现其他的对钟方法而实验室都是使用爱因斯坦同时性定义. 所以，双程光速不变而单向光速可变的爱德瓦兹狭义相对论在物理上等价于爱因斯坦狭义相对论. 也就是说在物理上互相等价的同时性定义有无穷多种，而单向光速不变的爱因斯坦同时性定义只是其中最简单的一种.

参考文献

[1] Einstein A. Zur elektrodynamik bewegter Körper. Annalen der physik，1905，322(10)：891-921.(参见上海人民出版社 1973 年出版的中译本《爱因斯坦论著选编》)

[2] Einstein A. Die grundlagen der allgemeinen relativitäts theorie. Annalen der physic, 1916, 49: 769-822.(参见上海人民出版社 1973 年出版的中译本《爱因斯坦论著选编》)

[3] Edwards W F. Special relativity in anisotropic space. American journal of physics. Am. J. Phys.,

① 1904 年庞加莱在圣路易斯会议的报告中写道：“也许我们将要建造一种全新的力学，我们已经成功地瞥见到它了. 在这个全新的力学内，惯性随速度而增加，光速会变为不可逾越的极限. 原来的比较简单的力学依然保持为一级近似，因为它对不太大的速度还是正确的，以致在新力学中还能够发现旧力学”.

1963, 31(7): 482-489.

[4] Winnie J A. Special relativity without one-way velocity assumptions. Phil. Sci., 1970, (37)81: 223.

[5] 张元仲, 狭义相对论实验基础. 北京: 科学出版社, 1979.

[6] Zhang Y Z. Special relativity and its experimental foundations, Singapore: World scientific publishing Co Pte Ltd, 1997.

编 后 语

张元仲先生是我们国家在狭义和广义相对论领域从事研究工作多年的资深专家；在引力理论方面研究过超越相对论的理论(例如具有挠场的引力规范理论)；与实验物理学家合作开展过等效原理的理论与实验研究；近年来在空间基础物理领域进行过项目论证和地面预研工作. 1979年著有《狭义相对论实验基础》(科学出版社，北京)，1997年著有 *Special Relativity and Its Experimental Foundations*(World Scientific Publishing Co. Pte. Ltd.，Singapore). 今年正值爱因斯坦广义相对论发表百年，《物理与工程》主编王青教授约请张先生为本刊撰写系列文章，以期把相对论中的一些重要思想传递给广大读者. 下面摘录王青和张元仲的部分邮件，说明本文的来由和修改过程.

(王青 2015-06-24 邮件)张老师，今天听您关于同时性报告很有感触，我在清华教电动力学20多年，确实感到教狭义相对论时关于光速不变总是讲得不够清楚和深入. 您的报告正好弥补了这方面的不足. 我觉得这不只是我的问题，也是很多教和学狭义相对论的师生同样面对的问题，因此很有必要宣传一下. 正好《物理与工程》期刊的主要对象就是针对教和学大学物理和基础物理的教师和学生. 希望您就此写一篇文章，时间不限，篇幅不限，目的就是希望把您的看法和观点传播出去. 特此跟您约稿.

(王青 2015-08-13 邮件)张老师，拜读了你的大作，写得很清楚很好，我很喜欢. 不过我现在以一个在大学多年讲授电动力学的普通老师的身份希望您能再增加一点点内容，使得我们能够更快和容易地把您的论述和思想直接转化到我们的教学当中去. ……我们通常教狭义相对论时是从您在第一节最后提到的使用光信号单向速度不变的方程式来推导洛伦兹变换的. 一旦推出洛伦兹变换往后就什么都有了. 其中要紧的就是您文中所提的 x 系和 x'系的 c 是一样的，通常把它就解释为实验上所看到的光速不变. 现在您强调这是单向光速不变，这不难理解；但难于理解的是您在2.1节一开始所说的“至今所完成的真空光速的测量全都是对双程(闭合回路)光速的测量，这些实验结果表明真空中双程(或说回路)光速是个不变的常数.”这好像不能一下清楚地看出来. 我们课上通常用迈克耳孙干涉实验说明光速不变，您能否增加一些内容具体说明至少迈克耳孙干涉实验测的不是单程光速，当然能再多说一些其他常用的光速不变测量具体怎么测的就更好. 只有这样老师和学生才能意识到这个通常在狭义相对论教学中被忽视的单程光速和回路光速的差别在理论基础中的重要作用，由此引发您所强调的同时性的讨论. 否则，如我们及大多数狭义相对论教学所做的直接把实验看到的光速不变外推为单程光速不变，您所讨论的那些细节就可能被忽略和抹杀啦.

(张元仲)王教授，文章补充了迈克耳孙-莫雷实验，希望能说清楚您的问题. 或许其他教大学物理的读者阅读了我写的东西不一定一下子清楚，但是希望会给他们一点启发.

(编辑)除了王青和张元仲之间的邮件，《物理与工程》编辑也沟通于其中，并为此前后两次拜访了张先生. 能面对面聆听大师深入浅出的比喻和讲解，真是做《物理与工程》期刊的福气. 经过讨论，张先生将在接下来的几期继续撰写狭义相对论相关话题文章，让我们一起等待吧.

1. 迈克耳孙-莫雷实验
2. 无穷小坐标变换
3. 洛伦兹变换的推导

附录 B 狭义相对论洛伦兹变换的推导及其他[①]

1. 洛伦兹变换

在狭义相对论中通常熟悉的洛伦兹变换是

$$\begin{cases} x' = \dfrac{1}{\sqrt{1-v^2/c^2}}(x-vt), & y' = y \\ t' = \dfrac{1}{\sqrt{1-v^2/c^2}}\left(t-\dfrac{v}{c^2}x\right), & z' = z \end{cases} \tag{B.1}$$

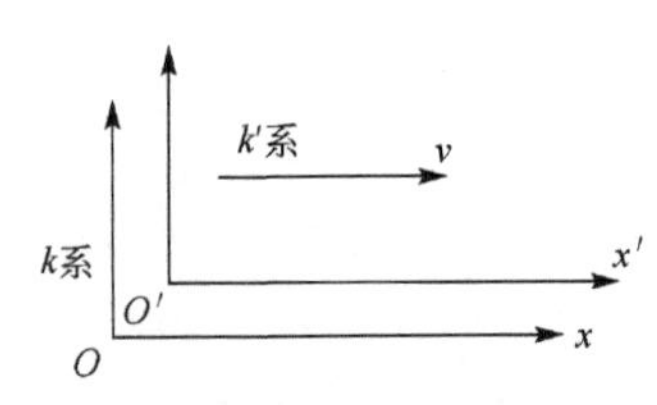

图 B.1 相对做匀速直线运动的两个参考系 k 和 k'

这是任意两个惯性系 $k(x, y, z, t)$ 与 $k'(x', y', z', t')$ 之间的坐标变换，这两个惯性系具有如下特殊的设计(如图 B.1 所示)：k' 系相对于 k 系沿 x 轴的正方向以不变速度 v 运动，在 $t = 0$ 的初始时刻 k 系和 k' 系相互重合(即 x、y、z 轴分别与 x'、y'、z' 轴互相重合)；所以，x' 轴的原点即 $x'=0$ 在 k 系看来其运动轨迹是

$$x = vt \quad (x'=0) \tag{B.2}$$

2. 惯性系的定义与惯性定律

惯性系是由惯性定律定义的：惯性系是惯性定律在其中成立的参考系. 惯性定律是说不受力的质点要么相对静止，要么相对匀速直线运动.

仔细分析会发现惯性定律的表述及惯性系的定义存在不清楚之处或者说存在逻辑循环：例如什么叫“不受力”？什么叫“匀速”？什么叫“直线”？惯性系由惯性定律定义，可是上述惯性定律的表述只有在惯性系中才有效；也就是说先要有惯性系的定义然后才能有上述关于惯性定律的表述，但是惯性系又要由惯性定律定义，这就成了逻辑循环. 解决这种逻辑循环的办法就是假定存在理想的真空；在其中的任何区域和任何时刻都没有物质因而没有相互作用力；质点(其尺度和质量可以忽略不计)在其中都在做惯性运动，质点之间都以不变的相对速度做直线运动. 以这些质点建立起来的参考系就是惯性系.

① 本文刊自《物理与工程》2016 年第 3 期，略有修改.

3．任意两个惯性系之间的坐标变换

为了使惯性定律的表述一致，任意两个惯性系之间的坐标变换取线性变换的形式，即

$$\begin{cases} x' = \alpha x + bt, & y' = y \\ t' = \gamma t + \beta x, & z' = z \end{cases} \tag{B.3}$$

利用初始条件式(B.2)，即代入 $x'=0$ 后应当得到 $x=vt$，因此方程(B.3)变成

$$\begin{cases} x' = \alpha(x - vt), & y' = y \\ t' = \gamma t + \beta x, & z' = z \end{cases} \tag{B.4}$$

下面需要利用光速不变原理确定式(B.4)中的 3 个参数α、β、γ.

4．光速不变原理与洛伦兹变换

狭义相对论的第二个基本假设(即光速不变原理)是说：光在真空中总是以不变速度 c 传播且与光源的运动无关；用惯性系中的时空坐标表示这个(单向)光速的不变性为

$$r = ct \quad 或 \quad r^2 = c^2t^2 \tag{B.5}$$

其中，$r^2 = x^2+y^2+z^2$ 是 k 系中的任意位置 P 与坐标原点之间距离(参见图 B.2)的平方，所以单向光速的不变性在 k 系中表示成

$$x^2 + y^2 + z^2 - c^2t^2 = 0 \tag{B.6}$$

同样，光速不变原理在 k' 系表达为

$$x'^2 + y'^2 + z'^2 - c^2t'^2 = 0 \tag{B.7}$$

方程(B.6)和(B.7)就是光速不变原理的坐标表达式，即在任何惯性系观测到的真空光速在任何方向都以不变速度 c 传播且与光源运动无关.

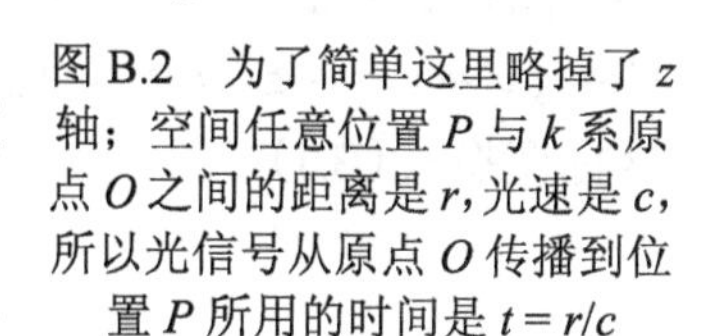

图 B.2　为了简单这里略掉了 z 轴；空间任意位置 P 与 k 系原点 O 之间的距离是 r，光速是 c，所以光信号从原点 O 传播到位置 P 所用的时间是 $t = r/c$

式(B.6)和式(B.7)是球面方程，即在初始时刻从坐标原点向四面八方发出的光信号其轨迹是个球面(后见图 B.3，在略去 z 轴或在 $z=0$ 的 x–y 平面内是实线圆，虚线是非各向同性速度的光信号运动的轨迹，它偏离圆).

现在使用单向光速不变的表达式(B.6)和(B.7)确定线性变换式(B.4)中的 3 个参数. 将坐标变换式(B.4)代入式(B.7)后得到

$$\alpha^2(x - vt)^2 + y^2 + z^2 - c^2(\gamma t + \beta x)^2 = 0$$

$$(\alpha^2 - c^2\beta^2)x^2 + (y^2 + z^2) - 2(\alpha^2 v + c^2\beta\gamma)xt + (a^2v^2 - c^2\gamma^2)t^2 = 0 \tag{B.8}$$

再代入式(B.6)，即 $y^2+z^2=c^2t^2-x^2$ 后，式(B.8)变成

$$(\alpha^2-c^2\beta^2-1)x^2-2(\alpha^2 v+c^2\beta\gamma)xt+(\alpha^2v^2-c^2\gamma^2+c^2)t^2=0 \tag{B.9}$$

左边的坐标 x 和 t 是在任意方向 $\boldsymbol{r}$ 传播的光线的时空坐标，而 x 只是 $\boldsymbol{r}$ 在 x 轴的投影，所以 x 和 t 之间没有固定的函数关系，因此方程(B.9)的左边各项必须分别为零，这就要求 x 和 t 各项的系数为零，即得到方程组[1]

$$\left.\begin{aligned}&\alpha^2-c^2\beta^2-1=0\\&\alpha^2 v+c^2\beta\gamma=0\\&\alpha^2v^2-c^2\gamma^2+c^2=0\end{aligned}\right\} \tag{B.10}$$

解方程组(B.10)得到

$$\beta=-\frac{v}{c^2}\gamma \tag{B.11}$$

$$\left.\begin{aligned}&\alpha^2=\gamma^2=\frac{1}{1-v^2/c^2}\\&\alpha=\gamma=\pm\frac{1}{\sqrt{1-v^2/c^2}}\end{aligned}\right\} \tag{B.12}$$

代入式(B.11)和式(B.12)后，式(B.4)成为

$$\left\{\begin{aligned}&x'=\pm\frac{1}{\sqrt{1-v^2/c^2}}(x-vt), \quad y'=y\\&t'=\pm\frac{1}{\sqrt{1-v^2/c^2}}\left(t-\frac{v}{c^2}x\right), \quad z'=z\end{aligned}\right\} \tag{B.13}$$

其中的正负号很容易确定：$v=0$ 时两个惯性系必须成为同一个惯性系，即应当有 $x'=x, y'=y, z'=z$，$t'=t$，也即式(B.13)右边应当取正号，这就是通常熟悉的洛伦兹坐标变换式(B.1)

$$\left.\begin{aligned}&x'=\frac{1}{\sqrt{1-v^2/c^2}}(x-vt)\\&y'=y\\&z'=z\\&t'=\frac{1}{\sqrt{1-v^2/c^2}}\left(t-\frac{v}{c^2}x\right)\end{aligned}\right\} \tag{B.14}$$

上面的推导使用了单向光速在任意方向传播的表达式(B.6)和式(B.7)，也就是说洛伦兹变换式(B.14)把 k' 系中的光信号运动方程(B.7)变成了光信号在 k 系中的运动方程(B.6).

5. 光速不变原理与同时性定义

惯性系中任意空间点 $P(x, y, z)$ 的空间位置由该点到3个直角坐标轴的投影 x、y、z 表达，该点的时间由放置在该点的一只标准时钟给出，但是放置在任意点 $P(x, y, z)$ 的时钟必须同放置在坐标原点 $O(0, 0, 0)$ 的标准时钟对准(或说同步，这种同步就是同时性的定义). 上面在推导洛伦兹变换中使用的单向光速不变性公式(B.6)就是将惯性系中任意位置 $P(x, y, z)$ 的时钟与原点的时钟对准了；为了明确地显示出来，将式(B.6)和式(B.7)重新写成

$$t = t_O + \frac{r}{c}，其中\ t_O = 0 \tag{B.15}$$

类似地有

$$t' = t'_O + \frac{r'}{c}，其中\ t'_O = 0 \tag{B.16}$$

式(B.15)是说，在坐标原点的时钟指示的零时刻从原点发射的光信号到达位置 $P(x, y, z)$ 时将这个位置的时钟指针调到 $t = r/c$；类似地在带撇的惯性系中任意位置 $P'(x', y', z')$ 的时钟调节成 $t' = r'/c$. 因此使用了单向公式不变性的式(B.6)和式(B.7)就是用单向光速不变性对准了惯性系中所有位置的时钟，也就是定义了时间坐标 t 和 t'. 所以，如果询问“为何要假定光速不变原理”，那么答案只有一个，就是为了对准各地的时钟，也就是为了定义惯性系的时间坐标[2].

6. 更一般的洛伦兹变换的推导

洛伦兹变换式(B.1)或式(B.14)所对应的两个惯性直角坐标系的取向和相对速度是图 B.1 所示的特殊情况：初始时刻两惯性系重合，并且带撇系以不变速度 v 沿 x 轴的正方向运动.

更一般的情况是 v 的方向是任意方向，为了推导这种情况的洛伦兹变换，需要把式(B.14)改写成空间三维矢量的形式. 为此，使用三维矢量的分解公式

$$\boldsymbol{r} = (x, y, z) = \boldsymbol{r}_{/\!/} + \boldsymbol{r}_{\perp} \tag{B.17}$$

其中，$\boldsymbol{r}_{/\!/}$ 和 $\boldsymbol{r}_{\perp}$ 分别是 $\boldsymbol{r}$ 在平行于和垂直于速度方向(即 $\boldsymbol{v}$ 的方向)上的投影分量，即分别定义为

$$\boldsymbol{r}_{/\!/} = \frac{(\boldsymbol{r}\cdot\boldsymbol{v})\boldsymbol{v}}{v^2},\quad \boldsymbol{r}_{\perp} = \boldsymbol{r} - \frac{(\boldsymbol{r}\cdot\boldsymbol{v})\boldsymbol{v}}{v^2} \tag{B.18}$$

式(B.14)中的 $\boldsymbol{v}$ 与 $\boldsymbol{x}$ 轴方向平行，所以

$$\boldsymbol{r}_{/\!/} = (x, 0, 0),\quad \boldsymbol{r}_{\perp} = (0, y, z) \tag{B.19}$$

考虑到式(B.19)可以把式(B.14)写成三维空间矢量的形式

$$\left.\begin{aligned} \boldsymbol{r}'_{/\!/} &= \frac{1}{\sqrt{1-v^2/c^2}}(\boldsymbol{r}_{/\!/} - \boldsymbol{v}_{/\!/}t) \\ \boldsymbol{r}'_{\perp} &= \boldsymbol{r}_{\perp} \\ t' &= \frac{1}{\sqrt{1-v^2/c^2}}\left(t - \frac{\boldsymbol{v}\cdot\boldsymbol{r}'_{/\!/}}{c^2}\right) \end{aligned}\right\} \tag{B.20}$$

类似地

$$\boldsymbol{r}' = \boldsymbol{r}'_{/\!/} + \boldsymbol{r}'_{\perp} \tag{B.21}$$

利用式(B.17)和式(B.21)，这更一般的洛伦兹变换是

$$\left.\begin{aligned} \boldsymbol{r}' &= \frac{1}{\sqrt{1-v^2/c^2}}(\boldsymbol{R} - \boldsymbol{v}t) \\ t' &= \frac{1}{\sqrt{1-v^2/c^2}}\left(t - \frac{\boldsymbol{v}\cdot\boldsymbol{r}}{c^2}\right) \\ &\text{其中}\boldsymbol{R} \equiv \sqrt{1-v^2/c^2}\left[\boldsymbol{r} - \left(1 - \frac{1}{\sqrt{1-v^2/c^2}}\right)\frac{\boldsymbol{v}\cdot\boldsymbol{r}}{v^2}\boldsymbol{v}\right] \end{aligned}\right\} \tag{B.22}$$

另外，不含时空反演和时空平移的最一般的情况是初始时刻两惯性系只有原点重合而 3 个直角坐标轴不重合，即 3 个直角坐标轴之间存在三维空间的转动，那么这种情况的洛伦兹变换就是用三维空间的转动算符去乘式(B.22)(可参考文献[2]).

7. 闭合回路(双程)光速不变而单向光速可变与同时性定义

爱德瓦兹坐标变换[2,3]：保留狭义相对论的相对性原理假设，同时把单向光速不变原理修改成双程光速不变原理，即在真空中双程光速(而非单向光速)是个不变的常数 c 且与光源运动无关. 满足这个双程光速不变而单向光速可变的单向光速的表达式是

$$c_{+x} = \frac{c}{1-q}, \quad c_{-x} = \frac{c}{1+q} \tag{B.23}$$

和

$$c_{+x'} = \frac{c}{1-q'}, \quad c_{-x'} = \frac{c}{1+q'} \tag{B.24}$$

其中

$$-1 \leqslant q, \quad q' \leqslant 1 \tag{B.25}$$

式(B.23)和式(B.24)中，$c_{+x}(c_{+x'})$和$c_{-x}(c_{-x'})$分别是光信号沿正、负 $x(x')$ 轴的单向真

空光速(注意，在垂直于 $x(x')$ 轴方向上单向光速等于 c). 为了分析问题简单，我们假设可变的单向光速方向性参数 $\boldsymbol{q}$ 和 $\boldsymbol{q}'$ 的方向平行于 x 轴和 x' 轴. 方程(B.23)和(B.24)满足沿 x 和 x' 轴往返的双程光不变的要求，由式(B.23)有

$$c_{ABA}=\frac{2AB}{AB/c_{+x}+BA/c_{-x}}=\frac{2c}{1-q+1+q}=c \tag{B.26}$$

使用可变光速式(B.23)来对钟(即定义时间坐标 t_q)有

$$t_q=t_O+\frac{x}{c_{+x}}\quad(t_O=0) \tag{B.27}$$

这样定义的坐标时间 t_q[式(B.27)]与前面用单向光速不变性定义的坐标时间 t[式(B.15)]之间的差别是

$$t_q-t=\frac{x}{c_{+x}}-\frac{x}{c}=\frac{x}{c}(1-q)-\frac{x}{c}=-q\frac{x}{c}$$

或写成

$$t=t_q+q\frac{x}{c} \tag{B.28}$$

类似地，对于 x' 系用式(B.24)对钟定义时间坐标是

$$t'_{q'}-t'=-q'\frac{x'}{c} \tag{B.29}$$

或写成

$$t'=t'_{q'}+q'\frac{x'}{c} \tag{B.30}$$

由于时间坐标 t 与 t_q(以及 t'与 $t'_{q'}$)的定义(即同步)不一样，因而由不同的时间坐标定义的速度 $u=x/t$ 与 $u_q=x/t_q$ 也就不同，它们之间的关系是

$$u=\left(\frac{x}{t}=\frac{x}{t_q+qx/c}=\frac{x/t_q}{1+qx/t_qc}\right)=\frac{u_q}{1+qu_q/c} \tag{B.31}$$

同样有

$$u'=\left(\frac{x'}{t'}=\frac{x'}{t'_{q'}+q'x''/c}=\frac{x'/t'_{q'}}{1+q'x'/t'_{q'}c}\right)=\frac{u'_{q'}}{1+q'u'_{q'}/c} \tag{B.32}$$

至此，爱德瓦兹变换无须单独推导，只须把爱德瓦兹同时性定义与爱因斯坦同

时性定义之间的关系式(B.28)和式(B.30)以及式(B.31)和式(B.32)代入洛伦兹变换式(B.14),即把爱因斯坦时间坐标 t 换成爱德瓦兹时间坐标 t_q 同时把爱因斯坦速度 v 变成爱德瓦兹速度 v_q，就得到爱德瓦兹变换

$$\left.\begin{aligned} x' &= \frac{x - v_q t_q}{\sqrt{(1+qv_q/c)^2 - v_q^2/c^2}} \\ y' &= y \\ z' &= z \\ t_q' &= \frac{\left[1+(q+q')\dfrac{v_q}{c}\right]t_q + \left[(q^2-1)\dfrac{v_q}{c}+q-q'\right]\dfrac{x}{c}}{\sqrt{(1+qv_q/c)^2 - v_q^2/c^2}} \end{aligned}\right\} \tag{B.33}$$

取 $q = q' = 0$，则 $v_q = v$，那么式(B.33)就变成通常的洛伦兹变换式(B.14)，即洛伦兹变换只是爱德瓦兹变换的特殊形式;或者说 $q(q')$ 的无穷多种取值代表无穷多种同时性定义，爱因斯坦同时性定义只是其中最简单的一种. 这无穷多种同时性在物理上是互相等价的，即至今的任何物理实验都不可能测出 $q(q')$ 的非零数值；也就是说实验不能测量出单向光速而只能测量出双程(回路)光速[2].

8. 双程光速可变的坐标变换——罗伯逊变换[5]

罗伯逊变换的原始形式是

$$\left.\begin{aligned} t &= a_0^{-1}(1-v^2/c^2)^{-1}(T - Xv/c) \\ x &= a_1^{-1}(1-v^2/c^2)^{-1}(X - vT) \\ y &= a_2^{-1}Y \\ z &= a_2^{-1}Z \end{aligned}\right\} \tag{B.34}$$

其中，a_0、a_1、a_2 是 v_2 的函数，(X, Y, Z, T) 是爱因斯坦定义的惯性系，即在其中单向光速不变.

式(B.34)中的参数难以看出其物理含义，为此改换成另外一组具有明显物理含义的新参数[3, 4]为

$$\left.\begin{aligned} &a_0 = a^{-1},\quad a_1 = b^{-1}\left(1-\frac{v^2}{c^2}\right)^{-1},\quad a_2 = d^{-1} \\ &c_{/\!/} = \frac{cb}{a}\left(1-\frac{v^2}{c^2}\right),\quad c_{\perp} = \frac{cd}{a}\sqrt{1-\frac{v^2}{c^2}} \end{aligned}\right\} \tag{B.35}$$

代入式(B.34)后得到

$$\left.\begin{aligned}
t &= (d)\left(\frac{c}{c_\perp}\right)\frac{1}{\sqrt{1-v^2/c^2}}\left(T-\frac{v}{c^2}X\right) \\
x &= (d)\left(\frac{c_{/\!/}}{c_\perp}\right)\frac{1}{\sqrt{1-v^2/c^2}}(X-vT) \\
y &= (d)Y \\
z &= (d)Z
\end{aligned}\right\} \tag{B.36}$$

为了显示新参数的物理含义，下面计算光速的表达式：在(X, Y, Z, T)系单向光速等于常数 c 即光速的运动方程由式(B.6)的给出，即

$$c^2T^2 - X^2 - Y^2 - Z^2 = 0 \tag{B.37}$$

将式(B.36)代入式(B.37)得到

$$c_r^2\left(\frac{1}{c_{/\!/}^2}\cos^2\alpha + \frac{1}{c_\perp^2}\cos^2\beta + \frac{1}{c_\perp^2}\cos^2\gamma\right) - 1 = 0 \tag{B.38}$$

其中用到定义

$$\left.\begin{aligned}
&x/t = c_r\cos\alpha, \quad y/t = c_r\cos\beta, \quad z/t = c_r\cos\gamma \\
&\cos^2\alpha + \cos^2\beta + \cos^2\gamma = 1
\end{aligned}\right\} \tag{B.39}$$

由式(B.38)解出光线在(x, y, z, t)系沿任意方向 $\boldsymbol{r}$ 的速度

$$c_r = \frac{c_{/\!/}c_\perp}{\sqrt{c_{/\!/}^2 + (c_\perp^2 - c_{/\!/}^2)\cos^2\alpha}} \tag{B.40}$$

在式(B.40)中与角度有关的(亦即与方向有关的)项是 $\cos^2\alpha$，这表明：(1)不同方向的光速不同；(2)在任何给定方向 $\boldsymbol{r}$ 上正反方向光速相等(也就是说单程光速等于双程光速)，而且由式(B.39)可知α是 $\boldsymbol{r}$ 的方向与 x 轴正方向的夹角，所以$\alpha = 0°$和$\alpha = 180°$是 x 轴的正反方向；而$\alpha = 90°$和$\alpha = 270°$是垂直 x 轴的正反方向，相应的光速是

$$\left.\begin{aligned}
(c_r)_{\alpha=0°,\ 180°} &= c_{/\!/} \\
(c_r)_{\alpha=90°,\ 270°} &= c_\perp
\end{aligned}\right\} \tag{B.41}$$

式(B.41)显示参数 $c_{/\!/}$ 和 $c_\perp$ 上分别代表平行于和垂直于 x 轴方向上的光速. 而参数 d 只是个共形参数. 这表明，新的参数 $c_{/\!/}$、$c_\perp$、d 具有明显的物理含义. 以这种速度传播的光信号其轨迹是

$$r^2 = x^2 + y^2 + z^2 = c_r^2t^2 \tag{B.42}$$

因 c_r 随方向而改变，所以式(B.42)是偏离球面的方程(参见图 B.3 中的虚线，在 x–y 平面偏离了实线圆).

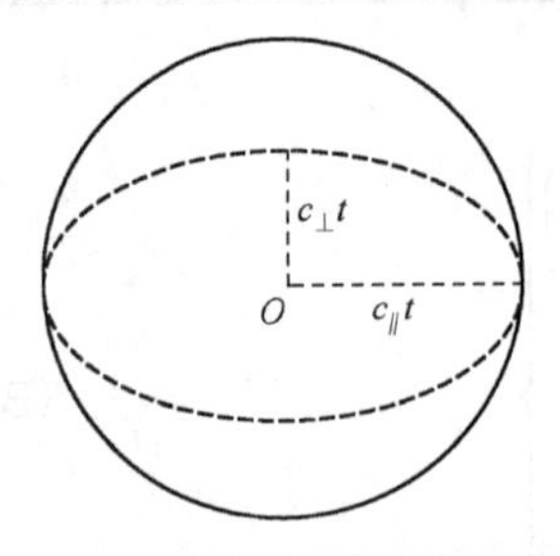

图 B.3　实线是光速各向同性的光信号的轨迹；虚线是光速非各向同性的光信号的轨迹(假定了 $c_{/\!/}=c>c_{\perp}$)

9．更一般的坐标变换(M-S 变换)[6]

洛伦兹变换满足单向光速不变性(当然双程光速不变性也一定成立)；爱德瓦兹变换满足双程光速不变性而单向光速可变；罗伯逊变换包含双程光速的可变性而在双程路径中往返的单程光速相等(当然单程光速也就等于双程光速)．下面给出的 M-S (Mansouri-Sexl)变换则满足双程光速和单向光速均为可变的，即

$$\left.\begin{aligned} t &= d\left(\frac{c}{c_{\perp}}\right)\left\{\begin{aligned}&\frac{1}{\sqrt{1-v^2/c^2}}\left[\left(1+\frac{v}{c}q_x\right)T-\left(\frac{v}{c}+q_x\right)\frac{X}{c}\right]\\ &-q_y\frac{Y}{c}-q_z\frac{Z}{c}\end{aligned}\right\} \\ x &= d\left(\frac{c_{/\!/}}{c_{\perp}}\right)\frac{1}{\sqrt{1-v^2/c^2}}(X-vT),\quad y=dY,\quad z=dZ \end{aligned}\right\} \tag{B.43}$$

式(B.43)中使用的新参数 $c_{/\!/}$、$c_{\perp}$、d 与原始参数 $\boldsymbol{\varepsilon}=(\varepsilon_x, \varepsilon_y, \varepsilon_z)$、$a$、$b$ 的关系是

$$\varepsilon_x=-\frac{1}{c_{/\!/}}\left(\frac{v}{c}+q_x\right),\quad \varepsilon_y=-\frac{1}{c_{\perp}}q_y,\quad \varepsilon_z=-\frac{1}{c_{\perp}}q_z \tag{B.44}$$

其中，$\boldsymbol{q}=(q_x, q_y, q_z)$ 代表单向光速可变的方向性参数，在这个参数为零时 M-S 变换式(B.43)变成罗伯逊变换式(B.36)．

10．4 种坐标变换之间的关系[4]

4 种坐标变换不同之处只在于时间坐标的定义不同；而时间坐标都是用光信号的速度值定义的，所以它们各自相应的光速假定不同：(1)洛伦兹变换相应的光速(单程光速和双程光速)在任何方向都是常数 c；(2)爱德瓦兹变换所相应的光速是双程光速在任何方向都是常数 c，而双程之中往和返的单程光速不同；(3)罗伯逊变换所相应的光速是双程光速的数值与方向有关而任何方向上的往和返光速相等，更具体地说就是平行于两惯性系相对速度 v 的方向上的双程光速 $c_{/\!/}$ 与垂直方向的双程光速 $c_{\perp}$ 不相等，但是往和返的单向光速相等，例如沿 x 轴的正和反方向的单向光速都等于 $c_{/\!/}$，类似地沿 y 轴和 z 轴的正和反方向的单向光速都等于 $c_{\perp}$；(4)M-S 变换相应的光速是双程光速和单程光速都与方向有关，双程光速随方向的变化情况与罗伯逊变换相应的双程光速相同，但是往和返的单向光速不相等，例如沿 x 轴的正和反方向的单向光速互相不相等而且也都不等于$c_{/\!/}$而与方向性参数$\boldsymbol{q}$有关，所以$\boldsymbol{q}=0$的M-S变换就成为罗伯逊变换.

这4种变换之间的关系用图B.4表示.

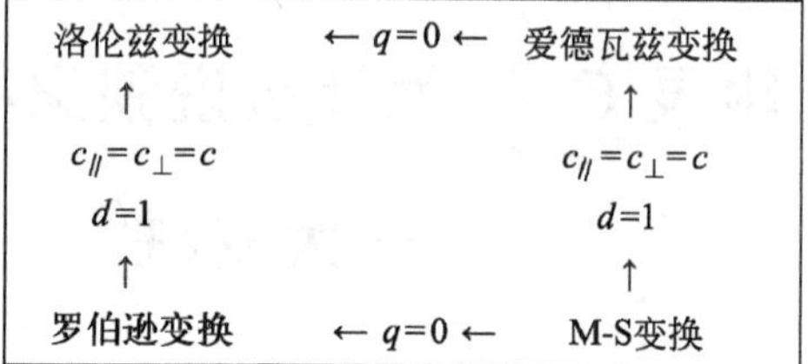

图B.4 关系图[4]

单向光速的测量需要事先对准各地的时钟，而对准时钟又需要事先知道单向光速的数值，所以在自然界不存在绝对的对钟手段而只能使用光信号对钟的今天，单向光速是不能用实验测量的，即方向性参数$\boldsymbol{q}$的数值不能由实验给出. 因此，在物理上爱德瓦兹变换与洛伦兹变换等价；M-S变换与罗伯逊变换等价. 这就是说，洛伦兹变换和罗伯逊变换都可以用物理实验来检验因而是非平庸的变换，而爱德瓦兹变换和M-S变换中的方向性参数不能用物理实验给出，因而这两个变换分别与前两个在物理上等价，所以它们是平庸的变换. 既然已经知道了爱德瓦兹变换与洛伦兹变换的关系，那么M-S变换与罗伯逊变换的关系完全类似，因而M-S变换不但平庸而且多余.

至今的物理实验证明了真空双程光速的不变性(即没有观察到$c_{/\!/}$和$c_{\perp}$的差别)，所以实验证明的只是洛伦兹变换.

参 考 文 献

[1] 柏格曼. 相对论引论. 周奇，赫萍，译. 北京：人民教育出版社, 1961.

[2] 张元仲. 狭义相对论实验基础. 北京：科学出版社, 1979.

[3] Zhang Y Z. Special relativity and its experimental foundations. Singapore: World Scientific Publishing Co. Pte. Led., 1998.

[4] 张元仲. 爱因斯坦建立狭义相对论的关键一步——同时性定义. 物理与工程, 2015, 25(4): 3-8.

[5] Edwards W F. Special relativity in anisotropic space. American journal of physics, 1963, (31): 482-489.

[6] Zhang Y Z. Test theories of special relativity. General relativity & gravition, 1995, 27(5): 475-493.

[7] Robertson H P. Postulate versus observation in the special theory of relativity. Review of modern physics, 1949, 21(2): 378-382.

[8] Mansouri R, Sexl R U. A test theory of special relativity: I. simultaneity and clock synchronization. General relativity & gravition, 1977, 8(7): 497-513.

附录 C 为什么说狭义相对论是近代物理学的一大支柱①

1. 背景

早在 1970 年，我们在文献中就看到物理学界公认的评论：“狭义相对论和量子力学是近代物理学的两大支柱”；署名 DHBD219 的于 2012 年 5 月 5 日上传网络的“第 15 章 狭义相对论力学基础”第 3 张片子也展示了这个说法. 图 C.1 为网络截图.

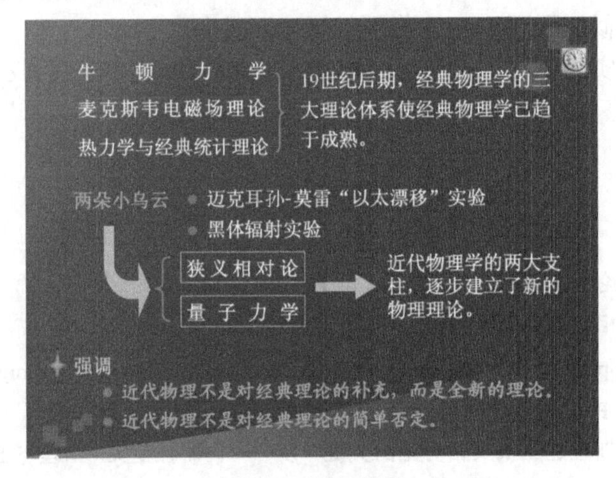

图 C.1 网络截图

需要注意的是，早年有的文献为了省事而把其中的“狭义”二字省略了，在其他的物理学名称中也略去了“狭义”二字，例如相对论力学、相对论量子力学等，其中的“相对论”都是指“狭义相对论”. 爱因斯坦在 1916 年发表的《广义相对论基础》[1]中特意作了说明：“下面要论述的理论，是对现今通常所说的‘相对论’所做的可能想象得到的最为详尽的推广. 为了便于区别起见，以后我称上述‘相对论’为‘狭义相对论’，并且假定已为大家所知道.”

现在无法考证前些年是哪些专家或博士生把“相对论是近代物理学的一大支柱”

---

① 本文刊自《物理与工程》2017 年第 2 期，略有修改.

中的“相对论”当成“广义相对论”！于是在高校和研究院所的个别博士毕业论文中出现了完全错误的评论：“广义相对论是现代物理理论的支柱”；这种错误的评论近年来也出现在一些专家教授的基金项目建议书和申请书中. 为了避免这类错误继续误人子弟，下面说明作为近代物理学的一大支柱为什么是“狭义相对论”而不是“广义相对论”.

2. 狭义相对论的两条基本原理(或说假设)

(1)狭义相对性原理：一切物理定律在所有惯性系中均有效.

(2)光速不变原理：光在真空中总是以不变速度c传播且与光源的运动状态无关.

下面对这两条基本原理作必要的说明.

3. 洛伦兹变换

狭义相对论适用的惯性系$K(x, y, z, t)$中的三维欧氏空间在坐标(x, y, z)是笛卡儿坐标(与伽利略变换中的空间在坐标没有区别)；但是，时间坐标t的定义与经典力学的完全不同，这里的时间坐标是用光速不变原理定义的：空间各地都放有一只标准时钟来测量当地的时间，但是只有把各地的时钟互相对准(即定义同时性)之后才能互相比较时间次序. 这时各地时钟指示的时间才是K系的坐标时间t；时钟对准的过程如下：

K系中空间的任意位置$P(x, y, z)$到坐标原点O的距离是$r=\sqrt{x^2+y^2+z^2}$，假设在初始时刻从原点O向P发射一个光信号，这个光信号到达P所花费的时间是

$$t = r/c \tag{C.1}$$

P点的时钟接收到这个信号时把自己的时间调到式(C.1)给出的数值，这就把空间各地的时钟与坐标原点的时钟对准了(也就是互相对准了)；所以式(C.1)的左边就是K系中的时间坐标.

K'系中的时间坐标t'的定义完全类似

$$t' = r'/c \tag{C.2}$$

其中$r'=\sqrt{x'^2+y'^2+z'^2}$是K'系中的$P'(x', y', z')$点到坐标原点O'的距离. 式(C.1)和(C.2)就是(单向)光速不变原理的数学表达式(通常写成平方的形式).

惯性系是由惯性定律定义的：一个不受力的质点在惯性系看来它要么相对静止要么匀速直线运动. 由相对性原理知道，在K系作匀速直线运动的质点在K'系也是匀速直线运动. 设K系和K'系具有特殊的初始状态：K'系相对于K系沿其x的正向以不变速度v运动，且在初始时刻两系相互重合. 要使在K系作匀速直线运动的质点在K'系看来也是匀速直线运动，那么这两个惯性系之间的坐标变换(最简单的形式)是如下的线性变换(为了简单略去垂直方向的坐标变换$y'=y$，$z'=z$)：

$$\left.\begin{aligned}x'&=\alpha(x-vt)\\t&=\gamma t+\beta x\end{aligned}\right\}\tag{C.3}$$

其中，3 个常数α、β、γ要由光速不变原理的方程式(C.1)和(C.2)确定：为此，式(C.3)代入式(C.2)的平方形式后使其变成式(C.1)的平方形式就得到这 3 个常数的 3 个代数方程，即

$$\left.\begin{aligned}&\alpha^2-c^2\beta^2-1=0\\&\alpha^2v+c^2\beta\gamma=0\\&\alpha^2v^2-c^2\gamma^2+c^2=0\end{aligned}\right\}$$

从中解出它们后便得到通常的洛伦兹变换

$$\left.\begin{aligned}x'&=\frac{1}{\sqrt{1-v^2/c^2}}(x-vt)\\t'&=\frac{1}{\sqrt{1-v^2/c^2}}\left(t-\frac{v}{c^2}x\right)\end{aligned}\right\}\tag{C.4}$$

这个变换称为**齐次**洛伦兹变换. 如果 K 系和 K' 系在初始时刻不重合而是有相对位移，那么齐次洛伦兹变换式(C.4)就变成**非齐次**洛伦兹在变换(或说庞加莱变换)

$$\left.\begin{aligned}x'&=\frac{1}{\sqrt{1-v^2/c^2}}(x-vt)+x_0\\t'&=\frac{1}{\sqrt{1-v^2/c^2}}\left(t-\frac{v}{c^2}x\right)+t_0\end{aligned}\right\}\tag{C.5}$$

其中略去了 $y'=y+y_0, z'=z+z_0$；4 个常数的时空坐标(x_0, y_0, z_0, t_0)代表时空平移(庞加莱时空平移).

现在说明，如果保持相对性原理不变，而更换单向光速不变假设，情况将会如何. 例如：

(1)用双程光速不变(单程光速可变)的假设代替单向光速不变假设，由此定义的坐标时间也就不同于式(C.1)和式(C.2)，而且连同相对性原理导出的坐标变换就不是洛伦兹变换而是爱德瓦兹变换[2]. 相应的理论称为回路光速不变的狭义相对论.

(2)用瞬时信号(即传播速度为无穷大)的假设代替单向光速不变假设，这样定义的时间坐标就是伽利略时间坐标，连同相对性原理导出的就是伽利略变换；也就是在洛伦兹变换中取 c 等于无穷大的情况.

上面的分析显示，3 种不同的同时性定义连同相对性原理会导出 3 种不同的坐标变换，所以说狭义相对论的(单向)光速不变原理与相对性原理是互相独立的基本假设.

4. 狭义相对论是近代物理理论的一大支柱

有了上面的洛伦兹变换(C.1)和式(C.5)后就可以把狭义相对性原理具体表述为：一切物理定律的方程式在洛伦兹变换下保持形式不变(或者说协变性).

近代物理理论就是用(狭义)相对性原理的这种表述构造出来的. 构造的方法通常是作用量方法，即使用物理系统的动力学变量构造出在洛伦兹变换下不变的作用量，然后取该作用量对动力学变量的变分等于零(最小作用量原理)即得到该物理系统的动力学方程(欧拉-拉格朗日方程)，这样得到的方程在洛伦兹变换下保持形式不变(即满足狭义相对性原理的要求). 例如，平直时空的宏观理论有(狭义)相对论力学、运动介质的(狭义)相对论电磁学等；微观理论有(狭义)相对论量子力学、(狭义)相对论性的量子电动力学、(狭义)相对论性的粒子物理理论等. 所有这些(宏观的和微观的)理论其动力学方程式都在洛伦兹变换下保持形式不变(即满足狭义相对性原理的要求)；而且，这些物理系统的作用量在非齐次洛伦兹变换下的不变性给出守恒定律(齐次洛伦兹不变性给出角动量守恒定律；时间坐标的平移不变性给出能量守恒定律；空间坐标的平移不变性给出动量守恒定律). 所以说狭义相对论是所有这些近代物理理论的一大支柱(也就是说没有狭义相对论就没有这些近代物理理论. 当然，量子力学是微观物理理论的另一大支柱).

1905年狭义相对论诞生之后，牛顿引力定律也必须推广成洛伦兹变换下的协变形式；但是在平直时空中无法做到这一点，为此爱因斯坦于1915年建立了弯曲时空的引力理论即广义相对论.

广义相对论也有两个基本假设：(1)广义相对性原理(或说广义协变原理)；(2)爱因斯坦等效原理(或说强等效原理). 强等效原理可以表述为[3]：在弯曲时空的每一个时空点附近(局部)都可以建立一个局部惯性系，在其中进行非引力的物理实验得到的物理定律都是狭义相对论的形式(也就是说这些物理定律在洛伦兹变换下保持不变，例如宏观电磁学实验给出的就是电动力学，微观电磁学实验给出的就是量子电动力学；机械力学实验给出的就是狭义相对论力学，等等). 所以说，狭义相对论也是广义相对论的支柱(在弯曲时空的局部满足狭义相对性原理). 广义相对论也就是(局部)狭义相对论性的引力理论，它只是描写引力相互作用的理论，跟电磁理论、弱作用理论、强作用理论等属于同一层次，不可能谁是谁的支柱(或基础). 只有狭义相对论才是所有4种基本相互作用(引力、电磁力、弱力、强力)的近代物理理论的支柱. 因此，“广义相对论是现代物理理论的支柱”这种说法是物理概念的混乱.

参 考 文 献

[1] 爱因斯坦. 广义相对论基础, 物理学记事. 1916, 49: 769-822.(中译文参见上海人民出版社1973年出版的《爱因斯坦论著选编》第36页)

[2] Edwards W F. Special relativity in anisotropic space. Am. J. Phys., 1963, (31): 482.(或参见张元仲. 狭义相对论实验基础. 北京: 科学出版社, 1979: 第1.2节)

[3] S. 温伯格. 引力论和宇宙论: 广义相对论的原理和应用. 邹振隆, 张历宁, 等译. 北京: 科学出版社, 1980: 75-76.

附录 D　狭义相对论的两个基本假设一个都不能少[①]

注：本文是在下面报告 ppt 的基础上修改而成的

2017-6-19　《物理与工程》编辑部小型报告会

2017-6-21　北京理工大学小型报告会

2017-8-24　桂林“2017 年全国高等学校物理基础课程教育研讨会”

2017-8-26　华中科技大学引力中心

2017-9-07　华中科技大学粒子与天体物理研究所

2017-9-08　华中科技大学物理学院

报告内容：

一、狭义相对性原理和光速不变原理所包含的内容

二、建立狭义相对论的步骤

1. 定义惯性系（就是定义 时间坐标-即定义同时性-亦即对钟）

2. 用两个基本原理推导洛伦兹变换（两个假设一个都不能少）

3. 依据狭义相对性原理建立所有近代物理学理论的动力学方程
——所以说狭义相对论是近代物理学的一大支柱

三、不同的平直时空理论之间的唯一差别是时间坐标的定义不同

四、洛伦兹1904年的“洛伦兹变换”
不是狭义相对论的洛伦兹变换

五、狭义相对论的钟慢、尺缩（尺缩佯谬）、同时性的相对性、
一道习题的解答（正确的解答需要使用全部这几个效应）

六、几个问题：

1. 对钟能否避开单向光速的具体数值？

2. 用中点对钟方法对好的时钟能否测出单向光速？

3. 一位作者的思想实验方案能否判断单向光速各向同性？

4. 不用光速不变原理定义坐标变换中的常数、时间坐标和速度就绝不是狭义相对论中的洛伦兹变换

1

① 本文刊自《物理与工程》2018 年第 1 期，略有修改.

报告题目是：
“狭义相对论的两个基本假设一个都不能少”

报告题目取这个名字是针对如下两种极为错误的观点：

第一种错误观点：光速不变原理可以由相对性原理推出
参见：N D Mermin，relativity without light，Am. J. Phys. 52(1984)119

第二种错误观点：
相对性原理可以由光速不变原理推出来

2

一、狭义相对性原理和光速不变原理所包含的内容

1. 狭义相对性原理：一切物理定律在所有惯性系中均有效

力学相对性原理：力学定律在所有惯性系中均有效；所以狭义相对性原理只是力学相对性原理的推广；如爱因斯坦说的“狭义相对论与经典力学的分歧不在相对性原理”

说明：

1. 相对性原理只在惯性系中成立，所以必须首先定义惯性系！
2. 相对性原理必须同时涉及2个惯性系，即涉及的是2个惯性系之间的关系
3. 相对性原理只涉及动力学（即物理定律），不能用于运动学

动力学：含动力学变量对时间的2阶微分（加速度）
运动学：不含加速度～例如，同时性、速度、尺缩、钟慢等

光速不变原理不可能推出狭义相对性原理的上述内容!

狭义相对论性原理的2个用途：
1. 与光速不变原理一起推导洛伦兹变换；
2. 用于构造近代物理理论，没有这条原理就没有所有近代物理学

3

2. 光速不变原理：光在真空中总是以不变速度c传播且与光源的运动状态无关

说明：

这条原理也只在惯性系中才有，所以也必须首先定义惯性系！

真空光速 不变 包含：

（1）在每一个惯性系中c都与光的频率无关（光在真空中传播没有色散）

（2）在每一个惯性系c都与光的传播方向无关，即单向光速各向同性（这个假设用来对钟，即定义时间坐标亦即定义同时性）

（3）c与光源的运动状态（惯性运动或非惯性运动）无关

●上面的（1）和（3）可以用实验检验；（2）不能用实验检验只能假定即单向光速不可测量

只涉及动力学的狭义相对性原理不可能推出上述涉及运动学的光速不变原理！所以光速不变原理只能单独假设！光速不变原理也有两个用途：

1. 定义同时性（即定义时间坐标，亦即对钟）
2. 与相对性原理一起推导洛伦兹变换

4

光速不变原理涉及的是光速——是运动学；
相对性原理涉及的是物理定律——是动力学。
所以两条原理必须独立地假设。缺少哪一条都推不出狭义相对论的洛伦兹变换；即两条假设一条都不能少！

为何必须假定单向光速不变？
- 庞加莱在狭义相对论之前就给出了说明：

庞加莱在1898年发表的“时间测量”的论文中写道：“光具有不变的速度，尤其是它的速度在一切方向上都是相同的，这是一个公设，没有这个公设，就无法量度光速。这个公设从来也不能直接用经验来验证；……”（参见：宋德生、李醒民、王身立著《科学发现集》湖南科学技术出版社（1998）

爱因斯坦假定单向光速各向同性就是为了对钟（即定义同时性也就是定义时间坐标）

5

为何说假定了单向光速各向同性就能度量光速？
答案由单向光速与双程光速的关系给出：

$$A \xrightarrow{l_{AB}} B$$

t_A ---→ t_B

t'_A ←---

$(t_B - t_A)$ 是光信号从A到B的时间，所以这个方向的单向光速是

$$c_{AB} = l_{AB} / (t_B - t_A)$$

$(t'_A - t_B)$ 是光信号从B返回A的时间，所以这个方向的单向光速是

$$c_{BA} = l_{AB} / (t'_A - t_B)$$

$(t'_A - t_A)$ 是光信号从A到B再回到A的时间，所以双程光速是

$$\frac{1}{c_{ABA}} = \frac{(t'_A - t_A)}{2l_{AB}} = \frac{1}{2}\left[\frac{t'_A - t_B}{l_{AB}} + \frac{t_B - t_A}{l_{AB}}\right] = \frac{1}{2}\left[\frac{1}{c_{AB}} + \frac{1}{c_{BA}}\right]$$

6

假定单向光速各向同性，即 $c_{AB} = c_{BA} = c_{爱}$

那么单向光速就等于双程光速：

$$c_{AB} = c_{BA} = c_{爱} = c_{ABA} = \frac{2l_{AB}}{t'_A - t_A} \approx 3\times 10^8 \text{m/s}$$

$(t'_A - t_A)$ **是同一地点的A钟测量的时间间隔（固有时间隔）**
是实验可测量量，即双程光速可由实验直接测量出来

这就是说，假定了单向光速各向同性之后
单向光速 c 的数值才能取双程光速的测量值（实验给出的真空光速都是双程光速～3×10^8m/s）

固有时—proper time（同一只时钟显示的时间差$(t'_A - t_A)$
与同时性定义无关 ）
坐标时—coordinate time（异地时钟的时间差$(t_B - t_A)$
与同时性定义有关 ）

7

二、建立狭义相对论的步骤

1. 定义惯性系（主要是定义同时性）；2. 用两个基本原理推导洛伦兹变换；3. 依据狭义相对性原理建立近代物理理论的动力学方程。

1. 定义惯性系：$S(x,y,z,t)$　$S'(x',y',z',t')$　$S''(x'',y'',z'',t'')\cdots$

两条基本原理都只在惯性系中才有，所以首先要定义惯性系；真空中可以有无穷多相互匀速直线运动的惯性系，它们是平权的没有哪个更优越，所以定义了其中的一个也就定义了全部。

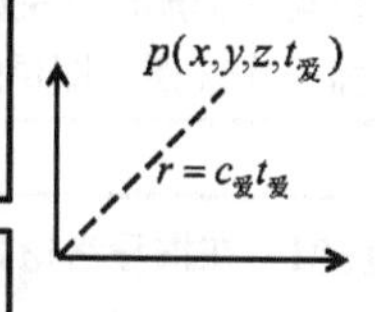

惯性系的3维空间是欧氏空间，x,y,z 轴取为互相垂直的坐标轴（跟经典力学中的没区别）

时间坐标 t 就是全空间的时钟互相对准后的“公共时间”；在每一个参考系都使用光速各向同性的假设定义时间坐标：在初始时刻从坐标原点发射的光信号到达点 $p(r,t_{爱})$ 时把那里的时间调成 $t_{爱}=r/c_{爱}$ 这就定义了时间坐标（给光速 c 和时间 t 添加了下标“爱”表示：光速是光速不变原理中的光速，时间坐标是由单向光速各向同性定义的即爱因斯坦同时性，以便区别于其他的定义（参见下面）

8

“对钟”“同时性定义”“时间坐标定义”说的是同一件事情：

$r=c_{爱}t_{爱}$　单向光速不变的光路径方程

$\updownarrow$

$t_{爱}=r/c_{爱}$　这是爱因斯坦的同时性定义

其平方形式：$x^2+y^2+z^2-c_{爱}^2t_{爱}^2=0$

在 S' 系是同样的定义：$t'_{爱}=r'/c_{爱}\leftrightarrow r'=c_{爱}t'_{爱}$

其平方形式：$x'^2+y'^2+z'^2-c_{爱}^2t'^2_{爱}=0$

惯性系就是在其中惯性定律成立的那种参考系；惯性定律：不受力的物体作匀速直线运动。定义了空间坐标才有直线的定义，定义了时间坐标才有速度的定义；这样才有惯性定律的上述表述，也就才有惯性系的定义。

9

对于球面方程 $x^2+y^2+z^2-c_{爱}^2t_{爱}^2=0 \leftrightarrow r=c_{爱}t_{爱}$ **光速各向同性**

通常解释成球面波的光波

这里解释成：在空间坐标原点同时向四面八方发射的光信号在同一时刻处于同一个球面（即单向光速各向同性）

说明：在推导洛伦兹变换的过程中使用光信号运动轨迹的平方形式就是使用了光速各向同性的假设定义同时性即定义时间坐标
～大多数的书籍和文章中使用了上面的球面方程而没有说明这就是同时性的定义，但是在爱因斯坦1905年的狭义相对论的论文《论动体的电动力学》中以及在柏格曼的著作《相对论引论》中在使用光速不变性假设推导洛伦兹变换之前首先明确了同时性定义 →

10

爱因斯坦狭义相对论（1905）的第一篇论文

论动体的电动力学

大家知道,麦克斯韦电动力学——像现在通常为人们所理解的那样——应用到运动的物体上时,就要引起一些不对称,而这种不对称似乎不是现象所固有的。比如设想一个磁体同一个导体之间的电动力的相互作用。在这里,可观察到的现象只同导体和磁体的相对运动有关,可是按照通常的看法,这两个物体之中,究竟是这个在运动,还是那个在运动,却是截然不同的两回事。如果是磁体在运动,导体静止着,那末在磁体附近就会出现一个具有一定能量的电场,它在导体各部分所在的地方产生一股电流。但是如果磁体是静止的,而导体在运动,那末磁体附近就没有电场,可是在导体中却有一电动势,这种电动势本身虽然并不相当于能量,但是它——假

A. 运动学部分

1. 同时性的定义

设有一个牛顿力学方程在其中有效的坐标系。为了使我们的陈述比较严谨,并且便于将这坐标系同以后要引进来的别的坐标系在字面上加以区别,我们叫它"静系"。

如果一个质点相对于这个坐标系是静止的,那末它相对于后者的位置就能够用刚性的量杆按照欧几里得几何的方法来定出,并且能用笛卡儿坐标来表示。

如果我们要描述一个质点的运动,我们就以时间的函数来给出它的坐标值。现在我们必须记住,这样的数学描述,只有在我们十分清楚地懂得"时间"在这里指的是什么之后才有物理意义。我们应当考虑到:凡是时间在里面起作用的我们的一切判断,总是关于同时的事件的判断。比如我说,"那列火车7点钟到达这里",这大概是说:"我的钟的短针指到7同

11

如果在空间的 A 点放一只钟，那末对于贴近 A 处的事件的时间，A 处的一个观察者能够由找出同这些事件同时出现的时针位置来加以测定。如果又在空间的 B 点放一只钟，这是一只同放在 A 处的那只完全一样的钟，那末，通过在 B 处的观察者，也能够求出贴近 B 处的事件的时间。但要是没有进一步的规定，就不可能把 A 处的事件同 B 处的事件在时间上进行比较；到此为止，我们只定义了"A 时间"和"B 时间"，但是并没有定义对于 A 和 B 是公共的"时间"。只有当我们通过定义，把光从 A 到 B 所需要的"时间"规定为等于它从 B 到 A 所需要的"时间"，我们才能够定义 A 和 B 的公共"时间"

这就是爱因斯坦假定单向光速各向同性来定义同时性即对钟

12

柏格曼著《相对论引论》（二十世纪四十年代）

为了补偿傳播中所消失的有限的时間，我們把仪器放置在两事件 A 和 B 的联綫的中点上。当每个事件发生时，都发出一个光訊号，如果两个訊号同时到达中点，那么我們就說两个事件是同时发生的。这个实驗可以用来决定两个事件的同时性，而不必用特

柏格曼定义了同时性之后才用光速不变原理（即光线路径方程的平方形式）推导洛伦兹变换 →

13

$$x^*=\alpha(x-vt), \tag{4.1}$$

式中α为一待定的恒量。

一条与X轴垂直的直线，也必然垂直于X^*轴（角度分别由S和S^*中的观察者测量），这一点并不是很明显的。但是我们若不作这样的假定，那么对X轴的左右对称性质就会被变换所破坏。由于同样的理由我们假定，从任一坐标系观察时，Y轴和X轴互相垂直，并且这对于Y^*轴和Z^*轴来说也是正确的。

前面已经说过，若许多杆子互相平行，并且与相对运动的方向垂直，我们就能用不变的方式来比较许多处于不同运动状态的杆的长度。如果它们相应的端点互相重合，那么，由相对性原理，可以断定它们是等长的。否则S和S^*间的关系不会是可以倒转的。

基于这一点，我们又能规定两个变换方程：

$$\left.\begin{array}{l} y^*=y, \\ z^*=z, \end{array}\right\} \tag{4.2}$$

要使这组方程完整，我们必须写出一个方程来联系S^*中测量的时间t^*与S中的时间和空间坐标的关系。由于所谓空间和时间的“均匀性”，t^*必须是线性地依赖于t、x、y和z。由于对称性，我们进一步假定，t^*与y和z无关。否者，在Y^*Z^*平面上的两个S^*钟，从S中观察时将不一致。选择时间的原点，使变换方程中的非齐次（常数）项等于零。我们有

$$t^*=\beta+\gamma x, \tag{4.3}$$

14

假定在$t=0$时，一个球面电磁波离开S的原点（在这一时刻它和S^*的原点重合）。波的传播速率在各个方向都是一样的，并且在任何一个坐标系中都等于c。所以，波的进行可由下列两个方程中的任何一个来描述：

$$x^2+y^2+z^2=c^2t^2, \tag{4.4}$$

$$x^{*2}+y^{*2}+z^{*2}=c^2t^{*2}, \tag{4.5}$$

应用(4.1),(4.2)和(4.3)式，我们可以把(4.5)式中带星号的量完全用不带星号的量来代替

$$c^2(\beta t+\gamma x)^2=\alpha^2(x-vt)^2+y^2+z^2, \tag{4.6}$$

移项整理后，我们得到

$$(c^2\beta^2-v^2\alpha^2)t^2=(\alpha^2-c^2\gamma^2)x^2+y^2+z^2-2(v\alpha^2+c^2\beta\gamma)xt, \tag{4.7}$$

只有当方程(4.7)中t^2和x^2的的系数和(4.4)式中的相同，又若(4.7)式中项xt的系数为零，那么(4.7)式就变为方程(4.4)。所以

$$\left.\begin{array}{l} c^2\beta^2-v^2\alpha^2=c^2, \\ \alpha^2-c^2\gamma^2=1, \\ v\alpha^2+c^2\beta\gamma=0 \end{array}\right\} \tag{4.8}$$

15

2. 用两个基本原理推导洛伦兹变换

v

x　　x'

初始时刻二惯性系重合，相对性原理要求坐标变换取线性形式（如果不先定义同时性则在时间和速度的下标加上问号）：

$$\left.\begin{aligned} x' &= \alpha(x - v_? t_?) \\ t'_? &= \gamma t_? + \beta x \end{aligned}\right\}$$

令 $t'_? = t'_{爱}$　$t_? = t_{爱}$ → $t'_{爱} = r'/c_{爱}$ ⬇ $t_{爱} = r/c_{爱}$

推导过程见下页

这个变换要保证单向光速的不变性：所以要求代入带撇公式后要变成不带撇公式，由此来确定线性变换中的三个参数，即得到通常的洛伦兹变换

使用这两个公式也就是包含了用不变的光速对钟，因为只有令 $t'_? = t'_{爱}$　$t_? = t_{爱}$ 才能做代入

16

光信号运动轨迹的平方形式：

$$\alpha^2\left(x - v_{爱} t_{爱}\right)^2 + y^2 + z^2 - c_{爱}^2\left(\gamma t_{爱} + \beta x\right)^2 = 0$$

$$\left(\alpha^2 - c_{爱}^2\beta^2\right)x^2 + \left(y^2 + z^2\right) - 2\left(\alpha^2 v_{爱} + c_{爱}^2\beta\gamma\right)x t_{爱} + \left(\alpha^2 v^2{}_{爱} - c_{爱}^2\gamma^2\right)t^2 = 0$$

$$y^2 + z^2 = c_{爱}^2 t_{爱}^2 - x^2 \longrightarrow$$

$$\left(\alpha^2 - c_{爱}^2\beta^2 - 1\right)x^2 - 2\left(\alpha^2 v_{爱} + c_{爱}^2\beta\gamma\right)x t_{爱} + \left(\alpha^2 v_{爱}^2 - c_{爱}^2\gamma^2 + c_{爱}^2\right)t_{爱}^2 = 0$$

时空坐标前的系数必须为零

$$\left.\begin{aligned} &\alpha^2 - c_{爱}^2\beta^2 - 1 = 0 \\ &\alpha^2 v_{爱}^2 + c_{爱}^2\beta\gamma = 0 \\ &\alpha^2 v_{爱}^2 - c_{爱}^2\gamma^2 + c_{爱}^2 = 0 \end{aligned}\right\} \longrightarrow \left\{\begin{aligned} &\beta = -\frac{v_{爱}}{c_{爱}^2}\gamma \\ &\alpha^2 = \gamma^2 = \frac{1}{1 - v_{爱}^2/c_{爱}^2} \\ &\alpha = \gamma = \pm\frac{1}{\sqrt{1 - v_{爱}^2/c_{爱}^2}} \end{aligned}\right.$$

v=0时两个惯性系是同一个，所以必须取正号；这就是狭义相对论的洛伦兹变换

17

3. 狭义相对论是近代物理学的一大支柱

爱因斯坦的洛伦兹变换：

$$\begin{cases} x' = \dfrac{1}{\sqrt{1-v_{爱}^2/c_{爱}^2}}(x - v_{爱}t_{爱}) \\ t'_{爱} = \dfrac{1}{\sqrt{1-v_{爱}^2/c_{爱}^2}}\left(t_{爱} - \dfrac{v_{爱}}{c_{爱}^2}x\right) \end{cases}$$

- **再谈狭义相对性原理：**

有了洛伦兹变换之后，狭义相对性原理才能具体地陈述为：一切物理定律的方程式在洛伦兹变换下保持形式不变。

- **相对性原理的这种表述为我们提供了构造近代物理理论的具体方法**

18

建立狭义相对论性的近代物理理论的作用量方法
——构造洛伦兹变换不变的作用量（狭义相对性原理）：

$S = \int dx^4 L$　其中拉格朗日量（密度）$L(\varphi_a, \partial_\mu \varphi_a)$是洛伦兹不变量

最小作用量变分原理　$\delta S = 0$　**物理系统处在能量最低状态**

$$0 = \delta S = \int dx^4 \left[\frac{\partial L}{\partial \varphi_a}\delta\varphi_a + \frac{\partial L}{\partial(\partial_\mu \varphi_a)}\delta(\partial_\mu \varphi_a)\right]$$

$$= \int dx^4 \delta\varphi_a \left[\frac{\partial L}{\partial \varphi_a} - \partial_\mu\left(\frac{\partial L}{\partial(\partial_\mu \varphi_a)}\right)\right]$$

例如：$\vec{F} = -\nabla\varphi$
负号就是使物理系统趋向更低能态

拉氏运动方程（欧拉-拉格朗日方程）　$\dfrac{\partial L}{\partial \varphi_a} - \partial_\mu\left(\dfrac{\partial L}{\partial(\partial_\mu \varphi_a)}\right) = 0$

1. 拉氏量在洛伦兹变换下的不变性 → 角动量守恒定律
2. 拉氏量在时-空平移（庞加莱时-空平移）下的不变性
→能量守恒定律和动量守恒定律

19

没有狭义相对论 就没有近代物理学大厦

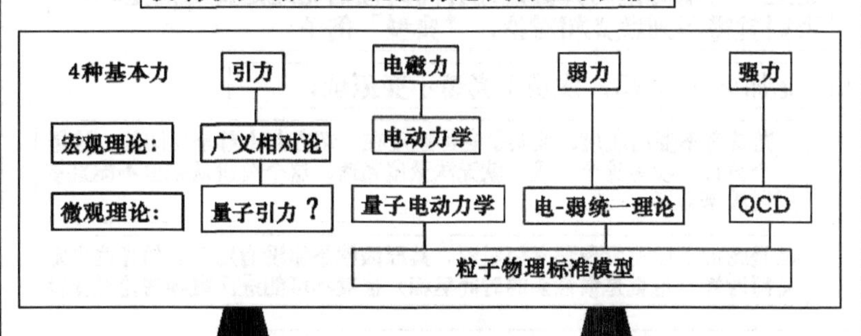

狭义相对论与量子力学是近代物理学的两大支柱

说明：“近代物理学”是指“相对论性物理理论”；上面只罗列出描写4种基本相互作用的理论，其他的还有“相对论力学”、“相对论量子力学”、“相对论热力学（还未成功）”等，其中的“相对论”都是指“狭义相对论”与“广义相对论”无关！所谓“相对论性的理论”是指这类理论是依据狭义相对论的第一个基本假设即狭义相对性原理进行构造的——其动力学方程在洛伦兹变换下形式不变——所以才说狭义相对论是近代物理学的一大支柱！

20

某些博士论文和专家基金申请书写有：广义相对论是现代物理理论的支柱～这是物理概念的错误；为纠正这类错误，最近的文章《为什么说狭义相对论是近代物理学的一大支柱》发在《物理与工程》V27 (2) p3 (2017)

航天器上的原子钟与地面原子钟进行时频比对时需要做相对论修正，这种修正既包含引力红移（广义相对论中的引力势差引起的钟慢效应）也包含速度红移（狭义相对论的钟慢效应）。宇宙学的基础不只是引力理论（广义相对论）因为宇宙学中除了引力物理外还有其他的物理（例如等离子体物理、粒子物理、核物理等）——只用广义相对论而不用这些其他的物理学给不出宇宙微波背景辐射和轻元素原初丰度的理论预言！

说广义相对论是近代引力物理学（包含宇宙学中的引力物理学）的基础，这话是大实话，因为广义相对论是公认的描写引力相互作用的一种引力理论，但是这话等于没说，因为照此说法我们一样可以说：“电动力学是宏观电磁学的基础；量子电动力学是微观电磁学的基础；粒子物理理论是粒子物理学的基础；……这些话都是大实话但也都等于没说！

广义相对论只是引力相互作用的理论，你可以说“广义相对论是近代引力物理学的基础”，但是绝不能说广义相对论是电磁学的基础，一样不能说广义相对论是粒子物理学的基础，……

如果把广义相对论的名字换成“弯曲时空的引力理论”，绝不会有人说：“弯曲时空的引力理论是电磁学、粒子物理学、相对论力学、相对论量子力学的基础”！

21

建立狭义相对论的关键是用各向同性的光速定义时间坐标，否则就得不到狭义相对论，“典型”例子：

1. 庞加莱（1898）发现了光速不变原理：

“光具有不变的速度，尤其是它的速度在一切方向上都是相同的，这是一个公设，没有这个公设，就无法量度光速。这个公设从来也不能直接用经验来验证；…”

但是庞加莱没有发现狭义相对论，其原因就是他没有用不变的光速去定义同时性（也就是惯性系的时间坐标）也就不可能进而推导洛伦兹变换

2. 洛伦兹（1904）发表了他的“洛伦兹变换”

但是他也没有发现狭义相对论，原因是 1. 没有放弃牛顿的绝对时间概念 2. 没有接受庞加莱的“光速不变原理”并用它定义时间坐标。

所以说，有了光速不变原理（如同庞加莱）而不用它定义同时性并推导洛伦兹变换就得不到狭义相对论；同样地，有了形式类似的“洛伦兹变换”（如同洛伦兹）而不用光速不变原理定义其中的时间坐标一样得不到狭义相对论。

22

关于迈克耳孙-莫雷实验
与爱因斯坦建立狭义相对论的关系

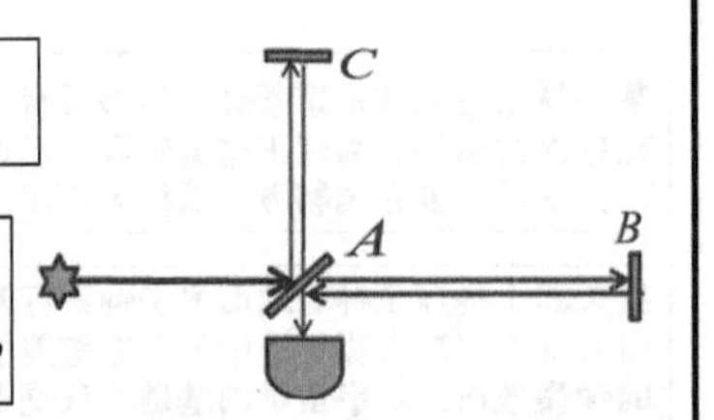

说实验的零结果表明以太不存在
这只是一种观点！
因为实验可以证明“有”，不能证明“无”

实验观测二个方向的光束往返的时间之差，这是固有时不需要定义同时性
～而爱因斯坦发现狭义相对论的关键是用单向光速不变的假设定义同时性

解释实验零结果的三种假说：1. 静止以太说，2. 静止以太说+洛伦兹长度收缩，3. 双程光速各向同性假设
～参见《物理与工程》V27(6) p1 (2017)
～“光以太”实验（迈-莫实验只是其中的一个）的零结果促使爱因斯坦假设相对性原理也适用于电动力学定律和光学定律。但是在后来的很多有关狭义相对论的书籍和文章中为何在众多的检验以太的实验中单单把迈克耳孙-莫雷实验挑出来作为爱因斯坦建立狭义相对论的重要基础其原由既无据可查也不合理

23

三、不同惯性系定义之间的唯一差别是时间定义不同

例如：

牛顿的： $S(x,y,z,t_{\text{牛}})$ **等价于用瞬时信号定义时间坐标**

洛伦兹的： $S(x,y,z,t_{\text{洛}})$ **从牛顿时间出发最后说不清楚**

爱因斯坦的： $S(x,y,z,t_{\text{爱}})$ **用单向光速不变的假设定义时间坐标**

爱德瓦兹的： $S(x,y,z,t_{\text{瓦}})$ **用双程光速不变而单向光速可变的假定定义时间坐标**

等等

24

时间坐标定义不同的惯性系之间的坐标变换也就不同：

伽利略变换：

$$\begin{cases} x' = (x - v_{\text{牛}} t_{\text{牛}}) \\ t'_{\text{牛}} = (t_{\text{牛}}) \end{cases}$$

原始的洛伦兹变换
（1887 Voigt，洛伦兹1904）
这不是狭义相对论的洛伦兹变换：

$$\begin{cases} x' = \dfrac{1}{\sqrt{1 - v_{\text{洛}}^2 / c_{\text{洛}}^2}} (x - v_{\text{洛}} t_{\text{洛}}) \\ t'_{\text{洛}} = \dfrac{1}{\sqrt{1 - v_{\text{洛}}^2 / c_{\text{洛}}^2}} \left(t_{\text{洛}} - \dfrac{v_{\text{洛}}}{c_{\text{洛}}^2} x \right) \end{cases}$$

爱因斯坦的洛伦兹变（1905）：

$$\begin{cases} x' = \dfrac{1}{\sqrt{1 - v_{\text{爱}}^2 / c_{\text{爱}}^2}} (x - v_{\text{爱}} t_{\text{爱}}) \\ t'_{\text{爱}} = \dfrac{1}{\sqrt{1 - v_{\text{爱}}^2 / c_{\text{爱}}^2}} \left(t_{\text{爱}} - \dfrac{v_{\text{爱}}}{c_{\text{爱}}^2} x \right) \end{cases}$$

爱德瓦兹变换（1963）：

$$x' = \eta (x - v_{\text{瓦}} t_{\text{瓦}})$$

$$t_{\text{瓦}}' = \eta \left\{ \left[1 + (q + q') \frac{v_{\text{瓦}}}{c_{ABA}} \right] t_{\text{瓦}} - \left[(1 - q^2) \frac{v_{\text{瓦}}}{c_{ABA}} + (q' - q) \right] \frac{x}{c_{ABA}} \right\}$$

$$\eta \equiv \frac{1}{\sqrt{(1 + q v_{\text{瓦}} / c_{ABA})^2 - v_{\text{瓦}}^2 / c_{ABA}^2}}$$

这些变换之间的唯一差别只在于时间坐标的定义不同，同时速度的定义也不同，所以对它们添加了不同的下标

25

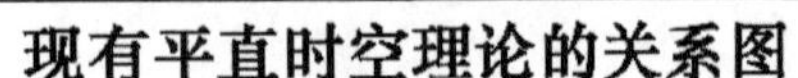
现有平直时空理论的关系图

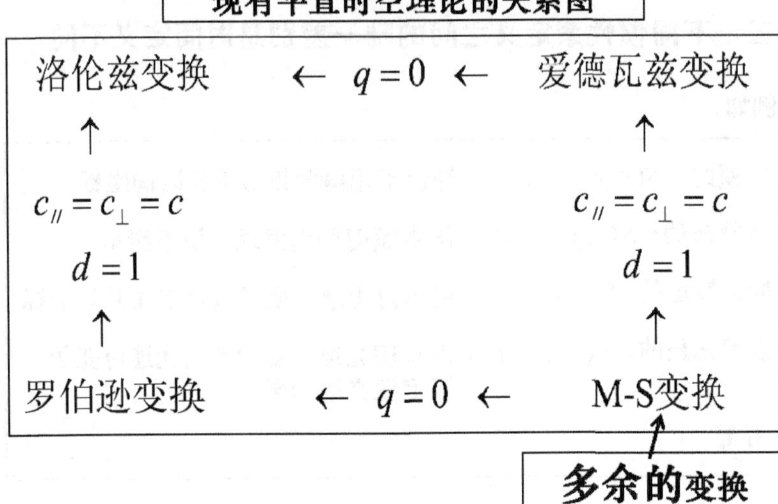
洛伦兹变换 ← $q=0$ ← 爱德瓦兹变换
↑ ↑
$c_{//}=c_{\perp}=c$
$d=1$
$c_{//}=c_{\perp}=c$
$d=1$
↑ ↑
罗伯逊变换 ← $q=0$ ← M-S变换
多余的变换

26

不同的同时性定义对应不同的时空理论（参见我下面的书）：
狭义相对论
实验基础
科学出版社
Advanced Series on Theoretical Physical Science 4
SPECIAL RELATIVITY AND ITS EXPERIMENTAL FOUNDATIONS
Yuan Zhong Zhang
World Scientific
1979年
1998年

27

上面坐标变换中的速度也都加了下标，是因为不同的同时性定义其对应的速度会不同；为了说明速度与时间坐标的定义有关，现在简单介绍
爱德瓦兹同时性与爱因斯坦同时性的关系～参阅我的中文和英文书，或者参见2015年发表的评述文章《爱因斯坦建立狭义相对论的关键一步——同时性定义》《物理与工程》25卷（2015）第3期第3页

双程光速与可变的单程光速的关系：

$c_+ = \dfrac{c_{ABA}}{1-q}$，**是沿x轴正方向的单向光速**

$-1 \leqslant q \leqslant 1$，

$c_- = \dfrac{c_{ABA}}{1+q}$，**是沿x轴负方向的单向光速**

q 是方向性参数，它的取值有无穷多对应于无穷多的同时性定义

q = 0 是单向光速各向同性～爱因斯坦同时性定义；这就是早年文献中说的：

“同时性定义有无穷多种，爱因斯坦同时性定义只是其中最简单的一种”

常数 c_{ABA} **是双程光速** $= \dfrac{2AB}{t_{AB}+t_{BA}} = \dfrac{2AB}{AB/c_+ + BA/c_-} = \dfrac{2c_{ABA}}{1-q+1+q} = c_{ABA}$

28

爱德瓦兹和爱因斯坦时间坐标的差别：

c_+ $t_瓦$ $t_瓦 = t_{原点} + x/c_+$

x

$c_爱$ $t_爱$ $t_爱 = t_{原点} + x/c_爱$

在原点的 $t_{原点}$ 时刻发射的光信号到达 x 点时，爱德瓦兹的时间调成 $t_瓦$ 而爱因斯坦的时间则调成 $t_爱$

在这同一个空间点 x 处的爱德瓦兹时间坐标和爱因斯坦时间坐标的差别：

$$t_瓦 - t_爱 = \frac{x}{c_+} - \frac{x}{c_爱} = \frac{x}{c_{ABA}}(1-q) - \frac{x}{c_{ABA}} = -q\frac{x}{c_{ABA}}, \quad c_爱 = c_{ABA}$$

即 $$t_瓦 = t_爱 - q\frac{x}{c_{ABA}}$$

29

用这样的二只时钟测量同一物体的速度会不同：

$$u_{瓦}=\frac{x}{t_{瓦}}=\frac{x}{t_{爱}-qx/c_{ABA}}=\frac{x/t_{爱}}{1-qx/t_{爱}c_{ABA}}=\frac{u_{爱}}{1-qu_{爱}/c_{ABA}},$$

即 $$u_{瓦}=\frac{u_{爱}}{1-qu_{爱}/c_{ABA}}.$$

S'系中的定义类似。
在爱因斯坦的洛伦兹变换中把爱氏时间坐标换成瓦氏的；同时把爱氏的速度换成瓦氏的，那么爱氏的洛伦兹变换就变成爱德瓦兹变换

- **爱德瓦兹变换与爱因斯坦的洛伦兹变换 在物理上等价**
- **具体地说：当用这二个坐标变换与实验测量结果比较时没有区别**
- **即光速的方向性参数不起作用，也就是单向光速不能由实验给出只能假定**

30

● 速度互易性与同时性定义相关

●洛伦兹变换具有速度互易性：

你看我是 $\frac{x}{t}=v$

我看你是 $\frac{x'}{t'}=-v$

●爱德瓦兹变换并没有速度的这种互易性：

你看我是 $\frac{x}{t}=v$

我看你是 $\frac{x'}{t'}=-\frac{v}{(1+2qv/c)}$

31

四、洛伦兹1904年的“洛伦兹变换”不是狭义相对论的洛伦兹变换

不用 光速不变原理 的 坐标变换 绝不是狭义相对论
第一个是洛伦兹按照他的电子论推出的，1904年发表，庞加莱命名“洛伦兹变换”，但这不是狭义相对论中的洛伦兹变换

原始的洛伦兹变换（1904），不是狭义相对论的洛伦兹变换：

$$\begin{cases} x' = \dfrac{1}{\sqrt{1 - v_{洛}^2 / c_{洛}^2}}(x - v_{洛} t_{洛}) \\ t'_{洛} = \dfrac{1}{\sqrt{1 - v_{洛}^2 / c_{洛}^2}}\left(t_{洛} - \dfrac{v_{洛}}{c_{洛}^2} x\right) \end{cases}$$

爱因斯坦的洛伦兹变换（1905）：

$$\begin{cases} x' = \dfrac{1}{\sqrt{1 - v_{爱}^2 / c_{爱}^2}}(x - v_{爱} t_{爱}) \\ t'_{爱} = \dfrac{1}{\sqrt{1 - v_{爱}^2 / c_{爱}^2}}\left(t_{爱} - \dfrac{v_{爱}}{c_{爱}^2} x\right) \end{cases}$$

洛伦兹的变换中的光速的定义、时间坐标的定义及速度的定义，其物理意义都与爱因斯坦的洛伦兹变换中的有本质的区别，下面进行对比 →

32

对比 爱因斯坦的洛伦兹变换 与 “洛伦兹的洛伦兹变换”

	爱因斯坦的	洛伦兹的
参考系	$S(x,y,z,t)$ 系同 $S'(x',y',z',t')$ 系等价	$S(x,y,z,t)$ 静止以太系（绝对系） $S'(x',y',z',t')$ 相对以太的运动系
光速	$c_{爱}$ 是光速不变原理中的光速	$c_{洛}$ 静止以太系中的光速 运动系 S' 中的光速 $\vec{c}'_{洛} = \vec{c}_{洛} - \vec{v}_{牛}$
时间	$t_{爱}, t'_{爱}$ 都是光速不变原理定义的	$t_{洛}$ 绝对系中的牛顿时间 $t'_{洛}$ “当地时间”无物理意义
速度	$v_{爱}$ 由 $t_{爱}$ 定义	$v_{牛}$ 由牛顿时间定义

所以说：“洛伦兹的洛伦兹变换”（1904）不是狭义相对论中的洛伦兹变换

33

洛伦兹明确说他的时间定义仍然是牛顿的绝对时间：

Lorentz, H A. Astrophys J [J], 1928, 68; 350.
(中译文参见科学出版社1980年出版的罗瑟，W G V.《相对论导论》第69页））：

“因为必须变换时间，所以我引入了当地时间的概念，它在相互运动的不同坐标系中是不同的．但是我从未认为它与真实时间有任何联系．对我来说，真实时间仍由原来经典的绝对时间概念表示，它不依赖于参考特殊的坐标系．在我看来仅存在一种真正的时间．那时，我把我的时间变换仅看作为一个启发性的工作假设，所以相对论实际上完全是爱因斯坦的工作．因此毫无疑问，即使所有前人在此领域的理论工作根本不曾做过，爱因斯坦也会想到它的．在这方面他的工作是与以前的各种理论无关的．”

34

$$x' = \frac{1}{\sqrt{1-v^2/c^2}}(x - vt)$$

$$t' = \frac{1}{\sqrt{1-v^2/c^2}}\left(t - \frac{v}{c^2}x\right)$$

下面都是狭义相对论，所以都去掉了下标“爱”

时空间隔的洛伦兹（正）变换

$$\Delta x' = \frac{1}{\sqrt{1-v^2/c^2}}(\Delta x - v\Delta t)$$

$$\Delta t' = \frac{1}{\sqrt{1-v^2/c^2}}\left(\Delta t - \frac{v}{c^2}\Delta x\right)$$

逆变换

$$\Delta x = \frac{1}{\sqrt{1-v^2/c^2}}(\Delta x' + v\Delta t')$$

$$\Delta t = \frac{1}{\sqrt{1-v^2/c^2}}\left(\Delta t' + \frac{v}{c^2}\Delta x'\right)$$

$\Delta x = x_2 - x_1$， $\Delta x' = x'_2 - x'_1$， $\Delta t = t_2 - t_1$， $\Delta t' = t'_2 - t'_1$

35

五、钟慢、尺缩（尺缩佯谬）、同时性的相对性

钟慢效应

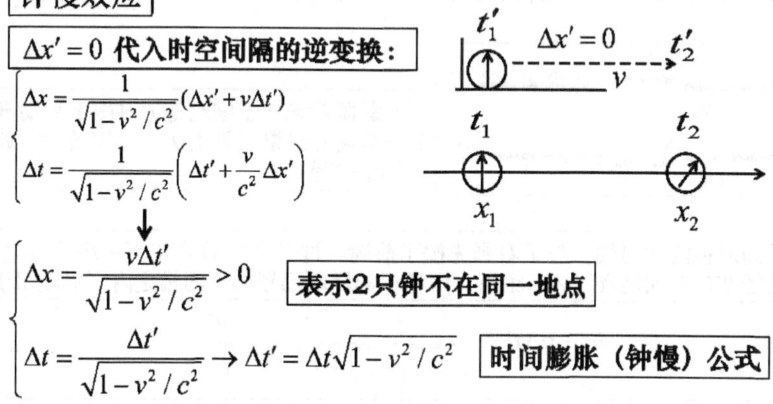

$\Delta t'$（运动的一只钟）$< \Delta t$（静止的2只不在同一地点的钟）

固有时间隔 < 坐标时间隔

36

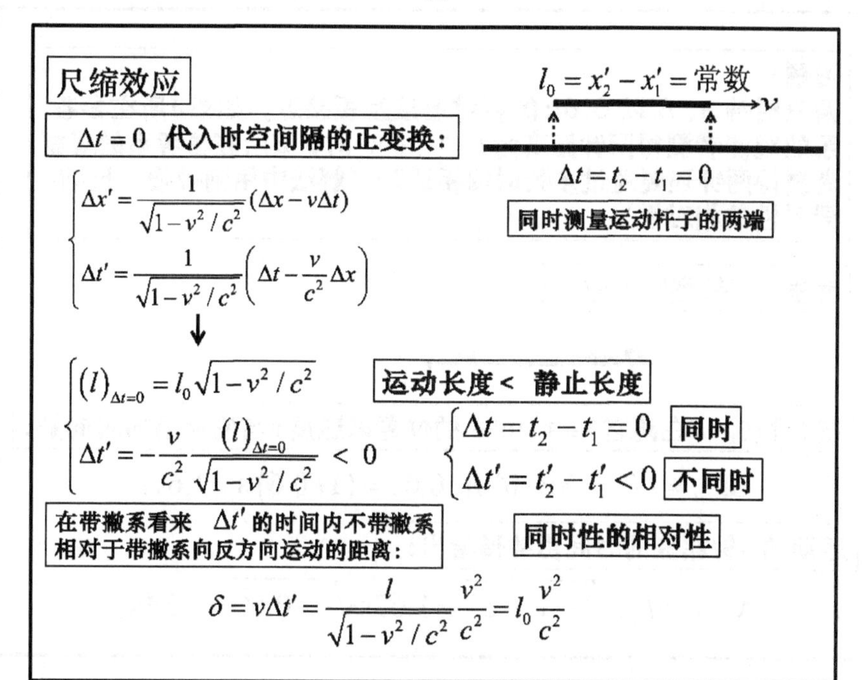

37

尺缩佯谬：桌面（S系）上的沟槽与杆子（S'系）一样长，杆子运动时在桌面看来其长度缩短所以可以掉入沟槽；但是在杆子的系统看来是桌面运动因而沟槽变短所以杆子不能掉入沟槽，似乎出现矛盾。

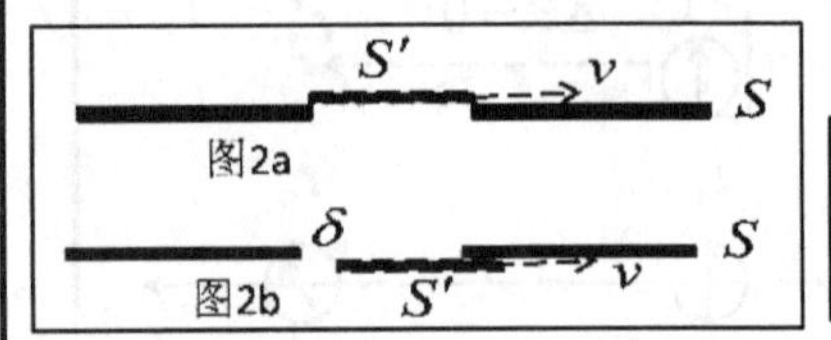

在桌面看来杆子缩短是同时按下运动杆子两端的结果（见上面“尺缩效应”的推导过程）

由于同时性的相对性，杆子看到先按了前端，过了$\Delta t'$后才按下尾端此时桌面已经在反方向运动了δ 距离，即杆子的尾端已经处于沟槽之内（见图2b）

$$\delta = v\Delta t' = \frac{l}{\sqrt{1-v^2/c^2}}\frac{v^2}{c^2} = l_0\frac{v^2}{c^2}$$

即在 杆子看来它的前端先进入沟槽，尾端后进入沟槽（当然在忽略桌面厚度的情况下杆子是“钻入”沟槽的），所以不存在矛盾。

38

习题：
两只时钟A、B以0.6c的相对速度互相接近，如果A所在参考系的观测者测得两钟距离为$l=3\times10^8\text{m}$时，B所在参考系的观察者测得两钟还要经过多长时间相遇？（解法中用到钟慢、尺缩、同时性的相对性）

解法1.“钟慢”效应：

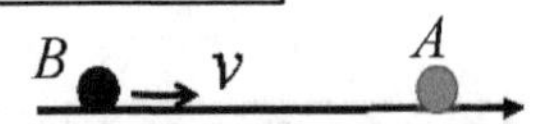

在A看来，B在离它$l=3\times10^8\text{m}$的位置以速度v与它相遇的时间是：

$$\Delta t_{AB} = l/v = 3\times10^8\text{m}/0.6c = (1/0.6)\,\text{s} = 1.67\text{s}$$

运动的B钟相应的时间由钟慢给出：

$$\Delta t'_B = \Delta t_{AB}\sqrt{1-v^2/c^2} = 1.67\text{s}\sqrt{1-0.6^2} = 1.34\text{s}$$

39

解法2. “尺缩+同时性的相对性”效应：

$(l)_{\Delta t=0}=3\times10^8\text{m}$ 这是A系测量运动的B与A之间的距离

按照尺缩公式，B系中的相应的固有距离是 $l_0=(l)_{\Delta t=0}/\sqrt{1-v^2/c^2}$

但是像前面尺缩情况那样，在B系看来是先测了头部后测的尾端，这期间A和B之间相互靠近了

$$\delta=v\Delta t'=\frac{l}{\sqrt{1-v^2/c^2}}\frac{v^2}{c^2}=l_0\frac{v^2}{c^2}$$

所以在B看来A和B之间的距离应当是 固有距离减去δ：

$$l'_B=l_0-\delta=\frac{l}{\sqrt{1-v^2/c^2}}-\frac{l}{\sqrt{1-v^2/c^2}}\frac{v^2}{c^2}=l\sqrt{1-v^2/c^2}$$

因而，在B看来A运动到B的时间间隔（由B钟记录的时间间隔）是

$$\Delta t'_B=\frac{l'_B}{v}=\frac{l}{v}\sqrt{1-v^2/c^2}=\Delta t_{AB}\sqrt{1-v^2/c^2}=1.67\text{s}\sqrt{1-0.6^2}=1.34\text{s}$$

这就是解法1 的钟慢公式

不考虑同时性的相对性即不扣除δ，就错了！

40

六、回答几个问题→

问题1：对钟能否避开单向光速的具体数值？答案是不能。

中点M对钟法只对准A和B两只钟可以不用c的具体数值；但是要使全空间无数的异地钟都对准就必须知道c的具体数值，例如考虑4只钟：

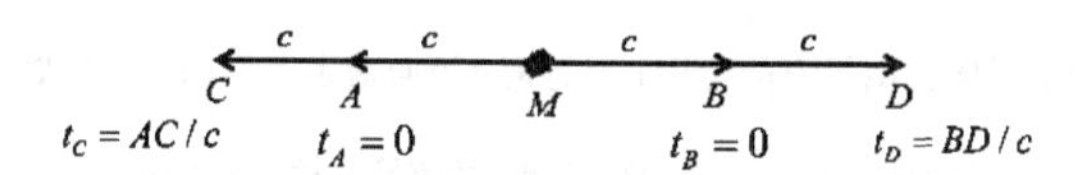

A和B调成0，C和D收到信号时调到什么时间？不知道光速c的具体数值就无法将D钟与B钟对准，同样也无法把C和A对准！

对钟就是定义时间坐标，必须要光速的具体数值；而且，洛伦兹变换中的c也必须知道具体数值，否则就没办法把狭义相对论的预言与实验数值去比较，所以c的具体数值是回避不了的！

41

问题2：用中点对钟方法对好的时钟能否测出单向光速？
答案是不能

假定光速是常数c来对准A和B钟，用这样的两只钟测量出的单向光速一定是c，否则就出现矛盾：
如果测出的不是c那说明两只钟没对准
～用没对准的钟测量的速度没有意义
——只能说，假定了单向光速是什么就测出什么光速

为了证明这个结论，下面使用单向速度各向异性的光速（其中包含了单向光速各向同性的情况）对准A和B，然后测量光的单向速度：

$$c_+=\frac{c_{ABA}}{1-q},\quad c_-=\frac{c_{ABA}}{1+q},$$

$$c_{ABA}=\frac{2AB}{AB/c_-+AB/c_+}$$是双程（往返）光速

42

A和B收到M的信号时分别调成：

$$t_{A\text{-}0}=\frac{AB/2}{c_-}\qquad t_{B\text{-}0}=\frac{AB/2}{c_+}$$

设$c_+>c_-$，则从M同时发的信号先到B后到A，两者的时差是$\delta=\left(\dfrac{AB/2}{c_-}-\dfrac{AB/2}{c_+}\right)$

B收到M的信号时调到$t_{B\text{-}0}=\dfrac{AB/2}{c_+}$，$A$收到$M$的信号时调到$t_{A\text{-}0}=\dfrac{AB/2}{c_-}$此时从$A$向$B$发光信号（用$A$和$B$钟测量它的速度），这时$B$钟向前走了$\delta$(因为对钟时信号先到$B$)时间，所以此时$B$钟的时间是$t_{B\text{-}0}+\delta$，从$A$发向$B$的信号到达$B$所用时间是$t_{AB}=\dfrac{AB}{c_+}$，

该信号到B时B的时间就是$t_B=t_{B\text{-}0}+\delta+t_{AB}$，则该信号用$B$和$A$钟记录的时间间隔是：

$$t_B-t_{A\text{-}0}=t_{B\text{-}0}+\delta+t_{AB}-t_{A\text{-}0}=\frac{AB/2}{c_+}+\left(\frac{AB/2}{c_-}-\frac{AB/2}{c_+}\right)+\frac{AB}{c_+}-\frac{AB/2}{c_-}=\frac{AB}{c_+}$$

所以用A和B钟测得从A向B的光速是：$c_{AB}=\dfrac{AB}{t_B-t_{A\text{-}0}}=c_+$

这就是说，用什么样的光的速度对钟就测出什么样的光速（光速各向同性的情况一样）

43

问题3：一位作者设计的检验单向光速各向同性的思想实验方案

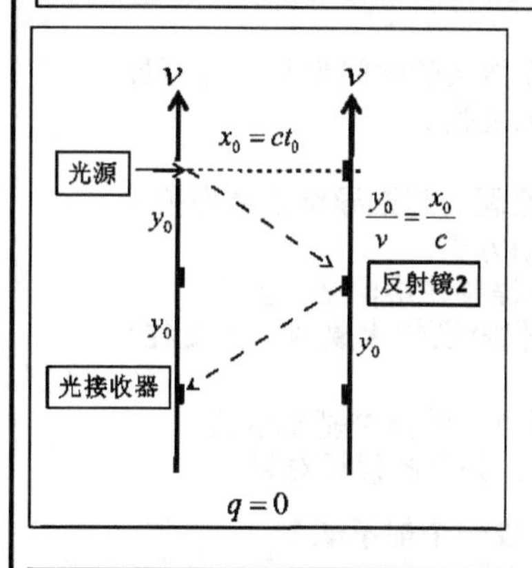

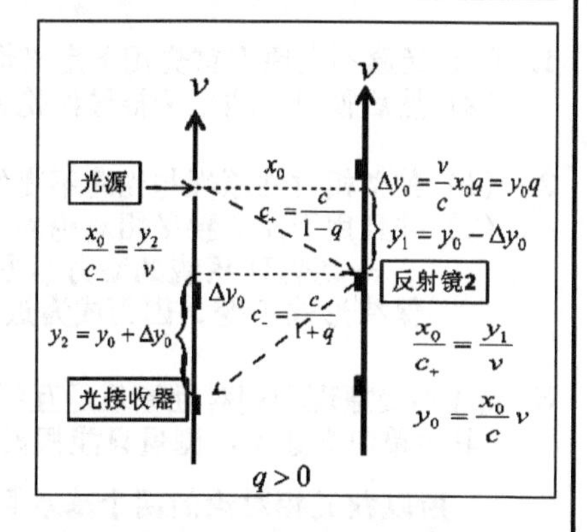

两板子以速度v向上运动，透过左板子上方小孔的光脉冲经过t_0时间被右板子反射镜2反射后，再经过t_0时间被左板的光接收器收到（能判断光速各向同性吗？答案是不能～见右图）

往返速度不同但双程光速是c的光脉冲一样可以完成左边的过程，只要两块板子的相对位置如该图所示。问题是两块板子的同时性没定义好就无法判断两块板子的相对位置是左图的还是右图的

44

问题4：不用光速不变原理定义坐标变换中的常数、时间坐标和速度就绝不是狭义相对论中的洛伦兹变换

$$\left.\begin{aligned} x' &= \alpha(x - v_? t_?) \\ t'_? &= \gamma t_? + \beta x \end{aligned}\right\}$$

一些作者在不定义时间坐标的情况下就出现速度的记号，那么相对性原理给出的线性变换中的时间坐标和速度就是没有定义的物理量，所以在左边的线性变换中对它们添加了下标“？”

如果在确定线性变换中的3个参数 α, β, γ 的过程中仍然不用光速不变原理，那么在得到坐标变换之后必须对时间坐标 $t_?$ 速度 $v_?$ 以及另一个常数进行定义，如果仍然不用光速不变原理定义这些量，那么他们的坐标变换就绝不是狭义相对论的洛伦兹变换（前面已经说明：相应于牛顿时间的变换是伽利略变换，相应于爱德瓦兹时间的变换是爱德瓦兹变换，相应于爱因斯坦时间的变换才是狭义相对论的洛伦兹变换），当然他们的变换可以叫做“张三变换”或“李四变换”但是它们与狭义相对论毫无关系，如同洛伦兹1904年的变换不是狭义相对论的洛伦兹变换一样！

45

小结:

1. (1) 光速不变原理首先用于定义惯性系的时间坐标（即对钟）；
   (2) 然后很自然地用于推导洛伦兹变换。

2. (1) 狭义相对性原理与光速不变原理一起推导洛伦兹变换；
   (2) 并且用于建立狭义相对论的动力学：
   一切物理系统的动力学方程要在洛伦兹变换下保持形式不变，因而成为近代物理学大厦的一大支柱！

3. 光速不变原理和相对性原理是互相独立的两个基本假设；
   其中单向光速不可测量只能假设，并用此假设对钟
   所以狭义相对论的两个基本假设一个都不能少

4. 不用光速不变原理得到的坐标变换绝不是狭义相对论的洛伦兹变换
   （当然，可以叫“张三变换”或“李四变换”）
   因而也就得不到狭义相对论

46